Deepen Your Mind

D M
Deep Mind
Deepen Your Mind

前言

本書起因

大家好！我是《大話設計模式》（2008 年出版）的作者，承蒙讀者們的厚愛，《大話設計模式》獲得極大的成功。在噹噹網，截止本文寫作時，就已經有 1073 次評論，705 次 5 星評價，位居五星圖書榜電腦 / 網路類的累計總榜第二名。

對於這樣一個自己喜歡做、可以做得好，而且已經獲得了市場廣泛認可，為很多朋友提供幫助的事情，我沒有理由不去繼續做下去。這就是我準備再寫書的原因。

我曾做過調查，資料結構的學習者大多都有這樣的感慨：資料結構很重要，一定要學好，但資料結構比較抽象，有些演算法了解起來很困難，學得很累。但我更希望傳達這樣的資訊：**資料結構非常有趣，很多演算法是智慧的結晶，學習它是去感受電腦程式設計技術的魅力，在了解掌握它的同時，整個過程都是一種愉悅的精神感受，而非枯燥乏味的一種課程**。因此我決定寫作一本關於資料結構有趣的書。

不過現實總比理想來得更「現實」。要想把書寫好，談何容易，我需要突破很多困難……！不管如何，現在您看到了本書，那就説明我已經克服了困難戰勝了自己。希望您可以喜歡上這本書。

本書定位

本書的定位就是一本適合讀者自學資料結構的書籍，它有別於教材，希望給大家另一種閱讀體驗。

通常説明資料結構的圖書都是以教材的方式呈現。在寫作前，我購買或在圖書館借閱了十幾本非常好的資料結構相關教材用來為寫作本書做準備。但經過認真閱讀後，我發現，它們大多不是一本好的「**自學**」讀物。

我沒有輕視這些好書的意思，不過教材和自學讀物，所針對的讀者是完全不同的。

好的教材應該是提綱挈領、重點突出，一定要留出思考的空間，否則就沒必要再聽老師上課了。很多內容的說明是由老師在課堂完成，教材中有練習、課後習題、思考題等，這些大多可以透過老師來解答。例如我們中學時的語文、數學課本，很薄的一本書通常要用一學期、甚至一年的時間來學習，這就是因為它們是教材而非自學讀物。如果是小說，可能一兩天就讀完了。

好的自學讀物的目標是讓初學者「**獨自**」全盤掌握知識，需要強調「獨自」一詞，這就說明讀者在閱讀時，是完全依靠自己的力量來向未知發出挑戰。因此書中內容，要麼不寫，寫了就應該寫透。如果讀者在閱讀時總是疑惑重重，那麼這本書就有很大的問題了。

我也就是在以這樣的自覺為基礎寫作，決心將《大話資料結構》寫成一本真正關於資料結構和演算法的自學讀物。

本書特色

1. 趣味啟動

大部分的程式設計類圖書，在內容上基本都是直奔主題。但是尼采曾說過：「人們無法了解他沒有經歷過的事情。」換句話說，我們只接受過去早已了解的事物相關的資訊。這是一種比較學習過程，在這個過程中，大腦尋找每筆資訊之間的聯繫。所以教育專家普遍認為，吸引學生的注意力，比較好的辦法是用他們比較熟知的知識開始。

因此在本書中，我會用**一個故事**、**一個趣味題目**、**一部電影**的介紹等形式來作為每一章甚至很多小節的開頭，選擇的內容也多多少少與要講的主題內容相關。這並不是多餘，而是有意為之。事實上，這樣的形式在我之前出版的圖書中已經獲得了普遍認可。

2. 圖文並茂

西方有句諺語，"A picture is worth a thousand words.（一圖值千言）"。用上千個字描述不明白的東西，很可能一張圖就能解釋清楚。

我非常認可這個觀點，所以本書雖沒有達到每一頁都有圖，但基本做到了**絕大部分說明都有相關圖示，關鍵演算法更是透過多圖逐步分解剖析**。儘管這帶來了寫作上的難度，但卻可以達到較好的效果。畢竟，讀者透過本書開始學習資料結構時，要從一無所知或略知一二到完全了解，甚至掌握應用，是一個比較艱苦的過程，用大量的圖示可以減少這個過程的長度。

3. 程式詳解

我在寫作中儘量摒棄了傳統資料結構教材的「重理論思維而輕程式說明」的作法。在準備資料結構寫作時我發現，很多教材對資料結構理論和演算法設計思維講得比較好，可一到實際程式時，有的把程式貼出來加少量註釋，有的直接用虛擬程式碼形式。這對於上課的學生還好，畢竟有老師在課堂中去詳解程式撰寫原理，可是對於初學資料結構和演算法的自學者而言，如果書中不去解釋程式某些細節為什麼那樣撰寫的原因，甚至程式根本不可能在某個編譯器中執行通過，其挫折感是很強烈的。例如即使了解了圖結構中的最短路徑求解原理，也可能無法寫出最短路徑的演算法。

我把**程式在執行過程中變數的變化融入到整個演算法設計思維的說明中，配合對應的示意圖，會幫助大家更加容易了解演算法的實質**。這種說明模式在本書的第 6、7、8、9 章的很多複雜演算法中有實際表現，越是複雜的程式越是說明細緻。這算是本書的特色，希望對讀者有幫助。

4. 形式新穎

我把本書的內容虛構成了一個**老師上課的場景**，所有內容都透過這位老師表達出來，書中的文字非常口語化，這樣做的目的是為了更加直觀地讓讀者感覺，自己是在學習，是在上課。有人可能會說，現在的課堂大都是讓人昏昏欲睡，把讀者帶入上課場景，不是更加讓讀者疲累嗎？我覺得如果你的學習經歷中聽過一些優秀老師的課，你就不會下這樣的結論。**好的老師講課，是可以做到引人入勝的**。

有人可能會問，我為什麼不用《大話設計模式》中的對話形式，而採用講課形式呢？這是對資料結構這門學問的特點考慮的。設計模式主要都是思維表現，通常會見仁見智，用對話展開比較容易；而資料結構中更多的是定義、術語、經典演算法等，這些公認的知識，可討論的地方並不多，更多的是需要把它講清楚。讓兩個人在一起討論某個設計模式的優缺點，會非常合適，而討論資料結構定義的好壞，就沒有太大意義了，不如讓一個老師告訴學生資料結構的定義好在哪裡更符合實際。因此用傳統的講課形式會好一些。

本書沒有習題，有思考的題目也一定會列出某種答案。但本書每個複雜基礎知識的尾端，都會提供另一本書的進一步閱讀建議。這也是以本書是一本自學讀物為基礎的原則。讀者閱讀本書可能是任何時間任何地方，如果書中存在沒有解答的習題，碰到了困難是無法及時找到老師來幫助的，因此本書儘量避免讓讀者有這樣的困惑存在。對於需要練習的同學，應該考慮再去買本習題集來學習。學習資料結構和演算法，做題和上機寫程式非常有必要，從這個角度也說明，閱讀完本書其實也只是完成入門而已。

本書既然是以老師上課的形式來進行，那就免不了要融入一名教師除了授業解惑以外，還要傳達一些個人價值觀的表現。書中很多細微處，如對某位科學家的尊敬、對某個演算法的推崇、對勤奮勵志故事的說明等都在表達著一個老師向學生傳遞真、善、美的意願。我始終認為，讀者拿到的雖然只是一本沒有表情、不會說話的書，但其實也是在隔空與另一個朋友交流。人與人的交流不可能只是就事論事，一定會有情感的溝通，這種情感如果能產生共鳴、達成互信，就會讓事情（例如學習資料結構與演算法這件事）本身更容易了解和接受。

本書內容

主要包含：資料結構介紹，演算法推導大 O 階的方法，線性串列結構的介紹，循序結構與鏈式結構差異，堆疊與佇列的應用，串的樸素模式比對、KMP 模式比對演算法，樹結構的介紹，二元樹前中後序檢查，線索二元樹，霍夫曼樹及應用，圖結構的介紹，圖的深度、廣度檢查，最小產生樹兩種演算法，最短路徑兩種演算法，拓撲排序與關鍵路徑演算法，尋找應用的相關介紹，折半尋找、內插尋找、費氏尋找等靜態尋找，密集索引、分段索引、倒排索引等索引技術，二元排序樹、平衡二元樹等動態尋找，二元樹、B+ 樹技術，雜湊表技術，排序應用的相關介紹，上浮、選擇、插入等簡單排序，希爾、堆積、歸併、快速等改進排序，各位排序演算法的比較等。

本書讀者

資料結構是電腦軟體相關的基礎課程，幾乎可以說，要想從事程式設計工作，無論你是否是專業出身，都不可以繞過這部分知識。因此，適合閱讀本書的讀者非常廣泛，包含大專院校，職技等電腦專業學生、想轉行做開發的非專業人員、欲考電腦相關研究所的應屆或在職人員，以及工作後需要進修或溫習資料結構和演算法的程式設計師等各種讀者。

本書對讀者的技術背景要求比較低，只要是學過一種進階程式語言，例如 C、C++、Java、C#、VB 等就可以開始閱讀本書。不過由於當中涉及到比較複雜的演算法知識，需要讀者有一定的數學修養和邏輯思維能力，否則可能書籍的後半部分閱讀起來會比較吃力。

本書研讀方法

事實上，任何有難度的知識和技巧，都不是那麼容易被掌握的。我儘管已經朝著通俗易懂的方向努力，可有些資料結構，特別是經典演算法，是幾代科學家的智慧結晶，因此要掌握它們還是需要讀者的全力投入。

美國暢銷書《如何閱讀一本書》中提到「閱讀可以是一件主動的事，閱讀越主動，效果越好。拿同樣的書給背景相近的兩個人閱讀，一個人卻比另一個人從書中獲得了更多，這是因為，首先在於這人的主動，其次，在於他在閱讀中的每一種活動都參與了更多的技巧。這兩件事是息息相關的。閱讀是一個複雜的活動，就跟寫作一樣，包含了大量不同的活動。要達成良好的閱讀，這些活動都是不可或缺的。一個人越能良好運作這些活動，閱讀的效果也就越好。」

我當然希望讀者在閱讀本書後收穫極大，但這顯然是一廂情願。要想獲得更多，您可能也需要付出類似我寫作一樣的力氣來閱讀，例如**摘要文字**、**眉批心得**、**稿紙演算**、**程式輸入電腦**，**以及您自己在程式設計工作中的運用**等。這些對應活動的執行，將使您獲得極大的收穫。

作為作者，建議本書的研讀方法為：

- **複習 C 語言的基礎知識**。如果你掌握的是別的語言也可以，適當了解一些 C 語言和你掌握的程式語言的語法差異還是有必要的。甚至將本書程式改造成另一種語言本身就是一種非常好的學習方法。

- **閱讀第一遍時，建議從頭至尾進行**。如果你對前面的知識有足夠了解，當然可以跳過直接閱讀後面的章節。不過若要學習一種完整的知識並形成系統。通讀本書，還是最好的學習方法。

- 閱讀時，摘要是非常好的習慣。「最淡的墨水也勝於最強的記憶！」有不少讀者會認為做摘要將來也不會再去看，有什麼必要，但其實在寫字的過程就是大腦學習的過程，寫字在減緩你閱讀的速度，讓你更進一步地消化閱讀的內容。相信大家都能了解，「囫圇吞棗」和「慢慢品味」的差異，學習同樣如此。
- 閱讀每一章時，特別是在閱讀演算法的推導過程時，一定要在電腦中執行程式（本書原始程式的下載網址可到 http://deepmind.com.tw 中相關書籍中找到），了解程式的執行過程。本書的很多演算法都做到了逐行說明，但單純閱讀可能真的很難達到了解的程度（這是紙質書無法克服的缺陷），需要你透過開發工具偵錯，並設定中斷點和逐行執行，並參照書中的說明，觀察變數的變化情況來了解演算法的撰寫原理。
- 閱讀完每一章時，一定要在了解基礎上記憶一些關鍵東西。最佳的效果就是你可以不看書也做到一點不錯地默寫出相關演算法。
- 閱讀完每一章時，一定要適當練習。本書沒有提供練習題，但市場上相關的資料結構習題集比比皆是，可以選擇嘗試。另外網際網路上也可以獲得足夠的習題來練習。練習的目的是為了檢測自己是否真的完全了解書中的內容。事實上很多時候，閱讀中的人們只是自我感覺了解，而並非真正的明白。
- 學習不可能一蹴而就，資料結構和演算法如果透過一本書就可以掌握，那本身就是笑話。本書附錄提供了本書寫作時的參考書目，都是最佳的資料結構或相關的中文書籍，各有偏重，建議大家可以適當地閱讀。
- 在之後的程式設計學習和工作中，儘量把已經學到的資料結構和演算法知識運用到現實開發中。遺忘時翻閱本書回顧相關內容，最後達到精通資料結構和相關演算法的境界。

程式語言說明

本書是用 C 語言撰寫，以 C90（ISO C）為基礎的標準。讀者可以選擇任何一款以 C90 標準為基礎的 C 語言開發工具或更新版本的開發工具來學習本書中的程式。

本人一直習慣於用 Visual Studio 2008 作為開發工具，因此在寫作此書時，也是用此工具的 Visual C++ 來編譯偵錯程式，一切都相安無事，但寫作完成後，考慮到不同讀者應用程式開發工具的習慣不同，最後在編輯的建議下，決定提供一份可在 C90 標準的 C 語言開發環境中成功編譯的程式，結果發現錯誤百出。

例如 C90 標準的註釋要求是「/* 註釋文字 */」而不允許是「// 註釋文字」；要求變數宣告必須要在函數的最前面，只能是 "int i; for (i=0;i<n;i++)……"，而不允許如 "for (int i=0;i<n;i++)" 這樣的方式；再例如 C++ 中函數的參數可以傳遞如 "void CreateBiTree(BiTree &T)" 的位址變數，但在 C 語言中，只能傳遞如 "void CreateBiTree(BiTree *T)" 的指標變數。因此當你看到書中的有些程式到處都是 "*" 時，就用不著奇怪了。

出於為了讓程式可以在低端編譯環境通過的考慮，犧牲一些程式的簡捷性和優雅性也是無可奈何和必要的。最後我將書中全部程式都改成 C90 標準的程式。

C 語言初學者可能會因為剛接觸程式語言，特別是對指標的了解不深，而擔心閱讀困難。我個人感覺，單純學習指標是很難了解它的真正用途和好處，而透過學習資料結構，特別是像鏈式儲存結構在各種結構演算法中的運用，反而可以讓讀者進一步的了解指標的優越之處。從這個角度說，資料結構的學習可以反過來加強讀者對 C 語言，特別是指標概念的了解。

程式語言差異

C 語言是一種古老的高階語言，它的應用範圍非常廣泛，因此我選擇它作為本書的演算法展示語言。如果讀者學過，那麼閱讀本書就不存在語言障礙。懂得 C++ 語言的讀者，同樣也不會有任何語言上的問題。

掌握 Java、C#、VB 等物件導向語言的讀者，當面對書中大量的 C 語言式的結構（struct）宣告和針對結構的參數傳遞的程式時，可以視為是類別的定義和由類別產生物件的傳遞。儘管的確存在差異，但並不影響整體對資料結構知識和演算法原理的了解。

我個人感覺，哪怕是對 C 語言不熟悉，也不妨利用學習資料結構的機會，學習一下 C 語言的程式設計方法，這對於將來應用其他高階語言也是有很大幫助的。

不是一個人在戰鬥

首先要感謝我的妻子李秀芳對我寫作本書期間的全力支援，我辭職寫作，沒有她精神上的理解鼓勵和生活上的悉心照顧，是不可能走出這一步並順利完成書稿的。我們的兒子程晟涵已經三歲，我是在他每日的歡聲笑語和哭哭啼啼中進行每一章節的構思和寫作，希望他可以茁壯成長。我的父母已經年邁，他們為我的全職創作也甚為擔心和憂慮，這裡也要說一聲抱歉。

寫作過程中，本人購買和借閱了與資料結構相關的大量書籍，詳細書目見附錄。沒有前輩的貢獻，就沒有本書的出版，也希望本書能成為這些書籍的前期讀物。在此向這些圖書作者表示衷心的感謝。

僅有作者是不可能完成圖書的出版的，本人要非常感謝出版社的朋友們，他們是本書的最初讀者，也是協助本人將此書由毛糙變精準的最有力幫手。插圖設計周翔是在反反覆覆的修改中完成創作的。寫作中還獲得了周筠、盧鶇翔、張伸、胡文佳、Milo、陳鋼、劉超、劉唯一、楊繡國、戚嫵婷、雷順、楊詩盈、高宇翔、林健的友情幫助，他們都在本人的創作中提出了寶貴建議。

在此向所有幫助與支援我的朋友道一聲：謝謝！

程杰

全彩版說明

寫作起因

承蒙讀者們的厚愛，《大話資料結構》（2011 年第一版）獲得極大的成功。

出版至今一直是電腦類圖書最暢銷的書籍之一。

不過由於這本書寫作於 9 年前，受當時的認知和能力限制，確實存在一些不足和缺憾。因此從 2020 年這個特殊的年份裡，我開始對本書做了修訂，改進不足，增加特色，讓學習資料結構變得更加容易，讓閱讀體驗更加舒適。

例圖升級

我們對所有的例圖做了全面的升級。

(1) 透過 3D 立體較具體的方式，讓閱讀體驗更加舒適，記憶更加深刻。

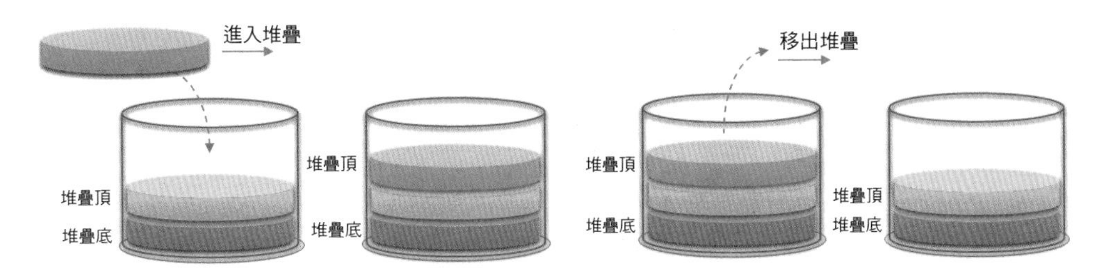

(2) 利用色彩變化，突出要說明的基礎知識。

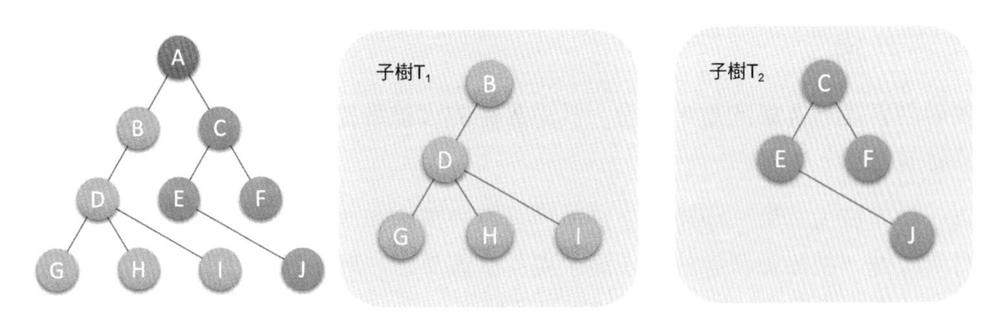

(3) 對部分說明圖做了改進。

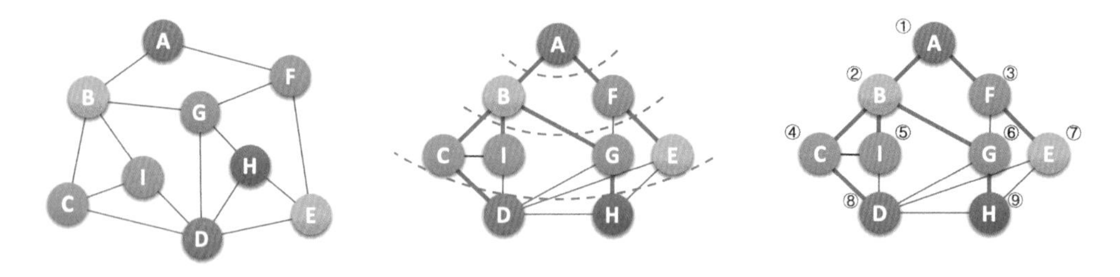

(4) 在說明中增加了大量趣味小圖。

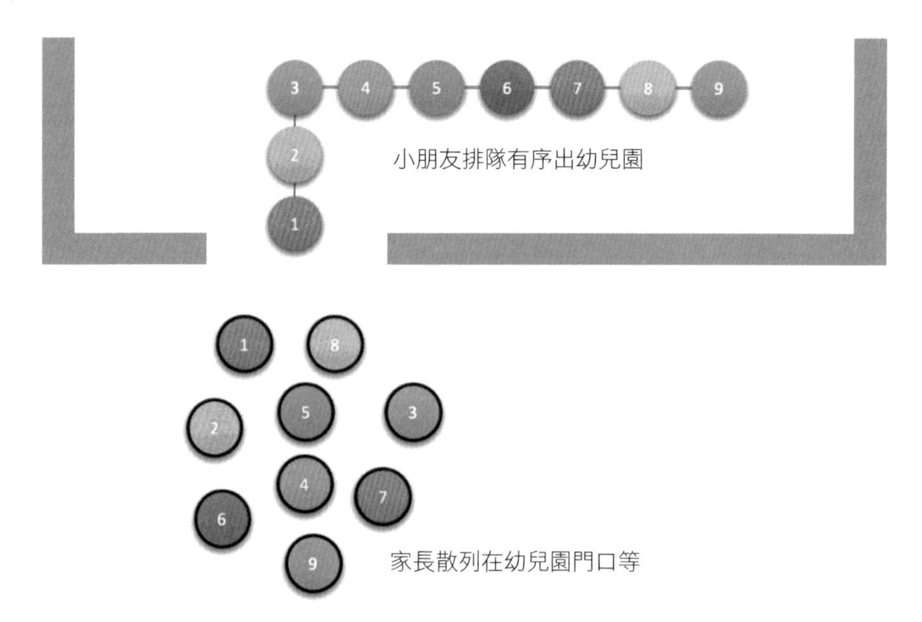

內容升級

說明內容是一本書的重中之重。我對書中的大量細節都做了語言上的修正，便於容易了解。

有一些演算法，第一版時，是直接透過程式來分析說明的，本書在這些方面都有所改進。例如圖章節的最小產生樹兩個演算法，我都進行了先演算法想法的說明，再剖析程式的方式，更加容易了解。

另外，本次修正了前一版的各種錯誤。

程式樣式升級

目前樣式

```
int i, j, x = 0,sum = 0,n = 100;  /* 執行一次*/
for (i = 1; i < = n; i++)
{
    for (j = 1; j < = n; j++)
    {
        x++;                       /* 執行n×n次*/
        sum = sum + x;
    }
}
printf ("%d", sum);               /* 執行一次*/
```

感謝

感謝我的妻子李秀芳對我寫作本書期間的全力支援。感謝我的父母養育之恩，忙於工作和寫作，無暇多看望和照顧他們。感謝我的孩子在我寫作中提出的寶貴建議。

感謝出版社的編輯們，他們是本書的最初讀者，也是協助本人將此書由毛糙變精準的最有力幫手。

另外在寫作過程中，也有很多朋友給了建議和幫助，在此向所有幫助與支援我的朋友道一聲：謝謝！

程杰

目錄

01 資料結構緒論

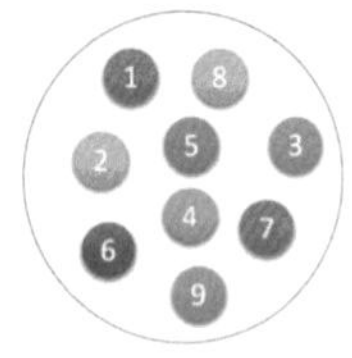

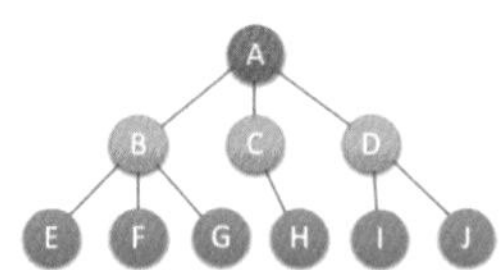

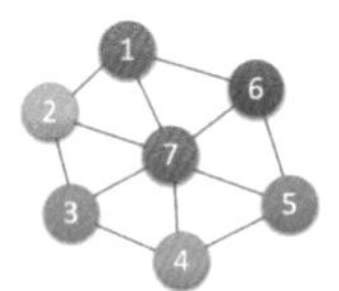

02 演算法

03 線性串列

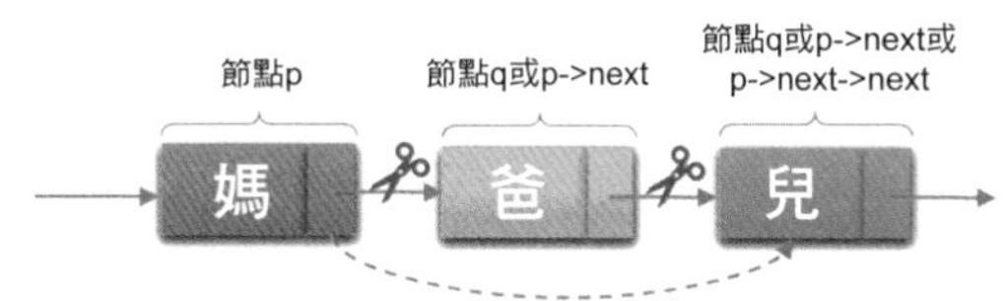

04 堆疊與佇列

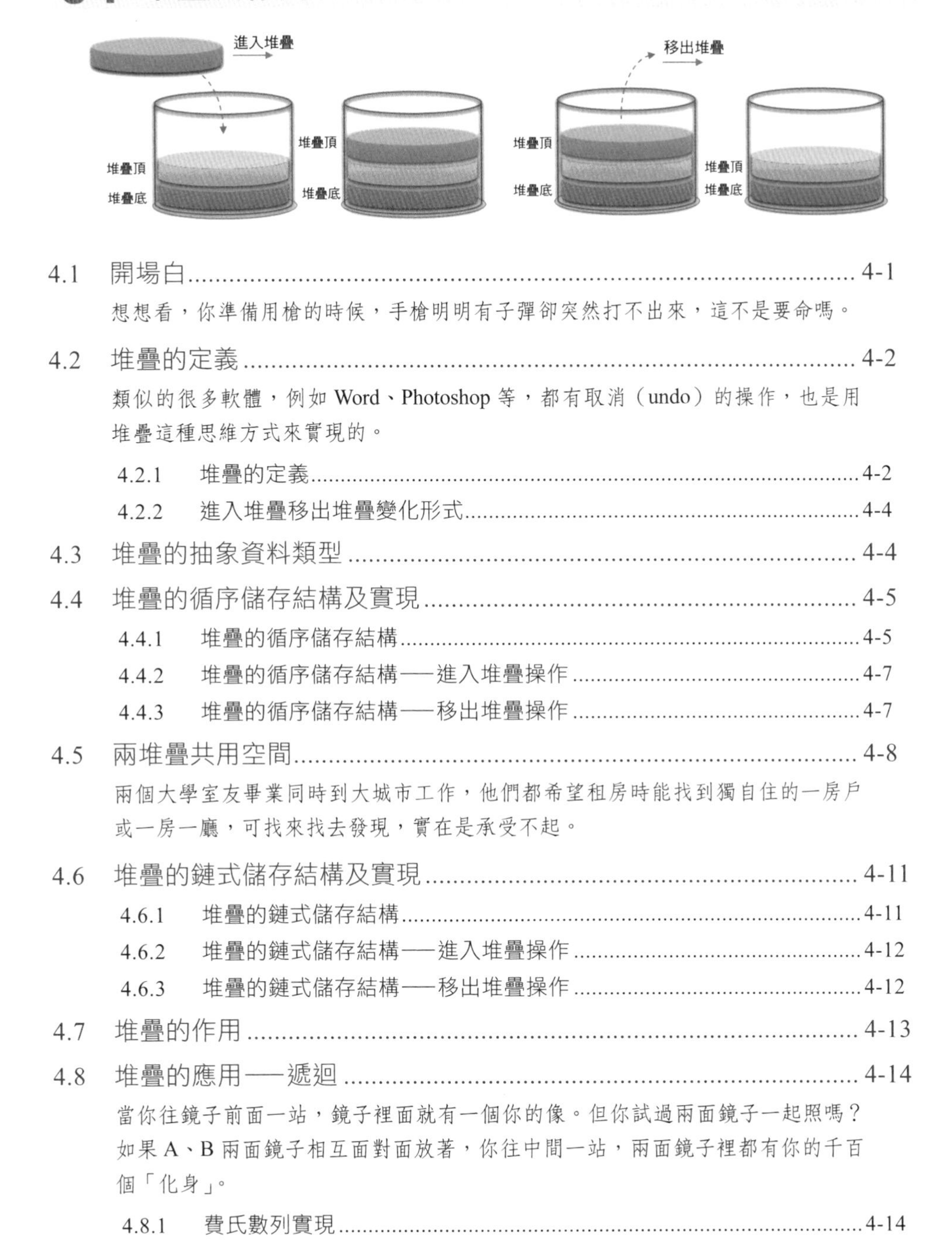

05 字串

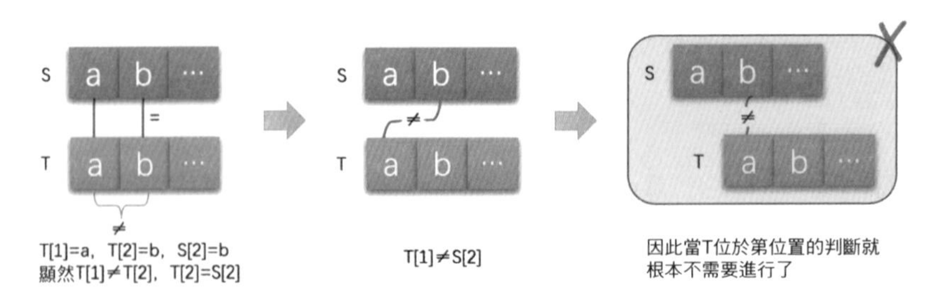
S
a
b
…
=
T
a
b
…
≠
T[1]=a，T[2]=b，S[2]=b
顯然T[1]≠T[2]，T[2]=S[2]
S
a
b
…
≠
T
a
b
…
T[1]≠S[2]
S
a
b
…
≠
T
a
b
…
因此當T位於第位置的判斷就
根本不需要進行了

06 樹

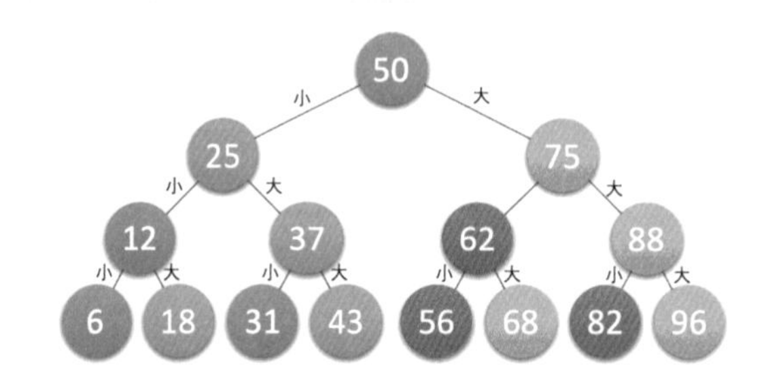

07 圖

08 搜尋

09 排序

Chapter 01

資料結構：是相互之間存在一種或多種特定關係的資料元素的集合。

1.1 開場白

If you give someone a program, you will frustrate them for a day; if you teach them how to program, you will frustrate them for a lifetime.（如果你交給某人一個程式，你將折磨他一整天；如果你教某人如何撰寫程式，你將折磨他一輩子。）

我可能就是要折磨你們一輩子的那個人。大家好！我是《資料結構》這門課的老師，我叫封清揚。同學私底下都叫我「瘋子」，嘿嘿，瘋子可是有思維的標示哦。

在座的大家給我面子，都來選修我的課，這點我很高興。在上課前，有些話還是要先說一下。

資料結構是電腦專業的基礎課程，但也是一種不太容易學好的課，它當中有很多燒腦的東西。之後在上課時，你若碰到了困惑不解的地方，都是很正常的反應，就像你想搭飛機去旅行，在飛

機場誤點幾個鐘頭，上了飛機後又時不時遇亂流顛簸恐慌，別大驚小怪，都很平常，只要能安全到達就是成功。

如果你的學習目的是為了將來要做一個優秀的程式設計師，向國內外的頂尖軟體工程師們看齊，那麼你應該要努力學好它，不單是來聽課、看看教科書，還需要課後做題和上機練習。不過話說回來，如果你真有這樣的志向，課前就可以開始研究了，這樣來聽我的課，就更加有針對性，收穫也會更大。

如果你的目的是為了考電腦、軟體方面的研究所學生，那麼這門必考課，你現在就可以準備起來——更多情況，考研玩的並不是智商，而只是一個人投入的時間而已。

如果你只是為了混個學分，那麼你至少應該要堅持來上課。在我的課堂上聽懂了，學明白了，考前適當地複習，拿下這幾個學分應該不在話下。

如果你只是來打醬油的，當然也可以，我的課不妨礙你打醬油，但你也不要妨礙其他同學坐到好位子。所以請往後坐，並且保持安靜，睡覺的話打呼聲一定要控制好哦！

如果，我是說真的，如果，你是一個對程式設計無比愛好的人。你學資料結構的目的，既不是為了工作為了錢，也不是為了學位和考試，而只是因為熱愛，只是想寫出更優秀的程式，讓自己快樂，順便讓世界變得美好。嗯！你應該獲得我的欣賞和鼓勵，我想我非常願意與你成為朋友。這是我們共同的夢想！

工作 考試 職位 熱愛 學位 金錢 專業

1.2 你資料結構怎麼學的？

早先我有一個學生叫蔡遙，綽號「小菜」。他前段時間一直透過 E-mail 與我交流，其中說起了他工作的一些經歷，感慨萬千。我在這裡就講講小菜的故事。

他告訴我，在做我學生時，其實根本就沒好好學資料結構，時常蹺課，考試也是臨時突擊後勉強及格。畢業後，他幾經求職，算是找到了一份程式設計師的工作。

工作中，有一次他們需要開發一個客服電話系統，他們專案開發經理安排小菜完成客戶排隊模組的程式工作。

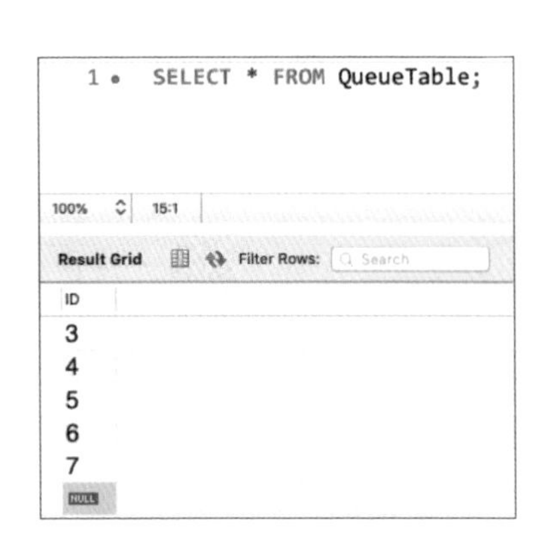

小菜覺得這個很容易，用資料庫設計了一張客戶排隊表，並且用一個自動遞增的整數作為客戶的編號。只要來一個客戶，就給這張表的尾端插入一筆資料。等客服系統一有空閒，就從這張表中取出最小編號的客戶提交，並且刪除這筆記錄。

你資料結構怎麼學的？

花了兩天時間，他完成開發並測試成功後，得意地提交了程式。誰知他們的專案開發經理，看完程式後，跑到他的桌前，拍著桌子對他說：「你資料結構怎麼學的？這種即時的排隊模組，用什麼資料庫呀，在記憶體中完成不就行了嗎。趕快改，今天一定要完成，明天一早交給我。」

小菜嚇得一身冷汗，這臉丟得有些大了，自己試用期都沒結束，別因此失去工作。於是他當天加班，忙到晚上十一點，用陣列變數重新實現了這個功能，因為考慮到怕陣列不夠大而溢位，於是他設計 100 作為陣列的長度。

資料結構可以怎麼用？

回到家中，他害怕這個程式有問題，於是就和他的表哥大鳥說起了這個事。他表哥笑嘻嘻地對他說：「你資料結構怎麼學的？」小菜驚訝地張著大口，一句話也說不出來。然後他表哥告訴他，這種即時的叫號系統，通常用資料結構中的「佇列結構」是比較好的，用陣列雖然也可以，但是又要考慮溢位，又要考慮新增和刪除後的資料移動，整體說來很不方便。你只要這樣……這樣……就可以了。

小菜在大鳥的幫助下，忙到淩晨 3 點，重新用佇列結構又寫了一遍程式，上班時用隨身碟備份回公司，終於算是過了專案開發經理這一關。

之後，小菜開始重視資料結構，找回大學的課本重新學習。他還給我發了

不少郵件，問了我不少他困惑的資料結構和演算法的問題，我也一一給了他解答。終於有一天，他學完了整個課程的內容，並給我寫了一封感謝信，信中是這麼說的：

「封老師：您好！感謝您這段時間的幫助，在大學時沒有好好上您的課真是我最大的遺憾。我現在已經學完了《資料結構》整本書的內容，收穫還是很大的。可是我一直有這樣的困惑想請教您，那就是我在工作中發現，我所需要的如堆疊、佇列、鏈結串列、雜湊表等結構，以及尋找、排序等演算法，在程式語言的開發套件中都有完美的實現，我只需要掌握如何使用它們就可以了，為什麼還要去弄清楚這裡面的演算法原理呢？」

我收到這封信時，馬上跳了起來，立即撥通了他的手機，第一句話就是……你們猜猜看，我說了什麼？

「**你資料結構怎麼學的？**」（全場同學齊聲大喊大笑）

我為什麼這麼講，等你們學完我的課程就自然會明白。我只希望在將來，不要有某個人也對你們說出這句話，如果當真聽到了這句話，就拜託你不要說你的資料結構老師是我封清揚，嘿嘿。

現在我們正式開始上課。

1.3 資料結構起源

早期人們都把電腦了解為數值計算工具，就是感覺電腦當然是用來計算的，所以電腦解決問題，應該是先從實際問題中抽象出一個適當的資料模型，設計出一個解此資料模型的演算法，然後再撰寫程式，獲得一個實際的軟體。

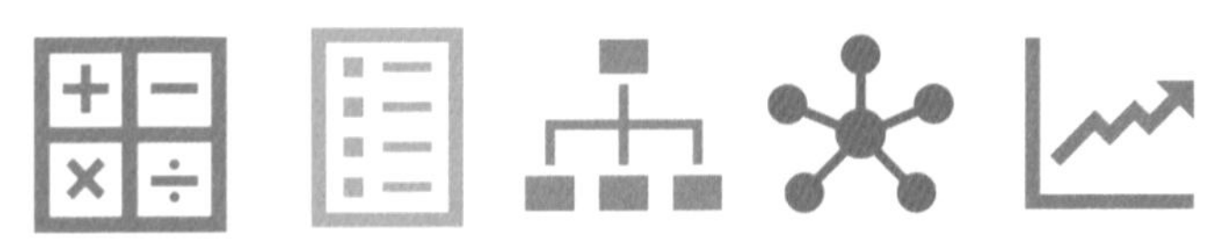

可現實中，我們更多的不是解決數值計算的問題，而是需要一些更科學有效的方法（例如串列、樹和圖等資料結構）的幫助，才能更進一步地處理問題。所以

資料結構是一種研究非數值計算的程式設計問題中的操作物件，以及它們之間的關係和操作等相關問題的學科。

1968 年，美國的高德納（Donald E. Knuth）教授在其所寫的《電腦程式設計藝術》第一卷《基本演算法》中，較系統地說明了資料的邏輯結構和儲存結構及其操作，開創了資料結構的課程系統。同年，資料結構身為獨立的課程，在電腦科學的學位課程中開始出現。也就是說，那之後電腦相關科系的學生開始接受《資料結構》的「折磨」──其實應該是享受才對。

之後，70 年代初，出現了大型程式，軟體也開始相對獨立，結構程式設計成為程式設計方法學的主要內容，人們越來越重視「資料結構」，認為程式設計的實質是對確定的問題選擇一種好的結構，加上設計一種好的演算法。可見，資料結構在程式設計當中佔據了重要的地位。

1.4 基本概念和術語

說到資料結構是什麼，我們得先來談談什麼叫**資料**。

正所謂「巧婦難為無米之炊」，再強大的電腦，也是要有「米」下鍋才可以做事的，否則就是一堆破銅爛鐵。這個「米」就是資料。

1.4.1 資料

資料：是描述客觀事物的符號，是電腦中可以操作的物件，是能被電腦識別，並輸入給電腦處理的符號集合。資料不僅包含整數、實數等數值型態，還包含字元及聲音、影像、視訊等非數值型態。

例如我們現在常用的搜尋引擎，一般會有網頁、圖片、音訊、視訊等分類。圖片是圖像資料、音訊當然就是聲音資料，視訊就不用說了，而網頁其實指的就是全部資料的搜尋，包含最重要的數字和字元等文字資料。

再例如我們學校裡學習的各種知識都可以成為資料，分享給大家使用。

也就是說，我們這裡說的資料，其實就是符號，而且這些符號必須具備兩個前提：

- 可以輸入到電腦中。
- 能被電腦程式處理。

對於整數、實數等數值型態，可以進行數值計算。

對於字元資料類型，就需要進行非數值的處理。而聲音、影像、視訊等其實是可以透過編碼的方法變成字元資料來處理的。

1.4.2 資料元素

資料元素：是組成資料的、有一定意義的基本單位，在電腦中通常作為整體處理。也被稱為記錄。

舉例來說，在人類中，什麼是資料元素呀？當然是人了。

畜禽類呢？牛、馬、羊、豬、雞、鴨等動物當然就是畜禽類的資料元素。

1.4.3 資料項目

資料項目：一個資料元素可以由許多個資料項目組成。

例如人這樣的資料元素，可以有眼、耳、鼻、嘴、手、腳這些資料項目，也可以有姓名、年齡、性別、住家地址、聯繫電話、郵遞區號等資料項目，實際有哪些資料項目，要視你做的系統來決定。

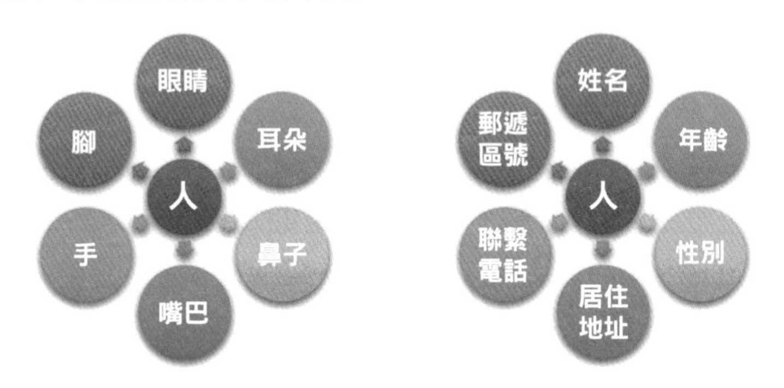

資料項目是資料不可分割的最小單位。在資料結構這門課程中，我們把資料項目定義為最小單位，是有助我們更進一步地解決問題。所以，記住了，資料項目是資料的最小單位。但真正討論問題時，資料元素才是資料結構中建立資料模型的著眼點。就像我們討論一部電影時，是討論這部電影角色這樣的「資料元素」，而非針對這個角色的姓名或年齡這樣的「資料項目」去研究分析。

1.4.4 資料物件

資料物件：是性質相同的資料元素的集合，是資料的子集。

什麼叫性質相同呢，是指資料元素具有相同數量和類型的資料項目，舉例來說，還是剛才的實例，人都有姓名、生日、性別等相同的資料項目。

既然資料物件是資料的子集，在實際應用中，處理的資料元素通常具有相同性質，在不產生混淆的情況下，我們都將資料物件簡稱為資料。

有了這些概念的準備，我們的主角登場了。

說了資料的定義，那麼資料結構中的結構又是什麼呢？

1.4.5 資料結構

結構，簡單的了解就是關係，例如分子結構，就是說組成分子的原子之間的排列方式。嚴格點說，結構是指各個組成部分相互搭配和排列的方式。在現實世界中，**不同資料元素之間不是獨立的，而是存在特定的關係，我們將這些關係稱為結構**。那資料結構是什麼？

資料結構：是相互之間存在一種或多種特定關係的資料元素的集合。

在電腦中，資料元素並不是孤立、雜亂無序的，而是具有內在聯繫的資料集合。資料元素之間存在的一種或多種特定關係，也就是資料的組織形式。

為撰寫出一個「好」的程式，必須分析待處理物件的特性及各處理物件之間存在的關係。這也就是研究資料結構的意義所在。

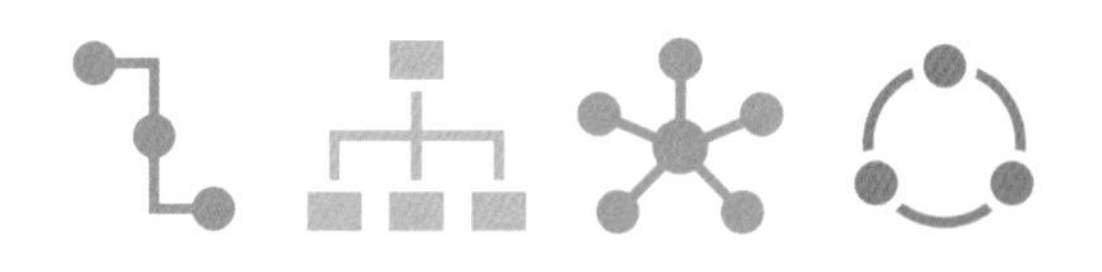

定義中提到了一種或多種特定關係，實際是什麼樣的關係，這正是我們下面要討論的問題。

1.5 邏輯結構與物理結構

按照視點的不同，我們把資料結構分為邏輯結構和物理結構。

1.5.1 邏輯結構

邏輯結構：是指資料物件中資料元素之間的相互關係。其實這也是我們今後最需要關注的問題。邏輯結構分為以下四種：

1. 集合結構

集合結構：集合結構中的資料元素除了同屬於一個集合外，它們之間沒有其他關係。各個資料元素是「平等」的，它們的共同屬性是「同屬於一個集合」。資料結構中的集合關係就類似於數學中的集合。如右圖所示。

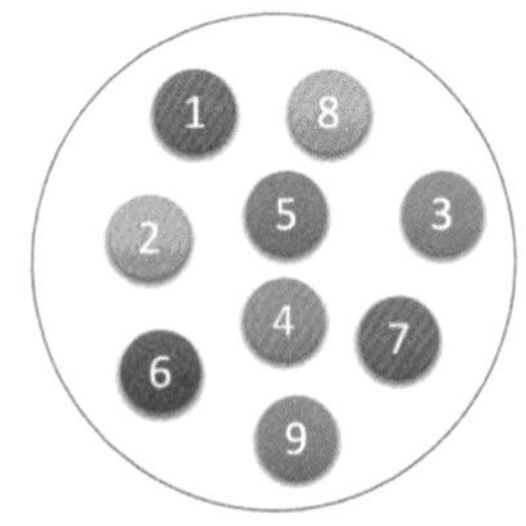

2. 線性結構

線性結構：線性結構中的資料元素之間是一對一的關係。如右圖所示。

3. 樹狀結構

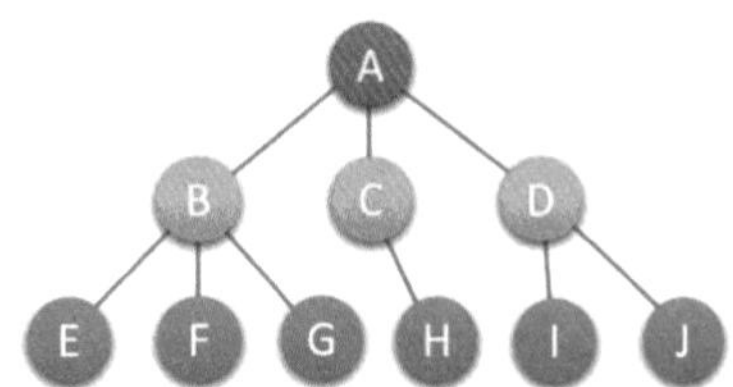

樹狀結構：樹狀結構中的資料元素之間存在一種一對多的層次關係。如右圖所示。

4. 圖形結構

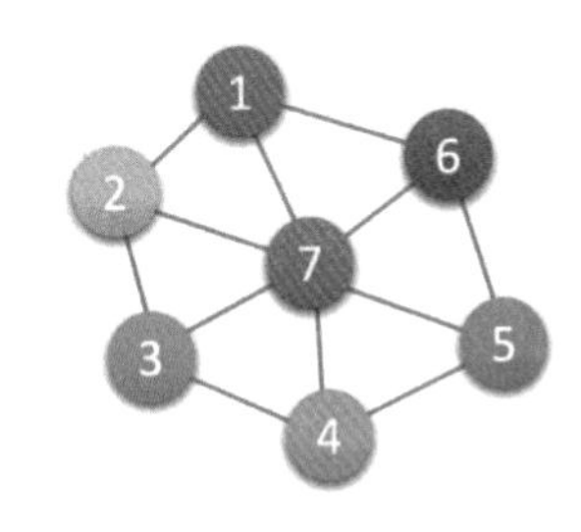

圖形結構：圖形結構的資料元素是多對多的關係。如右圖所示。

我們在用示意圖表示資料的邏輯結構時，要注意兩點：

- 將每一個資料元素視為一個節點，用圓圈表示。
- 元素之間的邏輯關係用節點之間的連線表示，如果這個關係是有方向的，那麼用帶箭頭的連線表示。

從之前的實例也可以看出，邏輯結構是針對實際問題的，是為了解決某個問題，在對問題了解的基礎上，選擇一個合適的資料結構表示資料元素之間的邏輯關係。

1.5.2 物理結構

說完了邏輯結構，我們再來說說資料的物理結構（很多書中也叫做儲存結構，你只要在了解上把它們當一回事就可以了）。

> 物理結構：是指資料的邏輯結構在電腦中的儲存形式。

資料是資料元素的集合，那麼根據物理結構的定義，實際上就是如何把資料元素儲存到電腦的記憶體中。記憶體主要是針對記憶體而言的，像硬碟、軟碟、光碟等外部記憶體的資料組織通常用檔案結構來描述。

資料的儲存結構應正確反映資料元素之間的邏輯關係，這才是最為關鍵的，如何儲存資料元素之間的邏輯關係，是實現物理結構的重點和困難。

資料元素的儲存結構形式有兩種：循序儲存和鏈式儲存。

1. 循序儲存結構

循序儲存結構：是把資料元素儲存在位址連續的儲存單元裡，其資料間的邏輯關係和物理關係是一致的。

這種儲存結構其實很簡單，説穿了，就是排隊佔位。大家都按順序排好，每個人佔一小段空間，大家誰也別插誰的隊。我們之前學電腦語言時，陣列就是這樣的循序儲存結構。當你告訴電腦，你要建立一個有 9 個整數類型資料的陣列時，電腦就在記憶體中找了片空地，按照一個整數所佔位置的大小乘以 9，開闢一段連續的空間，於是第一個陣列資料就放在第一個位置，第二個資料放在第二個，這樣依次置放。如下圖所示

2. 鏈式儲存結構

如果就是這麼簡單和有規律，一切就好辦了。可實際上，總會有人插隊，也會有人要上廁所、有人會放棄排隊。所以這個隊伍當中會增加新成員，也有可能會去掉舊元素，整個結構時刻都處於變化中。顯然，面對這樣時常要變化的結構，循序儲存是不科學的。那怎麼辦呢？

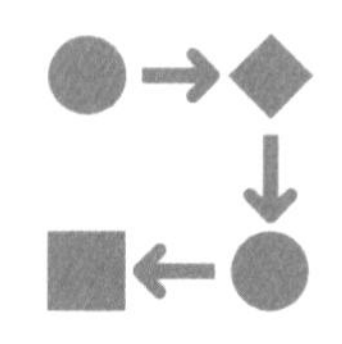

現在如銀行、醫院等地方，設定了叫號系統，也就是每個人到現場，先領一個號碼，等著叫號，叫到時去辦理業務或看病。在等待的時候，你愛在哪在哪，可以坐著、站著或走動，甚至出去逛一圈，只要及時回來就可以。你關注的是前一個號有沒有被叫到，叫到了，下一個就輪到了。

鏈式儲存結構：是把資料元素儲存在任意的儲存單元裡，這組儲存單元可以是連續的，也可以是不連續的。資料元素的儲存關係並不能反映其邏輯關係，因此需要用一個指標儲存資料元素的位址，這樣透過位址就可以找到相連結資料

元素的位置。如右圖所示。

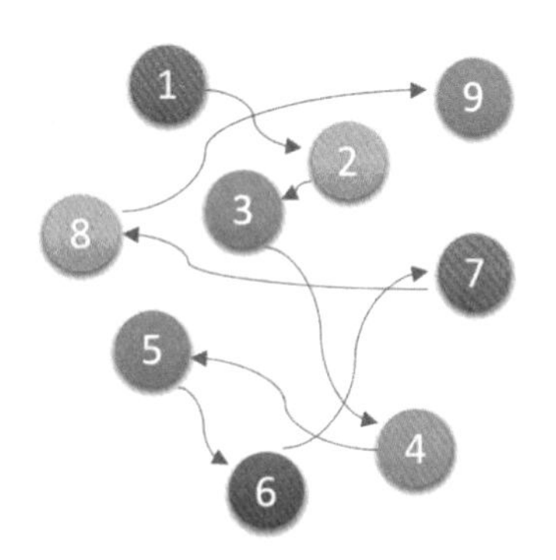

顯然，鏈式儲存就靈活多了，資料存在哪裡不重要，只要有一個指標儲存了對應的位址就能找到它了。

前幾年香港有部電影叫《無間道》，大陸還有部電視劇叫《潛伏》，都很火，不知道大家有沒有看過。大致說的是，某一方潛伏在敵人的內部，進行一些情報收集工作。為了不曝露每個潛伏人員的真實身份，常常都是單線聯繫，只有上線知道下線是誰，並且是透過暗號來聯絡。正常情況下，情報是可以順利地上傳下達的，但是如果某個鏈條中節點的同志犧牲了，那就麻煩了，因為其他人不知道上線或下線是誰，後果就很嚴重。例如在《無間道》中，陳永仁是警方在黑社會中的臥底，一直是與黃警官聯絡，可當黃遇害後，陳就無法證明自己是一個員警。所以影片的結尾，當陳用槍指著劉建明的頭說，「對不起，我是員警。」劉建明馬上反問道：「誰知道呢？」是呀，當沒有人可以證明你身份的時候，誰知道你是誰呢？影片看到這裡，多少讓人有些唏噓感慨。這其實就是鏈式關係的現實範例。

邏輯結構是針對問題的，而物理結構就是針對電腦的，其基本的目標就是將資料及其邏輯關係儲存到電腦的記憶體中。

1.6 資料類型

1.6.1 資料類型定義

資料類型：是指一組性質相同的值的集合及定義在此集合上的一些操作的總稱。

資料類型是按照值的不同進行劃分的。在高階語言中，每個變數、常數和運算式都有各自的設定值範圍。類型就用來說明變數或運算式的設定值範圍和所能進行的操作。

當年那些設計電腦語言的人，為什麼會考慮到資料類型呢？

舉例來說，大家都需要住房子，也都希望房子越大越好。但顯然，沒有錢，考慮房子是沒什麼意義的。於是就出現了各種各樣的房型，有別墅的，有夾層的，有單間的；有上百坪的，也有幾十坪的，甚至還出現了膠囊公寓——只有兩坪的房間……這樣就滿足了不同人的需要。

同樣，在電腦中，記憶體也不是無限大的，你要計算一個如 1+1=2、3+5=8 這樣的整數的加減乘除運算，顯然不需要開闢很大的適合小數甚至字元運算的記憶體空間。於是電腦的研究者們就考慮，要對資料進行分類，分出來多種資料類型。

在 C 語言中，按照設定值的不同，資料類型可以分為兩種：

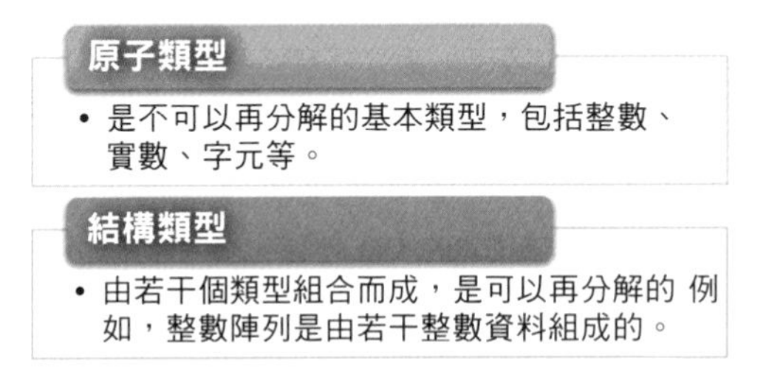

舉例來說，在 C 語言中變數宣告 int a，b，這就表示，在替變數 *a* 和 *b* 設定值時不能超出 int 的設定值範圍，變數 *a* 和 *b* 之間的運算只能是 int 類型所允許的運算。

因為不同的電腦有不同的硬體系統，這就要求程式語言最後透過編譯器或解譯器轉換成底層語言，如組合語言甚至是透過機器語言的資料類型來實現的。可事實上，高階語言的程式設計者不管最後程式執行在什麼電腦上，他的目的就是為了實現兩個整數的運算，如 a+b、a-b、a×b 和 a/b 等，他才不關心整數在電腦內部是如何表示的，也不想知道 CPU 為了實現 1+2 進行幾次開關操作，這些操作是如何實現的，對高階語言開發者來講根本不重要。於是我們就會考慮，無論什麼電腦、什麼電腦語言，大都會面臨著如整數運算、實數運算、字元運算等操作，我們可以考慮把它們都抽象出來。

抽象是指抽取出事物具有的普遍性的本質。它是抽出問題的特徵而忽略非本質的細節，是對實際事物的概括。抽象是一種思考問題的方式，它隱藏了繁雜的細節，只保留實現目標所必需的資訊。

1.6.2 抽象資料類型

我們對已有的資料類型進行抽象，就有了抽象資料類型。

抽象資料類型（Abstract Data Type，ADT）：是指一個數學模型及定義在該模型上的一組操作。抽象資料類型的定義僅取決於它的一組邏輯特性，而與其在電腦內部如何表示和實現無關。

例如剛才的實例，各個電腦，不管是大型主機、小型主機、PC、平板電腦、PDA，甚至智慧型手機都擁有「整數」類型，也需要整數間的運算，那麼整數其實就是一個抽象資料類型，儘管它在上面提到的這些在不同電腦中實現方法上可能不一樣，但由於其定義的數學特性相同，在電腦程式設計者看來，它們都是相同的。因此，**「抽象」的意義在於資料類型的數學抽象特性**。

而且，抽象資料類型不僅指那些已經定義並實現的資料類型，還可以是電腦程式設計者在設計軟體程式時自己定義的資料類型，例如我們撰寫關於電腦繪圖或地圖類的軟體系統，經常都會用到座標。也就是說，總是有成對出現的 x 和 y，在 3D 系統中還有 z 出現，既然這三個整數是始終在一起出現，我們就定義一個叫 point 的抽象資料類型，它有 x、y、z 三個整數變數，這樣我們很方便地操作一個 point 資料變數就能知道這一點的座標了。

根據抽象資料類型的定義，它還包含定義在該模型上的一組操作。

就像「超級瑪利歐」這個經典的任天堂遊戲，裡面的遊戲主角是馬利歐（Mario）。我們給他定義了幾種基本操作，走（前進、後退、上、下）、跳、打子彈等。一個抽象資料類型定義了：一個資料物件、資料物件中各資料元素之間的關係及對資料元素的操作。至於，一個抽象資料類型到底需要哪些操作，這就只能由設計者根據實際需要來定。像瑪利歐，可能開始只有兩種操作，走和跳，後來發現應該要增加一種打子彈的操作，再後來發現有些玩家希望它可以走得快一點，就有了按住打子彈鍵後前進就會「跑」的操作。這都是根據實際情況來設計的。

事實上，抽象資料類型表現了程式設計中問題分解、抽象和資訊隱藏的特性。抽象資料類型把實際生活中的問題分解為多個規模小且容易處理的問題，然後建立一個電腦能處理的資料模型，並把每個功能模組的實現細節作為一個獨立的單元，進一步使實作方式過程隱藏起來。

為了便於在之後的說明中對抽象資料類型進行標準的描述，我們列出了描述抽象資料類型的標準格式：

```
ADT 抽象資料類型名稱
Data
    資料元素之間邏輯關係的定義
Operation
    操作 1
            初始條件
            操作結果描述
    操作 2
        ......
    操作 n
        ......
endADT
```

1.7 歸納回顧

今天首先用我一個學生為實例，說明資料結構很重要。接著講了資料結構的起源，推出「資料結構」這一課程，讓所有學程式設計的人「享受它帶來的樂趣」或「體驗被折磨後無盡的煩惱」。

接著，正式介紹了資料結構的一些相關概念。如下圖所示。

由這些概念，列出了資料結構的定義：**資料結構是相互之間存在一種或多種特定關係的資料元素的集合**。同樣是結構，從不同的角度來討論，會有不同的分類。如下圖所示

邏輯結構	物理結構
‧集合結構 ‧線性結構 ‧樹狀結構 ‧圖形結構	‧循序儲存結構 ‧鏈接儲存結構

之後，我們還介紹了抽象資料類型及它的描述方法，為今後的課程打下基礎。

1.8 結尾語

最後，我想對那些已經開始自學資料結構的同學說，可能你們會困惑、不懂、不了解、不會應用，甚至不知所云。可實際上，無論學什麼，都是要努力才可以學到真東西。只有真正掌握技術的人，才有可能去享用它。如果你中途放棄了，之前所有的努力和付出都會變得沒有價值。學會游泳難嗎？掌握英文口語

難嗎？可能是難，但在掌握了的人眼裡，這根本不算什麼，「就那麼回事呀」。只要你相信自己一定可以學得會、學得好，既然無數人已經掌握了，你憑什麼不行。

最後的結果一定是，你對著別人很屌地說：「資料結構──就那麼回事。」

哎，我如此口乾舌燥地投眾位所好，怎麼還有人打瞌睡呢？罷了罷了，下課。

Chapter

02 演算法

啟示

演算法：是解決特定問題求解步驟的描述，在電腦中表現為指令的有限序列，並且每行指令表示一個或多個操作。

2.1 開場白

各位同學大家好。

上次上完課後，有同學對我說：老師，我聽了你的課，感覺資料結構沒什麼的，你也太誇大它的難度了。

是呀，我好像是強調了資料結構比較燒腦，而上一堂課，其實還沒拿出複雜的東西來說。不是不想，是沒必要，第一次課就把你們搞糊塗，那以後還玩什麼，蹺課的不就更多了嗎？你們看，今天來的人數和第一次差不多，而且暫時還沒有睡覺的。

今天我們介紹的內容在難度上就有所增加，做好準備了嗎？ Let's go.

2.2 資料結構與演算法關係

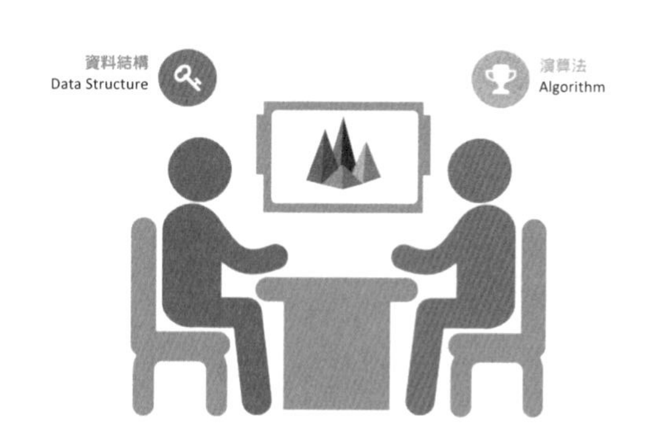

我們這門課程叫資料結構，但很多時候我們會講到演算法，以及它們之間的關係。市場上也有不少書叫「資料結構與演算法分析」這樣的名字。

有人可能就要問了，那你到底是只講資料結構呢，還是和演算法一起講？它們之間是什麼關係呢？為何要放在一起？

這問題怎麼回答。舉例來說，今天是你女友生日，你打算請女友去看愛情音樂劇，到了戲院，抬頭一看──《梁山伯》18：00 開演。嗯，怎麼會是這樣？一問才知，今天飾演祝英台的演員生病，所以梁山伯唱獨角戲。真是搞笑了，這還有什麼看頭。於是你們打算去看愛情電影。到了電影院，一看海報──《羅密歐》，是不是名字寫錯了，問了才知，原來飾演茱麗葉的演員因為嫌棄演出費用太低，中途退演了。製片方考慮到已經開拍，於是就把電影名字定為《羅密歐》，主要講男主角的心路旅程。哎，這電影還怎麼看啊？

事實上，資料結構和演算法也是類似的關係。只談資料結構，當然是可以，我們可以在很短的時間就把幾種重要的資料結構介紹完。聽完後，很可能你沒什麼感覺，不知道這些資料結構有何用處。但如果我們再把對應的演算法也拿來講一講，你就會發現，甚至開始感慨：哦，電腦界的前輩們，的確是一些很屌很屌的人，他們使得很多看似很難解決或無法解決的問題，變得如此美妙和神奇。

也許從這以後，慢慢地你們中的一些人會開始把你們的崇拜對象，從小鮮肉、小美女、什麼「哥」、什麼「姐」們，轉換到這些大鬍子或禿頂的老頭身上，那我就非常欣慰了。而且，這顯然是一種成熟的表現，我期待你們中多一點這樣的人，這樣我們的軟體企業，也許就有得救了。

不過話說回來，現在好多大學裡，通常都是把「演算法」分出一門課單獨講的，也就是說，在《資料結構》課程中，就算談到演算法，也是為了幫助了解好資料結構，並不會詳細談及演算法的各方面。我們的課程也是按這樣的原則來展開的。

2.3 兩種演算法的比較

大家都已經學過一種電腦語言，不管學的是哪一種，學得好不好，好歹是可以寫點小程式了。現在我要求你寫一個求 1+2+3+……+100 結果的程式，你應該怎麼寫呢？

大多數人會馬上寫出下面的 C 語言程式（或其他語言的程式）：

```
int i, sum = 0, n = 100;
for (i = 1; i <= n; i++)
{
    sum = sum + i;
}
printf ("%d", sum);
```

這是最簡單的電腦程式之一，它就是一種演算法，我不去解釋這程式的含義了。問題在於，你的第一直覺是這樣寫的，但這樣是不是真的很好？是不是最高效？

此時，我不得不把偉大數學家高斯的童年故事拿來說一遍，也許你們都早已經聽過，但不妨再感受一下──天才當年是如何展現天分和才華的。

據說 18 世紀生於德國小村莊的高斯，上小學的一天，課堂很亂，就像我們現在下面那些竊竊私語或拿著手機不停把玩的同學一樣，老師非常生氣，後果自然也很嚴重。於是老師在放學時，就要求每個學生都計算 1+2+…+100 的結果，誰先算出來誰先回家。

天才當然不會被這樣的問題難倒，高斯很快就得出了答案，是 5050。老師非常驚訝，因為他自己想必也是透過

1+2=3，3+3=6，6+4=10，……，4950+100=5050 這樣算出來的，也算了很久很久。說不定為了怕錯，還算了兩三遍。可眼前這個少年，一個剛剛上學的孩子，為何可以這麼快地得出結果？

高斯解釋道：

$$
\begin{aligned}
sum &= 1 + 2 + 3 + \ldots + 99 + 100 \\
sum &= 100 + 99 + 98 + \ldots + 2 + 1 \\
2\times sum &= \underbrace{101 + 101 + 101 + \ldots + 101 + 101}_{\text{共100個}}
\end{aligned}
$$

所以 sum=5050

用程式來實現如下：

```
int sum = 0, n = 100;
sum = (1 + n) * n / 2;
printf ("%d", sum);
```

神童就是神童，他用的方法相當於一種求等差數列的演算法，不僅可以用於 1 加到 100，就是加到一千、一萬、一億（需要更改整數變數類型為長整數，否則會溢位），也就是瞬間之事。但如果用剛才的那個逐一加數的程式，顯然電腦要循環一千、一萬、一億次的加法運算。人腦比電腦算得快，似乎成為了現實。

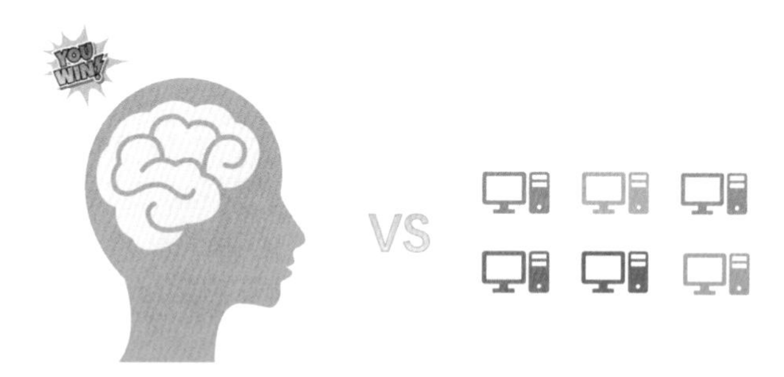

2.4 演算法定義

什麼是演算法呢？演算法是描述解決問題的方法。演算法（Algorithm）這個單字最早出現在波斯數學家阿布・花拉子米在西元 825 年所寫的《印度數字算術》中。如今普遍認可的對演算法的定義是：

演算法是解決特定問題求解步驟的描述，在電腦中表現為指令的有限序列，並且每行指令表示一個或多個操作。

剛才的實例我們也看到，對於指定的問題，是可以有多種演算法來解決的。

那我就要問問你們，有沒有通用的演算法呀？這個問題其實很弱智，就像問有沒有可以包治百病的藥呀！

現實世界中的問題千奇百怪，演算法當然也就千變萬化，沒有通用的演算法可以解決所有的問題。就像大學教授並不一定教得好小學生一個道理。為解決一個很小的問題，企業排名最高、最優秀的演算法反而不一定適合它。

演算法定義中，提到了指令，指令能被人或機器等計算裝置執行。它可以是電腦指令，也可以是我們平時的語言文字。

為了解決某個或某類問題，需要把指令表示成一定的操作序列，操作序列包含一組操作，每一個操作都完成特定的功能，這就是演算法了。

2.5 演算法的特性

演算法具有五個基本特性：輸入、輸出、有限性、確定性和可行性。

2.5.1 輸入輸出

輸入和輸出特性比較容易了解，**演算法具有零個或多個輸入**。儘管對絕大多數演算法來說，輸入參數都是必要的，但對於個別情況，如列印 "hello world !" 這樣的程式，不需要任何輸入參數，因此演算法的輸入可以是零個。**演算法至少有一個或多個輸出**，演算法是一定需要輸出的，不需要輸出，你用這個演算法幹嘛？輸出的形式可以是列印輸出，也可以是傳回一個或多個值等。

2.5.2 有限性

有限性：**指演算法在執行有限的步驟之後，自動結束而不會出現無限迴圈，並且每一個步驟在可接受的時間內完成**。現實中經常會寫出無窮迴圈的程式，這就是不滿足有限性。當然這裡有限的概念並不是純數學意義的，而是在實際應用當中合理的、可以接受的「有邊界」。你說你寫一個演算法，電腦需要算上個二十年，一定會結束，它在數學意義上是有限了，可是媳婦都熬成婆了，演算法的意義也就不大了。

2.5.3 確定性

確定性：**演算法的每一步驟都具有確定的含義，不會出現不明確性**。演算法在一定條件下，只有一條執行路徑，相同的輸入只能有唯一的輸出結果。演算法的每個步驟被精確定義而無問題。

2.5.4 可行性

可行性：**演算法的每一步都必須是可行的，也就是說，每一步都能夠透過執行有限次數完成**。可行性表示演算法可以轉為程式上機執行，並獲得正確的結果。儘管在目前電腦界也存在那種沒有實現的極為複雜的演算法，不是說理論上不能實現，而是因為過於複雜，我們目前的程式設計方法、工具和大腦限制了這個工作，不過這都是理論研究領域的問題，不屬於我們現在要考慮的範圍。

2.6 演算法設計的要求

剛才我們談到了，演算法不是唯一的。也就是說，同一個問題，可以有多種解決問題的演算法。這可能讓那些常年只做有標準答案題目的同學失望了，他們多麼希望存在標準答案，只有一個是正確的，把它背下來，需要的時候套用就可以了。不過話說回來，儘管演算法不唯一，相對好的演算法還是存在的。掌握好的演算法，對我們解決問題很有幫助，否則前人的智慧我們不能利用，就都得自己從頭研究了。那麼什麼才叫好的演算法呢？

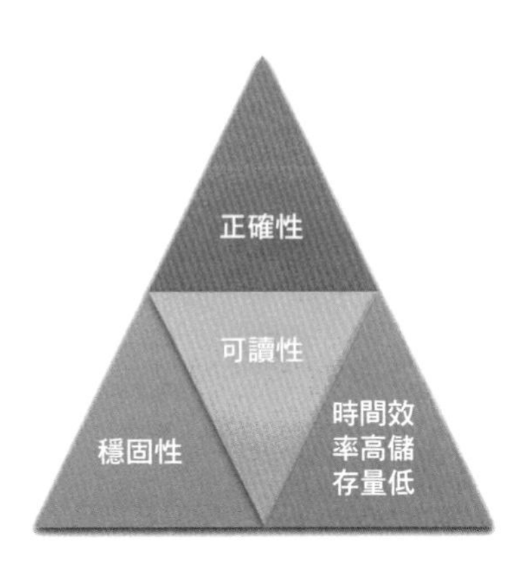

嗯，沒錯，有同學說，好的演算法，起碼要正確的，連正確都談不上，還談什麼別的要求？

2.6.1 正確性

正確性：演算法的正確性是指演算法至少應該具有輸入、輸出和加工處理無問題性、能正確反映問題的需求、能夠獲得問題的正確答案。

但是演算法的「正確」通常在用法上有很大的差別，大致分為以下四個層次。

(1) 演算法程式沒有語法錯誤。
(2) 演算法程式對於合法的輸入資料能夠產生滿足要求的輸出結果。
(3) 演算法程式對於非法的輸入資料能夠得出滿足規格說明的結果。
(4) 演算法程式對於精心選擇的，甚至刁難的測試資料都有滿足要求的輸出結果。

對於這四層含義，層次 1 要求最低，但是僅沒有語法錯誤實在談不上是好演算法。這就如同僅解決溫飽，不能算是生活幸福一樣。而層次 4 是最困難的，我們幾乎不可能逐一驗證所有的輸入都獲得正確的結果。

因此演算法的正確性在大部分情況下都不可能用程式來證明，而是用數學方法證明的。證明一個複雜演算法在所有層次上都是正確的，代價非常昂貴。所以

一般情況下，我們把層次 3 作為一個演算法是否正確的標準。

好演算法還有什麼特徵呢？

很好，我聽到了説演算法容易了解。沒錯，就是它。

2.6.2 可讀性

可讀性：演算法設計的另一目的是為了便於閱讀、了解和交流。

可讀性高有助人們了解演算法，晦澀難懂的演算法常常隱含錯誤，不易被發現，並且難於偵錯和修改。

我在很久以前曾經看到過一個網友寫的程式，他號稱這程式是「用史上最少程式實現俄羅斯方塊」。因為我自己也寫過類似的小遊戲程式，所以想研究一下他是如何寫的。由於他追求的是「最少程式」這樣的極致，使得他的程式真的不好了解。也許除了電腦和他自己，絕大多數人是看不懂他的程式的。

我們寫程式的目的，一方面是為了讓電腦執行，但還有一個重要的目的是為了便於他人閱讀，讓人了解和交流，自己將來也可能閱讀，如果可讀性不好，時間長了自己都不知道寫了些什麼。可讀性是演算法（也包含實現它的程式）好壞很重要的標示。

2.6.3 穩固性

一個好的演算法還應該能對輸入資料非法的情況做合適的處理。例如輸入的時間或距離不應該是負數等。

穩固性：當輸入資料非法時，演算法也能做出相關處理，而非產生例外或莫名其妙的結果。

2.6.4 時間效率高和儲存量低

最後，好的演算法還應該具備時間效率高和儲存量低的特點。

時間效率指的是演算法的執行時間，對於同一個問題，如果有多個演算法能夠解決，執行時間短的演算法效率高，執行時間長的效率低。儲存量需求指的是演算法在執行過程中需要的最大儲存空間，主要指演算法程式執行時期所佔用的記憶體或外部硬碟儲存空間。**設計演算法應該儘量滿足時間效率高和儲存量低的需求**。在生活中，人們都希望花最少的錢，用最短的時間，辦最大的事，演算法也是一樣的思維，最好用最少的儲存空間，花最少的時間，辦成同樣的事就是好的演算法。求 100 個人的學測成績平均分數，與求全國的所有考生的成績平均分數在佔用時間和記憶體儲存上是有非常大的差異的，我們自然是追求可以高效率和低儲存量的演算法來解決問題。

綜上，好的演算法，應該具有正確性、可讀性、穩固性、高效率和低儲存量的特徵。

2.7 演算法效率的度量方法

剛才我們提到設計演算法要提高效率。這裡效率大都指演算法的執行時間。那麼我們如何度量一個演算法的執行時間呢？

正所謂「是騾子是馬，拉出來遛遛」。比較容易想到的方法就是，我們透過對演算法的資料測試，利用電腦的計時功能，來計算不同演算法的效率是高還是低。

2.7.1 事後統計方法

事後統計方法：這種方法主要是透過設計好的測試程式和資料，利用電腦計時器對不同演算法編制的程式的執行時間進行比較，進一步確定演算法效率的高低。

但這種方法顯然是有很大缺陷的：

- 必須依據演算法事先編制好程式，這通常需要花費大量的時間和精力。如果編制出來發現它根本是很糟糕的演算法，不是竹籃打水一場空嗎？

- 時間的比較依賴電腦硬體和軟體等環境因素，有時會掩蓋演算法本身的優劣。要知道，現在的一台四核心處理器的電腦，跟當年 286、386、486 等老爺爺輩的機器相比，在處理演算法的運算速度上，是不能相提並論的；而所用的作業系統、編譯器、執行架構等軟體的不同，也可以影響它們的結果；就算是同一台機器，CPU 使用率和記憶體佔用情況不一樣，也會造成細微的差異。
- 演算法的測試資料設計困難，並且程式的執行時間常常還與測試資料的規模有很大關係，效率高的演算法在小的測試資料面前常常得不到表現。例如 10 個數字的排序，不管用什麼演算法，差異幾乎是零。而如果有一百萬個亂數排序，那不同演算法的差異就非常大了，而隨機的散亂程度有好有壞，會使得演算法比較變得不夠客觀。那麼我們為了比較演算法，到底用多少資料來測試？測試多少次才算 OK ？這是很難判斷的問題。

基於事後統計方法有上面提到的缺陷，我們考慮不予採納。

2.7.2 事前分析估算方法

我們的電腦前輩們，為了對演算法的評判更科學，研究出了一種叫做事前分析估算的方法。

事前分析估算方法：在電腦程式編制前，依據統計方法對演算法進行估算。

經過分析，我們發現，一個用進階程式語言撰寫的程式在電腦上執行時期所消耗的時間取決於下列因素：

第 1 項當然是演算法好壞的根本，第 2 項要由軟體來支援，第 4 項要看硬體效能。也就是說，拋開這些與電腦硬體、軟體有關的因素，**一個程式的執行時間，依賴於演算法的好壞和問題的輸入規模。**所謂問題輸入規模是指輸入量的多少。

我們來看看今天剛上課時學的實例，兩種求和的演算法：

第一種演算法：

```
int i, sum = 0, n = 100;    /* 執行1次 */
for (i = 1; i <= n; i++)    /* 執行了n+1次 */
{
    sum = sum + i;          /* 執行n次 */
}
printf ("%d", sum);         /* 執行1次 */
```

第二種演算法：

```
int sum = 0,n = 100;         /* 執行1次 */
sum = (1 + n) * n/2;         /* 執行1次 */
printf ("%d", sum);          /* 執行1次 */
```

顯然，第一種演算法，執行了 $1+(n+1)+n+1$ 次 $= 2n+3$ 次；而第二種演算法，是 $1+1+1=3$ 次。事實上兩個演算法的第一條和最後一行敘述是一樣的，所以我們關注的程式其實是中間的那部分，我們把迴圈看作一個整體，忽略頭尾迴圈判斷的負擔，那麼這兩個演算法其實就是 n 次與 1 次的差距。演算法好壞顯而易見。

我們再來延伸一下上面這個實例：

```
int i, j, x = 0, sum = 0, n = 100;      /* 執行1次 */
for (i = 1; i <= n; i++)
{
    for (j = 1; j <= n; j++)
    {
        x++;                            /* 執行n×n次 */
        sum = sum + x;
    }
}
printf ("%d", sum);                     /* 執行1次 */
```

這個實例中，i 從 1 到 100，每次都要讓 j 循環 100 次，而當中的 x++ 和 sum = sum + x；其實就是 1+2+3+⋯+10000，也就是 100^2 次，所以這個演算法當中，迴圈部分的程式整體需要執行 n^2（忽略迴圈本體頭尾的負擔）次。顯然這個演算法的執行次數對於同樣的輸入規模 $n = 100$，要多於前面兩種演算法，這個演算法的執行時間隨著 n 的增加也將遠遠多於前面兩個。

此時你會看到，測定執行時間最可靠的方法就是計算對執行時間有消耗的基本操作的執行次數。執行時間與這個計數成正比。

我們不關心撰寫程式所用的程式語言是什麼，也不關心這些程式將跑在什麼樣的電腦中，我們只關心它所實現的演算法。這樣，不計那些迴圈索引的遞增和迴圈終止條件、變數宣告、列印結果等操作，**最後，在分析程式的執行時間時，最重要的是把程式看成是獨立於程式語言的演算法或一系列步驟。**

可以從問題描述中獲得啟示，同樣問題的輸入規模是 n，求和演算法的第一種，求 $1+2+\cdots+n$ 需要一段程式執行 n 次。那麼這個問題的輸入規模使得運算數量是 $f(n) = n$，顯然執行 100 次的同一段程式規模是運算 10 次的 10 倍。而第二種，無論 n 為多少，執行次數都為 1，即 $f(n) = 1$；第三種，運算 100 次是運算 10 次的 100 倍。因為它是 $f(n) = n^2$。

我們在分析一個演算法的執行時間時，重要的是把基本操作的數量與輸入規模連結起來，即基本操作的數量必須表示成輸入規模的函數（如下圖所示）。

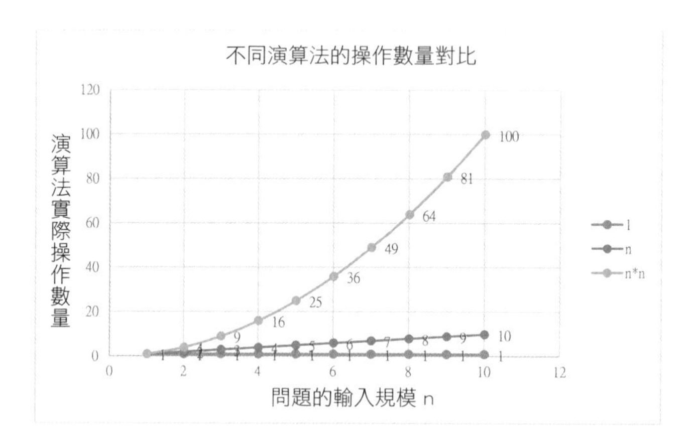

我們可以這樣認為，隨著 n 值的越來越大，它們在時間效率上的差異也就越來越大。有如你們當中有些人每天都在學習，我指有用的學習，而非只為考試的死讀書，每天都在進步，而另一些人，打打電動，睡睡大覺。入校時大家都一樣，但畢業時結果可能就大不同，前者名企爭搶著要，後者求職無門。

2.8 函數的漸近增長

我們現在來判斷一下，以下兩個演算法 A 和 B 哪個更好。假設兩個演算法的輸入規模都是 n，演算法 A 要做 $2n + 3$ 次操作，你可以視為先有一個 n 次的循環，執行完成後，再有一個 n 次循環，最後有三次設定值或運算，共 $2n + 3$ 次操作。演算法 B 要做 $3n + 1$ 次操作。你覺得它們誰更快呢？

準確說來，答案是不一定的（如下表所示）。

次數	演算法 A (2*n*+3)	演算法 A' (2*n*)	演算法 B (3*n*+1)	演算法 B' (3*n*)
$n = 1$	5	2	4	3
$n = 2$	7	4	7	6
$n = 3$	9	6	10	9
$n = 10$	23	20	31	30
$n = 100$	203	200	301	300

當 $n = 1$ 時，演算法 A 效率不如演算法 B（次數比演算法 B 要多一次）。而當 $n = 2$ 時，兩者效率相同；當 $n > 2$ 時，演算法 A 就開始優於演算法 B 了，隨著 n 的增加，演算法 A 比演算法 B 越來越好了（執行的次數比 B 要少）。於是我們可以得出結論，演算法 A 整體上要好過演算法 B。

此時我們列出這樣的定義，輸入規模 n 在沒有限制的情況下，只要超過一個數值 N，這個函數就總是大於另一個函數，我們稱函數是漸近增長的。

函數的漸近增長：指定兩個函數 $f(n)$ 和 $g(n)$，如果存在一個整數 N，使得對於所有的 $n > N$，$f(n)$ 總是比 $g(n)$ 大，那麼，我們說 $f(n)$ 的增長漸近快於 $g(n)$。

從中我們發現，隨著 n 的增大，後面的 +3 還是 +1 其實是不影響最後的演算法變化的，例如演算法 A′ 與演算法 B′，所以，**我們可以忽略這些加法常數**。後面的實例，這樣的常數被忽略的意義可能會更加明顯。

我們來看第二個實例，演算法 C 是 $4n + 8$，演算法 D 是 $2n^2 + 1$（如下表所示）。

次數	演算法 C(4n+8)	演算法 C'(n)	演算法 D(2n^2+1)	演算法 D'(n^2)
n = 1	12	1	3	1
n = 2	16	2	9	4
n = 3	20	3	19	9
n = 10	48	10	201	100
n = 100	408	100	20001	10000
n = 1000	4008	1000	2000001	1000000

當 $n \leqslant 3$ 的時候，演算法 C 要差於演算法 D（因為演算法 C 次數比較多），但當 $n > 3$ 後，演算法 C 的優勢就越來越優於演算法 D 了，到後來更是遠遠勝過。而當後面的常數去掉後，我們發現其實結果沒有發生改變。甚至我們再觀察發現，哪怕去掉與 n 相乘的常數，這樣的結果也沒發生改變，演算法 C′的次數隨著 n 的增長，還是遠小於演算法 D′。也就是說，**與最高次項相乘的常數並不重要**。

我們再來看第三個實例。演算法 E 是 $2n^2 + 3n + 1$，演算法 F 是 $2n^3 + 3n + 1$（如下表所示）。

次數	演算法 E(2n^2+3n+1)	演算法 E'(n^2)	演算法 F(2n^3+3n+1)	演算法 F'(n^3)
n = 1	6	1	6	1
n = 2	15	4	23	8
n = 3	28	9	64	27
n = 10	231	100	2031	1000
n = 100	20301	10000	2000301	1000000

當 $n = 1$ 的時候，演算法 E 與演算法 F 結果相同，但當 $n > 1$ 後，演算法 E 的優勢就要開始優於演算法 F，隨著 n 的增大，差異非常明顯。透過觀察發現，**最高次項的指數大的，函數隨著 n 的增長，結果也會變得增長特別快**。

我們來看最後一個實例。演算法 G 是 $2n^2$，演算法 H 是 $3n + 1$，演算法 I 是 $2n^2 + 3n + 1$（如下表所示）。

次數	演算法 G($2n^2$)	演算法 H(3n+1)	演算法 I($2n^2$+3n+1)
n = 1	2	4	6
n = 2	8	7	15
n = 5	50	16	66
n = 10	200	31	231
n = 100	20 000	301	20 301
n = 1,000	2 000 000	3 001	2 003 001
n = 10,000	200 000 000	30 001	200 030 001
n = 100,000	20 000 000 000	300 001	20 000 300 001
n = 1,000,000	2 000 000 000 000	3 000 001	200 000 3000 001

這組資料應該就看得很清楚。當 n 的值越來越大時，你會發現，$3n$+1 已經無法和 $2n^2$ 的結果相比較，最後幾乎可以忽略不計。也就是說，隨著 n 值變得非常大以後，演算法 G 其實已經很趨近於演算法 I。於是我們可以獲得這樣一個結論，判斷一個演算法的效率時，函數中的常數和其他次要項常常可以忽略，而更應該關注主項（最高階項）的階數。

n=0，同一起跑線

n 很小時，差距還很小

n 變大時，差距就越來越大

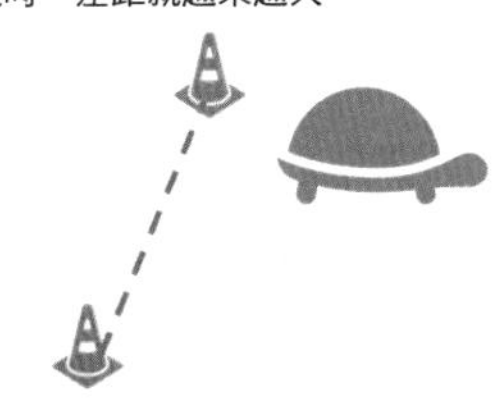

判斷一個演算法好不好，我們只透過少量的資料是不能做出準確判斷的。根據剛才的幾個範例，我們發現，如果我們可以比較這幾個演算法的關鍵執行次數函數的漸近增長性，基本就可以分析出：**某個演算法，隨著 n 的增大，它會越來越優於另一演算法，或越來越差於另一演算法**。這其實就是事前估算方法的理論依據，透過演算法時間複雜度來估算演算法時間效率。

2.9 演算法時間複雜度

2.9.1 演算法時間複雜度定義

在進行演算法分析時，敘述整體執行次數 $T(n)$ 是關於問題規模 n 的函數，進而分析 $T(n)$ 隨 n 的變化情況並確定 $T(n)$ 的數量級。演算法的時間複雜度，也就是演算法的時間量度，記作：$T(n)= O(f(n))$。它表示隨問題規模 n 的增大，演算法執行時間的增長率和 $f(n)$ 的增長率相同，稱作演算法的漸近時間複雜度，簡稱為時間複雜度。其中 $f(n)$ 是問題規模 n 的某個函數。

這樣用大寫 $O()$ 來表現演算法時間複雜度的記法，我們稱之為大 O 記法。

一般情況下，隨著 n 的增大，$T(n)$ 增長最慢的演算法為最佳演算法。

顯然，由此演算法時間複雜度的定義可知，我們的三個求和演算法的時間複雜度分別為 $O(n)$，$O(1)$，$O(n^2)$。我們分別給它們取了非官方的名稱，$O(1)$ 叫常數階、$O(n)$ 叫線性階、$O(n^2)$ 叫平方階，當然，還有其他的一些階，我們之後會介紹。

2.9.2 推導大 O 階方法

那麼如何分析一個演算法的時間複雜度呢？即如何推導大 O 階呢？我們列出了下面的推導方法，基本上，這也就是歸納前面我們舉的實例。

推導大 O 階：

(1) 用常數 1 取代執行時間中的所有加法常數。

(2) 在修改後的執行次數函數中，只保留最高階項。

(3) 如果最高階項存在且不是 1，則去除與這個項相乘的常數。

獲得的結果就是大 O 階。

仿佛是獲得了遊戲攻略一樣，我們好像已經獲得了一個推導演算法時間複雜度的萬能公式。可事實上，分析一個演算法的時間複雜度，沒有這麼簡單，我們還需要多看幾個實例。

2.9.3 常數階

首先循序結構的時間複雜度。下面這個演算法，也就是剛才的第二種演算法（高斯演算法），為什麼時間複雜度不是 $O(3)$，而是 $O(1)$。

```
int sum = 0,n = 100;        /* 執行一次 */
sum = (1 + n) * n / 2;      /* 執行一次 */
printf ("%d", sum);         /* 執行一次 */
```

這個演算法的執行次數函數是 $f(n)=3$。根據我們推導大 O 階的方法，第一步就是把常數項 3 改為 1。在保留最高階項時發現，它根本沒有最高階項，所以這個演算法的時間複雜度為 $O(1)$。

另外，我們試想一下，如果這個演算法當中的敘述 sum=(1+n)*n/2 有 10 句，即：

```
int sum = 0, n = 100;       /* 執行1次 */
sum = (1+n)*n/2;            /* 執行第1次 */
sum = (1+n)*n/2;            /* 執行第2次 */
sum = (1+n)*n/2;            /* 執行第3次 */
sum = (1+n)*n/2;            /* 執行第4次 */
sum = (1+n)*n/2;            /* 執行第5次 */
sum = (1+n)*n/2;            /* 執行第6次 */
sum = (1+n)*n/2;            /* 執行第7次 */
sum = (1+n)*n/2;            /* 執行第8次 */
sum = (1+n)*n/2;            /* 執行第9次 */
sum = (1+n)*n/2;            /* 執行第10次 */
printf ("%d",sum);          /* 執行1次 */
```

事實上無論 n 為多少，上面的兩段程式就是 3 次和 12 次執行的差異。這種與問題的大小無關（n 的多少），執行時間固定的演算法，我們稱之為具有 $O(1)$ 的時間複雜度，又叫常數階。

注意：不管這個常數是多少，我們都記作 $O(1)$，而不能是 $O(3)$、$O(12)$ 等其他任何數字，這是初學者常常犯的錯誤。

對於分支結構而言，無論是真，還是假，執行的次數都是固定的，不會隨著 n 的變大而發生變化，所以單純的分支結構（不包含在迴圈結構中），其時間複雜度也是 $O(1)$。

2.9.4 線性階

線性階的迴圈結構會複雜很多。要確定某個演算法的階次，我們常常需要確定某個特定敘述或某個敘述集執行的次數。因此，我們要**分析演算法的複雜度，關鍵就是要分析迴圈結構的執行情況**。

下面這段程式，它的迴圈的時間複雜度為 $O(n)$，因為迴圈本體中的程式須要執行 n 次。

```
int i;
for (i = 0; i < n; i++)
{
    /* 時間複雜度為O(1)的程式步驟序列 */
}
```

2.9.5 對數階

下面的這段程式，時間複雜度又是多少呢？

```
int count = 1;
while (count < n)
{
    count = count * 2;
    /* 時間複雜度為O(1)的程式步驟序列 */
}
```

由於每次 count 乘以 2 之後，就距離 n 更近了一分。也就是說，有多少個 2 相乘後大於 n，則會退出迴圈。由 $2^x = n$ 獲得 $x = \log_2 n$。所以這個迴圈的時間複雜度為 $O(\log n)$。

2.9.6 平方階

下面實例是一個迴圈巢狀結構，它的內迴圈剛才我們已經分析過，時間複雜度為 $O(n)$。

```
int i,j;
for (i = 0; i < n; i++)
{
    for (j = 0; j < n; j++)
    {
        /* 時間複雜度為O(1)的程式步驟序列 */
    }
}
```

而對於外層的迴圈，不過是內部這個時間複雜度為 $O(n)$ 的敘述，再循環 n 次。所以這段程式的時間複雜度為 $O(n^2)$。

如果外迴圈的循環次數改為了 m，時間複雜度就變為 $O(m \times n)$。

```
int i,j;
for (i = 0; i < m; i++)
{
    for (j = 0; j < n; j++)
    {
        /* 時間複雜度為O(1)的程式步驟序列 */
    }
}
```

所以我們可以歸納得出，迴圈的時間複雜度等於迴圈本體的複雜度乘以該迴圈執行的次數。

那麼下面這個迴圈巢狀結構，它的時間複雜度是多少呢？

```
int i,j;
for (i = 0; i < n; i++)
{
    for (j = i; j < n; j++)  /* 注意j = i而不是0 */
    {
        /* 時間複雜度為O(1)的程式步驟序列 */
    }
}
```

由於當 $i = 0$ 時，內迴圈執行了 n 次，當 $i = 1$ 時，執行了 $n-1$ 次，……當 $i = n-1$ 時，執行了 1 次。所以整體執行次數為：

$$n+(n-1)+(n-2)+\cdots+1 = \frac{n(n+1)}{2} = \frac{n^2}{2} + \frac{n}{2}$$

用我們推導大 O 階的方法，第一條，沒有加法常數不予考慮；第二條，只保留最高階項，因此保留 $n^2/2$；第三條，去除這個項相乘的常數，也就是去除 1/2，最後這段程式的時間複雜度為 $O(n^2)$。

從這個實例，我們也可以獲得一個經驗，其實了**解大 O 推導不算難，難的是對數列的一些相關運算，這更多的是檢查你的數學知識和能力**，所以想考研究所的朋友，要想在求演算法時間複雜度這裡不失分，可能需要強化你的數學，特別是數列方面的知識和求解能力。

我們繼續看實例，對於方法呼叫的時間複雜度又如何分析。

```
int i,j;
for (i = 0; i < n; i++)
{
    function(i);
}
```

上面這段程式呼叫一個函數 function。

```
void function(int count)
{
    print(count);
}
```

函數本體是列印這個參數。其實這很好了解，function 函數的時間複雜度是 $O(1)$。所以整體的時間複雜度為 $O(n)$。

假如 function 是下面這樣的：

```
void function (int count)
{
    int j;
    for (j = count; j < n; j++)
    {
        /* 時間複雜度為O(1)的程式步驟序列 */
    }
}
```

事實上，這和剛才舉的實例是一樣了。把巢狀結構內迴圈放到了函數中，所以最後的時間複雜度為 $O(n^2)$。

下面這段相對複雜的敘述：

```
n++;                          /* 執行次數為1 */
function (n);                 /* 執行次數為n */
int i,j;
for (i = 0; i < n; i++)       /* 執行次數為n×n */
{
    function (i);
}
for (i = 0; i < n; i++)       /* 執行次數為n(n + 1)/2 */
{
    for (j = i; j < n; j++)
    {
        /* 時間複雜度為O(1)的程式步驟序列 */
    }
}
```

它的執行次數 $f(n)=1+n+n^2+\frac{n(n+1)}{2}=\frac{3}{2}n^2+\frac{3}{2}n+1$，根據推導大 O 階的方法，最後這段程式的時間複雜度也是 $O(n^2)$。

2.10 常見的時間複雜度

常見的時間複雜度如下表所示。

執行次數函數	階	非正式術語
12	$O(1)$	常數階
$2n+3$	$O(n)$	線性階
$3n^2+2n+1$	$O(n^2)$	平方階
$5\log_2 n+20$	$O(\log n)$	對數階
$2n+3n\log_2 n+19$	$O(n\log n)$	$n\log n$ 階
$6n^3+2n^2+3n+4$	$O(n^3)$	立方階
$2n$	$O(2n)$	指數階

常用的時間複雜度所耗費的時間從小到大依次是：

$O(1)<O(\log n)<O(n)<O(n\log n)<O(n^2)<O(n^3)<O(2^n)<O(n!)<O(n^n)$

我們前面已經談到了 $O(1)$ 常數階、$O(\log n)$ 對數階、$O(n)$ 線性階、$O(n^2)$ 平方階等，至於 $O(n\log n)$ 我們將在今後的課程中介紹，而像 $O(n^3)$，過大的 n 都會使得結果變得不現實。同樣指數階 $O(2^n)$ 和階乘階 $O(n!)$ 等除非是很小的 n 值，否則哪怕 n 只是 100，都是噩夢般的執行時間。所以這種不切實際的演算法時間複雜度，一般我們都不去討論它。

2.11 最壞情況與平均情況

你早晨上班出門後突然想起來，手機忘記帶了，這年頭，鑰匙、錢包、手機三大件，出門哪樣也不能少呀。於是回家找。打開門一看，手機就在門口玄關的櫃子上，原來是出門穿鞋時忘記拿了。這當然是比較好，基本沒花什麼時間尋找。可如果不是放在那裡，你就得進去到處找，找完客廳找臥室、找完臥室找廚房、找完廚房找洗手間，就是找不到，時間一分一秒的過去，你突然想起來，可以用家裡市話打一下手機，聽著手機鈴聲來找呀，真是笨。終於找到了，在床上枕頭下面。你再去上班，遲到了。見鬼，這一年的全勤獎，就因為找手機給沒了。

找東西有運氣好的時候，也有怎麼也找不到的情況。但在現實中，通常我們碰到的絕大多數既不是最好的也不是最壞的，所以算下來是平均情況居多。

演算法的分析也是類似，我們尋找一個有 n 個亂數陣列中的某個數字，最好的情況是第一個數字就是，那麼演算法的時間複雜度為 $O(1)$，但也有可能這個數字就在最後一個位置上待著，那麼演算法的時間複雜度就是 $O(n)$，這是最壞的一種情況了。

最壞情況執行時間是一種保障，那就是執行時間將不會再壞了。在應用中，這是一種最重要的需求，一般來說除非特別指定，我們提到的執行時間都是最壞情況的執行時間。

而平均執行時間也就是從機率的角度看，這個數字在每一個位置的可能性是相同的，所以平均的尋找時間為 $(n+1)/2$ 次後發現這個目標元素。

平均執行時間是所有情況中最有意義的，因為它是期望的執行時間。也就是說，我們執行一段程式碼時，是希望看到平均執行時間的。可現實中，平均執行時間很難透過分析獲得，一般都是透過執行一定數量的實驗資料後估算出來的。

對演算法的分析，一種方法是計算所有情況的平均值，這種時間複雜度的計算方法稱為平均時間複雜度。另一種方法是計算最壞情況下的時間複雜度，這種方法稱為最壞時間複雜度。**一般在沒有特殊說明的情況下，都是指最壞時間複雜度。**

2.12 演算法空間複雜度

我們在寫程式時，完全可以用空間來換取時間，比如說，要判斷某某年是不是閏年，你可能會花一點心思寫了一個演算法，而且由於是一個演算法，也就表示，每次給一個年份，都是要透過計算獲得是否是閏年的結果。還有另一個辦法就是，事先建立一個有 2050 個元素的陣列（年數略比現實多一點），然後把所有的年份按索引的數字對應，如果是閏年，此陣列項的值就是 1，如果不是值為 0。這樣，所謂的判斷某一年是否是閏年，就變成了尋找這個陣列的某一項的值是多少的問題。此時，我們的運算是最小化了，但是硬碟上或記憶體中需要儲存這 2050 個 0 和 1。

這是透過一筆儲存空間上的負擔來換取計算時間的小技巧。到底哪一個好，其實要看你用在什麼地方。

演算法的空間複雜度透過計算演算法所需的儲存空間實現，演算法空間複雜度的計算公式記作：$S(n)= O(f(n))$，其中，n 為問題的規模，$f(n)$ 為敘述關於 n 所佔儲存空間的函數。

一般情況下，一個程式在機器上即時執行，除了需要儲存程式本身的指令、常數、變數和輸入資料外，還需要儲存對資料操作的儲存單元。若輸入資料所佔空間只取決於問題本身，和演算法無關，這樣只需要分析該演算法在實現時所需的輔助單元即可。若演算法即時執行所需的輔助空間相對於輸入資料量而言是個常數，則稱此演算法為原地工作，空間複雜度為 $O(1)$。

一般來說我們都使用「時間複雜度」來指執行時間的需求，使用「空間複雜度」指空間需求。當不用限定詞地使用「複雜度」時，通常都是指時間複雜度。顯然我們這本書重點要講的還是演算法的時間複雜度的問題。

2.13 歸納回顧

不容易，終於又到了歸納的時間。

我們這一章主要談了演算法的一些基本概念。談到了資料結構與演算法的關係是相互依賴不可分割的。

演算法的定義：演算法是解決特定問題求解步驟的描述，在電腦中為指令的有限序列，並且每行指令表示一個或多個操作。

演算法的特性：有限性、確定性、可行性、輸入、輸出。

演算法的設計的要求：正確性、可讀性、穩固性、高效率和低儲存量需求。

演算法特性與演算法設計容易混，需要比較記憶。

演算法的度量方法：事後統計方法（不科學、不準確）、事前分析估算方法。

在說明如何用事前分析估算方法之前，我們先列出了函數漸近增長的定義。

函數的漸近增長：指定兩個函數 $f(n)$ 和 $g(n)$，如果存在一個整數 N，使得對於所有的 $n > N$，$f(n)$ 總是比 $g(n)$ 大，那麼，我們說 $f(n)$ 的增長漸近快於 $g(n)$。於是我們可以得出一個結論，判斷一個演算法好不好，我們只透過少量的資料是不能做出準確判斷的，如果我們可以比較演算法的關鍵執行次數函數的漸近增長性，基本就可以分析出：某個演算法，隨著 n 的變大，它會越來越優於另一演算法，或越來越差於另一演算法。

然後列出了演算法時間複雜度的定義和推導大 O 階的步驟。

推導大 O 階：

(1) 用常數 1 取代執行時間中的所有加法常數。
(2) 在修改後的執行次數函數中，只保留最高階項。
(3) 如果最高階項存在且不是 1，則去除與這個項相乘的常數。

獲得的結果就是大 O 階。

透過這個步驟，我們可以在獲得演算法的執行次數運算式後，很快獲得它的時間複雜度，即大 O 階。同時我也提醒了大家，其實推導大 O 階很容易，但如何獲得執行次數的運算式卻是需要數學功力的。

接著我們列出了常見的時間複雜度所耗時間的大小排列：

$$O(1)<O(\log n)<O(n)<O(n\log n)<O(n^2)<O(n^3)<O(2^n)<O(n!)<O(n^n)$$

最後，我們列出了關於演算法最壞情況和平均情況的概念，以及空間複雜度的概念。

2.14 結尾語

很多學生，學了四年電腦，很多程式設計師，做了很長時間的程式設計工作，卻始終都弄不明白演算法的時間複雜度的估算，這是很可悲的一件事。因為弄不清楚，所以也就從不深究自己寫的程式是否效率不佳，是不是可以透過最佳化讓電腦更加快速高效。

他們通常的藉口是，現在 CPU 越來越快，根本不用考慮演算法的優劣，實現功能即可，使用者感覺不到演算法好壞造成的快慢。可事實真是這樣嗎？還是讓我們用資料來説話吧。

假設 CPU 在短短幾年間，速度加強到了原來的 100 倍，這其實已經很誇張了。而我們的某個演算法本可以寫出時間複雜度是 $O(1)$ 的程式，卻寫出了 $O(n)$ 的程式。例如我們前面提到的高斯使用的演算法和數字循環加和演算法，僅因為後者容易想到，也容易寫。那麼結果就是同樣算結果，前者無論多大的數字都是零點幾秒出答案，後者即使 CPU 加強 100 倍依然可能慢到無法忍受。

也就是説，一台老式 CPU 的電腦執行 $O(1)$ 的程式和一台速度加強 100 倍新式 CPU 執行 $O(n)$ 的程式。最後效率高的勝利方卻是老式 CPU 的電腦。原因就在於演算法的優劣直接決定了程式執行的效率。

也許你就可以深刻的感受到，愚公移山固然可敬，但發明炸藥和推土機，可能更加實在和聰明（如下圖所示）。

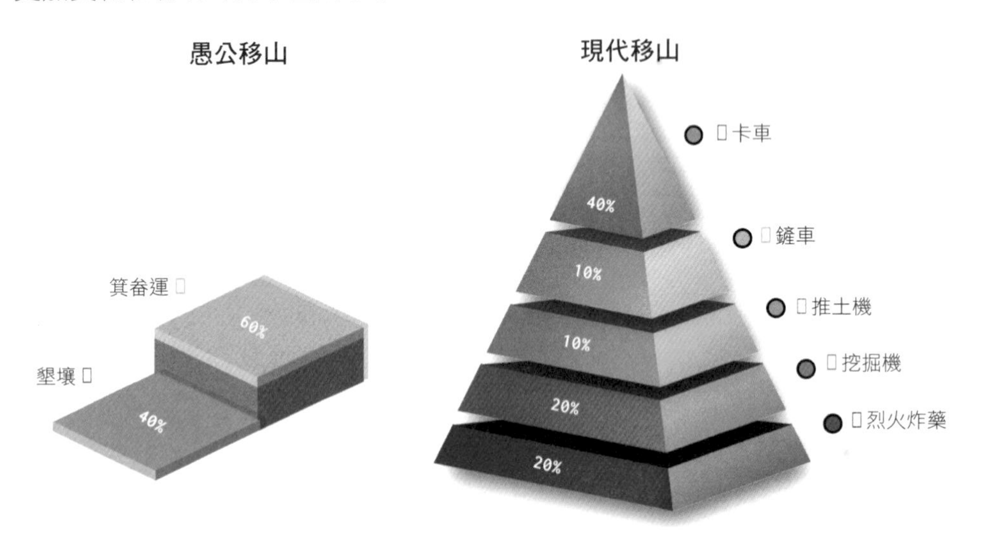

希望大家在今後的學習中，好好利用演算法分析的工具，改進自己的程式，讓電腦輕鬆一點，這樣你就更加勝人一籌。

Chapter
03
線性串列

啟示

線性串列：零個或多個資料元素的有限序列。

3.1 開場白

各位同學，大家好。

今天我們要開始學習資料結構中最常用和最簡單的一種結構，在介紹它之前先講個實例。

我經常下午去幼稚園接送兒子，每次都能在門口看到老師帶著小朋友們，一個拉著另一個的衣服，依次從教室出來。而且我發現很有規律的是，每次他們的次序都是一樣。例如我兒子排在第 5 個，每天他出來都是在第 5 個，前面同樣是那個小女孩，後面一直是那個小男孩。這點讓我很奇怪，為什麼一定要這樣？

有一天我就問老師原因。她告訴我，為了確保小朋友的安全，避免漏掉小朋友，所以給他們安排了出門的次序，事先規定誰在誰的前面，誰在誰的後面。這樣養成習慣後，如果有誰沒有到位，他前面和後面的小朋友就會主動報告老師，某人不在。即使以後如果要外出到公園或博物館等情況下，老師也可以很快地清點人數，萬一有人走丟，也能在最快時間知道，及時去尋找。

我琢磨了一下，還真是這樣。小朋友們始終按照次序排隊做事，出意外的情況就可能會少很多。畢竟，遵守秩序是文明的標示，應該從從小做起。而且，真要有人不遵守，小孩子反而是最認真負責的監督員。

再看看門外的這群家長們，都擠在大門口，哪分得清他們誰是誰呀。與小孩子們的井然有序形成鮮明的比較。哎，有時大人的所作所為，其實還不如孩子。

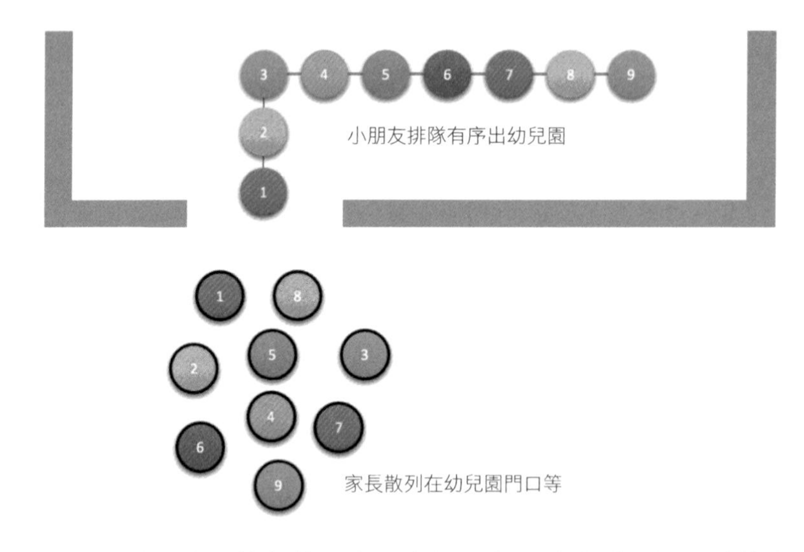

這種排好隊的組織方式，其實就是今天我們要介紹的資料結構：**線性串列**。

3.2 線性串列的定義

線性串列，從名字上你就能感覺到，是具有像線一樣的性質的串列。在廣場上，有很多人分散在各處，當中有些是小朋友，可也有很多大人，甚至還有不少寵物，這些小朋友的資料對整個廣場人群來說，不能算是線性串列的結構。但像剛才提到的那樣，一個班級的小朋友，一個跟著一個排著隊，有一個開頭，有一個收尾，當中的小朋友每一個都知道他前面一個是誰，他後面一個是誰，這樣如同有一根線把他們串聯起來了。就可以稱之為線性串列。

線性串列（List）：零個或多個資料元素的有限序列。

這裡需要強調幾個關鍵的地方。

首先它是一個序列。也就是說，元素之間是有順序的，若元素存在多個，則第一個元素無前驅，最後一個元素無後繼，其他每個元素都有且只有一個前驅和後繼。如果一個小朋友去拉兩個小朋友後面的衣服，那就不可以排成一隊了；同樣，如果一個小朋友後面的衣服，被兩個甚至多個小朋友拉扯，這其實是在打架，而非有序排隊。

然後，線性串列強調是有限的，小朋友班級人數是有限的，元素個數當然也是有限的。事實上，在電腦中處理的物件都是有限的，那種無限的數列，只存在於數學的概念中。

如果用數學語言來進行定義。可如下：

若將線性串列記為（a_1，⋯，a_{i-1}，a_i，a_{i+1}，⋯，a_n），則串列中 a_{i-1} 領先於 a_i，a_i 領先於 a_{i+1}，稱 a_{i-1} 是 a_i 的**直接前驅元素**，a_{i+1} 是 a_i 的**後繼元素**。當 i=1，2，⋯，n−1 時，a_i 有且僅有一個後繼，當 i=2，3，⋯，n 時，a_i 有且僅有一個直接前驅。如下圖所示。

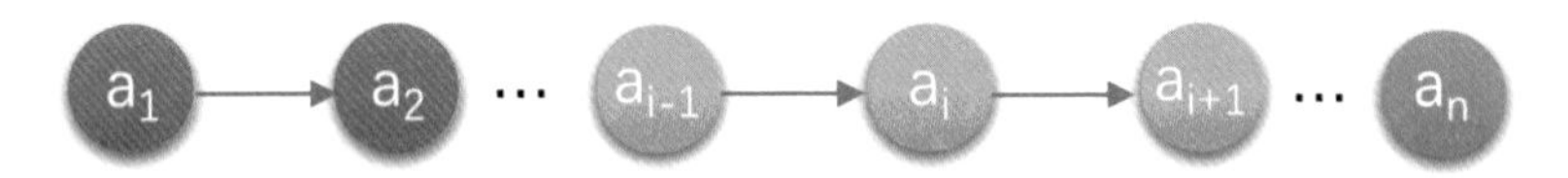

所以線性串列元素的個數 n（$n \geqslant 0$）定義為**線性串列的長度**，當 n=0 時，稱為**空白串列**。

在不可為空白串列中的每個資料元素都有一個確定的位置，如 a_1 是第一個資料元素，a_n 是最後一個資料元素，a_i 是第 i 個資料元素，稱 i 為資料元素 a_i 在線性串列中的**位序**。

我現在說一些資料集，大家來判斷一下是否是線性串列。

先來一個大家最有興趣的，一年裡的星座列表，是不是線性串列呢？如下圖所示。

白羊 ⇨ 金牛 ⇨ 雙子 ⇨ 巨蟹 ⇨ 獅子 ⇨ 處女 ⇨ 天秤 ⇨ 天蠍 ⇨ 射手 ⇨ 摩羯 ⇨ 水瓶 ⇨ 雙魚

當然是，星座通常都是用白羊座開頭，雙魚座收尾，當中的星座都有前驅和後繼，而且一共也只有十二個，所以它完全符合線性串列的定義。

公司的組織架構，總經理管理幾個總監，每個總監管理幾個經理，每個經理都有各自的下屬和員工。這樣的組織架構是不是線性關係呢？

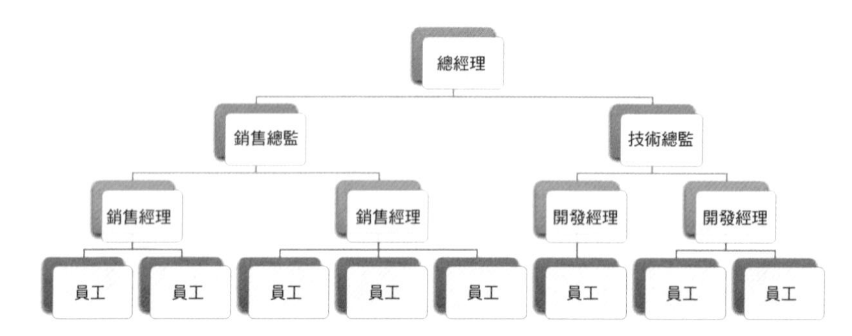

不是，為什麼不是呢？因為每一個元素，都有不只一個後繼，所以它不是線性串列。那種讓一個總經理只管一個總監，一個總監只管一個經理，一個經理只管一個員工的公司，俗稱皮包公司，職位設定等於就是在唬爛外人。

班級同學之間的友誼關係，是不是線性關係？哈哈，不是，因為每個人都可以和多個同學建立友誼，不滿足線性的定義。嗯？有人說愛情關係就是了。胡扯，難道每個人都要有一個愛的人和一個愛自己的人，而且他們還都不可以重複愛同一個人這樣的情況出現，最後形成一個班級情感人物串聯？這怎麼可能，也許網路小說裡可能出現，但現實中是不可能的。

班級同學的點名冊，是不是線性串列？是，這和剛才的友誼關係是完全不同了，因為它是有限序列，也滿足類型相同的特點。這個點名冊（如下表所示）中，每一個元素除學生的學號外，還可以有同學的姓名、性別、出生年月什麼的，這其實就是我們之前講的資料項目。**在較複雜的線性串列中，一個資料元素可以由許多個資料項目組成。**

學號	姓名	性別	出生年月	住家地址
1	張三	男	1995.3	東街西巷 1 號 203 室
2	李四	女	1994.8	北路 4 弄 5 號 6 室
3	王五	女	1994.12	南大道 789 號
……	……	……	……	……

一群同學排隊買演唱會門票，每人限購一張，此時排隊的人群是不是線性串列？是，對的。此時來了三個同學要插當中一個同學 A 的隊，說同學 A 之前拿著的三個書包就是用來佔位的，書包也算是在排隊。如果你是後面早已來排隊的同學，你們願不願意？一定不願意，書包怎麼能算排隊的人呢，如果這也算，我渾身上下的衣服褲子都在排隊了。於是不讓這三個人進來。

這裡用線性串列的定義來說，是什麼理由？嗯，因為要相同類型的資料，書包根本不算是人，當然排隊無效，三個人想不勞而獲，自然遭到大家的譴責。看來大家的線性串列學得都不錯。

3.3 線性串列的抽象資料類型

前面我們已經給了線性串列的定義，現在我們來分析一下，線性串列應該有一些什麼樣的操作呢？

還是回到剛才幼稚園小朋友的實例，老師為了讓小朋友有秩序地出入，所以就考慮給他們排一個隊，並且是長期使用的順序，這個考慮和安排的過程其實就是一個線性串列的建立和初始化過程。

一開始沒經驗，把小朋友排好隊後，發現有的高有的矮，隊伍很難看，於是就讓小朋友解散重新排──這是一個線性串列重置為空白串列的操作。

排好了隊，我們隨時可以叫出隊伍某一位置的小朋友名字及他的實際情況。例如有家長問，隊伍裡第五個孩子，怎麼這麼調皮，他叫什麼名字呀，老師可以很快告訴這位家長，這就是封清揚的兒子，叫封雲卞。我在旁就非常扭捏，看來是我給兒子的名字沒取好，兒子讓班級「風雲突變」了。這種可以根據位序獲得資料元素也是一種很重要的線性串列操作。

還有什麼呢，有時我們想知道，某個小朋友，例如麥兜是否是班裡的小朋友，老師會告訴我說，不是，麥兜在春田花花幼稚園裡，不在我們幼稚園。這種尋找某個元素是否存在的操作很常用。

而後有家長問老師，班裡現在到底有多少個小朋友呀，這種獲得線性串列長度的問題也很普遍。

顯然，對一個幼稚園來說，加入一個新的小朋友到佇列中，或因某個小朋友生病，需要移除某個位置，都是很正常的情況。對一個線性串列來說，插入資料和刪除資料都是必須的操作。

所以，線性串列的抽象資料類型定義如下：

```
ADT 線性串列 (List)
Data
    線性串列的資料物件集合為 {a1, a2, ……, an}，每個元素的類型均為 DataType。其
中，除第一個元素 a1 外，每一個元素有且只有一個直接前驅元素，除了最後一個元素 an
外，每一個元素有且只有一個後繼元素。資料元素之間的關係是一對一的關係。
Operation
    InitList(*L)：初始化操作，建立一個空的線性串列 L。
    ListEmpty(L)：若線性串列為空，傳回 true，否則傳回 false。
    ClearList(*L)：將線性串列清空。
    GetElem(L,i,*e)：將線性串列 L 中的第 i 個位置元素值傳回給 e。
    LocateElem(L,e)：在線性串列 L 中尋找與指定值 e 相等的元素，如果尋找成功，傳
                     回該元素在串列中序號表示成功；不然傳回 0 表示失敗。
    ListInsert(*L,i,e)：在線性串列 L 中的第 i 個位置插入新元素 e。
    ListDelete(*L,i,*e)：刪除線性串列 L 中第 i 個位置元素，並用 e 傳回其值。
    ListLength(L)：傳回線性串列 L 的元素個數。
endADT
```

對於不同的應用，線性串列的基本操作是不同的，上述操作是最基本的，對於實際問題中有關的關於線性串列的更複雜操作，完全可以用這些基本操作的組合來實現。

舉例來說，要實現兩個線性串列集合 A 和 B 的聯集操作。即要使得集合 A=A∪B。說穿了，就是把存在集合 B 中但並不存在 A 中的資料元素插入到 A 中即可。

仔細分析一下這個操作，發現我們只要循環集合 B 中的每個元素，判斷目前元素是否存在 A 中，若不存在，則插入到 A 中即可。想法應該是很容易想到的。

我們假設 La 表示集合 A，Lb 表示集合 B，則實現的程式如下：

```
/* 將所有的在線性串列Lb中但不在La中的資料元素插入到La中 */
void unionL(SqList *La,SqList Lb)
{
    int La_len,Lb_len,i;
    ElemType e;                         /*宣告與La和Lb相同的資料元素e*/
    La_len=ListLength(*La);             /*求線性串列的長度 */
    Lb_len=ListLength(Lb);
    for (i=1;i<=Lb_len;i++)
    {
        GetElem(Lb,i,&e);               /*取Lb中第i個資料元素賦給e*/
        if (!LocateElem(*La,e))         /*La中不存在和e相同資料元素*/
            ListInsert(La,++La_len,e); /*插入*/
    }
}
```

註：線性串列循序儲存相關程式請參看程式目錄下「/ 第 3 章線性串列 /01 線性串列循序儲存 _List.c」。

這裡，我們對於 union 操作，用到了前面線性串列基本操作 ListLength、GetElem、LocateElem、ListInsert 等，可見，對於複雜的個性化的操作，其實就是把基本操作組合起來實現的。

注意一個很容易混淆的地方：

當你傳遞一個參數給函數的時候，這個參數會不會在函數內被改動決定了使用什麼參數形式。
如果需要被改動，則需要傳遞指向這個參數的指標。
如果不用被改動，可以直接傳遞這個參數。

上面這個原則請大家抄寫在筆記本上，一產生疑惑就反覆讀幾遍。這裡是相當多同學都學完本課程還是不明白的地方。

3.4 線性串列的循序儲存結構

3.4.1 循序儲存定義

說這麼多的線性串列，我們來看看線性串列的兩種物理結構的第一種——循序儲存結構。

線性串列的循序儲存結構，指的是用一段位址連續的儲存單元依次儲存線性串列的資料元素。

線性串列（$a_1,a_2,\cdots\cdots,a_n$）的循序儲存示意圖如下：

3.4.2 循序儲存方式

我們在第一課時已經講過循序儲存結構。今天我再舉一個實例。

記得大學時，我們同宿舍有一個同學，人特別老實、熱心，我們時常會讓他幫我們去圖書館佔座位，他總是答應，你想想，我們一個宿舍連他共有九個人，這其實明擺著是欺負人的事。他每次一吃完早飯就衝去圖書館，挑一個好桌子，把他書包裡的書，一本一本按座位放好，若書包裡的書不夠，他會把他的飯盒、水杯、水筆都用上，長長一排，九個座硬是被他佔了，後來有一次弄得差點都要打架。

線性串列的循序儲存結構，說穿了，和上面實例一樣，就是在記憶體中找了個地方，透過佔位的形式，把一定記憶體空間給佔了，然後把相同資料類型的資料元素依次儲存在這塊空地中。既然線性串列的每個資料元素的類型都相同，所以可以用 C 語言（其他語言也相同）的**一維陣列來實現循序儲存結構**，即把第一個資料元素存到陣列索引為 0 的位置中，接著把線性串列相鄰的元素儲存在陣列中相鄰的位置。

我那同學佔座位時，如果圖書館裡空座很多，他當然不必一定要選擇第一排第一個位子，而是可以選擇環境好的地方。找到後，放一個書包在第一個位置，就表示從這開始，這地方暫時歸我了。為了建立一個線性串列，要在記憶體中找一塊地，於是這塊地的第一個位置就十分重要，它是儲存空間的起始位置。

接著，因為我們一共九個人，所以他需要佔九個座。線性串列中，我們估算這個線性串列的最大儲存容量，建立一個陣列，陣列的長度就是這個最大儲存容量。

可現實中，我們宿舍總有那麼幾個不是很好學的人，為了遊戲，為了戀愛，就不去圖書館自習了。假設我們九個人，去了六個，真正被使用的座位也就只是六個，另三個是空的。同樣的，我們已經有了起始的位置，也有了最大的容量，於是我們可以在裡面增加資料了。隨著資料的插入，我們線性串列的長度開始變大，不過線性串列的目前長度不能超過儲存容量，即陣列的長度。想想也是，如果我們有十個人，只佔了九個座，自然是坐不下的。

來看線性串列的循序儲存的結構程式。

```
#define MAXSIZE 20              /* 儲存空間起始分配量 */
typedef int ElemType;           /* ElemType型態根據實際情況而定，這裡為int */
typedef struct
{
    ElemType data[MAXSIZE];  /* 陣列，儲存資料元素 */
    int length;              /* 線性串列目前長度 */
}SqList;
```

這裡，我們就發現描述循序儲存結構需要三個屬性：

- 儲存空間的起始位置：陣列 data，它的儲存位置就是儲存空間的儲存位置。
- 線性串列的最大儲存容量：陣列長度 MaxSize。
- 線性串列的目前長度：length。

3.4.3 陣列長度與線性串列長度區別

注意，這裡有兩個概念「陣列的長度」和「線性串列的長度」需要區分一下。

陣列的長度是儲存線性串列的儲存空間的長度，儲存分配後這個量一般是不變的。有同學可能會問，陣列的大小一定不可以變嗎？我怎麼看到有書中談到可以動態分配的一維陣列。是的，一般高階語言，例如 C、VB、C++ 都可以用程式設計方法實現動態分配陣列，不過這會帶來效能上的損耗。

線性串列的長度是線性串列中資料元素的個數，隨著線性串列插入和刪除操作的進行，這個量是變化的。

在任意時刻，線性串列的長度應該小於等於陣列的長度。

3.4.4 位址計算方法

由於我們數數都是從 1 開始數的，線性串列的定義也不能免俗，起始也是 1，可 C 語言中的陣列卻是從 0 開始第一個索引的，於是線性串列的第 i 個元素是要儲存在陣列索引為 $i-1$ 的位置，即資料元素的序號和儲存它的陣列索引之間存在對應關係（如下圖所示）。

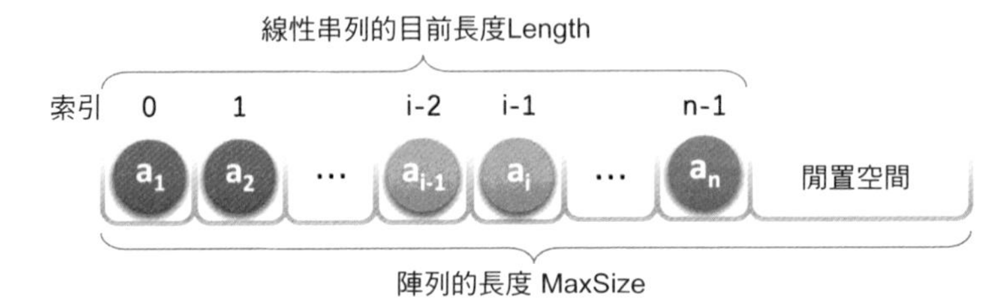

用陣列儲存循序串列表示要分配固定長度的陣列空間，由於線性串列中可以進行插入和刪除操作，因此分配的陣列空間要大於等於目前線性串列的長度。

其實，記憶體中的位址，就和圖書館或電影院裡的座位一樣，都是有編號的。**記憶體中的每個儲存單元都有自己的編號，這個編號稱為位址**。當我們佔座後，佔座的第一個位置確定後，後面的位置都是可以計算的。試想一下，我是班級成績第五名，我後面的 10 名同學成績名次是多少呢？當然是 6，7，…、15，因為 5 + 1，5 + 2，…，5 + 10。由於每個資料元素，不管它是整數、實數還是字元型，它都是需要佔用一定的儲存單元空間的。假設每個資料元素佔用的是 c 個儲存單元，那麼線性串列中第 i+1 個資料元素的儲存位置和第 i 個資料元素的儲存位置滿足下列關係（LOC 表示獲得儲存位置的函數）。

$$LOC(a_{i+1})=LOC(a_i)+c$$

所以對於第 i 個資料元素 a_i 的儲存位置可以由 a_1 推算得出：

$$LOC(a_i)=LOC(a_i)+(i-1)*c$$

從下圖來了解：

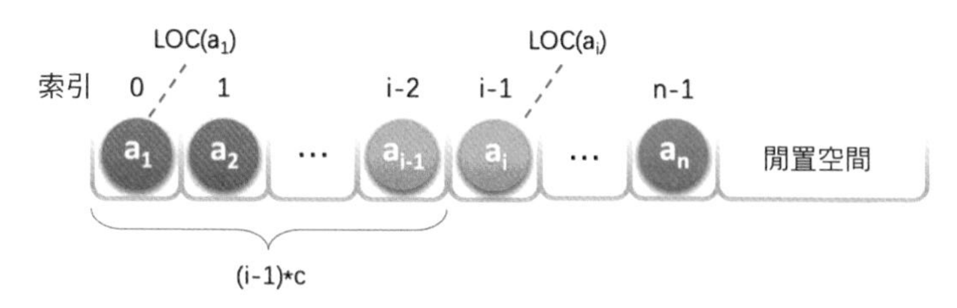

透過這個公式，你可以隨時算出線性串列中任意位置的位址，不管它是第一個還是最後一個，都是相同的時間。那麼我們對每個線性串列位置的存入或取出資料，對電腦來說都是相等的時間，也就是一個常數，因此用我們演算法中學到的時間複雜度的概念來說，它的存取時間效能為 $O(1)$。我們通常把具有這一特點的儲存結構稱為**隨機存取結構**。

3.5 循序儲存結構的插入與刪除

3.5.1 獲得元素操作

對線性串列的循序儲存結構來說，如果我們要實現 GetElem 操作，即將線性串列 L 中的第 i 個位置元素值傳回，其實是非常簡單的。就程式而言，只要 i 的數值在陣列索引範圍內，就是把陣列第 $i-1$ 索引的值傳回即可。來看程式：

```
#define OK 1
#define ERROR 0
/* Status是函數的型態，其值是函數結果狀態程式碼，如OK等 */
typedef int Status;

/* 起始條件：循序線性串列L已存在，1<=i<=ListLength(L) */
/* 操作結果：用e傳回L中第i個資料元素的值，注意i是指位置，第1個位置的陣列是從0開始 */
Status GetElem(SqList L,int i,ElemType *e)
{
    if(L.length==0 || i<1 || i>L.length)
        return ERROR;
    *e=L.data[i-1];

    return OK;
}
```

注意，這裡我們是把指標 *e 的值給修改成 L.data[i-1]，這就是真正要傳回的資料。函數傳回值只不過是函數處理的狀態，傳回類型 Status 是一個整數，傳回 OK 代表 1，ERROR 代表 0。之後程式中出現就不再詳述。以上程式看不懂，請再去複習 C 語言的相關知識。

3.5.2 插入操作

剛才我們也談到，這裡的時間複雜度為 $O(1)$。我們現在來考慮，如果我們要實現 ListInsert（*L,i,e），即在線性串列 L 中的第 i 個位置插入新元素 e，應該如何操作？

舉個實例，本來我們在年假前去買火車票，大家都排隊排的好好的。這時來了一個抱著孩子的年輕媽媽，對著隊伍中排在第三位的你說，「大哥，求求你幫幫忙，我家母親有病，我得急著回去看她，你看我還抱著孩子，這隊伍這麼長，你可否讓我排在你的前面？」你心一軟，就同意了。這時，你必須得退後一步，否則她是無法進到隊伍來的。這可不得了，後面的人像蠕蟲一樣，全部都得退一步。罵起四聲。但後面的人也不清楚這加塞是怎麼回事，沒什麼辦法。

這個實例其實已經說明了線性串列的循序儲存結構，在插入資料時的實現過程（如下圖所示）。

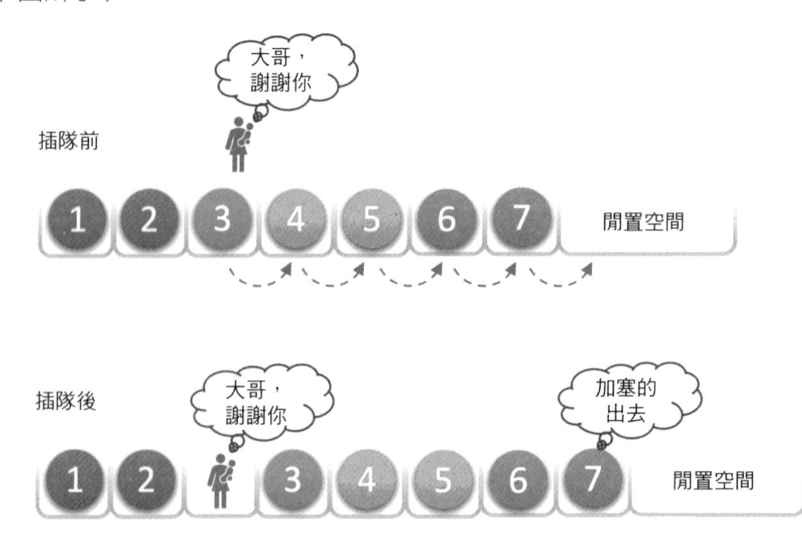

插入演算法的想法：

(1) 如果插入位置不合理，拋出例外；
(2) 如果線性串列長度大於等於陣列長度，則拋出例外或動態增加容量；
(3) 從最後一個元素開始向前檢查到第 i 個位置，分別將它們都向後移動一個位置；
(4) 將要插入元素填入位置 i 處；
(5) 串列長加 1。

實現程式如下：

```
/* 起始條件：循序線性串列L已存在,1<=i<=ListLength(L)，  */
/* 操作結果：在L中第i個位置之前插入新的資料元素e，L的長度加1 */
Status ListInsert(SqList *L,int i,ElemType e)
{
    int k;
    if (L->length==MAXSIZE)    /* 循序線性串列已經滿 */
        return ERROR;
    if (i<1 || i>L->length+1)  /* 當i比第一位置小或是比最後一位置後一位置還要大時 */
        return ERROR;

    if (i<=L->length)          /* 若插入資料位置不在串列尾 */
    {
        for (k=L->length-1;k>=i-1;k--)   /* 將要插入位置後的元素向後移一位 */
            L->data[k+1]=L->data[k];
    }
    L->data[i-1]=e;                      /* 將新元素插入 */
    L->length++;

    return OK;
}
```

應該說這程式不難了解。如果是以前學習其他語言的同學，可以考慮把它轉換成你熟悉的語言再實現一遍，只要想法相同就可以了。

3.5.3 刪除操作

接著剛才的實例。此時後面排隊的人群意見都很大，都說怎麼可以這樣，不管什麼原因，插隊就是不行，有本事，找火車站開後門去。就在這時，遠處跑來一胖子，對著這美女喊，可找到你了，你這騙子，還我錢。只見這女子二話不說，突然就衝出了隊伍，胖子追在其後，消失在人群中。哦，原來她是倒賣火車票的黃牛，剛才還裝可憐。於是排隊的人群，又像蠕蟲一樣，均向前移動了一步，罵聲漸息，隊伍又恢復了平靜。

這就是線性串列的循序儲存結構刪除元素的過程（如下圖所示）。

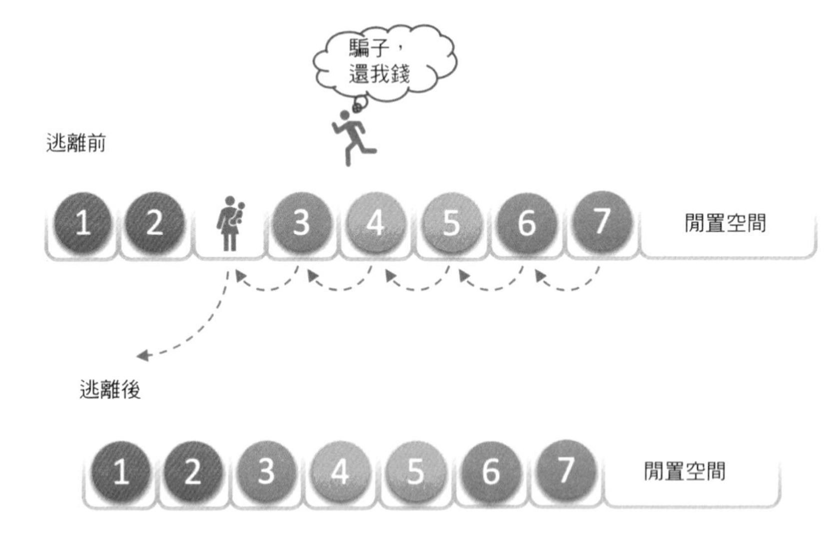

刪除演算法的想法：

(1) 如果刪除位置不合理，拋出例外；

(2) 取出刪除元素；

(3) 從刪除元素位置開始檢查到最後一個元素位置，分別將它們都向前移動一個位置；

(4) 串列長減 1。

實現程式如下：

```
/* 起始條件：循序線性串列L已存在，1≤i≤ListLength(L) */
/* 操作結果：移除L的第i個資料元素，並用e傳回其值，L的長度減1 */
Status ListDelete(SqList *L,int i,ElemType *e)
{
    int k;
    if (L->length==0)                /* 線性串列為空 */
```

```
        return ERROR;
    if (i<1 || i>L->length)          /* 移除位置不正確 */
        return ERROR;
    *e=L->data[i-1];
    if (i<L->length)                 /* 如果移除不是最後位置 */
    {
        for (k=i;k<L->length;k++)    /* 將移除位置後繼元素前移 */
            L->data[k-1]=L->data[k];
    }
    L->length--;
    return OK;
}
```

現在我們來分析一下，插入和刪除的時間複雜度。

先來看最好的情況，如果元素要插入到最後一個位置，或刪除最後一個元素，此時間複雜度為 $O(1)$，因為不需要移動元素的，就如同來了一個新人要正常排隊，當然是排在最後，如果此時他又不想排了，那麼他一個人離開就不影響任何人。

最壞的情況呢，如果元素要插入到第一個位置或刪除第一個元素，此時間複雜度是多少呢？那就表示要移動所有的元素向後或向前，所以這個時間複雜度為 $O(n)$。

至於平均的情況，由於元素插入到第 i 個位置，或刪除第 i 個元素，需要移動 $n-i$ 個元素。根據機率原理，每個位置插入或刪除元素的可能性是相同的，也就説位置靠前，移動元素多，位置靠後，移動元素少。最後平均移動次數和最中間的那個元素的移動次數相等，為 $\frac{n-1}{2}$。

我們前面討論過時間複雜度的推導，可以得出，平均時間複雜度還是 $O(n)$。

這説明什麼？線性串列的循序儲存結構，在讀取資料時，不管是哪個位置，時間複雜度都是 $O(1)$；而插入或刪除時，時間複雜度都是 $O(n)$。這就説明，它比較適合元素個數不太變化，而更多是存取資料的應用。當然，它的優缺點還不只這些……。

3.5.4 線性串列循序儲存結構的優缺點

線性串列的循序儲存結構的優缺點如下圖所示。

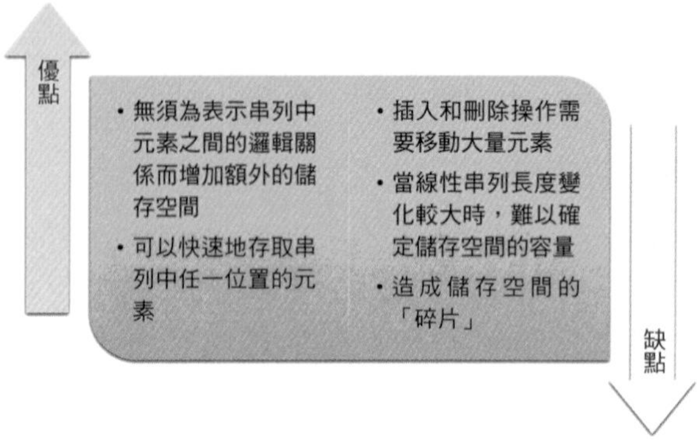

優點

- 無須為表示串列中元素之間的邏輯關係而增加額外的儲存空間
- 可以快速地存取串列中任一位置的元素

缺點

- 插入和刪除操作需要移動大量元素
- 當線性串列長度變化較大時，難以確定儲存空間的容量
- 造成儲存空間的「碎片」

大家休息一下，我們等會兒接著講另一個儲存結構。

3.6 線性串列的鏈式儲存結構

3.6.1 循序儲存結構不足的解決辦法

前面我們講的線性串列的循序儲存結構。它是有缺點的，最大的缺點就是插入和刪除時需要移動大量元素，這顯然就需要耗費時間。能不能想辦法解決呢？

要解決這個問題，我們就得考慮一下導致這個問題的原因。

為什麼當插入和刪除時，就要移動大量元素，仔細分析後，發現原因就在於相鄰兩元素的儲存位置也具有鄰居關係。它們編號是 1，2，3，…，n，它們在記憶體中的位置也是挨著的，中間沒有空隙，當然就無法快速介入，而刪除後，當中就會留出空隙，自然需要彌補。問題就出在這裡。

A 同學想法：讓當中每個元素之間都留有一個空位置，這樣要插入時，就不至於移動。可一個空位置如何解決多個相同位置插入資料的問題呢？所以這個想法顯然不行。

B 同學想法：那就讓當中每個元素之間都留足夠多的位置，根據實際情況制定空隙大小，例如 10 個，這樣插入時，就不需要移動了。萬一 10 個空位用完了，再考慮移動使得每個位置之間都有 10 個空位置。如果刪除，就直接刪掉，把位置留空即可。這樣似乎暫時解決了插入和刪除的行動資料問題。可這對於超過 10 個同位置資料的插入，效率上還是存在問題。對於資料的檢查，也會因為空位置太多而造成判斷時間上的浪費。而且顯然這裡空間複雜度還增加了，因為每個元素之間都有許多個空位置。

C 同學想法：我們反正也是要讓相鄰元素間留有足夠空間，那乾脆所有的元素都不要考慮相鄰位置了，哪有空位就到哪裡，而只是讓每個元素知道它下一個元素的位置在哪裡，這樣，我們可以在第一個元素時，就知道第二個元素的位置（記憶體位址），而找到它；在第二個元素時，再找到第三個元素的位置（記憶體位址）。這樣所有的元素我們就都可以透過檢查而找到。

好！太棒了，這個想法非常好！ C 同學，你可惜生晚了幾十年，不然，你的想法對於資料結構來講就是劃時代的意義。我們要的就是這個想法。

3.6.2 線性串列鏈式儲存結構定義

在解釋這個想法之前，我們先來談另一個話題。前幾年，有一本書風靡了全世界，它叫《達文西密碼》，成為世界上最暢銷的小說之一，書的內容集合了偵探、驚悚和陰謀論等多種風格，很好看。

我由於看的時間過於久遠，情節都忘記得差不多了，不過這本書和絕大部分偵探小說一樣，都是同一種處理辦法。那就是，作者不會讓你事先知道整個過程的全部，而是在一步一步地到達某個環節，才根據現場的資訊，獲得或推斷出下一步是什麼，也就是說，每一步除了對偵破的資訊進一步確認外（之前資訊也不一定都是對的，有時就是證明某個資訊不正確），還有就是對下一步如何操作或行動的指引。

不過，這個實例也不完全與線性串列相符合。因為案件偵破的線索可能是錯綜複雜的，有點像我們之後要講到的樹和圖的資料結構。今天我們要談的是單線索，無分支的情況。即線性串列的鏈式儲存結構。

線性串列的鏈式儲存結構的特點是用一組任意的儲存單元儲存線性串列的資料元素，這組儲存單元可以是連續的，也可以是不連續的。這就表示，這些資料元素可以存在記憶體未被佔用的任意位置（如右圖所示）。

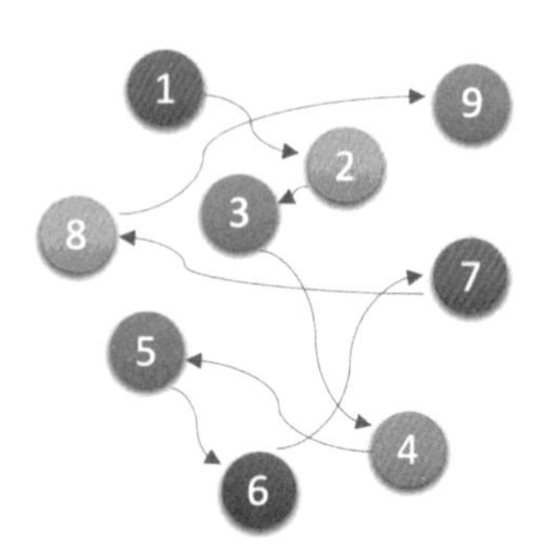

以前在循序結構中，每個資料元素只需要存資料元素資訊就可以了。現在鏈式結構中，除了要存資料元素資訊外，還要儲存它的後繼元素的儲存位址。

因此，為了表示每個資料元素 a_i 與其後繼資料元素 a_{i+1} 之間的邏輯關係，對資料元素 a_i 來說，除了儲存其本身的資訊之外，還需儲存一個指示其後繼的資訊（即後繼的儲存位置）。我們把儲存資料元素資訊的域稱為**資料欄**，把儲存後繼位置的域稱為**指標域**。指標域中儲存的資訊稱做**指標**或**鏈**。這兩部分資訊組成資料元素 a_i 的儲存映射，稱為**節點**（Node）。

n 個節點（a_i 的儲存映射）鏈結成一個鏈結串列，即為線性串列（a_1，a_2，⋯，a_n）的鏈式儲存結構，因為此鏈結串列的每個節點中只包含一個指標域，所以叫做**單鏈結串列**。單鏈結串列正是透過每個節點的指標域將線性串列的資料元素按其邏輯次序連結在一起，如下圖所示。

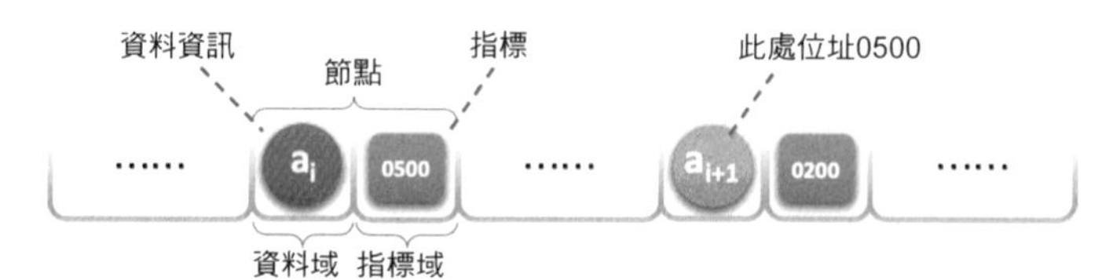

對線性串列來說，總得有個頭有個尾，鏈結串列也不例外。我們把**鏈結串列中第一個節點的儲存位置叫做頭指標**，那麼整個鏈結串列的存取就必須是從頭指標開始進行了。之後的每一個節點，其實就是上一個的後繼指標指向的位置。想像一下，最後一個節點，它的指標指向哪裡？

最後一個，當然就表示後繼不存在了，所以我們規定，線性鏈結串列的最後一個節點指標為「空」（通常用 NULL 或 "^" 符號表示，如下圖所示）。

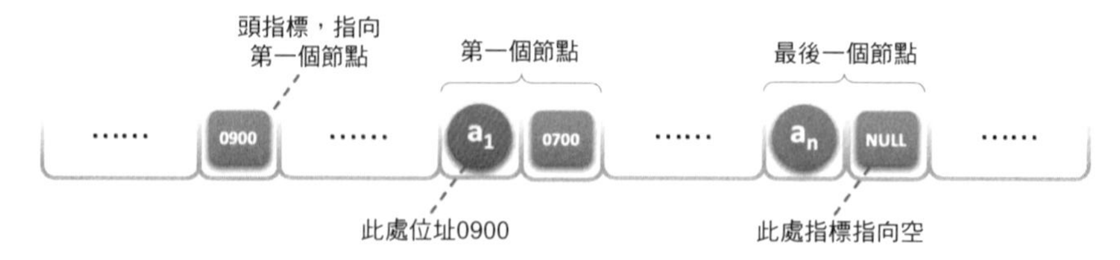

有時，我們為了更加方便地對鏈結串列操作，**會在單鏈結串列的第一個節點前附設一個節點，稱為頭節點**。頭節點的資料欄可以不儲存任何資訊，誰叫它是第一個呢，有這個特權。也可以儲存如線性串列的長度等附加資訊，頭節點的指標域儲存指向第一個節點的指標，如下圖所示。

3.6.3 頭指標與頭節點的異同

頭指標與頭節點的異同點，如下圖所示。

頭指標

- 頭指標是指鏈結串列指向第一個節點的指標，若鏈結串列有頭節點，則是指向頭節點的指標
- 頭指標具有標識作用，所以常用頭指標冠以鏈結串列的名字
- 無論鏈結串列是否為空，頭指標均不為空，頭指標是鏈結串列的必要元素

頭節點

- 頭節點是為了操作的統一和方便而設立的，放在第一元素的節點之前，其資料域一般無意義（也可存放鏈結串列的長度）
- 有了頭節點，對在第一元素節點前插入節點和刪除第一節點，其操作與其它節點的操作就統一了
- 頭節點不一定是鏈結串列必須要素

3.6.4 線性串列鏈式儲存結構程式描述

若線性串列為空白串列，則頭節點的指標域為「空」，如下圖所示。

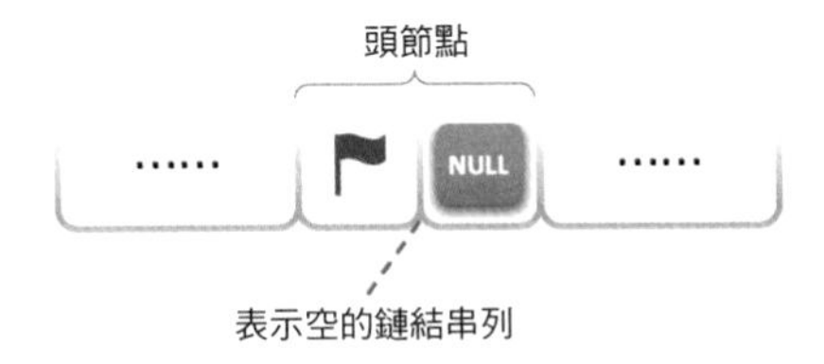

這裡我們大概地用圖示表達了記憶體中單鏈結串列的儲存狀態。看著滿圖的省略符號「……」，你就知道是多麼不方便。而我們真正關心它在記憶體中的實際位置嗎？不是的，這只是它所表示的線性串列中的資料元素及資料元素之間的邏輯關係。所以我們改用更方便的儲存示意圖來表示單鏈結串列，如下圖所示。

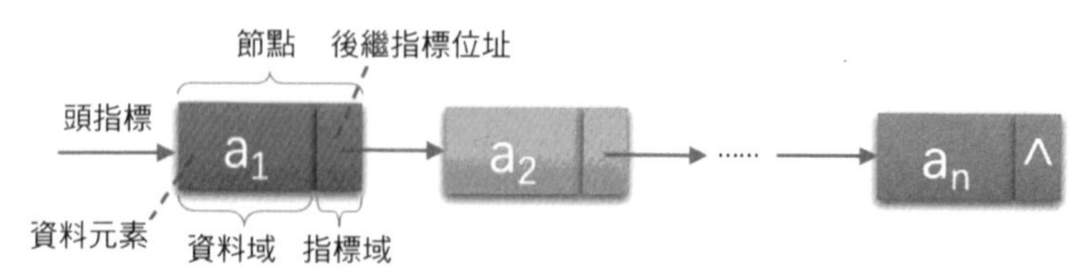

若帶有頭節點的單鏈結串列，則如下圖所示。

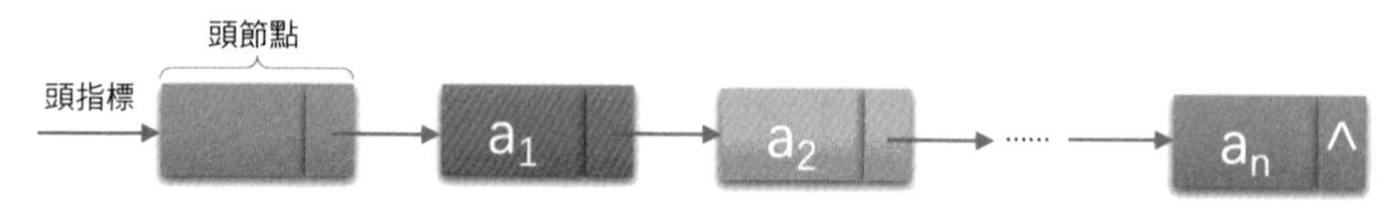

空鏈結串列如下圖所示。

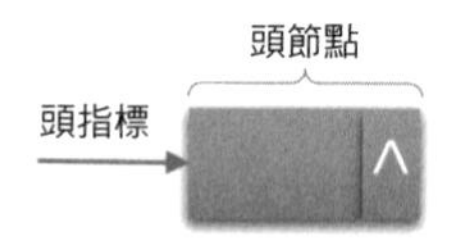

單鏈結串列中，我們在 C 語言中可用結構指標來描述。

```
/* 線性串列的單鏈結串列儲存結構 */
typedef struct Node
{
    ElemType data;
    struct Node *next;
}Node;
typedef struct Node *LinkList; /* 定義LinkList */
```

註：線性串列鏈式儲存相關程式請參看程式目錄下「/ 第 3 章線性串列 /02 線性串列鏈式儲存 _LinkList.c」。

從這個結構定義中，我們也就知道，**節點由儲存資料元素的資料欄和儲存後繼節點位址的指標域組成**。假設 p 是指向線性串列第 i 個元素的指標，則該節點 a_i 的資料欄我們可以用 p->data 來表示，p->data 的值是一個資料元素，節點 a_i 的指標域可以用 p->next 來表示，p->next 的值是一個指標。p->next 指向誰呢？當然是指向第 i+1 個元素，即指向 a_{i+1} 的指標。也就是說，如果 p->data 等

於 a_i，那麼 p->next->data 等於 a_{i+1}（如下圖所示）。

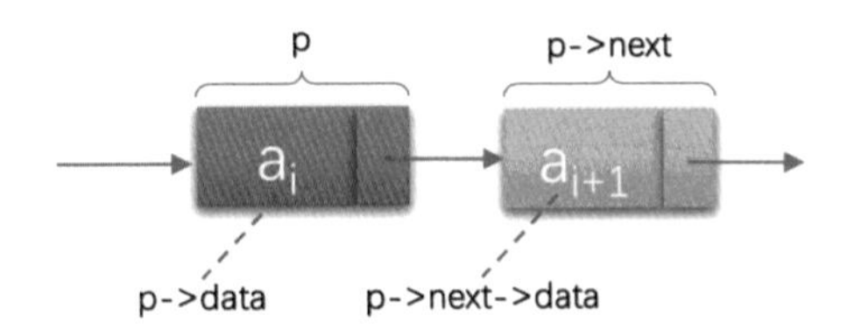

3.7 單鏈結串列的讀取

在線性串列的循序儲存結構中，我們要計算任意一個元素的儲存位置是很容易的。但在單鏈結串列中，由於第 *i* 個元素到底在哪？沒辦法一開始就知道，必須得從頭開始找。因此，對於單鏈結串列實現取得第 *i* 個元素的資料的操作 GetElem，在演算法上，相對要麻煩一些。

獲得鏈結串列第 *i* 個資料的演算法想法：

(1) 宣告一個指標 p 指向鏈結串列第一個節點，初始化 *j* 從 1 開始；

(2) 當 $j < i$ 時，就檢查鏈結串列，讓 p 的指標向後移動，不斷指向下一節點，*j* 累加 1；

(3) 若到鏈結串列尾端 p 為空，則說明第 i 個節點不存在；

(4) 否則尋找成功，傳回節點 p 的資料。

實現程式演算法如下：

```
/* 起始條件：鏈式線性串列L已存在，1≤i≤ListLength(L) */
/* 操作結果：用e傳回L中第i個資料元素的值 */
Status GetElem(LinkList L,int i,ElemType *e)
{
    int j;
    LinkList p;         /* 宣告一節點p */
    p = L->next;        /* 讓p指向鏈結串列L的第一個節點 */
    j = 1;              /* j為計數器 */
    while (p && j<i)    /* p不為空或是計數器j還沒有等於i時，迴圈繼續 */
    {
        p = p->next;    /* 讓p指向下一個節點 */
        ++j;
    }
```

```
    if ( !p || j>i )
        return ERROR;     /* 第i個元素不存在 */
    *e = p->data;         /* 取第i個元素的資料 */
    return OK;
}
```

説穿了，就是從頭開始找，直到第 i 個節點為止。由於這個演算法的時間複雜度取決於 i 的位置，當 i=1 時，則不需檢查，第一個就取出資料了，而當 i=n 時則檢查 n-1 次才可以。因此最壞情況的時間複雜度是 $O(n)$。

由於單鏈結串列的結構中沒有定義串列長，所以不能事先知道要循環多少次，因此也就不方便使用 for 來控制迴圈。其主要核心思維就是「**工作指標後移**」，這其實也是很多演算法的常用技術。

此時就有人説，這麼麻煩，這資料結構有什麼意思！還不如循序儲存結構呢。

世間萬物總是兩面的，有好自然有不足，有差自然就有優勢。下面我們來看一下在單鏈結串列中的如何實現「插入」和「刪除」。

3.8 單鏈結串列的插入與刪除

3.8.1 單鏈結串列的插入

先來看單鏈結串列的插入。假設儲存元素 e 的節點為 s，要實現節點 p、p->next 和 s 之間邏輯關係的變化，只需將節點 s 插入到節點 p 和 p->next 之間即可。如何插入呢（如下圖所示）？

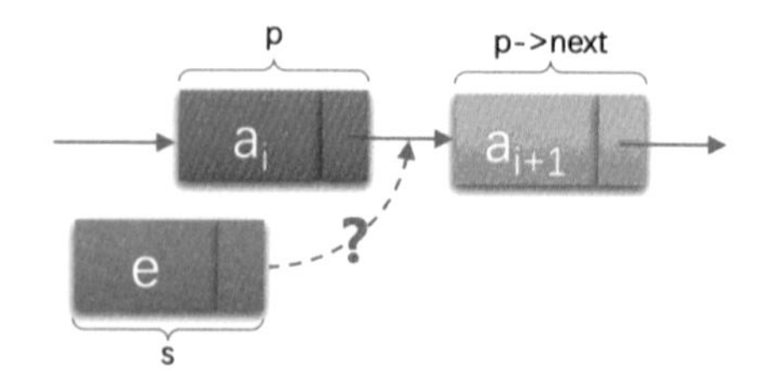

根本用不著驚動其他節點，只需要讓 s->next 和 p->next 的指標做一點改變即可。

```
s->next = p->next;     /* 將p的後繼節點給予值給s的後繼 */
p->next = s;           /* 將s給予值給p的後繼 */
```

解讀這兩行程式碼，也就是說讓 p 的後繼節點改成 s 的後繼節點，再把節點 s 變成 p 的後繼節點（如下圖所示）。

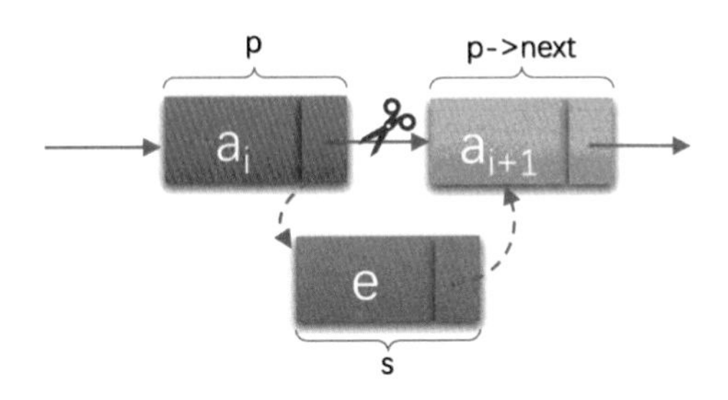

考慮一下，這兩句的順序可不可以交換？

如果先 p->next=s；再 s->next=p->next；會怎麼樣？哈哈，因為此時第一句會使得將 p->next 給覆蓋成 s 的位址了。那麼 s->next=p->next，其實就等於 s->next=s，這樣真正的擁有 a_{i+1} 資料元素的節點就沒了上級。這樣的插入操作就是失敗的。所以這兩句是無論如何不能反的，這點初學者一定要注意。

插入節點 s 後，鏈結串列如下圖所示。

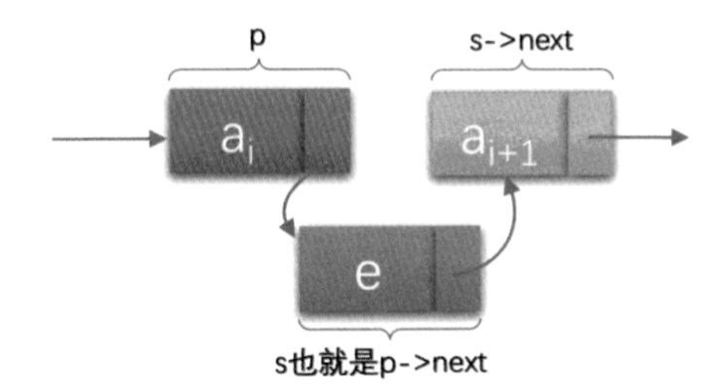

對於單鏈結串列的串列頭和串列尾的特殊情況，操作是相同的，如下圖所示。

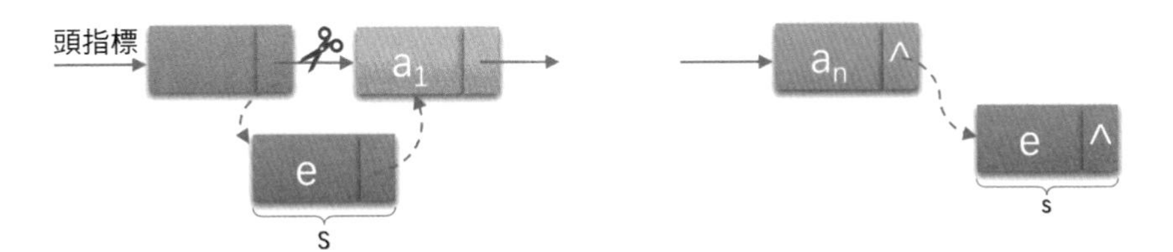

單鏈結串列第 i 個資料插入節點的演算法想法：

(1) 宣告一指標 p 指向鏈結串列頭節點，初始化 j 從 1 開始；
(2) 當 $j < i$ 時，就檢查鏈結串列，讓 p 的指標向後移動，不斷指向下一節點，j 累加 1；
(3) 若到鏈結串列尾端 p 為空，則說明第 i 個節點不存在；
(4) 否則尋找成功，在系統中產生一個空節點 s；
(5) 將資料元素 e 設定值給 s->data；
(6) 單鏈結串列的插入標準敘述 s->next=p->next; p->next=s；
(7) 傳回成功。

實現程式演算法如下：

```
/* 起始條件：鏈式線性串列L已存在,1≤i≤ListLength(L)， */
/* 操作結果：在L中第i個位置之前插入新的資料元素e，L的長度加1 */
Status ListInsert(LinkList *L,int i,ElemType e)
{
    int j;
    LinkList p,s;
    p = *L;
    j = 1;
    while (p && j < i)                      /* 尋找第i個節點 */
    {
        p = p->next;
        ++j;
    }
    if (!p || j > i)
        return ERROR;                       /* 第i個元素不存在 */

    s = (LinkList)malloc(sizeof(Node));     /* 產生新節點(C語言標準函數) */
    s->data = e;
    s->next = p->next;                      /* 將p的後繼節點給予值給s的後繼 */
    p->next = s;                            /* 將s給予值給p的後繼 */
    return OK;
}
```

在這段演算法程式中，我們用到了 C 語言的 malloc 標準函數，它的作用就是產生一個新的節點，其類型與 Node 是一樣的，其實質就是在記憶體中找了一小區塊空地，準備用來儲存資料 e 的 s 節點。

3.8.2 單鏈結串列的刪除

現在我們再來看單鏈結串列的刪除。設儲存元素 a_i 的節點為 q，要實現將節點 q 刪除單鏈結串列的操作，其實就是將它的前繼節點的指標繞過，指向它的後繼節點即可，如下圖所示。

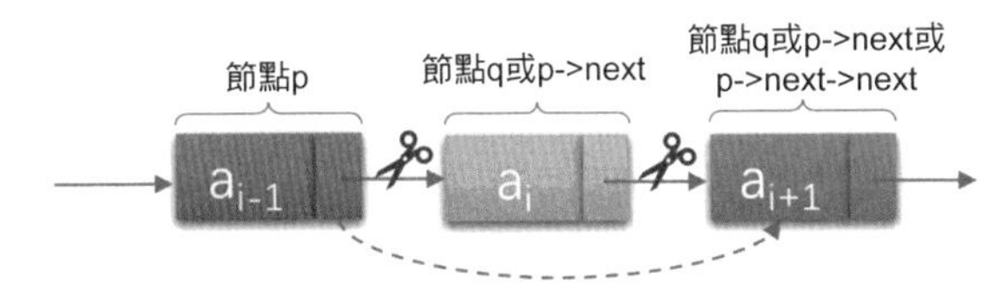

我們所要做的，實際上就是一步，p->next=p->next->next，用 q 來取代 p->next，即是

```
q = p->next;
p->next = q->next;            /* 將q的後繼給予值給p的後繼 */
```

解讀這兩行程式碼，也就是說把 p 的後繼節點改成 p 的後繼的後繼節點。有點繞口，我再打個具體的比方。本來是爸爸左手牽著媽媽的手，右手牽著寶寶的手在馬路邊散步。突然迎面走來一美女，爸爸一下子看呆了，此情景被媽媽逮個正著，於是她生氣地甩開牽著的爸爸的手，繞過他，扯開父子倆，拉起寶寶的左手就快步朝前走去。此時媽媽是 p 節點，媽媽的後繼是爸爸 p->next，也可以叫 q 節點，媽媽的後繼的後繼是兒子 p->next->next，即 q->next。當媽媽去牽兒子的手時，這個爸爸就已經與母子倆沒有牽手聯繫了，如下圖所示。

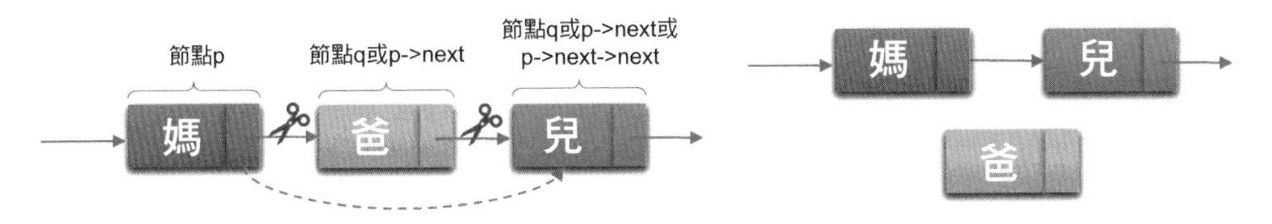

單鏈結串列第 i 個資料刪除節點的演算法想法：

(1) 宣告一指標 p 指向鏈結串列頭節點，初始化 j 從 1 開始；
(2) 當 $j < i$ 時，就檢查鏈結串列，讓 p 的指標向後移動，不斷指向下一個節點，j 累加 1；
(3) 若到鏈結串列尾端 p 為空，則說明第 i 個節點不存在；
(4) 否則尋找成功，將欲刪除的節點 p->next 設定值給 q；

(5) 單鏈結串列的刪除標準敘述 p->next=q->next；

(6) 將 q 節點中的資料設定值給 e，作為傳回；

(7) 釋放 q 節點；

(8) 傳回成功。

實現程式演算法如下：

```
/* 起始條件：鏈式線性串列L已存在，1≤i≤ListLength(L) */
/* 操作結果：移除L的第i個資料元素，並用e傳回其值，L的長度減1 */
Status ListDelete(LinkList *L,int i,ElemType *e)
{
    int j;
    LinkList p,q;
    p = *L;
    j = 1;
    while (p->next && j < i)        /* 檢查尋找第i個元素 */
    {
        p = p->next;
        ++j;
    }
    if (!(p->next) || j > i)
        return ERROR;               /* 第i個元素不存在 */
    q = p->next;
    p->next = q->next;              /* 將q的後繼給予值給p的後繼 */
    *e = q->data;                   /* 將q節點中的資料給e */
    free(q);                        /* 讓系統回收此節點，釋放記憶體 */
    return OK;
}
```

這段演算法程式裡，我們又用到了另一個 C 語言的標準函數 free。它的作用就是讓系統回收一個 Node 節點，釋放記憶體。

分析一下剛才我們說明的單鏈結串列插入和刪除演算法，我們發現，它們其實都是由兩部分組成：第一部分就是檢查尋找第 i 個節點；第二部分就是插入和刪除節點。

從整個演算法來說，我們很容易推導出：它們的時間複雜度都是 $O(n)$。如果在我們不知道第 i 個節點的指標位置，單鏈結串列資料結構在插入和刪除操作上，與線性串列的循序儲存結構是沒有太大優勢的。但如果，我們希望從第 i 個位置，插入 10 個節點，對於循序儲存結構表示，每一次插入都需要移動 n-i

個節點，每次都是 $O(n)$。而單鏈結串列，我們只需要在第一次時，找到第 i 個位置的指標，此時為 $O(n)$，接下來只是簡單地透過設定值移動指標而已，時間複雜度都是 $O(1)$。顯然，**對於插入或刪除資料越頻繁的操作，單鏈結串列的效率優勢就越是明顯**。

3.9 單鏈結串列的整串列建立

回顧一下，循序儲存結構的建立，其實就是一個陣列的初始化，即宣告一個類型和大小的陣列並設定值的過程。而單鏈結串列和循序儲存結構就不一樣，它不像循序儲存結構這麼集中，它可以很散，是一種動態結構。對每個鏈結串列來說，它所佔用空間的大小和位置是不需要預先分配劃定的，可以根據系統的情況和實際的需求即時產生。

所以建立單鏈結串列的過程就是一個動態產生鏈結串列的過程。即從「空白串列」的初始狀態起，依次建立各元素節點，並一個一個插入鏈結串列。

單鏈結串列整個串列建立的演算法想法：

(1) 宣告一指標 p 和計數器變數 i；
(2) 初始化一空鏈結串列 L；
(3) 讓 L 的頭節點的指標指向 NULL，即建立一個帶頭節點的單鏈結串列；
(4) 迴圈：
  ① 產生一新節點設定值給 p；
  ② 隨機產生一數字設定值給 p 的資料欄 p->data；
  ③ 將 p 插入到頭節點與前一新節點之間。

實現程式演算法如下：

```
/*  隨機產生n個元素的值，建立帶頭部節點的單鏈線性串列L(頭插法) */
void CreateListHead(LinkList *L, int n)
{
    LinkList p;
    int i;
    srand(time(0));                          /* 初始化隨機數種子 */
    *L = (LinkList)malloc(sizeof(Node));
```

```
    (*L)->next = NULL;                          /* 先建立一個帶頭節點的單鏈結串列 */
    for (i=0; i<n; i++)
    {
        p = (LinkList)malloc(sizeof(Node)); /* 產生新節點 */
        p->data = rand()%100+1;             /* 隨機產生100以內的數字 */
        p->next = (*L)->next;
        (*L)->next = p;                     /* 插入到頭部 */
    }
}
```

這段演算法程式裡，我們其實用的是插隊的辦法，就是始終讓新節點在第一的位置。我也可以把這種演算法簡稱為頭插法，如下圖所示。

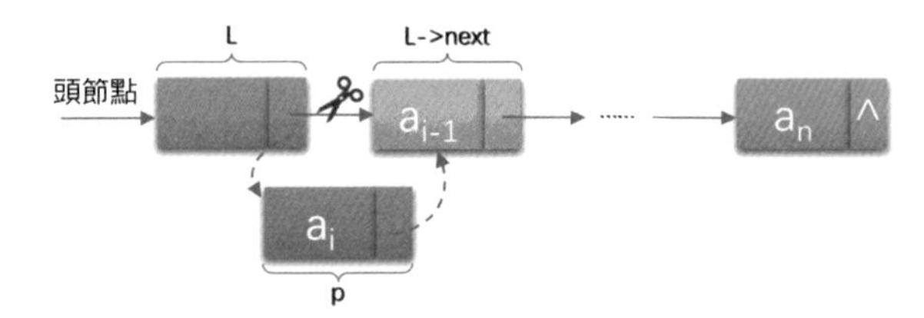

可事實上，我們還是可以不這樣幹，為什麼不把新節點都放到最後呢，這才是排隊時的正常思維，所謂的先來後到。我們把每次新節點都插在終端節點的後面，這種演算法稱之為尾插法。

實現程式演算法如下：

```
/*  隨機產生n個元素的值，建立帶頭部節點的單鏈線性串列L(尾插法) */
void CreateListTail(LinkList *L, int n)
{
    LinkList p,r;
    int i;
    srand(time(0));                         /* 初始化隨機數種子 */
    *L = (LinkList)malloc(sizeof(Node));    /* L為整個線性串列 */
    r=*L;                                   /* r為指向尾部的節點 */
    for (i=0; i<n; i++)
    {
        p = (Node *)malloc(sizeof(Node));   /* 產生新節點 */
        p->data = rand()%100+1;             /* 隨機產生100以內的數字 */
        r->next=p;                          /* 將串列尾終端節點的指標指向新節點 */
        r = p;                              /* 將目前的新節點定義為串列尾終端節點 */
    }
    r->next = NULL;                         /* 表示目前鏈結串列結束 */
}
```

注意 L 與 r 的關係，L 是指整個單鏈結串列，而 r 是指向尾節點的變數，r 會隨著迴圈不斷地變化節點，而 L 則是隨著迴圈增長為一個多節點的鏈結串列。

這裡需解釋一下，r->next=p; 的意思，其實就是將剛才的串列尾終端節點 r 的指標指向新節點 p，如下圖所示，當中①位置的連線就是表示這個意思。

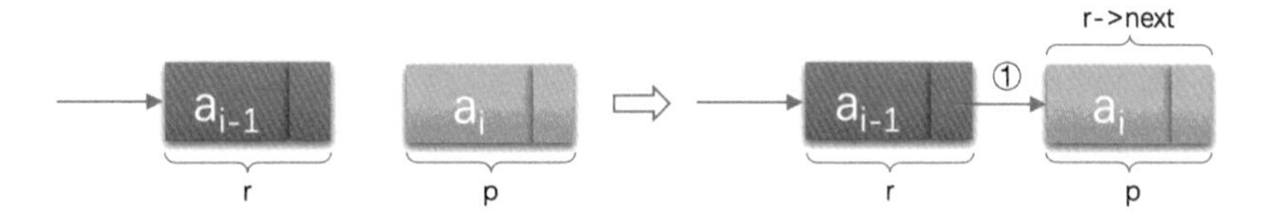

r->next=p; 這一句應該還好了解，我以前很多學生不了解的就是後面這一句 r=p; 是什麼意思？請看下圖。

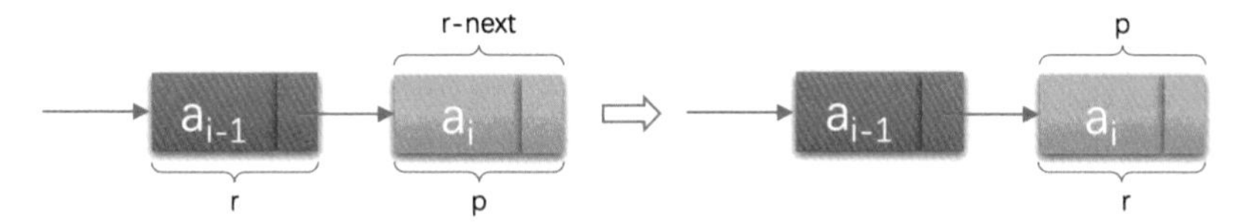

它的意思，就是本來 r 是在 a_{i-1} 元素的節點，但現在它已經不是最後的節點了，現在最後的節點是 a_i，所以應該要讓將 p 節點這個最後的節點設定值給 r。此時 r 又是最後的尾節點了。

迴圈結束後，應該讓這個節點的指標域清空，因此有 "r->next= NULL;"，以便日後檢查時可以確認其是尾部。

3.10 單鏈結串列的整個串列刪除

當我們不打算使用這個單鏈結串列時，我們需要把它銷毀，其實也就是在記憶體中將它釋放掉，以便於留出空間給其他程式或軟體使用。

單鏈結串列整個串列刪除的演算法想法如下：

(1) 宣告一指標 p 和 q；
(2) 將第一個節點設定值給 p；
(3) 迴圈：

① 將下一節點設定值給 q；
② 釋放 p；
② 將 q 設定值給 p。

實現程式演算法如下：

```
/* 起始條件：鏈式線性串列L已存在。操作結果：將L重設為空串列 */
Status ClearList(LinkList *L)
{
    LinkList p,q;
    p=(*L)->next;          /* p指向第一個節點 */
    while(p)               /* 沒到串列尾 */
    {
        q=p->next;
        free(p);
        p=q;
    }
    (*L)->next=NULL;       /* 頭節點指標域為空 */
    return OK;
}
```

這段演算法程式裡，常見的錯誤就是有同學會覺得 q 變數沒有存在的必要。在迴圈本體內直接寫 free(p);p=p->next; 即可。這樣會帶來什麼問題？

要知道 p 指向一個節點，它除了有資料欄，還有指標域。你在做 free(p); 時，其實是在對它整個節點進行刪除和記憶體釋放的工作。這有如皇帝快要病死了，卻還沒有冊封太子，他兒子五六個，你說要是你腳一蹬倒是解脫了，這國家怎麼辦，你那幾個兒子怎辦？這要是為了皇位，什麼親兄弟血肉情都成了浮雲，一定會打起來。所以不行，皇帝不能馬上死，得先把遺囑寫好，說清楚，哪個兒子做太子才行。而這個遺囑就是變數 q 的作用，它使得下一個節點是誰獲得了記錄，以便於等目前節點釋放後，把下一節點拿回來補充。明白了嗎？

說了這麼多，我們可以來簡單歸納一下。

3.11 單鏈結串列結構與循序儲存結構優缺點

簡單地對單鏈結串列結構和循序儲存結構做比較：

透過上面的比較，我們可以得出一些經驗性的結論：

- **若線性串列需要頻繁尋找，很少進行插入和刪除操作時，宜採用循序儲存結構**。若需要頻繁插入和刪除時，宜採用單鏈結串列結構。比如說遊戲開發中，對於使用者註冊的個人資訊，除了註冊時插入資料外，絕大多數情況都是讀取，所以應該考慮用循序儲存結構。而遊戲中的玩家的武器或裝備列表，隨著玩家的遊戲過程中，可能會隨時增加或刪除，此時再用循序儲存就不太合適了，單鏈結串列結構就可以大展拳腳。當然，這只是簡單的類比，現實中的軟體開發，要考慮的問題會複雜得多。

- **當線性串列中的元素個數變化較大或根本不知道有多大時，最好用單鏈結串列結構**。這樣可以不需要考慮儲存空間的大小問題。而如果事先知道線性串列的大致長度，例如一年 12 個月，一周就是星期一至星期日共七天，這種用循序儲存結構效率會高很多。

總之，線性串列的循序儲存結構和單鏈結串列結構各有其優缺點，不能簡單的說哪個好，哪個不好，需要根據實際情況，來綜合平衡採用哪種資料結構更能滿足和達到需求和效能。

休息一下，我們再來看看其他的鏈結串列結構。

3.12 靜態鏈結串列

其實 C 語言真是好東西，它具有的指標能力，使得它可以非常容易地操作記憶體中的位址和資料，這比其他高階語言更加靈活方便。後來的物件導向語言，如 Java、C# 等，雖不使用指標，但因為啟用了物件參考機制，從某種角度也間接實現了指標的某些作用。但對於一些語言，如 Basic、Fortran 等早期的程式設計高階語言，由於沒有指標，鏈結串列結構按照前面我們的講法，它就無法實現了。怎麼辦呢？

有人就想出來用陣列來代替指標，來描述單鏈結串列。真是不得不佩服他們的智慧，我們來看看他是怎麼做到的。

首先我們讓陣列的元素都是由兩個資料欄組成，data 和 cur。也就是說，陣列的每個索引都對應一個 data 和一個 cur。資料欄 data，用來儲存資料元素，也就是通常我們要處理的資料；而 cur 相當於單鏈結串列中的 next 指標，儲存該元素的後繼在陣列中的索引，我們把 cur 叫做游標。

我們把這種**用陣列描述的鏈結串列叫做靜態鏈結串列**，這種描述方法還有命名叫做游標實現法。

為了我們方便插入資料，我們通常會把陣列建立得大一些，以便有一些閒置空間可以在插入時不至於溢位。

```
#define MAXSIZE 1000 /* 儲存空間起始分配量 */

/* 線性串列的靜態鏈結串列儲存結構 */
typedef struct
{
    ElemType data;
    int cur;          /* 游標(Cursor) ，為0時表示無指向 */
} Component,StaticLinkList[MAXSIZE];
```

註：線性串列靜態鏈結串列相關程式請參看程式目錄下「/ 第 3 章線性串列 /03 靜態鏈結串列 _StaticLinkList.c」。

另外我們對陣列第一個和最後一個元素作為特殊元素處理，不存資料。我們通常把未被使用的陣列元素稱為備用鏈結串列。而陣列第一個元素，即索引為 0

的元素的 cur 就儲存備用鏈結串列的第一個節點的索引；而陣列的最後一個元素的 cur 則儲存第一個有數值的元素的索引，相當於單鏈結串列中的頭節點作用，當整個鏈結串列為空時，則為 0[1]。如下圖所示。

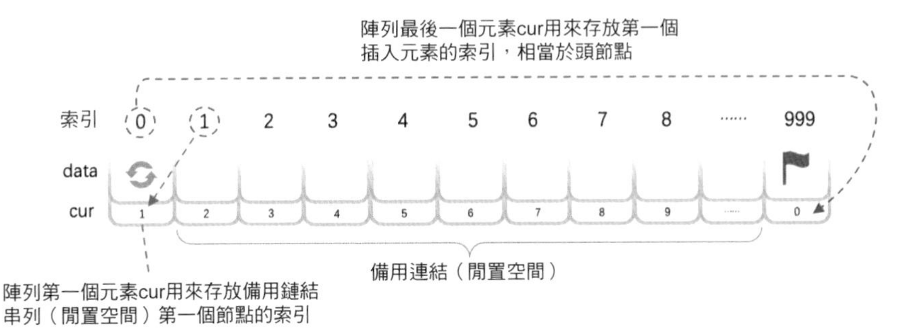

此時的圖示相當於初始化的陣列狀態，見下面程式：

```
/* 將一維陣列space中各分量鏈成一個備用鏈結串列，space[0].cur為頭指標，"0"表示空指標 */
Status InitList(StaticLinkList space)
{
    int i;
    for (i=0; i<MAXSIZE-1; i++)
        space[i].cur = i+1;
    space[MAXSIZE-1].cur = 0;     /* 目前靜態鏈結串列為空，最後一個元素的cur為0 */
    return OK;
}
```

假設我們已經將資料存入靜態鏈結串列，例如分別儲存著「甲」、「乙」、「丁」、「戊」、「己」、「庚」等資料，則它將處於如下圖所示這種狀態。

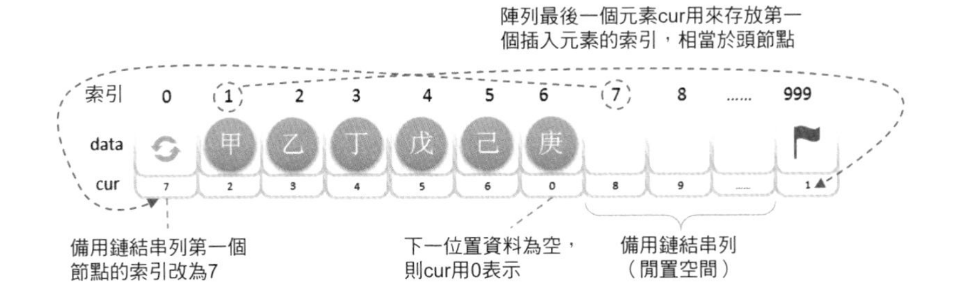

1　有些書中把陣列的第二個元素用來作為頭結點，實現原理相同，只不過是取得儲存位置不同。

此時「甲」這裡就存有下一元素「乙」的索引 2，「乙」則存有下一元素「丁」的索引 3。而「庚」是最後一個有值元素，所以它的 cur 設定為 0。而最後一個元素的 cur 則因「甲」是第一有值元素而存有它的索引為 1。而第一個元素則因閒置空間的第一個元素索引為 7，所以它的 cur 存有 7。

3.12.1 靜態鏈結串列的插入操作

現在我們來看看如何實現元素的插入。

靜態鏈結串列中要解決的是：如何用靜態模擬動態鏈結串列結構的儲存空間的分配，需要時申請，無用時釋放。

我們前面說過，在動態鏈結串列中，節點的申請和釋放分別借用 malloc() 和 free() 兩個函數來實現。在靜態鏈結串列中，操作的是陣列，不存在像動態鏈結串列的節點申請和釋放問題，所以我們需要自己實現這兩個函數，才可以做插入和刪除的操作。

為了辨明陣列中哪些分量未被使用，解決的辦法是將所有未被使用過的及已被刪除的分量用游標鏈成一個備用的鏈結串列，每當進行插入時，便可以從備用鏈結串列上取得第一個節點作為待插入的新節點。

```
/* 若備用空間鏈結串列非空，則傳回分配的節點索引，否則傳回0 */
int Malloc_SSL(StaticLinkList space)
{
    int i = space[0].cur;               /* 目前陣列第一個元素的cur存的值 */
                                        /* 就是要傳回的第一個備用閒置的索引 */
    if (space[0]. cur)
        space[0]. cur = space[i].cur;   /* 由於要拿出一個分量來使用了 */
                                        /* 所以我們就得把它的下一個 */
                                        /* 分量用來做備用 */
    return i;
}
```

這段程式有意思，一方面它的作用就是傳回一個索引值，這個值就是陣列頭元素的 cur 存的第一個閒置的索引。從上面的圖示實例來看，其實就是傳回 7。

那麼既然索引為 7 的分量準備要使用了，就得有接替者，所以就把分量 7 的 cur 值設定值給頭元素，也就是把 8 給 space[0].cur，之後就可以繼續分配新的閒置分量，實現類似 malloc() 函數的作用。

現在我們如果需要在「乙」和「丁」之間，插入一個值為「丙」的元素，按照以前循序儲存結構的做法，應該要把「丁」、「戊」、「己」、「庚」這些元素都往後移一位。但目前不需要，因為我們有了新的方法。

新元素「丙」，想插隊是吧？可以，你先悄悄地在隊伍最後一排第 7 個游標位置待著，我一會就能幫你搞定。我接著找到了「乙」，告訴他，你的 cur 不是游標為 3 的「丁」了，這點小錢，意思意思，你把你的下一位的游標改為 7 就可以了。「乙」歎了口氣，收了錢把 cur 值改了。此時再回到「丙」那裡，說你把你的 cur 改為 3。就這樣，在絕大多數人都不知道的情況下，整個排隊的次序發生了改變（如下頁圖所示）。

實現程式如下，程式左側數字為行號。

```
1  Status ListInsert(StaticLinkList L, int i, ElemType e)
2  {
3      int j, k, l;
4      k = MAXSIZE - 1;                    /* 注意k首先是最後一個元素的索引 */
5      if (i < 1 || i > ListLength(L) + 1)
6          return ERROR;
7      j = Malloc_SSL(L);                  /* 獲得閒置分量的索引 */
8      if (j)
9      {
10         L[j].data = e;                  /* 將資料給予值給此分量的data */
11         for (l = 1; l <= i - 1; l++)    /* 找到第i個元素之前的位置 */
12             k = L[k].cur;
13         L[j].cur = L[k].cur;   /* 把第i個元素之前的cur給予值給新元素的cur */
14         L[k].cur = j;          /* 把新元素的索引給予值給第i個元素之前元素的ur */
15         return OK;
16     }
17     return ERROR;
18 }
```

(1) 當我們執行插入敘述時，我們的目的是要在「乙」和「丁」之交錯入「丙」。呼叫程式時，輸入 i 值為 3。

(2) 第 4 行讓 k=MAX_SIZE–1=999。

(3) 第 7 行，j=Malloc_SSL(L)=7。此時索引為 0 的 cur 也因為 7 要被佔用而更改備用鏈結串列的值為 8。

(4) 第 11 ～ 12 行，for 迴圈 l 由 1 到 2，執行兩次。程式 k = L[k].cur; 使得 k=999，獲得 k=L[999].cur=1，再獲得 k=L[1].cur=2。

(5) 第 13 行，L[j].cur = L[k].cur; 因 j=7，而 k=2 獲得 L[7].cur=L[2].cur=3。這就是剛才我說的讓「丙」把它的 cur 改為 3 的意思。

(6) 第 14 行，L[k].cur = j; 意思就是 L[2].cur=7。也就是讓「乙」得點好處，把它的 cur 改為指向「丙」的索引 7。

就這樣，我們實現了在陣列中，實現不移動元素，卻插入了資料的操作（如下圖所示）。不了解可能覺得有些複雜，了解了，也就那麼回事。

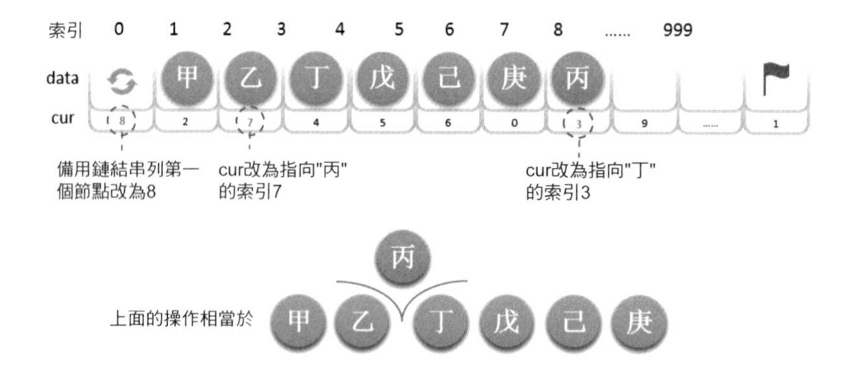

3.12.2 靜態鏈結串列的刪除操作

故事沒完，接著，排在第一個的甲突然接到一電話，看著很急，多半不是家裡有緊急情況，就是單位有突發狀況，反正稍有猶豫之後就急匆匆離開。這表示第一位空出來了，那麼自然剛才那個收了好處的乙就成了第一位——有人走運起來，呼吸都會胖。

和前面一樣，刪除元素時，原來是需要釋放節點的函數 free()。現在我們也得自己實現它：

```
/*  移除在L中第i個資料元素   */
Status ListDelete(StaticLinkList L, int i)
{
    int j, k;
    if (i < 1 || i > ListLength(L))
        return ERROR;
    k = MAXSIZE - 1;
    for (j = 1; j <= i - 1; j++)
        k = L[k].cur;
```

```
    j = L[k].cur;
    L[k].cur = L[j].cur;
    Free_SSL(L, j);
    return OK;
}
```

有了剛才的基礎，這段程式就很容易了解了。前面程式都一樣，for 迴圈因為 i=1 而不操作，j=L[999].cur=1，L[k].cur=L[j].cur 也就是 L[999].cur=L[1].cur=2。這其實就是告訴電腦現在「甲」已經離開了，「乙」才是第一個元素。Free_SSL（L, j）; 是什麼意思呢？來看程式：

```
/*  將索引為k的閒置節點回收到備用鏈結串列 */
void Free_SSL(StaticLinkList space, int k)
{
    space[k].cur = space[0].cur;    /* 把第一個元素的cur值賦給要移除的分量cur */
    space[0].cur = k;               /* 把要移除的分量索引給予值給第一個元素的cur */
}
```

意思就是「甲」現在要走，這個位置就空出來了，也就是，未來如果有新人來，最優先考慮這裡，所以原來的第一個空位分量，即索引是 8 的分量，它降級了，把 8 給「甲」所在索引為 1 的分量的 cur，也就是 space[1].cur=space[0].cur=8，而 space[0].cur=k=1 其實就是讓這個刪除的位置成為第一個優先空位，把它存入第一個元素的 cur 中，如下圖所示。

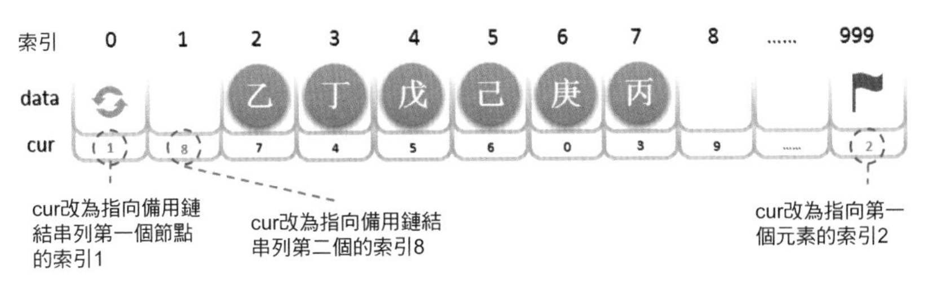

當然，靜態鏈結串列也有對應的其他操作的相關實現。例如我們程式中的 ListLength 就是一個，來看程式。

```
/* 起始條件：靜態鏈結串列L已存在。操作結果：傳回L中資料元素個數 */
int ListLength(StaticLinkList L)
{
    int j=0;
    int i=L[MAXSIZE-1].cur;
    while(i)
    {
        i=L[i].cur;
        j++;
    }
    return j;
}
```

另外一些操作和線性串列的基本操作相同，實現上也不複雜，我們在課堂上就不說明了。

3.12.3 靜態鏈結串列優缺點

歸納一下靜態鏈結串列的優缺點（見下圖）：

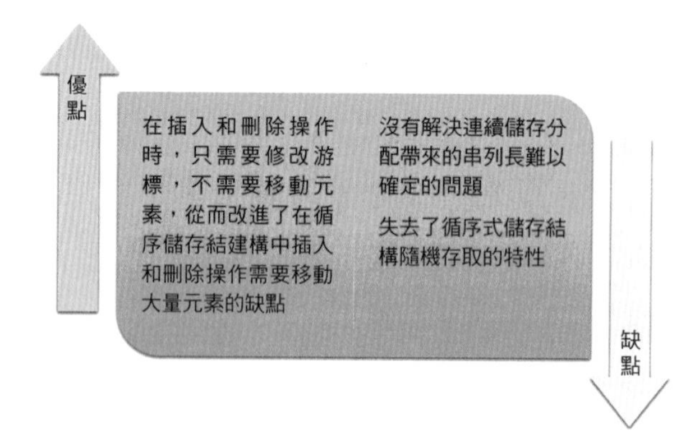

整體來說，靜態鏈結串列其實是為了給沒有指標的高階語言設計的一種實現單鏈結串列能力的方法。儘管大家不一定會用得上，但這樣的思考方式是非常巧妙的，應該了解其思維，以備不時之需。

3.13 循環鏈結串列

在座的各位都很年輕，不會覺得日月如梭。可上了點年紀的人，例如我的父輩們，就常常感慨，要是可以回到從前該多好。網上也盛傳，所謂的成功男人就是 3 歲時不尿褲子，5 歲能自己吃飯……80 歲能自己吃飯，90 歲能不尿褲子。

對於單鏈結串列，由於每個節點只儲存了向後的指標，到了尾標示就停止了向後鏈的操作，這樣，當中某一節點就無法找到它的前驅節點了，就像我們剛才說的，不能回到從前。

舉例來說，你是一業務員，家在上海。需要經常出差，行程就是上海到北京一路上的城市，找客戶談生意或分公司辦理業務。你從上海出發，坐火車路經多個城市停留後，再搭飛機返回上海，以後，每隔一段時間，你基本還要按照這樣的行程開展業務，如下圖左圖所示。

上海 蘇州 無錫 常州 鎮江 南京 蚌埠 徐州 濟南 天津 北京

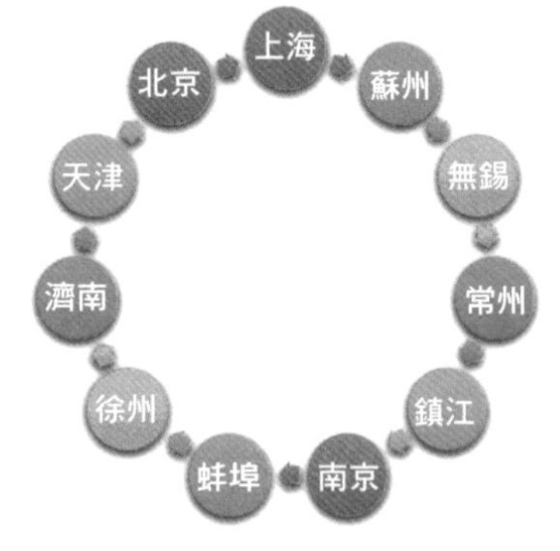

有一次，你先到南京開會，接下來要對以上的城市走一遍，此時有人對你說，不行，你得從上海開始，因為上海是第一站。你會對這人說什麼？神經病。哪有這麼傻的，直接回上海根本沒有必要，你可以從南京開始，下一站蚌埠，直到北京，之後再考慮走完上海及蘇南的幾個城市。顯然這表示你是從當中一節點開始檢查整個鏈結串列，這都是原來的單鏈結串列結構解決不了的問題。

事實上，把北京和上海之間連起來，形成一個環就解決了前面所面臨的困難。如上圖右圖所示。這就是我們現在要講的循環鏈結串列。

將單鏈結串列中終端節點的指標端由空指標改為指向頭節點，就使整個單鏈結串列形成一個環，這種頭尾相接的單鏈結串列稱為單循環鏈結串列，簡稱循環鏈結串列（circular linked list）。

從剛才的實例，可以歸納出，循環鏈結串列解決了一個很麻煩的問題。如何從當中一個節點出發，存取到鏈結串列的全部節點。

為了使空鏈結串列與不可為空鏈結串列處理一致，我們通常設一個頭節點，當然，這並不是說，循環鏈結串列一定要頭節點，這需要注意。循環鏈結串列帶有頭節點的空鏈結串列如下圖所示：

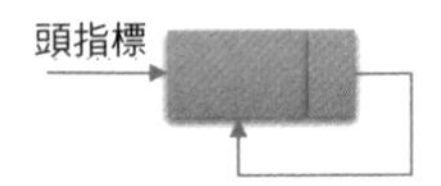

對於不可為空的循環鏈結串列就如下圖所示。

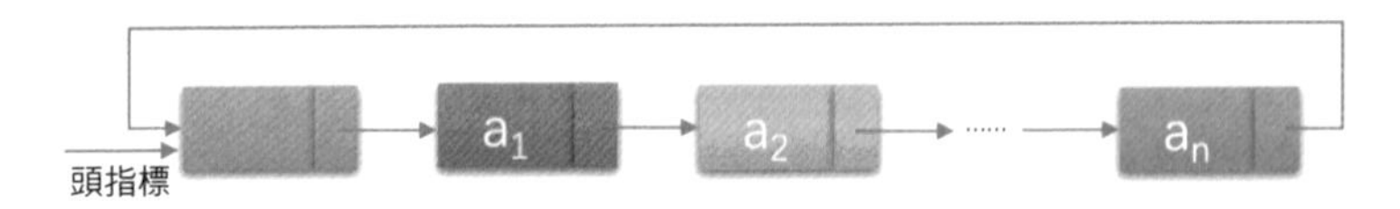

其實循環鏈結串列和單鏈結串列的主要差異就在於循環的判斷條件上，原來是判斷 p->next 是否為空，現在則是 p -> next 不等於頭節點，則循環未結束。

在單鏈結串列中，我們有了頭節點時，我們可以用 $O(1)$ 的時間存取第一個節點，但對於要存取到最後一個節點，卻需要 $O(n)$ 時間，因為我們需要將單鏈結串列全部掃描一遍。

有沒有可能用 $O(1)$ 的時間由鏈結串列指標存取到最後一個節點呢？當然可以。

不過我們需要改造一下這個循環鏈結串列，不用頭指標，而是用指向終端節點的尾指標來表示循環鏈結串列（如下圖所示），此時尋找開始節點和終端節點都很方便了。

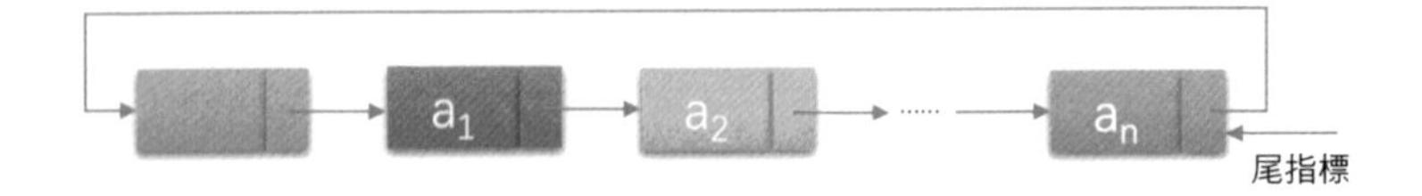

從上圖中可以看到，終端節點用尾指標 rear 指示，則尋找終端節點是 $O(1)$，而開始節點，其實就是 rear->next->next，其時間複雜也為 $O(1)$。

舉個程式的實例，要將兩個循環鏈結串列合併成一個串列時，有了尾指標就非常簡單了。例如下面的這兩個循環鏈結串列，它們的尾指標分別是 rearA 和 rearB，如下圖所示。

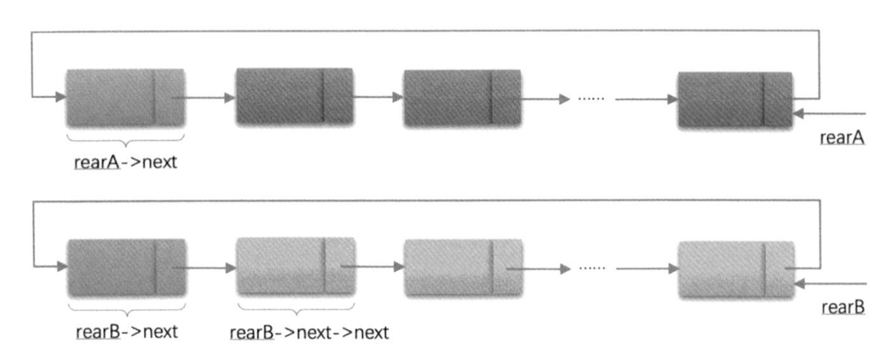

要想把它們合併，只需要以下的操作即可，如下圖所示。

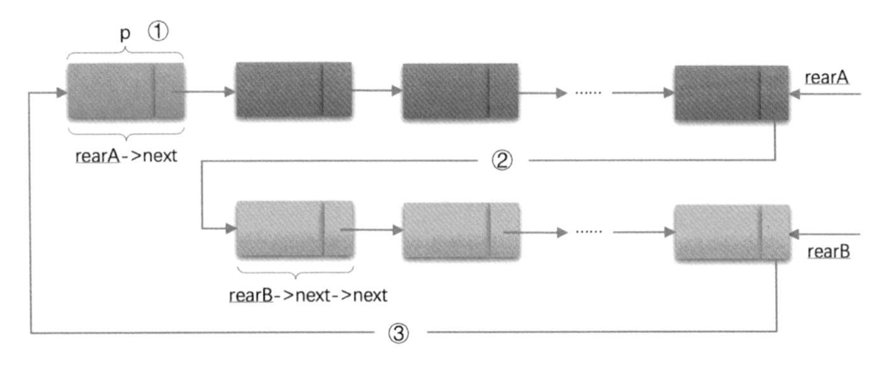


```
p=rearA->next;                    /* 儲存A串列的頭節點，即① */
rearA->next=rearB->next->next;    /* 將本是指向B串列的第一個節點(不是頭節點) */
                                  /* 給予值給rearA->next，即② */
q=rearB->next;
rearB->next=p;                    /* 將原A串列的頭節點給予值給rearB->next，即③ */
free(q);                          /* 釋放q */
```

3.14 雙向鏈結串列

繼續我們剛才的實例，你平時都是從上海一路停留到北京的，可是這一次，你得先到北京開會。開完會後，你需要例行公事，走訪各個城市，此時你怎麼辦？

有人又出主意了，你可以先飛回上海，一路再坐火車走遍這幾個城市，到了北京後，你再飛回上海，如下圖所示。

你會感慨，人生中為什麼總會有這樣出餿主意的人存在呢？真要氣死人才行。哪來這麼麻煩，我一路從北京坐火車或汽車倒著一個城市一個城市回去不就完了嗎。如下圖所示。

對呀，其實生活中類似的小智慧比比皆是，並不會那麼的死板教條。我們的單鏈結串列，總是從頭到尾找節點，難道就不可以正反檢查都可以嗎？當然可以，只不過需要加點東西而已。

我們在單鏈結串列中，有了 next 指標，這就使得我們要尋找下一節點的時間複雜度為 $O(1)$。可是如果我們要尋找的是上一節點的話，那最壞的時間複雜度就是 $O(n)$ 了，因為我們每次都要從頭開始檢查尋找。

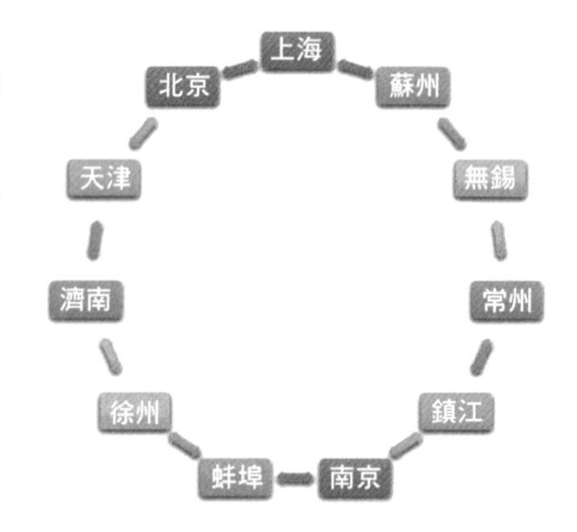

為了克服單向性這一缺點，我們的老科學家們，設計出了雙向鏈結串列。**雙向鏈結串列（double linked list）是在單鏈結串列的每個節點中，再設定一個指向其前驅節**

點的指標域。所以在雙向鏈結串列中的節點都有兩個指標域，一個指向後繼，另一個指向直接前驅。例如剛才那個實例，我們可以雙向連接。

```
/*線性串列的雙向鏈結串列儲存結構*/
typedef struct DulNode
{
        ElemType data;
        struct DuLNode *prior;    /*直接前驅指標*/
        struct DuLNode *next;     /*後繼指標*/
} DulNode, *DuLinkList;
```

既然單鏈結串列也可以有循環鏈結串列，那麼雙向鏈結串列當然也可以是循環串列。

雙向鏈結串列的循環帶頭節點的空鏈結串列如下圖所示。

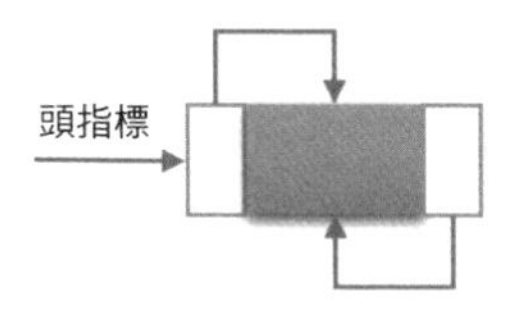

不可為空的循環的帶頭節點的雙向鏈結串列如下圖所示。

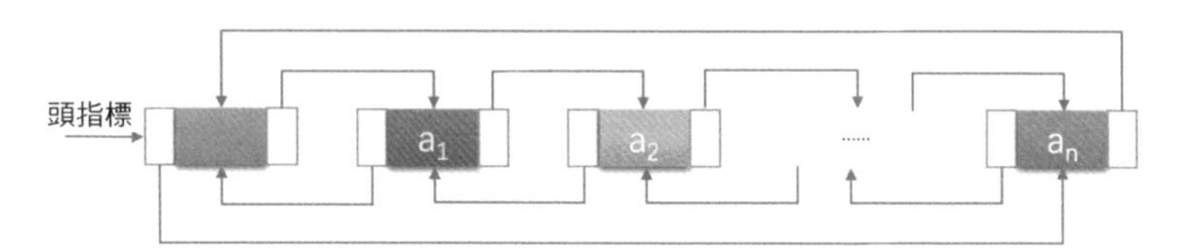

由於這是雙向鏈結串列，那麼對於鏈結串列中的某一個節點 p，它的後繼的前驅是誰？當然還是它自己。它的前驅的後繼自然也是它自己，即：

```
p->next->prior = p = p->prior->next
```

這就如同上海的下一站是蘇州，那麼上海的下一站的前一站是哪裡？哈哈，有點廢話的感覺。

雙向鏈結串列是單鏈結串列中擴充出來的結構，所以它的很多操作是和單鏈結串列相同的，例如求長度的 ListLength，尋找元素的 GetElem，獲得元素位置的 LocateElem 等，這些操作都只要有關一個方向的指標即可，另一指標多了也不能提供什麼幫助。

就像人生一樣，想享樂就得先努力，欲收穫就得付代價。雙向鏈結串列既然是比單鏈結串列多了如可以反向檢查尋找等資料結構，那麼也就需要付出一些小的代價：在插入和刪除時，需要更改兩個指標變數。

插入操作時，其實並不複雜，不過順序很重要，千萬不能寫反了。

我們現在假設儲存元素 e 的節點為 s，要實現將節點 s 插入到節點 p 和 p -> next 之間需要下面幾步驟，如下圖所示。

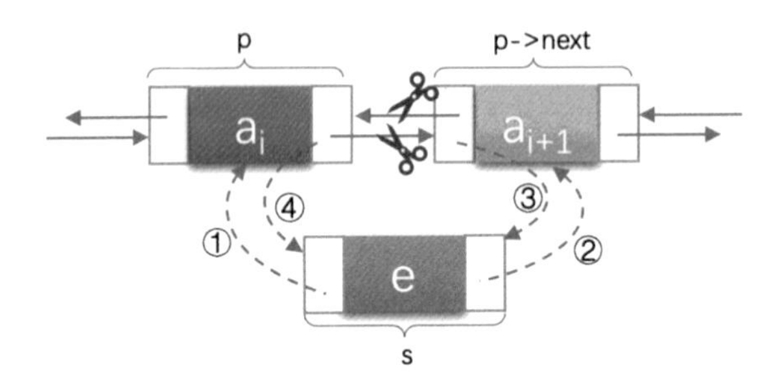


```
s - >prior = p;              /* 把p給予值給s的前驅，如圖中① */
s -> next = p -> next;       /* 把p->next給予值給s的後繼，如圖中② */
p -> next -> prior = s;      /* 把s給予值給p->next的前驅，如圖中③ */
p -> next = s;               /* 把s給予值給p的後繼，如圖中④ */
```

關鍵在於它們的順序，由於步驟 2 和步驟 3 都用到了 p->next。如果步驟 4 先執行，則會使得 p->next 提前變成了 s，使得插入的工作無法完成。所以我們不妨把上面這張圖在了解的基礎上記憶，順序是先搞定 s 的前驅和後繼，再搞定後節點的前驅，最後解決前節點的後繼。

如果插入操作了解了，那麼刪除操作，就比較簡單了。

若要刪除節點 p，只需要下面兩步驟，如下圖所示。

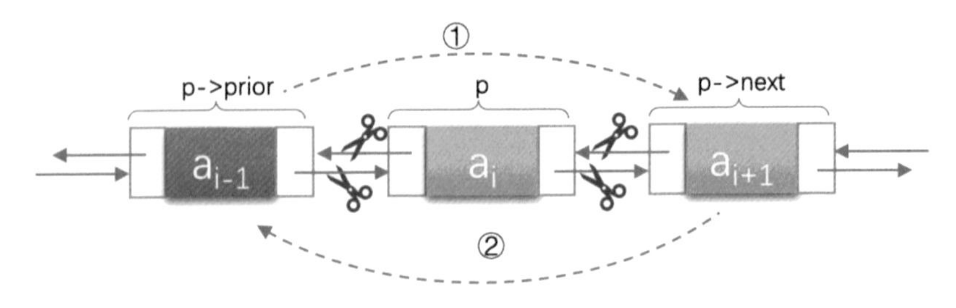


```
p->prior->next=p->next;      /* 把p->next給予值給p->prior的後繼，如圖中① */
```

```
p->next->prior=p->prior;     /* 把p->prior給予值給p->next的前驅，如圖中② */
free(p);                     /* 釋放節點 */
```

簡單歸納一下，雙向鏈結串列相對單鏈結串列來說，要更複雜一些，畢竟它多了 prior 指標，對於插入和刪除時，需要格外小心。另外它由於每個節點都需要記錄兩份指標，所以在空間上是要佔用略多一些的。不過，由於它良好的對稱性，使得對某個節點的前後節點的操作，帶來了方便，可以有效加強演算法的時間性能。說穿了，就是用空間來換時間。

3.15 歸納回顧

這一章，我們主要講的是線性串列。

先談了它的定義，線性串列是零個或多個具有相同類型的資料元素的有限序列。然後談了線性串列的抽象資料類型，如它的一些基本操作。

之後我們就線性串列的兩大結構做了說明，先講的是比較容易的循序儲存結構，指的是用一段位址連續的儲存單元依次儲存線性串列的資料元素。通常我們都是用陣列來實現這一結構。

後面是我們的重點，因循序儲存結構的插入和刪除操作不方便，引出了鏈式儲存結構。它具有不受固定的儲存空間限制，可以比較快速的插入和刪除操作的特點。然後我們分別就鏈式儲存結構的不同形式，如單鏈結串列、循環鏈結串列和雙向鏈結串列做了說明，另外我們還講了若不使用指標如何處理鏈結串列結構的靜態鏈結串列方法。

整體來說，線性串列的這兩種結構（如下圖所示）其實是後面其他資料結構的基礎，把它們學明白了，對後面的學習具有非常重要的作用。

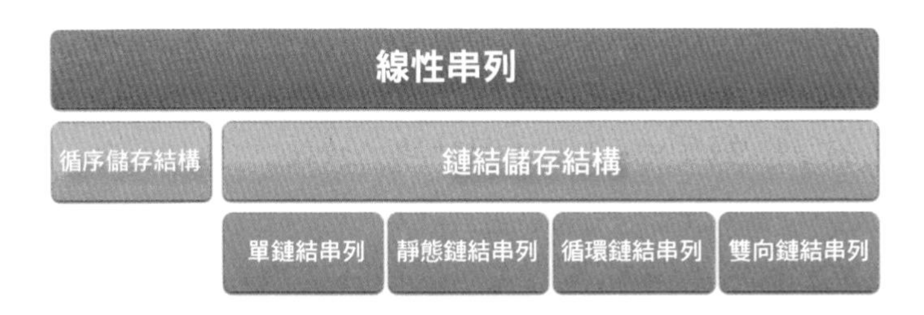

3.16 結尾語

知道為什麼河裡釣起來的魚要比魚塘裡養的魚好吃嗎？因為魚塘裡的魚，天天有人餵，沒有天敵追，就等著養肥給人吃，一天到晚游快游慢都一樣，身上魚肉不多，魚油不少。而河裡的魚，為了吃飽，為了避免被更大的魚吃掉，它必須要不斷地游。這樣生存下來的魚，那魚肉吃起來自然有營養、爽口。

五六十年代出生的人，應該也就是我們父母那一輩，當年計劃經濟制度下，他們的生活被社會安排先科員再科長、後處長再局長，混到哪算哪；學徒、技工、高級技工；教師、中級教師、高級教師，總之無論哪個企業都論資排輩。這樣的生活如何讓人奮發努力，所以經濟發展緩慢。就像我們的線性串列的循序儲存結構一樣，位置是排好的，一切都得慢慢來。

可見，舒適環境是很難培養出堅強品格，被安排好的人生，也很難做出偉大事業。

市場經濟社會下，機會就大多了，你可以從社會的任何一個位置開始起步，只要你真有決心，沒有人可以攔著你。事實也證明，無論出身是什麼，之前是淒苦還是富足，都有出人頭地的一天。當然，這也就表示，面臨的競爭也是空前激烈的，一不小心，你的位置就可能被人插足，甚至你就得 out 出局。這也多像我們線性串列的鏈式儲存結構，任何位置都可以插入和刪除。

不怕苦，吃苦半輩子，怕吃苦，吃苦一輩子。如果你覺得上學讀書是受罪，假設你可以活到 80 歲，其實你最多也就吃了 20 年苦。用人生四分之一的時間來換取其餘時間的幸福生活，這點苦不算什麼。再說了，跟著我學習，這也能算是吃苦？

今天課就到這，下課。

Chapter

04 堆疊與佇列

啟示

堆疊與佇列：堆疊是限定僅在串列尾進行插入和刪除操作的線性串列。

佇列是只允許在一端進行插入操作、而在另一端進行刪除操作的線性串列。

4.1 開場白

同學們，大家好！我們又見面了。

不知道大家有沒有玩過手槍，估計都沒有。現在和平年代，上哪去玩這種危險的真東西，就是模擬玩具也大都被限制了。我小時候在軍訓時，也算是一次機會，幾個老兵和我們學生聊天，讓我們學習了一下關於槍的知識。

當時那個老兵告訴我們，早先軍官們都愛用左輪手槍，而非彈匣式手槍，問我們為什麼，我們誰也說不上來。現在我要問問你們，知道為什麼嗎？（下面一臉茫然）

我聽到下面有同學說是因為左輪手槍好看，酷呀。嘿，當然不是這個原因。算了，估計你們也很難猜得到。他那時告訴我們說，因為子彈品質不過關，有可能是臭彈──也就是有問題的、打不出來的子彈。彈匣式手槍（如下圖所示），如果當中有一顆是卡住了的臭彈，後面的子彈就都打不了了。想想看，在你準備用槍的時候，基本上已經到了不是你死就是我亡的時刻，突然這手槍明明有子彈卻打不出來，這不是要命嗎？而左輪手槍就不存在這問題，這一顆不行，轉到下一顆就可以了，人總不會倒楣到六顆全是臭彈。當然，後來子彈品質基本過關了，由於彈匣可以放 8 顆甚至 20 顆子彈，比左輪手槍的只能放 6 顆子彈要多，所以後來普及率更高的還是彈匣式的手槍。

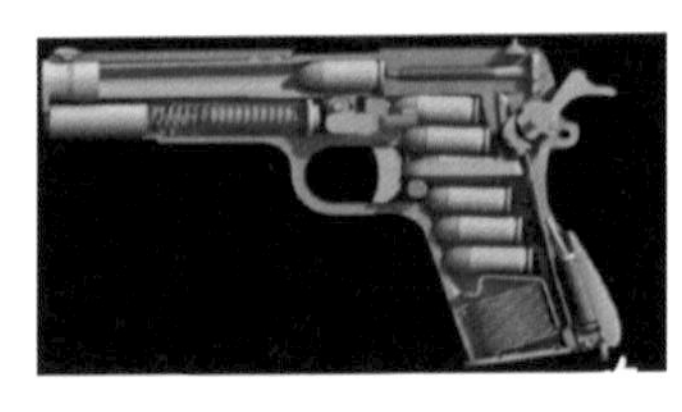
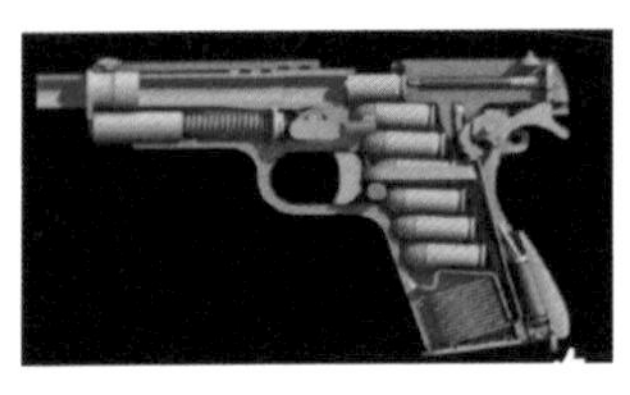
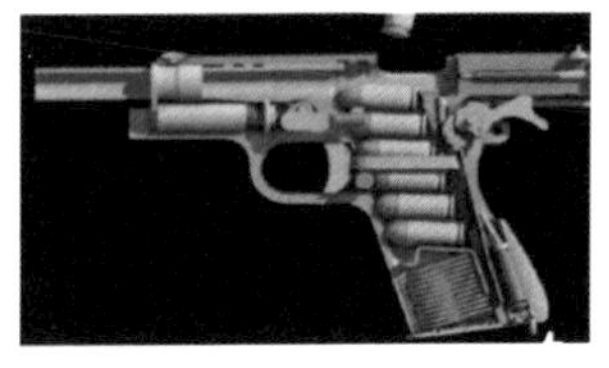

哦，原來如此。我當時自以為聰明的說：那很好辦呀，這彈匣不是先放進去的子彈，最後才可以打出來嗎？你可以把臭彈最先放進去，好子彈留在後面，這樣就不會影響了呀。

他笑罵道，笨蛋，如果真的知道哪一顆是臭彈，還放進去幹嘛，早就扔了。（大家大笑）

哎，我其實一直都是有點笨笨的。

4.2 堆疊的定義

4.2.1 堆疊的定義

說這個實例目的不是要告訴你們我當年有多笨，而是為了引出今天的主題，就是類似彈匣中的子彈一樣先進去，卻要後出來，而後進的，反而可以先出來的資料結構──**堆疊**。

在我們軟體應用中，堆疊這種後進先出資料結構的應用是非常普遍的。例如你用瀏覽器上網時，不管什麼瀏覽器都有一個「後退」鍵，你點擊後可以按存取順序的反向載入瀏覽過的網頁。例如你本來看著新聞好好的，突然看到一個連結說，有個可以讓你年薪 100 萬的工作，你毫不猶豫點擊它，進去一看，這都是什麼呀，實際內容我也就不說了，騙人騙得一點水準都沒有。此時你還想回去繼續看新聞，就可以點擊左上角的後退鍵。即使你從一個網頁開始，連續點了幾十個連結跳躍，你點「後退」時，還是可以像歷史倒退一樣，回到之前瀏覽過的某個頁面，如下圖所示。

很多類似的軟體，例如 Word、Photoshop 等文件或影像編輯軟體中，都有取消（undo）的操作，也是用堆疊這種方式來實現的，當然不同的軟體實作方式程式會有很大差異，不過原理其實都是一樣的。

堆疊（stack）是限定僅在串列尾進行插入和刪除操作的線性串列。

我們把允許插入和刪除的一端稱為堆疊頂（top），另一端稱為堆疊底（bottom），不含任何資料元素的堆疊稱為空堆疊。堆疊又稱為後進先出（Last In First Out）的線性串列，簡稱 LIFO 結構。

了解堆疊的定義需要注意：

首先它是一個**線性串列**，也就是說，堆疊元素具有線性關係，即前驅後繼關係。只不過它是一種特殊的線性串列而已。定義中說是在線性串列的串列尾進行插入和刪除操作，這裡串列尾是指堆疊頂，而非堆疊底。

它的特殊之處就在於限制了這個線性串列的插入和刪除位置，它始終只在堆疊頂進行。這也就使得：堆疊底是固定的，最先進入堆疊的只能在堆疊底。

堆疊的插入操作，叫作進入堆疊，也稱壓堆疊、存入堆疊。類似子彈入彈匣，如下圖左圖所示。

堆疊的刪除操作，叫作移出堆疊，也有的叫作彈堆疊。如同彈匣中的子彈出匣，如下圖右圖所示。

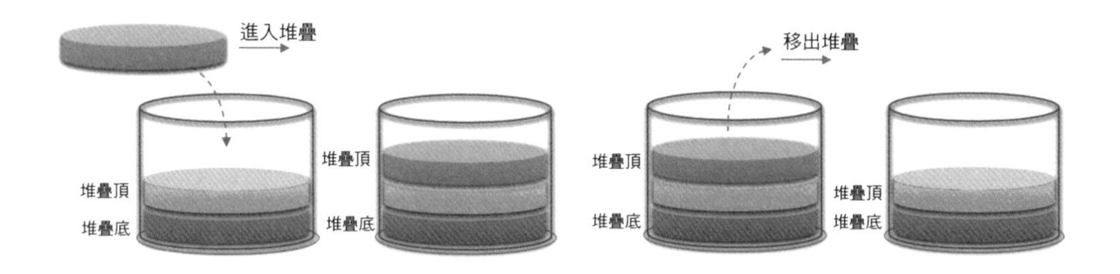

4.2.2 進入堆疊移出堆疊變化形式

現在我要問問大家，這個最先進入堆疊的元素，是不是就只能是最後移出堆疊呢？

答案是不一定，要看什麼情況。堆疊對線性串列的插入和刪除的位置進行了限制，並沒有對元素進出的時間進行限制，也就是說，在不是所有元素都進入堆疊的情況下，事先進去的元素也可以移出堆疊，只要保障是堆疊頂元素移出堆疊就可以。

舉例來說，如果我們現在是有 3 個整數元素 1、2、3 依次進入堆疊，會有哪些移出堆疊次序呢？

- 第一種：1、2、3 進，再 3、2、1 出。這是最簡單的最好了解的一種，移出堆疊次序為 321。
- 第二種：1 進，1 出，2 進，2 出，3 進，3 出。也就是進一個就出一個，移出堆疊次序為 123。
- 第三種：1 進，2 進，2 出，1 出，3 進，3 出。移出堆疊次序為 213。
- 第四種：1 進，1 出，2 進，3 進，3 出，2 出。移出堆疊次序為 132。
- 第五種：1 進，2 進，2 出，3 進，3 出，1 出。移出堆疊次序為 231。

有沒有可能是 312 這樣的次序移出堆疊呢？答案是一定不會。因為 3 先移出堆疊，就表示，3 曾經進入堆疊，既然 3 都進入堆疊了，那也就表示，1 和 2 已經進入堆疊了，此時，2 一定是在 1 的上面，就是更接近堆疊頂，那麼移出堆疊只可能是 321，不然不滿足 123 依次進入堆疊的要求，所以此時不會發生 1 比 2 先移出堆疊的情況。

從這個簡單的實例就能看出，只是 3 個元素，就有 5 種可能的移出堆疊次序，如果元素數量多，移出堆疊的變化將更多的。這個基礎知識一定要弄明白。

4.3 堆疊的抽象資料類型

對於堆疊來講，理論上線性串列的操作特性它都具備，可由於它的特殊性，所以針對它在操作上會有些變化。特別是插入和刪除操作，我們改名為 push 和

pop，英文直譯的話是壓和彈，更容易了解。你就把它當成是彈匣的子彈存入和彈出就好記憶了，我們一般叫進入堆疊和移出堆疊。

```
ADT 堆疊 (stack)
Data
    同線性串列。元素具有相同的類型，相鄰元素具有前驅和後繼關係。
Operation
    InitStack(*S)：初始化操作，建立一個空堆疊 S。
    DestroyStack(*S)：若堆疊存在，則銷毀它。
    ClearStack(*S)：將堆疊清空。
    StackEmpty(S)：若堆疊為空，傳回 true，否則傳回 false。
    GetTop(S,*e)：若堆疊存在且不可為空，用 e 傳回 S 的堆疊頂元素。
    Push(*S,e)：若堆疊 S 存在，插入新元素 e 到堆疊 S 中並成為堆疊頂元素。
    Pop(*S,*e)：刪除堆疊 S 中堆疊頂元素，並用 e 傳回其值。
    StackLength(S)：傳回堆疊 S 的元素個數。
endADT
```

由於堆疊本身就是一個線性串列，上一章我們討論了線性串列的循序儲存和鏈式儲存，對堆疊來說，也是同樣適用的。

4.4 堆疊的循序儲存結構及實現

4.4.1 堆疊的循序儲存結構

既然堆疊是線性串列的特例，那麼**堆疊的循序儲存**其實也是線性串列循序儲存的簡化，我們簡稱為**循序堆疊**。順序串列是用陣列來實現的，想想看，對堆疊這種只能一頭插入刪除的線性串列來說，用陣列哪一端來作為堆疊頂和堆疊底比較好？

對，沒錯，索引為 0 的一端作為堆疊底比較好，因為首元素都存在堆疊底，變化最小，所以讓它作堆疊底。

我們定義一個 top 變數來指示堆疊頂元素在陣列中的位置，這 top 就如同中學物理學過的游標卡尺的游標，如下圖，它可以來回移動，表示堆疊頂的 top 可以變大變小，但無論如何游標不能超出尺的長度。同理，若儲存堆疊的長度為 StackSize，則堆疊頂位置 top 必須小於 StackSize。當堆疊存在一個元素時，top 等於 0，因此通常把空堆疊的判斷條件定為 top 等於 -1。

來看堆疊的結構定義：

```
typedef int SElemType;  /* SElemType型態根據實際情況而定，這裡假設為int */

/* 循序堆疊結構 */
typedef struct
{
        SElemType data[MAXSIZE];
        int top;     /* 用於堆疊頂指標 */
}SqStack;
```

註：堆疊的循序儲存相關程式請參看程式目錄下「/ 第 4 章堆疊與佇列 / 01 循序堆疊 _Stack.c」。

若現在有一個堆疊，StackSize 是 5，則堆疊普通情況、空堆疊和堆疊滿的情況示意圖如下圖所示。

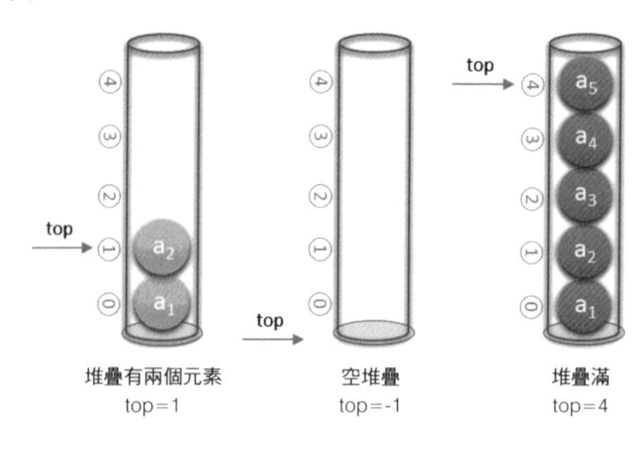

4.4.2 堆疊的循序儲存結構——進入堆疊操作

對於堆疊的插入，即進入堆疊操作，其實就是做了如下圖所示的處理。

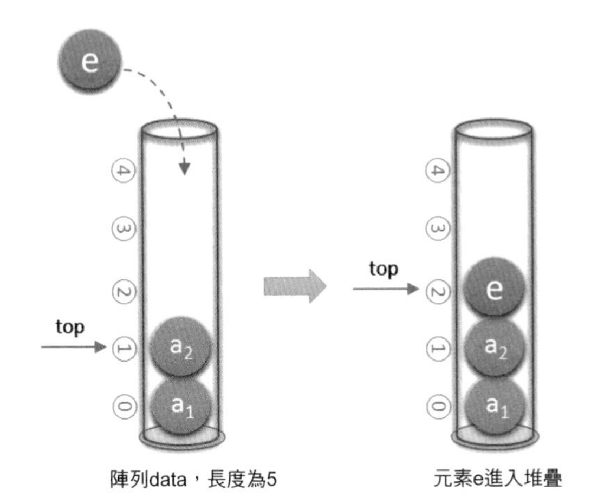

因此對於進入堆疊操作 push，其程式如下：

```
/* 插入元素e為新的堆疊頂元素 */
Status Push(SqStack *S,SElemType e)
{
    if (S->top == MAXSIZE -1)     /* 堆疊已滿 */
    {
        return ERROR;
    }
    S->top++;                     /* 堆疊指針增加1 */
    S->data[S->top]=e;            /* 將新插入元素賦值給堆疊頂空間 */
    return OK;
}
```

4.4.3 堆疊的循序儲存結構——移出堆疊操作

移出堆疊操作 pop，程式如下：

```
/* 若堆疊不空，則移除S的堆疊頂元素，用e傳回其值，並傳回OK；否則傳回ERROR */
Status Pop(SqStack *S,SElemType *e)
{
    if(S->top==-1)
        return ERROR;
    *e=S->data[S->top];         /* 將要移除的堆疊頂元素給予值給e */
```

```
    S->top--;                    /* 堆疊頂指標減一 */
    return OK;
}
```

兩者沒有涉及到任何循環敘述，因此時間複雜度均是 $O(1)$。

4.5 兩堆疊共用空間

其實堆疊的循序儲存還是很方便的，因為它只允許堆疊頂進出元素，所以不存在線性串列插入和刪除時需要移動元素的問題。不過它有一個很大的缺陷，就是必須事先確定陣列儲存空間大小，萬一不夠用了，就需要程式設計方法來擴充陣列的容量，非常麻煩。對於一個堆疊，我們也只能儘量考慮周全，設計出合適大小的陣列來處理，但對於兩個相同類型的堆疊，我們卻可以做到大幅地利用其事先開闢的儲存空間來操作。

舉例來說，兩個大學室友畢業同時到北京工作，開始時，他們覺得住了這麼多年學校的團體宿舍，現在工作了一定要有自己的私密空間。於是他們都希望租房時能找到獨住的一房，可找來找去卻發現，最便宜的一房也要每月 7500 元，地段還不好，實在是承受不起，最後他倆還是合租了一間兩房，一共 10000 元，各出一半，還不錯。

如果是兩個一房，都有獨立的洗手間和廚房，是私密了，但大部分空間的使用率卻不高。換成一個兩房，兩個人各有臥室，還共用了客廳、廚房和洗手間，房間的使用率就顯著提高，而且租房成本也大幅下降了。

同樣的道理，如果我們有兩個相同類型的堆疊，我們為它們各自開闢了陣列空間，極有可能是第一個堆疊已經滿了，再進入堆疊就溢位了，而另一個堆疊還有很多儲存空間閒置。這又何必呢？我們完全可以用一個陣列來儲存兩個堆疊，充分利用這個陣列佔用的記憶體空間。只不過如何實現需要點小技巧。

我們的做法如下圖，陣列有兩個端點，兩個堆疊有兩個堆疊底，讓一個堆疊的堆疊底為陣列的始端，即索引為 0 處，另一個堆疊為陣列的末端，即索引為陣列長度 $n-1$ 處。這樣，兩個堆疊如果增加元素，就是兩端點向中間延伸。

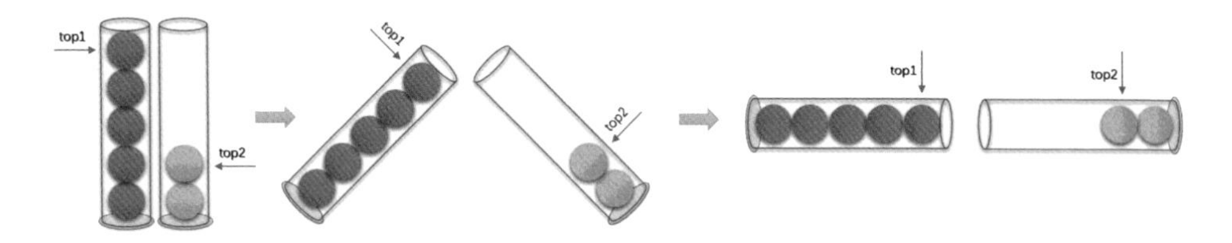

其實關鍵想法是：它們是在陣列的兩端，向中間接近。top1 和 top2 是堆疊 1 和堆疊 2 的堆疊頂指標，可以想像，只要它們倆不見面，兩個堆疊就可以一直使用。

從這裡也就可以分析出來，堆疊 1 為空時，就是 top1 等於 -1 時；而當 top2 等於 n 時，即是堆疊 2 為空時，那什麼時候堆疊滿呢？

想想極端的情況，若堆疊 2 是空堆疊，堆疊 1 的 top1 等於 n-1 時，就是堆疊 1 滿了。反之，當堆疊 1 為空堆疊時，top2 等於 0 時，為堆疊 2 滿。但更多的情況，其實就是我剛才說的，兩個堆疊見面之時，也就是兩個指標之間相差 1 時，即 top1 + 1 == top2 為堆疊滿。

兩堆疊共用空間的結構的程式如下：

```
/* 兩堆疊共享空間結構 */
typedef struct
{
        SElemType data[MAXSIZE];
        int top1;    /* 堆疊1堆疊頂指標 */
        int top2;    /* 堆疊2堆疊頂指標 */
}SqDoubleStack;
```

註：堆疊的兩堆疊共用空間相關程式請參看程式目錄下「/ 第 4 章堆疊與佇列 / 02 兩堆疊共用空間 _DoubleStack.c」。

對於兩堆疊共用空間的 push 方法，我們除了要插入元素值參數外，還需要有一個判斷是堆疊 1 還是堆疊 2 的堆疊號參數 stackNumber。插入元素的程式如下：

```
/* 插入元素e為新的堆疊頂元素 */
Status Push(SqDoubleStack *S,SElemType e,int stackNumber)
{
    if (S->top1+1==S->top2)       /* 堆疊已滿，不能再push新元素了 */
        return ERROR;
```

```
    if (stackNumber==1)           /* 堆疊1有元素進堆疊 */
        S->data[++S->top1]=e;     /* 若是堆疊1則先top1+1後給陣列元素給予值 */
    else if (stackNumber==2)      /* 堆疊2有元素進堆疊 */
        S->data[--S->top2]=e;     /* 若是堆疊2則先top2-1後給陣列元素給予值 */
    return OK;
}
```

因為在程式開始時已經判斷了是否有堆疊滿的情況，所以後面的 top1+1 或 top2−1 是不擔心溢出問題的。

對於兩堆疊共用空間的 pop 方法，參數就只是判斷堆疊 1 堆疊 2 的參數 stackNumber，程式如下：

```
/* 若堆疊不空，則移除S的堆疊頂元素，用e傳回其值，並傳回OK；否則傳回ERROR */
Status Pop(SqDoubleStack *S,SElemType *e,int stackNumber)
{
    if (stackNumber==1)
    {
        if (S->top1==-1)
            return ERROR;             /* 說明堆疊1已經是空堆疊，溢位 */
        *e=S->data[S->top1--];        /* 將堆疊1的堆疊頂元素出堆疊 */
    }
    else if (stackNumber==2)
    {
        if (S->top2==MAXSIZE)
            return ERROR;         /* 說明堆疊2已經是空堆疊，溢位 */
        *e=S->data[S->top2++];    /* 將堆疊2的堆疊頂元素出堆疊 */
    }
    return OK;
}
```

事實上，使用這樣的資料結構，通常都是當兩個堆疊的空間需求有相反關係時，也就是一個堆疊增長時另一個堆疊在縮短的情況。就像買賣股票一樣，你買入時，一定是有一個你不知道的人在做賣出操作。有人賺錢，就一定是有人賠錢。這樣使用兩堆疊共用空間儲存方法才有比較大的意義。否則兩個堆疊都在不停地增長，那很快就會因堆疊滿而溢位了。

當然，這只是針對兩個具有相同資料類型的堆疊的設計上的技巧，如果是不相同資料類型的堆疊，這種辦法不但不能更進一步地處理問題，反而會使問題變得更複雜，大家要注意這個前提。

4.6 堆疊的鏈式儲存結構及實現

4.6.1 堆疊的鏈式儲存結構

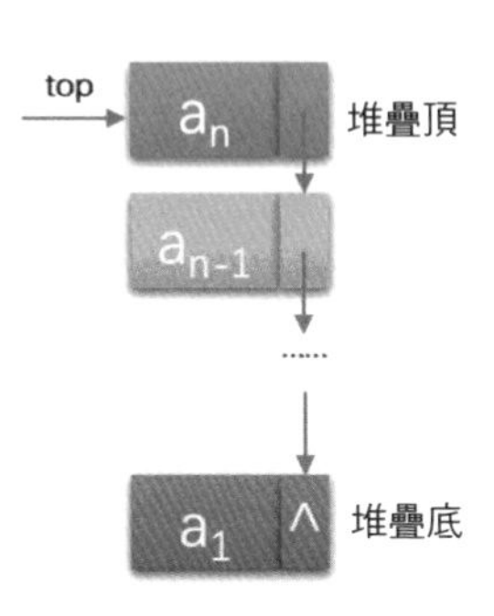

講完了堆疊的循序儲存結構，我們現在來看看**堆疊的鏈式儲存結構，簡稱為鏈式堆疊**。

想想看，堆疊只是堆疊頂來做插入和刪除操作，堆疊頂放在鏈結串列的串列頭還是尾部呢？由於單鏈結串列有頭指標，而堆疊頂指標也是必須的，那幹嘛不讓它倆合二為一呢，所以比較好的辦法是把堆疊頂放在單鏈結串列的串列頭（如右圖所示）。另外，都已經有了堆疊頂在串列頭了，單鏈結串列中比較常用的頭節點也就失去了意義，通常對鏈式堆疊來說，是不需要頭節點的。

對鏈式堆疊來說，基本不存在堆疊滿的情況，除非記憶體已經沒有可以使用的空間，如果真的發生，那此時的電腦作業系統已經面臨當機的情況，而非這個鏈式堆疊是否溢位的問題。

但對空堆疊來說，鏈結串列原定義是頭指標指向空，那麼鏈式堆疊的空其實就是 top=NULL 的時候。

鏈式堆疊的結構程式如下：

```
/* 鏈堆疊結構 */
typedef struct StackNode
{
    SElemType data;
    struct StackNode *next;
}StackNode,*LinkStackPtr;


typedef struct
{
    LinkStackPtr top;
    int count;
}LinkStack;
```

註：堆疊的鏈式堆疊相關程式請參看程式目錄下「/ 第 4 章堆疊與佇列 / 03 鏈式堆疊 _LinkStack.c」。

鏈式堆疊的操作絕大部分都和單鏈結串列類似，只是在插入和刪除上，特殊一些。

4.6.2 堆疊的鏈式儲存結構——進入堆疊操作

對於鏈式堆疊的進入堆疊 push 操作，假設元素值為 e 的新節點是 s，top 為堆疊頂指標，示意圖和程式如下。

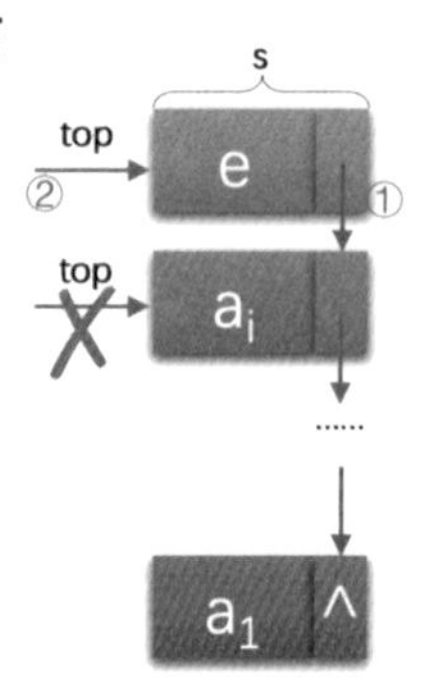


```
/* 插入元素e為新的堆疊頂元素 */
Status Push(LinkStack *S,SElemType e)
{
    LinkStackPtr s=(LinkStackPtr)malloc(sizeof(StackNode));
    s->data=e;
    s->next=S->top;      /* 把目前的堆疊頂元素給予值給新節點的後繼，見圖中① */
    S->top=s;            /* 將新的節點s給予值給堆疊頂指標，見圖中② */
    S->count++;
    return OK;
}
```

4.6.3 堆疊的鏈式儲存結構——移出堆疊操作

至於鏈式堆疊的移出堆疊 pop 操作，也是很簡單的三句操作。假設變數 p 用來儲存要刪除的堆疊頂節點，將堆疊頂指標下移一位，最後釋放 p 即可，如下圖所示。

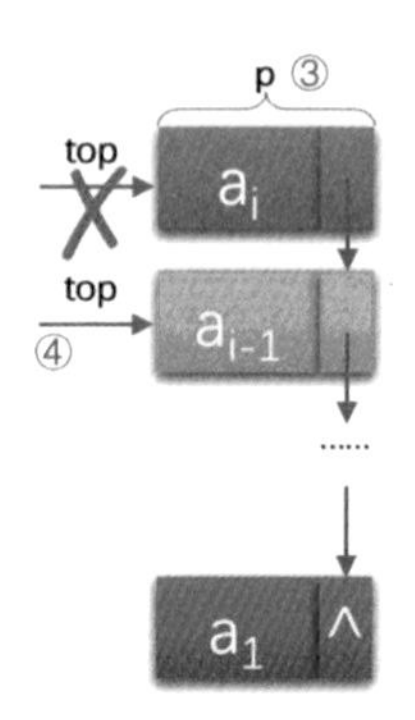

```
/* 若堆疊不空，則移除S的堆疊頂元素，用e傳回其值，並傳回OK；否則傳回ERROR */
Status Pop(LinkStack *S,SElemType *e)
{
    LinkStackPtr p;
    if(StackEmpty(*S))
        return ERROR;
    *e=S->top->data;
    p=S->top;                    /* 將堆疊頂節點給予值給p，見圖中③ */
    S->top=S->top->next;         /* 使得堆疊頂指標下移一位，指向後一節點，見圖中④ */
    free(p);                     /* 釋放節點p */
    S->count--;
    return OK;
}
```

鏈式堆疊的進入堆疊 push 和移出堆疊 pop 操作都很簡單，沒有任何迴圈操作，時間複雜度均為 $O(1)$。

比較一下循序堆疊與鏈式堆疊，它們在時間複雜度上是一樣的，均為 $O(1)$。對於空間效能，循序堆疊需要事先確定一個固定的長度，可能會存在記憶體空間浪費的問題，但它的優勢是存取時定位很方便，而鏈式堆疊則要求每個元素都有指標域，這同時也增加了一些記憶體負擔，但對於堆疊的長度無限制。所以它們的差別和線性串列中討論的一樣，**如果堆疊的使用過程中元素變化不可預料，有時很小，有時非常大，那麼最好是用鏈式堆疊，反之，如果它的變化在可控範圍內，建議使用循序堆疊會更好一些。**

4.7 堆疊的作用

有的同學可能會覺得，用陣列或鏈結串列直接實現功能不就行了嗎？幹嘛要引入存入堆疊這樣的資料結構呢？這個問題問得好。

其實這和我們明明有兩隻腳可以走路，幹嘛還要乘汽車、火車、飛機一樣。理論上，陸地上的任何地方，你都是可以靠雙腳走到的，但那需要多少時間和精力呢？我們更關注的是到達而非如何去的過程。

堆疊的引用簡化了程式設計的問題，劃分了不同關注層次，使得思考範圍縮小，更加聚焦於我們要解決的問題核心。而像線性串列循序儲存結構用到的陣列，因為要分散精力去考慮陣列的索引增減等細節問題，反而掩蓋了問題的本質。

所以現在的許多高階語言，例如 Java、C# 等都有對堆疊結構的封裝，你可以不用關注它的實現細節，就可以直接使用 Stack 的 push 和 pop 方法，非常方便。

4.8 堆疊的應用——遞迴

堆疊有一個很重要的應用：在程式語言中實現了遞迴。那麼什麼是遞迴呢？

當你往鏡子前面一站，鏡子裡面就有一個你的像。但你試過兩面鏡子對著一起照嗎？如果 A、B 兩面鏡子相互面對面放著，你往中間一站，嘿，兩面鏡子裡都有你的千百個「化身」。為什麼會有這麼奇妙的現象呢？原來，A 鏡子裡有 B 鏡子的像，B 鏡子裡也有 A 鏡子的像，這樣反反覆覆，就會產生一連串的「像中像」。這是一種遞迴現象，如右圖所示。

我們先來看一個經典的遞迴實例：費氏數列（Fibonacci）。為了說明這個數列，這位費老還舉了一個很具體的實例。

4.8.1 費氏數列實現

費老說如果兔子在出生兩個月後，就有繁殖能力，一對兔子每個月能生出一對小兔子來。假設所有兔都不死，那麼一年以後可以繁殖多少對兔子呢？

我們拿新出生的一對小兔子分析一下：第一個月小兔子沒有繁殖能力，所以還是一對；兩個月後，生下一對小兔子數共有兩對；三個月以後，老兔子又生下一對，因為小兔子還沒有繁殖能力，所以一共是三對……依次類推可以列出下表。

所經過的月數	1	2	3	4	5	6	7	8	9	10	11	12
兔子對數	1	1	2	3	5	8	13	21	34	55	89	144

串列中數字 1，1，2，3，5，8，13……組成了一個序列。這個數列有個十分明顯的特點，那是：前面相鄰兩項之和，組成了後一項，如下圖所示。

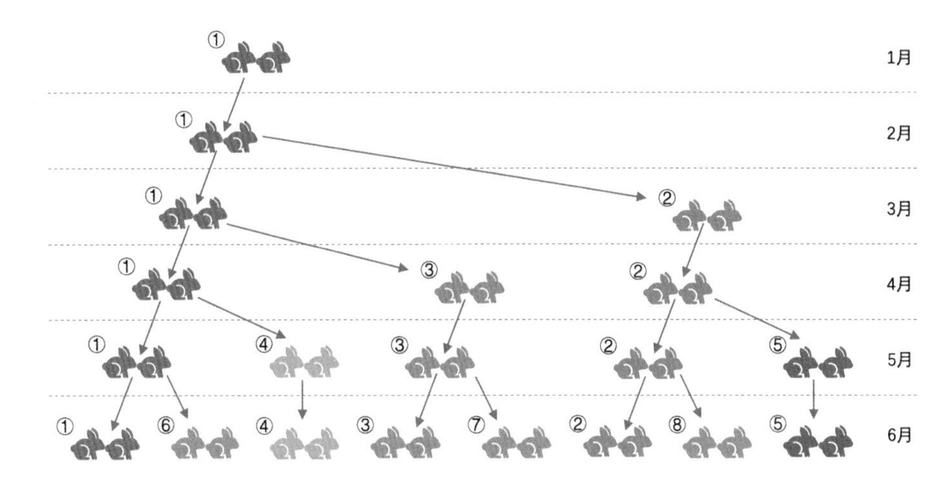

可以發現，編號①的一對兔子經過六個月就變成 8 對兔子了。如果我們用數學函數來定義就是：

$$F(n) = \begin{cases} 0, & 當\ n=0 \\ 1, & 當\ n=1 \\ F(n-1)+F(n-2), & 當\ n>0 \end{cases}$$

先考慮一下，如果我們要實現這樣的數列用正常的反覆運算的辦法如何實現？假設我們需要列印出前 40 位的費氏數列數。程式如下：

```
int main()
{
    int i;
    int a[40];
    a[0]=0;
    a[1]=1;
    printf("%d ",a[0]);
    printf("%d ",a[1]);
    for(i = 2;i < 40;i++)
    {
        a[i] = a[i-1] + a[i-2];
        printf ("%d ",a[i]);
    }
    return 0;
}
```

註：費氏遞迴函數相關程式請參看程式目錄下「/ 第 4 章堆疊與佇列 / 04 費氏函數 _Fibonacci.c」。

程式很簡單，幾乎不用做什麼解釋。但其實我們的程式，如果用遞迴來實現，還可以更簡單。

```
/* 費氏的遞迴函數 */
int Fbi(int i)
{
    if( i < 2 )
        return i == 0 ? 0 : 1;
    return Fbi(i-1)+Fbi(i-2);     /* 這裡Fbi就是函數自己，等於在呼叫自己 */
}

int main()
{
    int i;
    printf ("遞迴顯示費氏數列：\n");
    for (i = 0;i < 40;i++)
        printf("%d ", Fbi(i));
    return 0;
}
```

怎麼樣，相比較反覆運算的程式，是不是乾淨很多。嘿嘿，不過要弄清楚它得費點腦子。

函數怎麼可以自己呼叫自己？聽起來有些難以了解，不過你可以不要把一個遞迴函數中呼叫自己的函數看作是在呼叫自己，而就當它是在呼叫另一個函數。只不過，這個函數和自己長得一樣而已。

我們來模擬程式中的 Fbi(i) 函數當 $i = 5$ 的執行過程，如下圖所示。

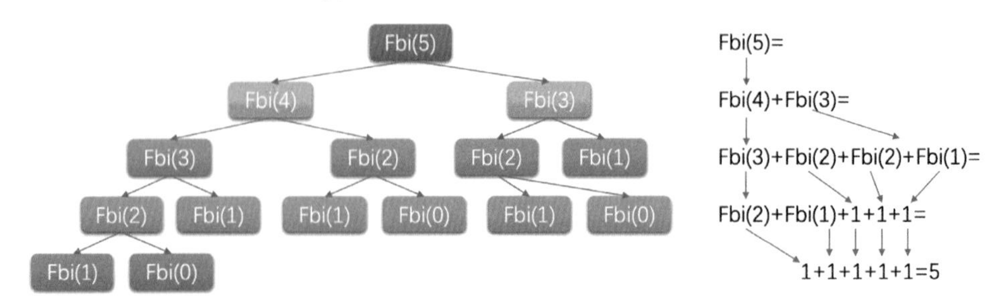

4.8.2 遞迴定義

在高階語言中，呼叫自己和其他函數並沒有本質的不同。我們**把一個直接呼叫自己或透過一系列的呼叫敘述間接地呼叫自己的函數，稱做遞迴函數**。

當然，寫遞迴程式最怕的就是陷入永不結束的無窮遞迴中，所以，**每個遞迴定義必須至少有一個條件，滿足時遞迴不再進行，即不再參考本身而是傳回值退出**。例如剛才的實例，總有一次遞迴會使得 i<2 的，這樣就可以執行 return i 的敘述而不用繼續遞迴了。

比較了兩種實現費氏的程式。反覆運算和遞迴的區別是：反覆運算使用的是迴圈結構，遞迴使用的是選擇結構。遞迴能使程式的結構更清晰、更簡潔、更容易讓人了解，進一步減少讀懂程式的時間。但是大量的遞迴呼叫會建立函數的備份，會耗費大量的時間和記憶體。反覆運算則不需要反覆呼叫函數和佔用額外的記憶體。因此我們應該視不同情況選擇不同的程式實現方式。

那麼我們講了這麼多遞迴的內容，和堆疊有什麼關係呢？這得從電腦系統的內部說起。

前面我們已經看到遞迴是如何執行它的前行和退回階段的。遞迴過程退回的順序是它前行順序的反向。在退回過程中，可能要執行某些動作，包含恢復在前行過程中儲存起來的某些資料。

這種儲存某些資料，並在後面又以儲存的反向恢復這些資料，以提供之後使用的需求，顯然很符合堆疊這樣的資料結構，因此，編譯器使用堆疊實現遞迴就沒什麼好驚訝的了。

簡單的說，就是在前行階段，對於每一層遞迴，函數的區域變數、參數值以及傳回地址都被壓存入堆疊中。在退回階段，位於堆疊頂的區域變數、參數值和傳回位址被彈出，用於傳回呼叫層次中執行程式的其餘部分，也就是恢復了呼叫的狀態。

當然，對於現在的高階語言，這樣的遞迴問題是不需要使用者來管理這個堆疊的，一切都由系統代勞了。

4.9 堆疊的應用——四則運算運算式求值

4.9.1 尾綴（逆波蘭）標記法定義

堆疊的現實應用也很多，我們再來重點講一個比較常見的應用：數學運算式的求值。

我們小學學數學的時候，有一句話是老師反覆強調的，「先乘除，後加減，從左算到右，先括號內後括號外」。這個大家都不陌生。我記得我小時候，天天做這種加減乘除的數學作業，很煩，於是就偷偷拿了老爸的計算機來幫著算答案，對於單純的兩個數的加減乘除，的確是省心不少，我也因此瀟灑了一兩年。可後來要求要加減乘除，甚至還有帶有大中小括號的四則運算，我發現老爸那個簡陋的計算機不好用了。例如 9+(3−1)×3+10÷2，這是一個非常簡單的題目，心算也可以很快算出是 20。可就這麼簡單的題目，計算機卻不能在一次輸入後馬上得出結果，很是不方便。

當然，後來出的計算機就進階多了，它引用四則運算運算式的概念，也可以輸入括號了，所以現在的小朋友們，更加容易偷懶、抄近路做數學作業了。

那麼在新式計算機中或電腦中，它是如何實現的呢？如果讓你用 C 語言或其他高階語言實現對數學運算式的求值，你打算如何做？

這裡面的困難就在於乘除在加減的後面，卻要先運算，而加入了括號後，就變得更加複雜。不知道該如何處理。

但仔細觀察後發現，括號都是成對出現的，有左括號就一定會有右括號，對於多重括號，最後也是完全巢狀結構符合的。這用堆疊結構正好合適，只要碰到左括號，就將此左括號進入堆疊，不管運算式有多少重括號，反正遇到左括號就進入堆疊，而後面出現右括號時，就讓堆疊頂的左括號移出堆疊，期間讓數字運算，這樣，最後有括號的運算式從左到右巡查一遍，堆疊應該是由空到有元素，最後再因全部比對成功後成為空堆疊。

但對於四則運算，括號也只是當中的一部分，先乘除後加減使得問題依然複雜，如何有效地處理它們呢？我們偉大的科學家想到了好辦法。

20 世紀 50 年代，波蘭邏輯學家 Jan Łukasiewicz，當時也和我們現在的同學們一樣，困惑於如何才可以搞定這個四則運算，不知道他是否也像牛頓被蘋果砸到頭而想到萬有引力的原理，或還是阿基米德在浴缸中洗澡時想到判斷皇冠是否純金的辦法，總之他也是靈感突現，想到了**一種不需要括號的尾綴表達法，我們也把它稱為逆波蘭（Reverse Polish Notation，RPN）表示**。我想可能是他的名字太複雜了，所以後人只用他的國籍而非姓名來命名，實在可惜。這也告訴我們，想要流芳百世，名字還要起得朗朗上口才行。這種尾綴標記法，是運算式的一種新的顯示方式，非常巧妙地解決了程式實現四則運算的難題。

我們先來看看，對於 "9+(3−1)×3+10÷2"，要用尾綴標記法應該是什麼樣子。

正常數學運算式：9+(3−1)×3+10÷2

尾綴運算式：9 3 1−3 * + 10 2 / +

"9 3 1−3 * + 10 2 / +"，這樣的運算式稱為**尾綴運算式**[1]，叫尾綴的原因在於**所有的符號都是在要運算數字的後面出現**。顯然，這裡沒有了括號。對於從來沒有接觸過尾綴運算式的同學來講，這樣的表述是很難受的。不過你不喜歡，有「人」喜歡，例如我們聰明的電腦。

4.9.2 尾綴運算式計算結果

為了解釋尾綴運算式的好處，我們先來看看，電腦如何應用尾綴運算式計算出最後的結果 20 的。

尾綴運算式：9 3 1−3 * + 10 2 / +

規則：從左到右檢查運算式的每個數字和符號，遇到是數字就進入堆疊，遇到是符號，就將處於堆疊頂兩個數字移出堆疊，進行運算，運算結果進入堆疊，一直到最後獲得結果。

1 在數學中的 "×" 與 "÷" 在電腦中分別用 "*" 與 "/" 代替。

(1) 初始化一個空堆疊。此堆疊用來對要運算的數字進出使用。如右圖中的左圖所示。

(2) 尾綴運算式中前三個都是數字，所以 9、3、1 進入堆疊，如右圖中的右圖所示。

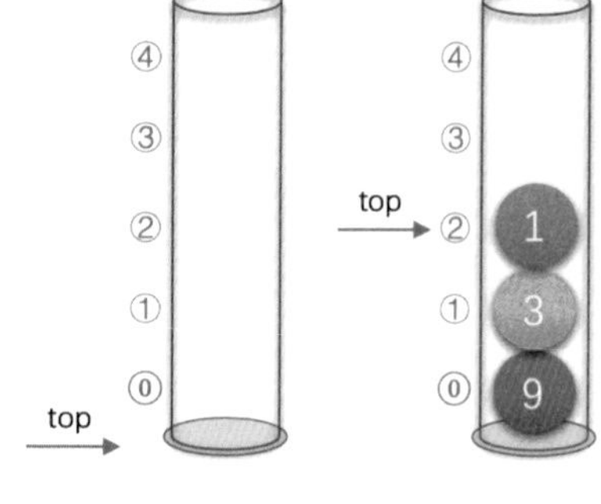

(3) 接下來是 "-"，所以將堆疊中的 1 移出堆疊作為減數，3 移出堆疊作為被減數，並運算 3-1 獲得 2，再將 2 進入堆疊，如右圖中的左圖所示。

(4) 接著是數字 3 進入堆疊，如右圖中的右圖所示。

(5) 後面是 "*"，也就表示堆疊中 3 和 2 移出堆疊，2 與 3 相乘，獲得 6，並將 6 進入堆疊，如右圖中的左圖所示。

(6) 下面是 "+"，所以堆疊中 6 和 9 移出堆疊，9 與 6 相加，獲得 15，將 15 進入堆疊，如右圖中的右圖所示。

(7) 接著是 10 與 2 兩數字進入堆疊，如右圖中的左圖所示。

(8) 接下來是符號 "/"，因此，堆疊頂的 2 與 10 移出堆疊，10 與 2 相除，獲得 5，將 5 進入堆疊，如右圖中的右圖所示。

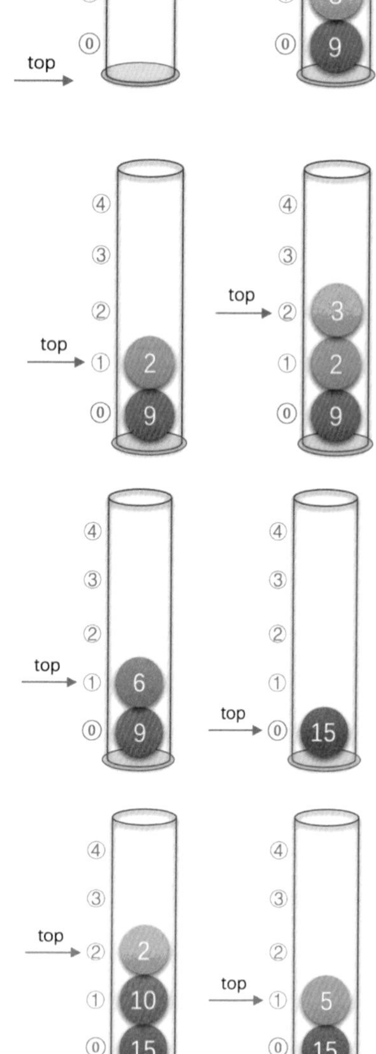

(9) 最後一個是符號 "+"，所以 15 與 5 移出堆疊並相加，獲得 20，將 20 進入堆疊，如右圖中的左圖所示。

(10) 結果是 20 移出堆疊，堆疊變為空，如右圖中的右圖所示。

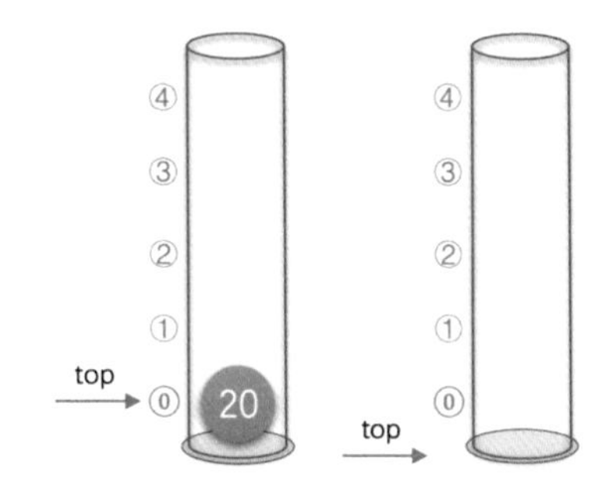

果然，尾綴表達法可以很順利解決計算的問題。現在除了睡覺的同學，應該都有同樣的疑問，就是這個尾綴運算式 "9 3 1−3 * + 10 2 / +" 是怎麼出來的？這個問題不弄清楚，等於沒有解決。所以下面，我們就來推導如何讓 "9+(3−1)×3+10÷2" 轉化為 "9 3 1−3 * + 10 2 / +"。

4.9.3 中綴運算式轉尾綴運算式

我們把平時所用的**標準四則運算運算式**，即 "9+(3−1)×3+10÷2" **叫做中綴運算式**。因為所有的運算符號都在兩數字的中間，現在我們的問題就是中綴到尾綴的轉化。

中綴運算式 "9+(3−1)×3+10÷2" 轉化為尾綴運算式 "9 3 1−3 * + 10 2 / +"。

規則：從左到右檢查中綴運算式的每個數字和符號，若是數字就輸出，即成為尾綴運算式的一部分；若是符號，則判斷其與堆疊頂符號的優先順序，是右括號或優先順序不高於堆疊頂符號（乘除優先加減）則堆疊頂元素依次移出堆疊並輸出，並將目前符號進入堆疊，一直到最後輸出尾綴運算式為止。

(1) 初始化一空堆疊，用來對符號進入移出堆疊使用。如右圖中的左圖所示。

(2) 第一個字元是數字 9，輸出 9，後面是符號 "+"，進入堆疊。如右圖中的右圖所示。

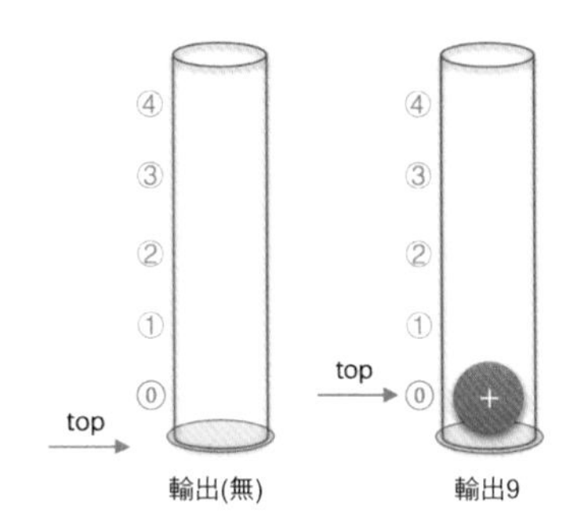

(3) 第三個字元是 "（"，依然是符號，因其只是左括號，還未配對，故進入堆疊。如右圖中的左圖所示。

(4) 第四個字元是數字 3，輸出，總運算式為 9 3，接著是 "–"，進入堆疊。如右圖中的右圖所示。

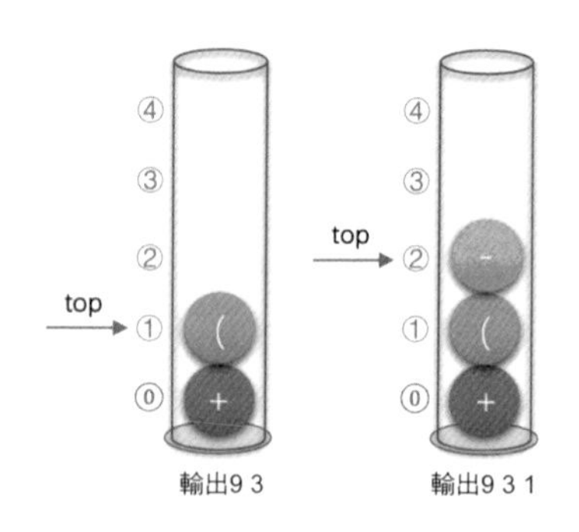

(5) 接下來是數字 1，輸出，總運算式為 9 3 1，後面是符號 "）"，此時，我們需要去比對此前的 "（"，所以堆疊頂依次移出堆疊，並輸出，直到 "（" 移出堆疊為止。此時左括號上方只有 "–"，因此輸出 "–"。整體輸出運算式為 9 3 1–。如右圖中的左圖所示。

(6) 緊接著是符號 "×"，因為此時的堆疊頂符號為 "+" 號，優先順序低於 "×"，因此不輸出，"*" 進入堆疊。接著是數字 3，輸出，整體運算式為 9 3 1 –3。如右圖中的右圖所示。

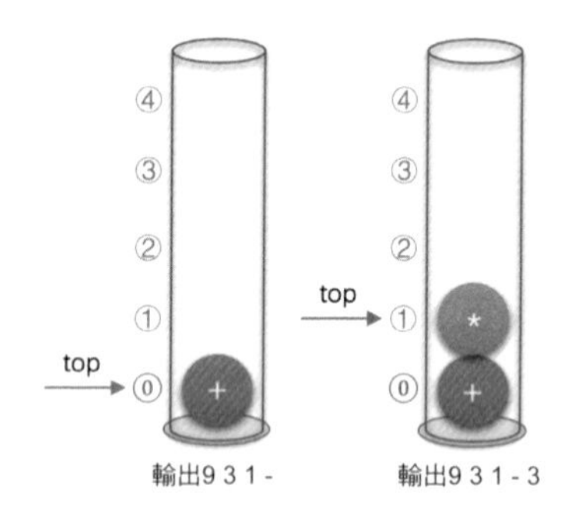

(7) 之後是符號 "+"，此時目前堆疊頂元素 "*" 比這個 "+" 的優先順序高，因此堆疊中元素移出堆疊並輸出（沒有比 "+" 號更低的優先順序，所以全部移出堆疊），總輸出運算式為 9 3 1–3 * +。然後將目前這個符號 "+" 進入堆疊。也就是說，前 6 張圖的堆疊底的 "+" 是指中綴運算式中開頭的 9 後面那個 "+"，而右圖中左圖的堆疊底（也是堆疊頂）的 "+" 是指 "9+(3–1)×3+" 中的最後一個 "+"。

(8) 緊接著數字 10，輸出，總運算式變為 9 3 1–3 * + 10。後是符號 "÷"，所以 "/" 進入堆疊。如右圖中的右圖所示。

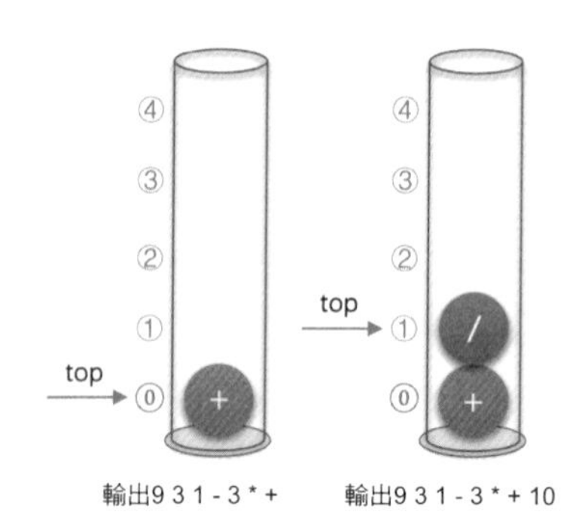

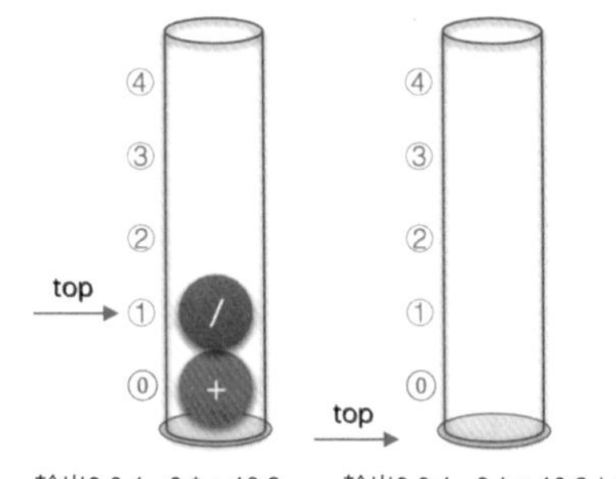

(9) 最後一個數字 2，輸出，整體運算式為 9 3 1 –3 * + 10 2。如右圖中的左圖所示。

(10) 因為已經到最後，所以將堆疊中符號全部移出堆疊並輸出。最後輸出的尾綴運算式結果為 9 3 1 –3 * + 10 2 / +。如右圖中的右圖所示。

從剛才的推導中你會發現，要想讓計算機具有處理我們通常的標準（中綴）運算式的能力，最重要的就是兩步驟：

(1) 將中綴運算式轉化為尾綴運算式（堆疊用來進出運算的符號）。

(2) 將尾綴運算式進行運算得出結果（堆疊用來進出運算的數字）。

整個過程，都充分利用了堆疊的後進先出特性來處理，了解好它其實也就了解了堆疊這個資料結構。

休息一下，一會兒我們繼續，接下來會講堆疊的兄弟資料結構──佇列。

4.10 佇列的定義

你們在用電腦時有沒有經歷過，機器有時會處於疑似當機的狀態，滑鼠點什麼似乎都沒用，雙擊任何捷徑都不動彈。就當你失去耐心，打算 reset 時。突然它像酒醒了一樣，把你剛才點擊的所有操作全部都按順序執行了一遍。這是因為作業系統在當時可能 CPU 一時忙不過來，等前面的事忙完後，後面多個指令需要透過一個通道輸出，按先後次序排隊執行造成的結果。

再例如像移動、聯通、電信等客服電話，客服人員與客戶相比總是少數，在所有的客服人員都佔線的情況下，客戶會被要求等待，直到有某個客服人員空下來，才能讓最先等待的客戶接通電話。這裡也是將所有目前撥打客服電話的客戶進行了排隊處理。

作業系統和客服系統中，都是應用了一種資料結構來實現剛才提到的先進先出的排隊功能，這就是佇列。

佇列（queue）是只允許在一端進行插入操作，而在另一端進行刪除操作的線性串列。

佇列是一種先進先出（First In First Out）的線性串列，簡稱 FIFO。允許插入的一端稱為佇列尾，允許刪除的一端稱為佇列首。假設佇列是 $q = (a_1, a_2, \cdots\cdots, a_n)$，那麼 a_1 就是佇列首元素，而 a_n 是佇列尾元素。這樣我們就可以刪除時，總是從 a_1 開始，而插入時，列在最後。這也比較符合我們通常生活中的習慣，排在第一個的優先出列，最後來的當然排在隊伍最後，如下圖所示。

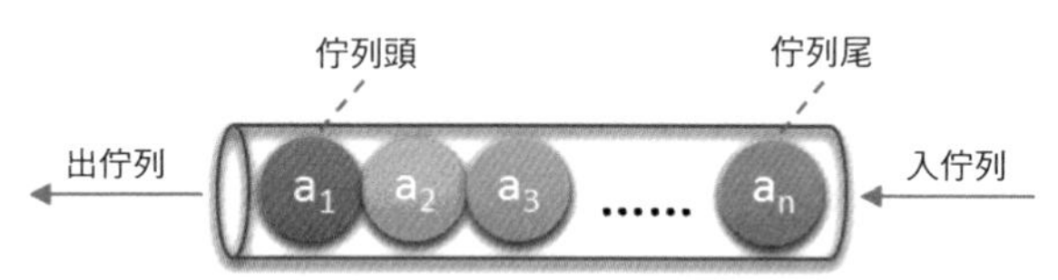

佇列在程式設計中用得非常頻繁。前面我們已經舉了兩個實例，再例如用鍵盤進行各種字母或數字的輸入，到顯示器上如記事本軟體上的輸出，其實就是佇列的典型應用，假如你本來和女友聊天，想表達你是我的上帝，輸入的是god，而螢幕上卻顯示 dog 發了出去，這真是要氣死人了。

4.11 佇列的抽象資料類型

同樣是線性串列，佇列也有類似線性串列的各種操作，不同的就是插入資料只能在佇列尾進行，刪除資料只能在佇列首進行。

```
ADT 佇列 (Queue)
Data
    同線性串列。元素具有相同的類型，相鄰元素具有前驅和後繼關係。
Operation
    InitQueue(*Q)：初始化操作，建立一個空佇列 Q。
    DestroyQueue(*Q)：若佇列 Q 存在，則銷毀它。
    ClearQueue(*Q)：將佇列 Q 清空。
    QueueEmpty(Q)：若佇列 Q 為空，傳回 true，否則傳回 false。
    GetHead(Q,*e)：若佇列 Q 存在且不可為空，用 e 傳回佇列 Q 的佇列首元素。
```

```
    EnQueue(*Q,e)：若佇列 Q 存在，插入新元素 e 到佇列 Q 中並成為佇列尾元素。
    DeQueue(*Q,*e)：刪除佇列 Q 中佇列首元素，並用 e 傳回其值。
    QueueLength(Q)：傳回佇列 Q 的元素個數
endADT
```

4.12 循環佇列

線性串列有循序儲存和鏈式儲存，堆疊是線性串列，有這兩種儲存方式。同樣，佇列身為特殊的線性串列，也同樣存在這兩種儲存方式。我們先來看佇列的循序儲存結構。

4.12.1 佇列循序儲存的不足

我們假設一個佇列有 n 個元素，則循序儲存的佇列需建立一個大於 n 的陣列，並把佇列的所有元素儲存在陣列的前 n 個單元，陣列索引為 0 的一端即是佇列首。所謂的入佇列操作，其實就是在佇列尾追加一個元素，不需要移動任何元素，因此時間複雜度為 $O(1)$，如下圖所示。

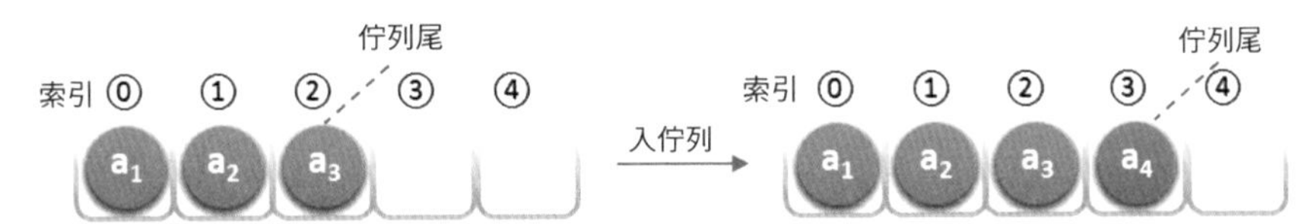

與堆疊不同的是，佇列元素的出列是在佇列首，即索引為 0 的位置，那也就表示，佇列中的所有元素都得向前移動，以確保佇列的佇列首，也就是索引為 0 的位置不為空，此時間複雜度為 $O(n)$，如下圖所示。

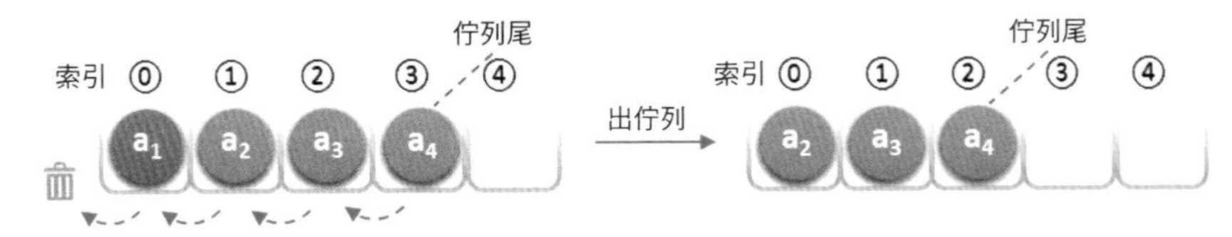

這裡的實現和線性串列的循序儲存結構完全相同，不再詳述。

在現實中也是如此，一群人在排隊買票，前面的人買好了離開，後面的人就要全部向前一步，補全空位，似乎這也沒什麼不好。

可有時想想，為什麼出佇列時一定要全部移動呢，如果不去限制佇列的元素必須儲存在陣列的前 n 個單元這一條件，出佇列的效能就會大幅增加。也就是說，佇列首不需要一定在索引為 0 的位置，如下圖所示。

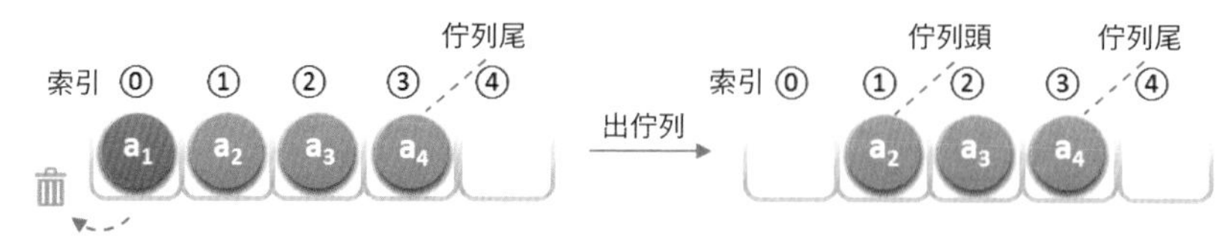

為了避免當只有一個元素時，佇列首和佇列尾重合使處理變得麻煩，所以引用兩個指標，front 指標指向佇列首元素，rear 指標指向佇列尾元素的下一個位置，這樣當 front 等於 rear 時，此佇列不是還剩一個元素，而是空佇列。

假設是長度為 5 的陣列，初始狀態，空佇列如下圖的左圖所示，front 與 rear 指標均指向索引為 0 的位置。然後加入佇列 a_1、a_2、a_3、a_4，front 指標依然指向索引為 0 位置，而 rear 指標指向索引為 4 的位置，如下圖的右圖所示。

出佇列 a_1、a_2，則 front 指標指向索引為 2 的位置，rear 不變，如下圖的左圖所示，再加入佇列 a_5，此時 front 指標不變，rear 指標移動到陣列之外。嗯？陣列之外，那將是哪裡？如下圖的右圖所示。

問題還不止於此。假設這個佇列的總個數不超過 5 個，但目前如果接著加入佇列的話，因陣列尾端元素已經佔用，再向後加，就會產生陣列越界的錯誤，可實際上，我們的佇列在索引為 0 和 1 的地方還是閒置的。我們把這種現象叫做「假溢位」。

現實當中，你上了公車，發現前排有兩個空座位，而後排所有座位都已經坐滿，你會怎麼做？馬上下車，並對自己說，後面沒座了，我等下一班？

沒有這麼笨的人，前面有座位，當然也是可以坐的，除非坐滿了，才會考慮下一班。

4.12.2 循環佇列定義

所以解決假溢位的辦法就是後面滿了，就再從頭開始，也就是頭尾相接的循環。**我們把佇列的這種頭尾相接的循序儲存結構稱為循環佇列**。

剛才的實例繼續，上圖右圖的 rear 可以改為指向索引為 0 的位置，這樣就不會造成指標指向不明的問題了，如下圖所示。

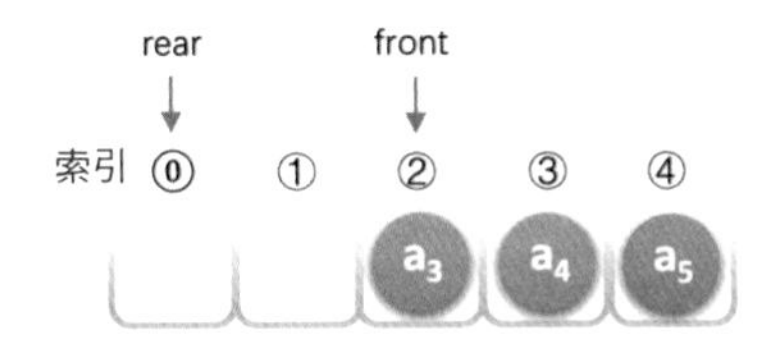

接著加入佇列 a_6，將它放置於索引為 0 處，rear 指標指向索引為 1 處，如下圖的左圖所示。若再加入佇列 a_7，則 rear 指標就與 front 指標重合，同時指向索引為 2 的位置，如下圖的右圖所示。

此時問題又出來了，我們剛才說，空佇列時，front 等於 rear，現在當佇列滿時，也是 front 等於 rear，那麼如何判斷此時的佇列究竟是空還是滿呢？

- 辦法一是設定一個標示變數 flag，當 front == rear，且 flag = 0 時為佇列空，當 front == rear，且 flag = 1 時為佇列滿。
- 辦法二是當佇列空時，條件就是 front == rear，當佇列滿時，我們修改其條件，保留一個元素空間。也就是說，佇列滿時，陣列中還有一個閒置單元。

例如下圖的左圖所示，我們就認為此佇列已經滿了，也就是說，我們不允許上圖的右圖情況出現。

我們重點來討論第二種方法，由於 rear 可能比 front 大，也可能比 front 小，所以儘管它們只相差一個位置時就是滿的情況，但也可能是相差整整一圈。所以若佇列的最大尺寸為 QueueSize，那麼**佇列滿的條件是（rear+1）%QueueSize == front**（取模 "%" 的目的就是為了整合 rear 與 front 大小為一個問題）。例如上面這個實例，QueueSize = 5，上圖的左圖中 front=0，而 rear=4，(4+1)%5 = 0，所以此時佇列滿。再例如上圖中的右圖，front = 2 而 rear = 1。(1+1)%5 = 2，所以此時佇列也是滿的。而對於下圖，front = 2 而 rear = 0，(0+1)%5 = 1，1 ≠ 2，所以此時佇列並沒有滿。

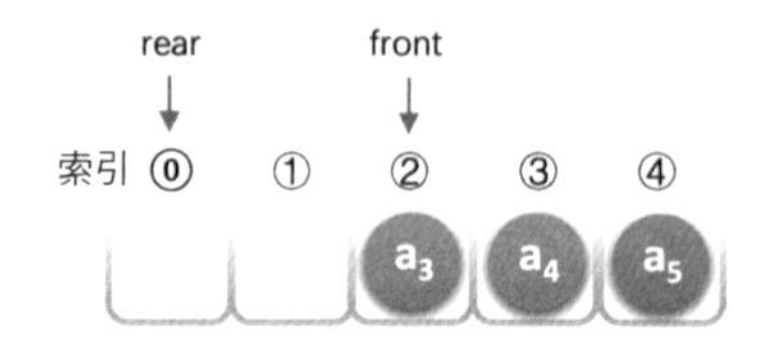

另外，當 rear > front 時，即下圖的圖 1 和圖 2，此時佇列的長度為 rear−front。但當 rear < front 時，如上圖和下圖的圖 3，佇列長度分為兩段，一段是 QueueSize−front，另一段是 0 + rear，加在一起，佇列長度為 rear−front + QueueSize。

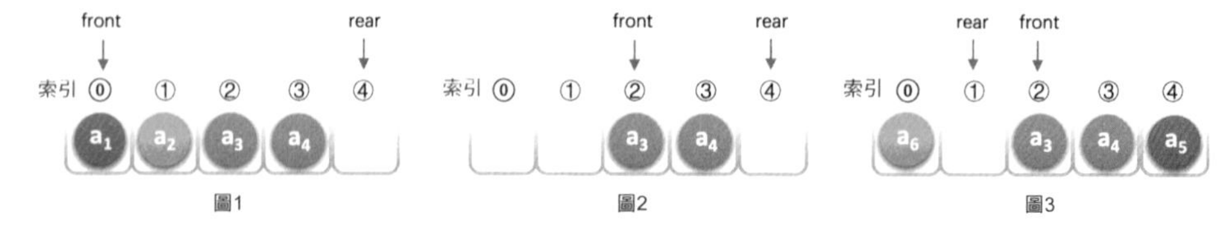

因此**通用的計算佇列長度公式為**：

(rear−front + QueueSize)%QueueSize

有了這些說明，現在實現循環佇列的程式就不難了。

循環佇列的循序儲存結構程式如下：

```
typedef int QElemType;   /* QElemType型態根據實際情況而定，這裡假設為int */
/* 循環佇列的循序儲存結構 */
typedef struct
{
    QElemType data[MAXSIZE];
    int front;              /* 頭指標 */
    int rear;               /* 尾指標，若佇列不空，指向佇列尾元素的下一個位置 */
}SqQueue;
```

註：循環佇列循序儲存相關程式請參看程式目錄下「/第 4 章堆疊與佇列 / 05 順序佇列 _Queue.c」。

循環佇列的初始化程式如下：

```
/* 初始化一個空佇列Q */
Status InitQueue(SqQueue *Q)
{
    Q->front=0;
    Q->rear=0;
    return  OK;
}
```

循環佇列求佇列長度程式如下：

```
/* 傳回Q的元素個數，也就是佇列的目前長度 */
int QueueLength(SqQueue Q)
{
    return  (Q.rear-Q.front+MAXSIZE)%MAXSIZE;
}
```

循環佇列的入佇列操作程式如下：

```
/* 若佇列未滿，則插入元素e為Q新的佇列尾元素 */
Status EnQueue(SqQueue *Q,QElemType e)
{
    if ((Q->rear+1)%MAXSIZE == Q->front)    /* 佇列滿的判斷 */
        return ERROR;
    Q->data[Q->rear]=e;                     /* 將元素e給予值給佇列尾 */
    Q->rear=(Q->rear+1)%MAXSIZE;            /* rear指標向後移一位置 */
                                            /* 若到最後則轉到陣列頭部 */
```

```
    return  OK;
}
```

循環佇列的出佇列操作程式如下：

```
/* 若佇列不空，則移除Q中列首元素，用e傳回其值 */
Status DeQueue(SqQueue *Q,QElemType *e)
{
    if (Q->front == Q->rear)            /* 佇列空的判斷 */
        return ERROR;
    *e=Q->data[Q->front];               /* 將列首元素給予值給e */
    Q->front=(Q->front+1)%MAXSIZE;      /* front指標向後移一位置 */
                                        /* 若到最後則轉到陣列頭部 */
    return  OK;
}
```

從這一段說明，大家應該發現，單是循序儲存，若不是循環佇列，演算法的時間性能是不高的，但循環佇列又面臨著陣列可能會溢位的問題，所以我們還需要研究一下不需要擔心佇列長度的鏈式儲存結構。

4.13 佇列的鏈式儲存結構及實現

佇列的鏈式儲存結構，其實就是線性串列的單鏈結串列，只不過它只能尾進頭出而已，我們把它簡稱為鏈佇列。為了操作上的方便，我們將佇列首指標指向鏈佇列的頭節點，而佇列尾指標指向尾節點，如下圖所示。

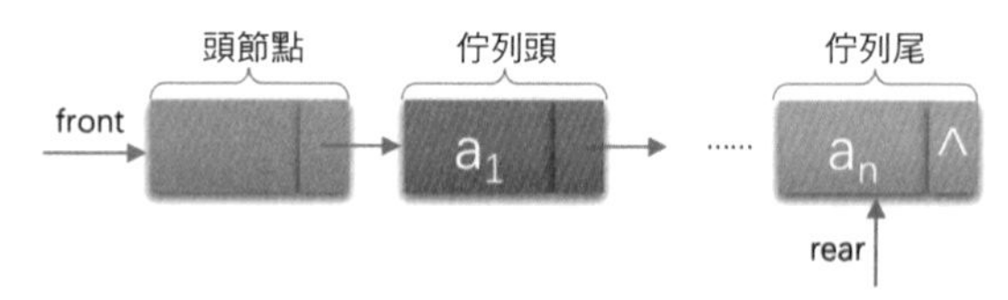

空佇列時，front 和 rear 都指向頭節點，如下圖所示。

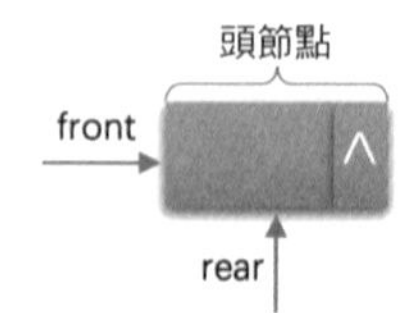

鏈佇列的結構為：

```
typedef int QElemType;   /* QElemType型態根據實際情況而定，這裡假設為int */

typedef struct QNode     /* 節點結構 */
{
   QElemType data;
   struct QNode *next;
}QNode,*QueuePtr;

typedef struct              /* 佇列的鏈結串列結構 */
{
   QueuePtr front,rear;     /* 列首、佇列尾指標 */
}LinkQueue;
```

註：循環佇列鏈式儲存相關程式請參看程式目錄下「/ 第 4 章堆疊與佇列 / 06 鏈佇列 _LinkQueue.c」。

4.13.1 佇列的鏈式儲存結構——加入佇列操作

加入佇列操作時，其實就是在鏈結串列尾部插入節點，如下圖所示。

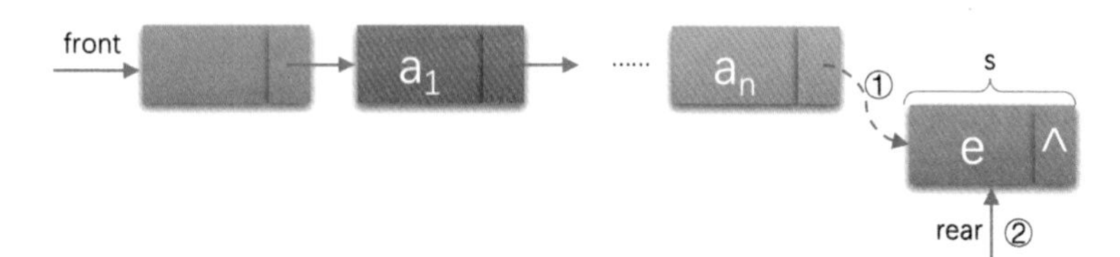

其程式如下：

```
/* 插入元素e為Q的新的佇列尾元素 */
Status EnQueue(LinkQueue *Q,QElemType e)
{
    QueuePtr s=(QueuePtr)malloc(sizeof(QNode));
    if(!s)                /* 儲存分配失敗 */
        exit(OVERFLOW);
    s->data=e;
    s->next=NULL;
    Q->rear->next=s;      /* 把擁有元素e的新節點s給予值給原佇列尾節點的後繼，見圖中① */
    Q->rear=s;            /* 把目前的s設定為佇列尾節點，rear指向s，見圖中② */
    return OK;
}
```

4.13.2 佇列的鏈式儲存結構——出佇列操作

出佇列操作時，就是頭節點的後繼節點出佇列，將頭節點的後繼改為它後面的節點，若鏈結串列除頭節點外只剩一個元素時，則需將 rear 指向頭節點，如下圖所示。

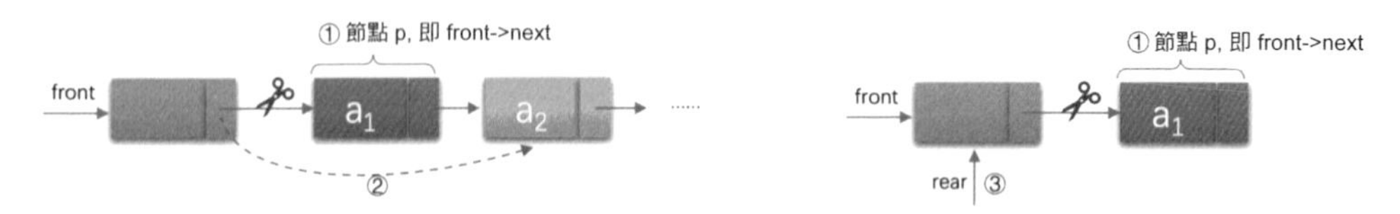

程式如下：

```
/* 若佇列不空,移除Q的列首元素,用e傳回其值,並傳回OK,否則傳回ERROR */
Status DeQueue(LinkQueue *Q,QElemType *e)
{
    QueuePtr p;
    if(Q->front==Q->rear)
        return ERROR;
    p=Q->front->next;       /* 將欲移除的列首節點暫存給p，見圖中① */
    *e=p->data;             /* 將欲移除的列首節點的值給予值給e */
    Q->front->next=p->next; /* 將原列首節點的後繼p->next給予值給頭節點後繼，見圖中② */
    if(Q->rear==p)          /* 若列首就是佇列尾，則移除後將rear指向頭節點，見圖中③ */
        Q->rear=Q->front;
    free(p);
    return OK;
}
```

對循環佇列與鏈佇列的比較，可以從兩方面來考慮，從時間上，其實它們的基本操作都是常數時間，即都為 $O(1)$ 的，不過循環佇列是事先申請好空間，使用期間不釋放，而對於鏈佇列，每次申請和釋放節點也會存在一些時間負擔，如果加入佇列出佇列頻繁，則兩者還是有細微差異。對於空間上來說，循環佇列必須有一個固定的長度，所以就有了儲存元素個數和空間浪費的問題。而鏈佇列不存在這個問題，儘管它需要一個指標域，會產生一些空間上的負擔，但也可以接受。所以在空間上，鏈佇列更加靈活。

整體來說，在可以確定佇列長度最大值的情況下，建議用循環佇列，如果你無法預估佇列的長度時，則用鏈佇列。

4.14 歸納回顧

又到了歸納回顧的時間。我們這一章講的是堆疊和佇列，它們都是特殊的線性串列，只不過對插入和刪除操作做了限制。

堆疊（stack）是限定僅在串列尾進行插入和刪除操作的線性串列。

佇列（queue）是只允許在一端進行插入操作，而在另一端進行刪除操作的線性串列。

它們均可以用線性串列的循序儲存結構來實現，但都存在著循序儲存的一些弊端。因此它們各自有各自的技巧來解決這個問題。

對堆疊來説，如果是兩個相同資料類型的堆疊，則可以用陣列的兩端作堆疊底的方法來讓兩個堆疊共用資料，這就可以最大化地利用陣列的空間。

對佇列來説，為了避免陣列插入和刪除時需要行動資料，於是就引用了循環佇列，使得佇列首和佇列尾可以在陣列中循環變化。解決了行動資料的時間損耗，使得本來插入和刪除是 $O(n)$ 的時間複雜度變成了 $O(1)$。

它們也都可以透過鏈式儲存結構來實現，實現原則上與線性串列大致相同如下圖所示。

堆疊	佇列
• 循序堆疊 　• 兩堆疊共享空間 • 鏈結堆疊	• 循序佇列 　• 循環佇列 • 鏈結佇列

4.15 結尾語

最後兩分鐘，念幾句我在初學堆疊和佇列時寫的人生感悟的小詩，希望也能引起你們的共鳴。

人生，就像是一個很大的堆疊演變。出生時你赤條條地來到人世，慢慢地長大，漸漸地變老，最後還得赤條條地離開世間。

人生，又仿佛是一天一天小小的堆疊重現。童年父母每天抱你不斷地進出家門，壯年你每天奔波於家與事業之間，老年你每天獨自蹒跚於養老院的門裡屋前。

人生，更需要有進入堆疊移出堆疊精神的表現。在哪裡跌倒，就應該在哪裡爬起來。無論陷入何等困境，只要抬頭能仰望藍天，就有希望，不斷進取，你就可以讓出頭之日重現。困難不會永遠存在，強者才能勇往直前。

人生，其實就是一個大大的佇列演變。無知童年、快樂少年，稚傲青年，成熟中年，安逸晚年。

人生，又是一個又一個小小的佇列重現。春夏秋冬輪迴年年，早中晚夜循環天天。變化的是時間，不變的是你對未來執著的信念。

人生，更需要有佇列精神的表現。南極到北極，不過是南緯 90 度到北緯 90 度的佇列，如果你中途猶豫，臨時轉向，也許你就只能和企鵝相伴永遠。可事實上，無論哪個方向，只要你堅持到底，你都可到達終點。

謝謝大家，下課。

Chapter 05

字串

啟示

字串：字串（string）是由零個或多個字元組成的有限序列。

5.1 開場白

同學們，大家好！我們開始上新的一課。

我們古人沒有電影電視，沒有遊戲網路，所以文人們就會想出一些文字遊戲來娛樂。例如宋代的李禹寫了這樣一首詩：「枯眼望遙山隔水，往來曾見幾心知？壺空怕酌一杯酒，筆下難成和韻詩。途路阻人離別久，訊音無雁寄回遲。孤燈夜守長寥寂，夫憶妻兮父憶兒。」顯然這是老公想念老婆和兒子的詩句。曾經和妻兒在一起，盡享天倫之樂，現在一個人長久沒有回家，也不見書信傳回，望著油燈想念親人，能不傷感嗎？

可再仔細一讀發現，這首詩竟然可以倒過來讀：「兒憶父兮妻憶夫，寂寥長守夜燈孤。遲回寄雁無音訊，久別離人阻路途。詩韻和成難下筆，酒杯一酌怕空壺。知心幾見曾來往，水隔山遙望眼枯。」這表達了什麼意思呢？表達了妻子對丈夫的思念。老公離開好久，路途遙遠，難以相見。寫信不知道寫什麼，獨自喝酒也沒什麼興致。只能和兒子夜夜守在家裡一盞孤燈下，苦等老公的歸來。

這種詩體叫做迴文詩。它是一種可以倒讀或反覆迴旋閱讀的詩體。剛才這首就是正讀是丈夫思念妻子，倒讀是妻子思念丈夫的古詩。是不是感覺很奇妙呢？

在英文單字中，同樣有神奇的地方。「即使是 lover 也有個 over，即使是 friend 也有個 end，即使是 believe 也有個 lie。」你會發現，本來不相干，甚至對立的兩個詞，卻有某種神奇的聯繫。這可能是創造這幾個單字的那些智者們也沒有想到的問題。

今天我們就要來談談這些單字或句子組成字串的相關問題。

5.2 字串的定義

早先的電腦在被發明時，主要作用是做一些科學和工程的計算工作，也就是現在我們了解的計算機，只不過它比小小計算機功能更強大、速度更快一些。後來發現，在電腦上作非數值處理的工作越來越多，使得我們不得不需要引用對字元的處理。於是就有了字串的概念。

例如我們現在常用的搜尋引擎，當我們在文字標籤中輸入「資料」時，它已經把我們想要的「資料結構」列在下面了。顯然這裡網站作了一個字串尋找比對的工作，如下圖所示。

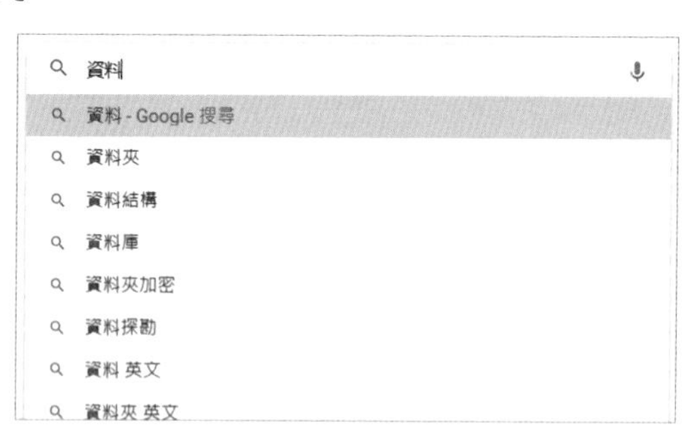

今天我們就是來研究「字串」這樣的資料結構。先來看定義。

字串（string）是由零個或多個字元組成的有限序列。

一般記為 $s = "a_1a_2\cdots\cdots a_n"$（$n \geqslant 0$），其中，s 是字串的名稱，用雙引號（有些書中也用單引號）括起來的字元序列是字串的值，注意引號不屬於字串的內容。a_i（$1 \leqslant i \leqslant n$）可以是字母、數字或其他字元，$i$ 就是該字元在字串中的位置。**字串中的字元數目 n 稱為字串的長度**，定義中談到「有限」是指長度 n 是一個有限的數值。**零個字元的字串稱為空字串**（null string），它的長度為零，可以直接用兩雙引號「""」表示，也可以用希臘字母 "Φ" 來表示。所謂的序列，說明字串的相鄰字元之間具有前驅和後繼的關係。

還有一些概念需要解釋。

空格字串，是只包含空格的字串。注意它與空字串的區別，空格字串是有內容有長度的，而且可以不止一個空格。

子字串與主字串，字串中任意個數的連續字元組成的子序列稱為該字串的子字串，對應地，包含子字串的字串稱為主字串。

子字串在主字中的位置就是子字串的第一個字元在主字串中的序號。

開頭我所提到的 "over"、"end"、"lie" 其實可以認為是 "lover"、"friend"、"believe" 這些單字字串的子字串。

5.3 字串的比較

兩個數字，很容易比較大小。2 比 1 大，這完全正確，可是兩個字串如何比較？例如 "silly"、"stupid" 這樣的同樣表達「愚蠢的」的單字字串，它們在電腦中的大小其實取決於它們逐一字母的前後順序。它們的第一個字母都是 "s"，我們認為不存在大小差異，而第二個字母，由於 "i" 字母比 "t" 字母要靠前，所以 "i" < "t"，於是我們說 "silly" < "stupid"。

事實上，字串的比較是透過組成字串的字元之間的編碼來進行的，而字元的編碼指的是字元在對應字元集中的序號。

電腦中的常用字元是使用標準的 ASCII 編碼，更準確一點，由 7 位元二進位數字表示一個字元，總共可以表示 128 個字元。後來發現一些特殊符號的出現，128 個不夠用，於是擴充 ASCII 碼由 8 位元二進位數字表示一個字元，總共可以表示 256 個字元，這已經足夠滿足以英文為主的語言和特殊符號進行輸入、儲存、輸出等操作的字元需要了。可是，單中國就有除漢族外的滿、回、藏、蒙古、維吾爾等多個少數民族文字，換作全世界估計要有成百上千種語言與文字，顯然這 256 個字元是不夠的，因此後來就有了 Unicode 編碼，比較常用的是由 16 位元的二進位數字表示一個字元，這樣總共就可以表示 2^{16} 個字元，約是 6.5 萬多個字元，足夠表示世界上所有語言的所有字元了。當然，為了和 ASCII 碼相容，Unicode 的前 256 個字元與 ASCII 碼完全相同。

所以如果我們要在 C 語言中比較兩個字串是否相等，必須是它們字串的長度以及它們各個對應位置的字元都相等時，才算是相等。即指定兩個字串：s="$a_1a_2\cdots\cdots a_n$"，t="$b_1b_2\cdots\cdots b_m$"，當且僅當 n=m，且 $a_1=b_1$，$a_2=b_2$，……，$a_n=b_m$ 時，我們認為 s=t。

那麼對於兩個字串不相等時，如何判斷它們的大小呢？我們這樣定義：

指定兩個字串：s="$a_1a_2\cdots\cdots a_n$"，t="$b_1b_2\cdots\cdots b_m$"，**當滿足以下條件之一時**，s<t。

(1) n<m，且 $a_i=b_i$（i=1，2，……，n）。
例如當 s="hap"，t="happy"，就有 s<t。因為 t 比 s 多出了兩個字母。

(2) 存在某個 $k \leqslant \min(m, n)$，使得 $a_i=b_i$（i=1，2，……，k−1），$a_k<b_k$。
例如當 s="happen"，t="happy"，因為兩字串的前 4 個字母均相同，而兩字串第 5 個字母（k 值），字母 e 的 ASCII 碼是 101，而字母 y 的 ASCII 碼是 121，顯然 e<y，所以 s<t。

有同學如果對這樣的數學定義很不爽的話，那我再說一個字串比較的應用。

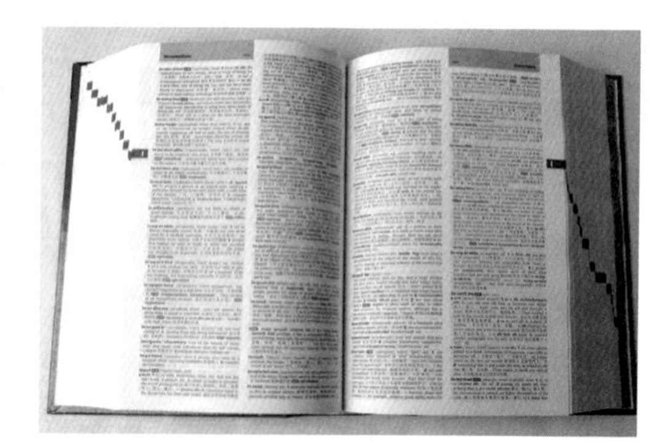

我們的英文詞典，通常都是上萬個單字的有序排列。就大小而言，前面的單字比後面的要小。你在尋找單字的過程，其實就是在比較字串大小的過程。

嗯？有同學說，從不查紙質詞典，都是用電子詞典。電子詞典尋找單字實現的原理，其實就是字串這種資料結構的典型應用，隨著我們之後的說明，大家就會明白。

5.4 字串的抽象資料類型

字串的邏輯結構和線性串列很相似，不同之處在於字串針對的是字元集，也就是字串中的元素都是字元，哪怕字串中的字元是 "123" 這樣的數字組成，或 "2010-10-10" 這樣的日期組成，它們都只能了解為長度為 3 和長度為 10 的字串，每個元素都是字元而已。

因此，對於字串的基本操作與線性串列是有很大差別的。線性串列更關注的是單一元素的操作，例如尋找一個元素，插入或刪除一個元素，但字串中更多的是尋找子字串位置、獲得指定位置子字串、取代子字串等操作。

```
ADT 字串 (string)
Data
字串中元素僅由一個字元組成，相鄰元素具有前驅和後繼關係。
Operation
    StrAssign(T,*chars)：產生一個其值等於字串常數 chars 的字串 T。
    StrCopy(T,S)：字串 S 存在，由字串 S 複製得字串 T。
    ClearString(S)：字串 S 存在，將字串清空。
    StringEmpty(S)：若字串 S 為空，傳回 true，否則傳回 false。
    StrLength(S)：傳回字串 S 的元素個數，即字串的長度。
    StrCompare(S,T)：若 S>T，傳回值 >0，若 S=T，傳回 0，若 S<T，傳回值 <0。
    Concat(T,S1,S2)：用 T 傳回由 S1 和 S2 聯接而成的新字串。
    SubString(Sub,S,pos,len)： 字串 S 存在，1≤pos≤StrLength(S)，
                              且 0≤len≤StrLength(S)-pos+1，用 Sub 返
                              回字串 S 的第 pos 個字元起長度為 len 的子字串。
    Index(S,T,pos)： 字串 S 和 T 存在，T 是不可為空字串，1≤pos≤StrLength(S)。
                    若主字串 S 中存在和字串 T 值相同的子字串，則傳回它在主字串
                    S 中第 pos 個字元之後第一次出現的位置，否則傳回 0。
    Replace(S,T,V)： 字串 S、T 和 V 存在，T 是不可為空字串。用 V 取代主字串 S 中出
                    現的所有與 T 相等的不重疊的子字串。
    StrInsert(S,pos,T)：字串 S 和 T 存在，1≤pos≤StrLength(S)+1。
                       在字串 S 的第 pos 個字元之前插入字串 T。
    StrDelete(S,pos,len)：字串 S 存在，1≤pos≤StrLength(S)-len+1。
                         字串 S 中刪除第 pos 個字元起長度為 len 的子字串。
endADT
```

對於不同的高階語言，其實對字串的基本操作會有不同的定義方法，所以同學們在用某個語言操作字串時，需要先檢視它的參考手冊關於字串的基本操作有哪些。不過還好，不同語言除方法名稱外，操作實質都是相類似的。例如 C# 中，字串操作就還有 ToLower 轉小寫、ToUpper 轉大寫、IndexOf 從左尋找子字串位置（操作名稱有修改）、LastIndexOf 從右尋找子字串位置、Trim 去除兩邊空格等比較方便的操作，它們其實就是前面這些基本操作的擴充函數。

我們來看一個操作 Index 的實現演算法。

```
/* T為非空字串。若主串S中第pos個字元之後存在與T相等的子字串 */
/* 則傳回第一個這樣的子字串在S中的位置，否則傳回0 */
int Index(String S, String T, int pos)
{
    int n,m,i;
    String sub;
    if (pos > 0)
    {
        n = StrLength(S);           /* 得到主字串S的長度 */
        m = StrLength(T);           /* 得到子字串T的長度 */
        i = pos;
        while (i <= n-m+1)
        {
            SubString(sub, S, i, m); /* 取主字串中第i個位置長度與T相等的子字串給sub */
            if (StrCompare(sub,T) != 0) /* 如果兩字串不相等 */
                ++i;
            else                    /* 如果兩字串相等 */
                return i;           /* 則傳回i值 */
        }
    }
    return 0;                       /* 若無子字串與T相等，傳回0 */
}
```

註：字串的相關程式請參看程式目錄下「/ 第 5 章字串 / 01 字串 _String.c」。當中用到了 StrLength、SubString、StrCompare 等基本操作來實現。

5.5 字串的儲存結構

字串的儲存結構與線性串列相同，分為兩種。

5.5.1 字串的循序儲存結構

字串的循序儲存結構是用一組位址連續的儲存單元來儲存字串中的字元序列的。按照預先定義的大小，為每個定義的字串變數分配一個固定長度的儲存區。一般是用定長陣列來定義。

既然是定長陣列，就存在一個預先定義的最大字串長度，一般可以將實際的字串長度值儲存在陣列的 0 索引位置。

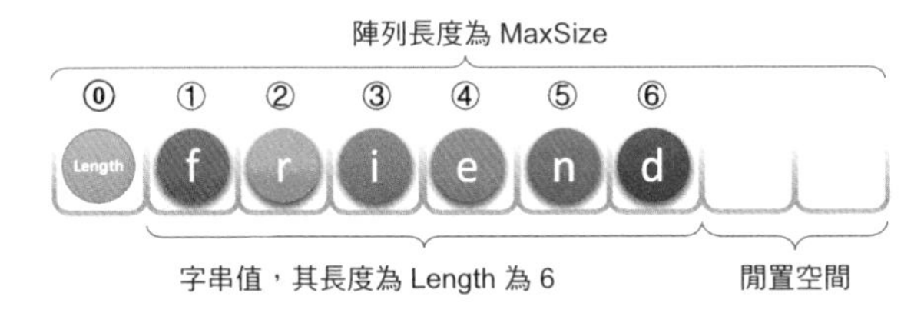

有的書中也會定義儲存在陣列的最後一個索引位置。但也有些程式語言不想這麼作，覺得存個數字佔個空間麻煩。它規定在字串值後面加一個不計入字串長度的結束標記字元，例如 "\0" 來表示字串值的終結，這個時候，你要想知道此時的字串長度，就需要檢查計算一下才知道了，其實這還是需要佔用一個空間，何必呢。

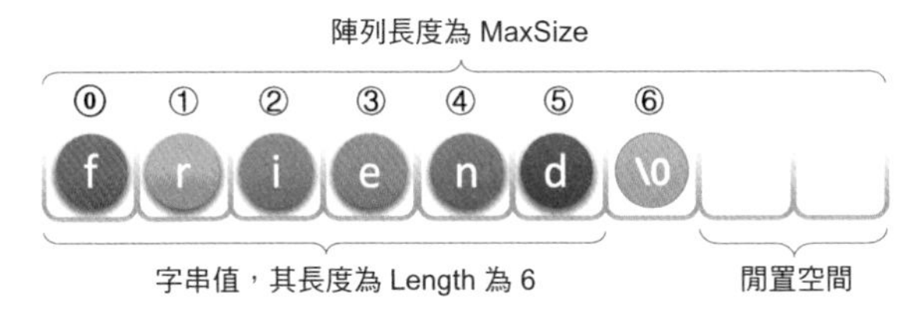

剛才講的字串的循序儲存方式其實是有問題的，因為字串的操作，例如兩字串的連接 Concat、新字串的插入 StrInsert，以及字串的取代 Replace，都有可能使得字串序列的長度超過了陣列的長度 MaxSize。

說說我當年的一件囧事。手機發簡訊時，電信業者規定每筆簡訊限制 70 個字。我的手機每當我寫了超過 70 個字後，它就提示「簡訊過長，請刪減後重發。」後來我換了新手機後再沒有這樣見鬼的提示了，我很高興。一次，因為一點小矛盾需要向當時的女友解釋一下，我準備發一筆簡訊，一共打了 79 個字。最後的部分字實際是「……只會說好聽的話，像 ' 我恨你 ' 這種話是不可能說的」。點發送。後來得知對方收到的，只有 70 個字，簡訊結尾是「……只會說好聽的話，像 ' 我恨你 '」

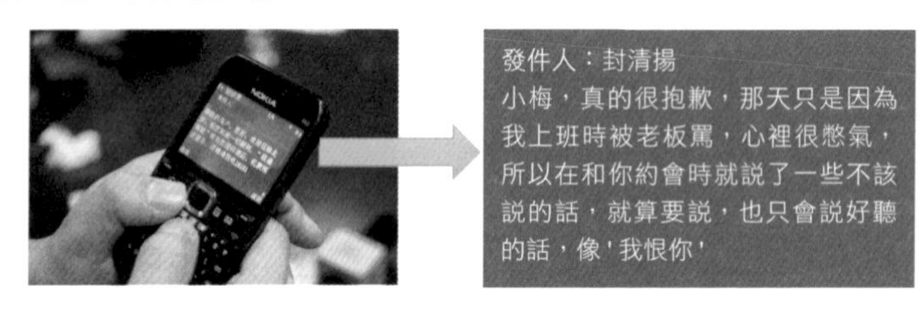

有這樣截斷的嗎？我後來知道這個情況後，恨不得把手機砸了，這真是給我增添了無盡的麻煩。顯然，無論是上溢提示顯示出錯，還是對多出來的字串截尾，都不是什麼好辦法。但字串操作中，這種情況比比皆是。

於是對於字串的循序儲存，有一些變化，字串值的儲存空間可在程式執行過程中動態分配而得。例如在電腦中存在一個自由儲存區，叫做「堆積」。這個堆積可由 C 語言的動態分配函數 malloc() 和 free() 來管理。

5.5.2 字串的鏈式儲存結構

對於字串的鏈式儲存結構，與線性串列是相似的，但由於字串結構的特殊性，結構中的每個元素資料是一個字元，如果也簡單的應用鏈結串列儲存字串值，一個節點對應一個字元，就會存在很大的空間浪費。因此，一個節點可以儲存一個字元，也可以考慮儲存多個字元，最後一個節點若是未被佔滿時，可以用 "#" 或其他非字串值字元補全，如下圖所示。

當然，這裡一個節點存多少個字元才合適就變得很重要，這會直接影響著字串處理的效率，需要根據實際情況做出選擇。

但字串的鏈式儲存結構除了在連接字串與字串操作時有一定方便之外，整體來說不如循序儲存靈活，效能也不如循序儲存結構好。

5.6 樸素的模式比對演算法

記得我在剛做軟體開發的時候，需要閱讀一些英文的文章或幫助。此時才發現學習英文不只是為了過考試，工作中它還是很重要的。而我那只為應付考試的英文，早已經忘得差不多了。於是我想在短時間內突破一下，很明顯，找一本詞典從頭開始背不是什麼好的辦法。要背也得背那些最常用的，至少是電腦文獻中常用的，於是我就想自己寫一個程式，只要輸入一些英文的文件，就可以計算出這當中所用頻率最高的詞彙是哪些。把它們都背熟基本上閱讀也就不成問題了。

當然，説説容易，要實現這一需求，當中會有很多困難，有興趣的同學，不妨去試試看。不過，這裡面最重要其實就是去找一個單字在一篇文章（相當於一個大字串）中的定位問題。這種**子字串的定位操作通常稱做字串的模式比對**，應該算是字串中最重要的操作之一。

假設我們要從下面的主字串 S="goodgoogle" 中，找到 T="google" 這個子字串的位置。我們通常需要下面的步驟。

(1) 主字串 S 第一位開始，S 與 T 前三個字母都比對成功，但 S 第四個字母是 d 而 T 的是 g。第一位比對失敗。如下圖所示，其中垂直連線表示相等。

(2) 主字串 S 第二位開始，主字串 S 字首是 o，要比對的 T 字首是 g，比對失敗，如下圖所示。

(3) 主字串 S 第三位開始，主字串 S 字首是 o，要比對的 T 字首是 g，比對失敗，如下圖所示。

(4) 主字串 S 第四位開始，主字串 S 字首是 d，要比對的 T 字首是 g，比對失敗，如下圖所示。

(5) 主字串 S 第五位開始，S 與 T，6 個字母全比對，比對成功，如下圖所示。

簡單地說，就是對主字串的每一個字元作為子字串開頭，與要比對的字串進行比對。對主字串做大迴圈，每個字元開頭做 T 的長度的小迴圈，直到比對成功或全部檢查完成為止。

前面我們已經用字串的其他操作實現了模式比對的演算法 Index。現在考慮不用字串的其他操作，而是只用基本的陣列來實現同樣的演算法。注意我們假設主字串 S 和要比對的子字串 T 的長度存在 S[0] 與 T[0] 中。實現程式如下：

```
/* 傳回子字串T在主字串S中第pos個字元之後的位置。若不存在，則函數傳回值為0。 */
/* 其中，T非空，1≤pos≤StrLength(S)。 */
int Index(String S, String T, int pos)
{
    int i = pos;                /* i用於主字串S中目前位置索引值，從pos位置開始比對 */
    int j = 1;                  /* j用於子字串T中目前位置索引值 */
    while (i <= S[0] && j <= T[0]) /* 若i小於S的長度並且j小於T的長度時，迴圈繼續 */
    {
        if (S[i] == T[j])         /* 兩字母相等則繼續 */
        {
            ++i;
            ++j;
        }
        else                      /* 指標後退重新開始比對 */
        {
```

```
            i = i-j+2;              /* i退回到上次比對首位的下一位 */
            j = 1;                  /* j退回到子字串T的首位 */
        }
    }
    if (j > T[0])
        return i-T[0];
    else
        return 0;
}
```

分析一下，最好的情況是什麼？那就是一開始就比對成功，例如 "googlegood" 中去找 "google"，時間複雜度為 O(m)。稍差一些，如果像剛才實例中第二、三、四位一樣，每次都是字首就不符合，那麼對 T 字串的迴圈就不必進行了，例如 "abcdefgoogle" 中去找 "google"。那麼時間複雜度為 $O(n+m)$，其中 n 為主字串長度，m 為要比對的子字串長度。根據等機率原則，平均是 $(n+m)/2$ 次尋找，時間複雜度為 $O(n+m)$。

那麼最壞的情況又是什麼？就是每次不成功的比對都發生在字串 T 的最後一個字串。舉一個很極端的實例。主字串為 S="000000000000000000000000000000000000 00000000000001"，而要比對的子字串為 T="0000000001"，前者是有 49 個 "0" 和 1 個 "1" 的主字串，後者是 9 個 "0" 和 1 個 "1" 的子字串。在比對時，每次都得將 T 中字元循環到最後一位才發現：哦，原來它們是不符合的。這樣等於 T 字串需要在 S 字串的前 40 個位置都需要判斷 10 次，並得出不符合的結論，如下圖所示。

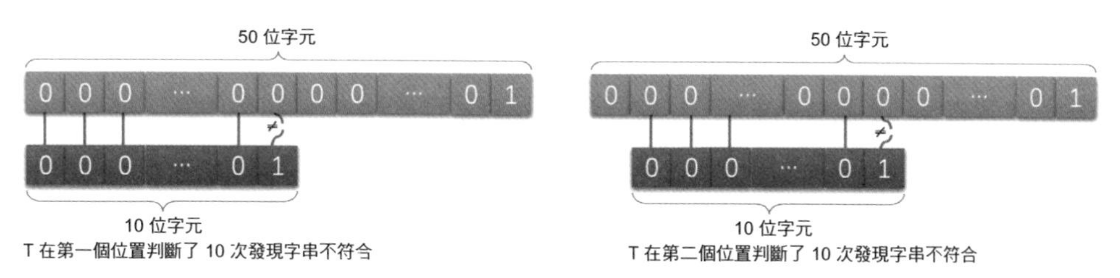

T 在第一個位置判斷了 10 次發現字串不符合

T 在第二個位置判斷了 10 次發現字串不符合

直到最後第 41 個位置，因為全部比對相等，所以不需要再繼續進行下去，如下圖所示。如果最後沒有可符合的子字串，例如是 T="0000000002"，到了第 41 位置判斷不符合後同樣不需要繼續比對下去。因此最壞情況的時間複雜度為 $O((n-m+1)*m)$。

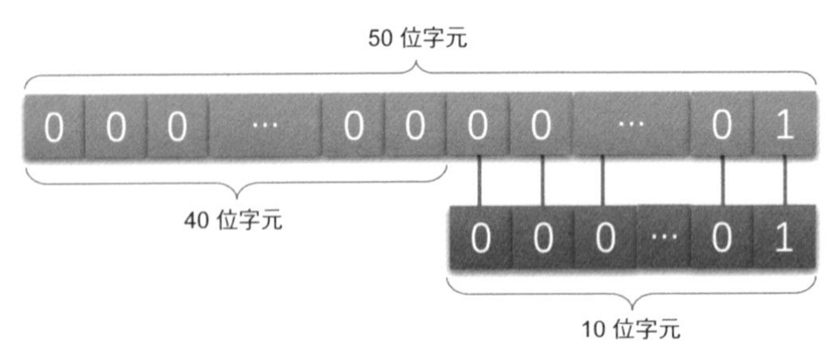

T 在第 41 個位置判斷了 10 次發現字串終於比對成功。
期間進行了 (50-10+1)X10 次判斷操作

有人會說我們真實做比較的，應該是各種字串或各種數字，又不是 0、1 這樣的。可對電腦來說，處理的都是二進位的 0 和 1 的字串，一個字元的 ASCII 碼也可以看成是 8 位的二進位 01 字串，當然，中文字等所有的字元也都可以看成是多個 0 和 1 組成的字串。再例如像電腦圖形也可以視為是由許許多多個 0 和 1 的字串組成。所以在電腦的運算當中，模式比對操作可說是隨處可見。這樣看來，剛才這個如此頻繁使用的演算法，就顯得太低效了。

5.7 KMP 模式比對演算法

你們可以忍受樸素模式比對演算法的低效嗎？也許不可以、也許無所謂。但在很多年前我們的科學家們，覺得像這種有多個 0 和 1 重複字元的字串，模式比對需要逐一檢查的演算法是非常糟糕的。於是有三位前輩，D.E.Knuth、J.H.Morris 和 V.R.Pratt（其中 Knuth 和 Pratt 共同研究，Morris 獨立研究）發表一個模式比對演算法，可以大幅避免重複檢查的情況，我們把它稱之為克努特—莫里斯—普拉特演算法，簡稱 KMP 演算法。

5.7.1 KMP 模式比對演算法原理

為了能講清楚 KMP 演算法，我們不直接講程式，那樣很容易造成了解困難，還是從這個演算法的研究角度來了解為什麼它比樸素演算法要好。

如果主字串 S="abcdefgab"，其實還可以更長一些，我們就省略掉只保留前 9 位，我們要比對的 T="abcdex"，那麼如果用前面的樸素演算法的話，前 5 個字母，兩個字串完全相等，直到第 6 個字母，"f" 與 "x" 不等，如下圖的①所示。

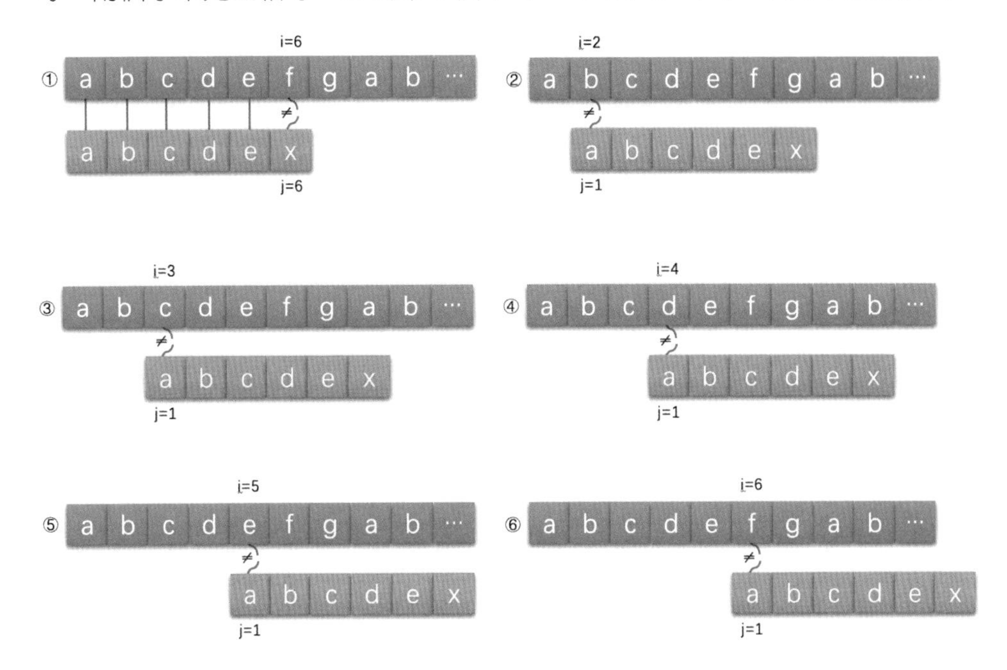

接下來，按照樸素模式比對演算法，應該是如上圖的流程②③④⑤⑥。即主字串 S 中當 i=2、3、4、5、6 時，首字元與子字串 T 的首字元均不等。

似乎這也是理所當然，原來的演算法就是這樣設計的。可仔細觀察發現。對要比對的子字串 T 來說，"abcdex" 字首 "a" 與後面的字串 "bcdex" 中任意一個字元都不相等。也就是說，既然 "a" 不與自己後面的子字串中任何一字元相等，那麼對上圖的①來說，前五位字元分別相等，表示子字串 T 的首字元 "a" 不可能與 S 字串的第 2 位到第 5 位的字元相等。在上圖中，②③④⑤的判斷都是多餘。

注意這裡是了解 KMP 演算法的關鍵。如果我們知道 T 字串中首字元 "a" 與 T 中後面的字元均不相等（注意這是前提，如何判斷後面再講）。而 T 字串的第二位的 "b" 與 S 字串中第二位的 "b" 在上圖的①中已經判斷是相等的，那麼也就表示，T 字串中首字元 "a" 與 S 字串中的第二位 "b" 是不需要判斷也知道它們是不可能相等了，這樣上圖的②這一步判斷是可以省略的，如下圖所示。

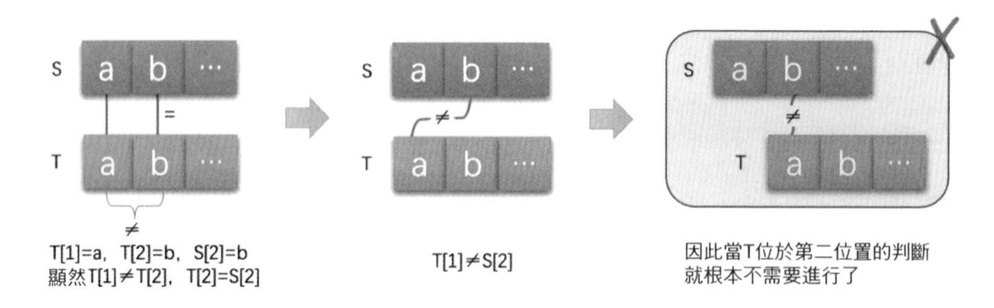

同樣道理，在我們知道 T 字串中首字元 "a" 與 T 中後面的字元均不相等的前提下，T 字串的 "a" 與 S 字串後面的 "c"、"d"、"e" 也都可以在①之後就可以確定是不相等的，所以這個演算法當中②③④⑤沒有必要，只保留①⑥即可，如下圖所示。

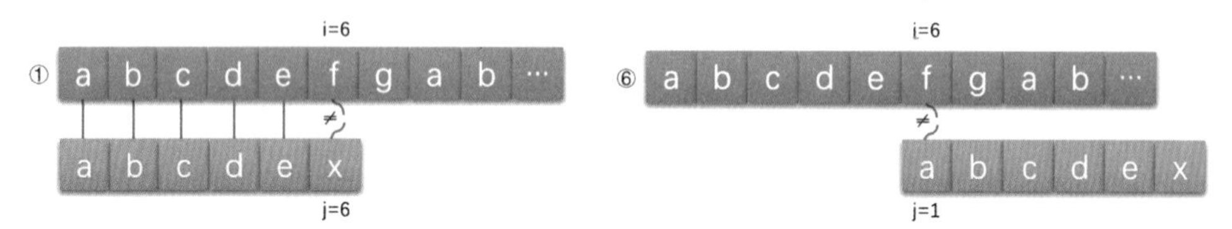

之所以保留⑥中的判斷是因為在①中 T[6] ≠ S[6]，儘管我們已經知道 T[1] ≠ T[6]，但也不能斷定 T[1] 一定不等於 S[6]，因此需要保留⑥這一步。

有人就會問，如果 T 字串後面也含有首字元 "a" 的字元怎麼辦呢？

我們來看下面一個實例，假設 S="abcababca"，T="abcabx"。對於開始的判斷，前 5 個字元完全相等，第 6 個字元不等，如下圖的①。此時，根據剛才的經驗，T 的首字元 "a" 與 T 的第二位字元 "b"、第三位字元 "c" 均不等，所以不需要做判斷，下圖的樸素演算法步驟②③都是多餘。

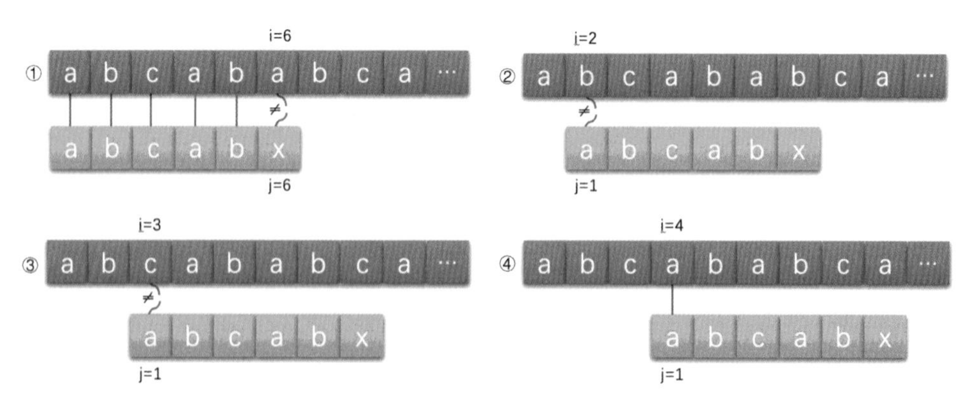

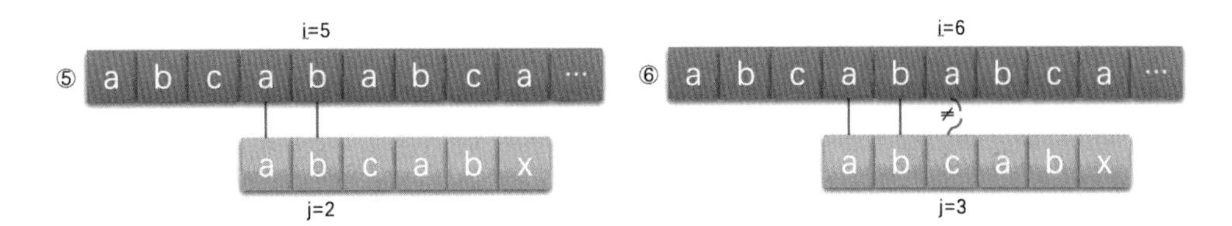

因為 T 的首位 "a" 與 T 第四位的 "a" 相等，第二位的 "b" 與第五位的 "b" 相等。而在①時，第四位的 "a" 與第五位的 "b" 已經與主字串 S 中的對應位置比較過了，是相等的，因此可以斷定，T 的首字元 "a"、第二位的字元 "b" 與 S 的第四位字元和第五位字元也不需要比較了，一定也是相等的──之前比較過了，還判斷什麼，所以④⑤這兩個比較得出字元相等的步驟也可以省略。

也就是說，對於在子字串中有與首字元相等的字元，也是可以省略一部分不必要的判斷步驟。如下圖所示，省略掉右圖的 T 字串前兩位 "a" 與 "b" 同 S 字串中的 4、5 位置字元比對操作。

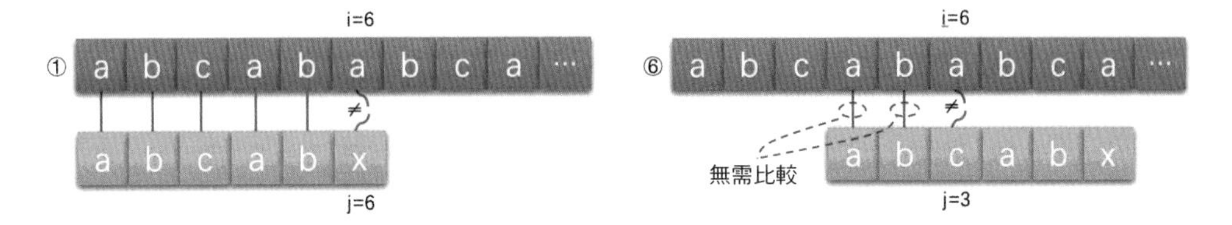

比較這兩個實例，我們會發現在①時，我們的 *i* 值，也就是主字串目前位置的索引是 6，②③④⑤，*i* 值是 2、3、4、5，到了⑥，*i* 值才又回到了 6。即我們在樸素的模式比對演算法中，主字串的 *i* 值是不斷地回溯來完成的。而我們的分析發現，這種回溯其實是可以不需要的──正所謂好馬不吃回頭草，我們的 KMP 模式比對演算法就是為了讓這沒必要的回溯不發生。

既然 i 值不回溯，也就是不可以變小，那麼要考慮的變化就是 *j* 值了。透過觀察也可發現，我們屢屢提到了 T 字串的首字元與本身後面字元的比較，發現如果有相等字元，*j* 值的變化就會不相同。也就是說，這個 *j* 值的變化與主字串其實沒什麼關係，關鍵就取決於 T 字串的結構中是否有重複的問題。

例如下圖中，由於 T="abcdex"，當中沒有任何重複的字元，所以 *j* 就由 6 變成了 1。而上圖中，由於 T="*abcab*x"，字首的 "ab" 與最後 "x" 之前字串的尾綴 "ab" 是相等的。因此 *j* 就由 6 變成了 3。因此，我們可以得出規律，*j* 值的多少取決於**目前字元之前的字串的前尾綴的相似度**。

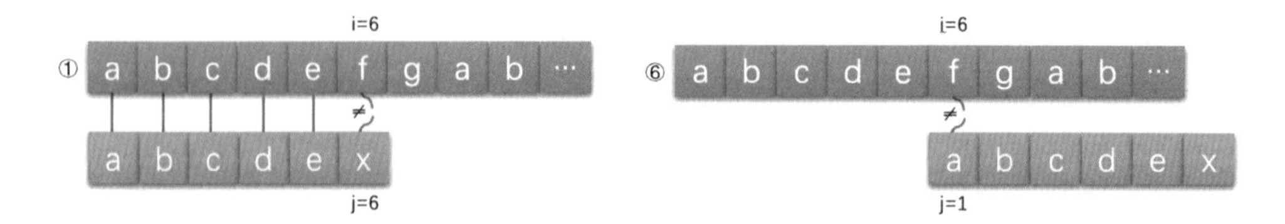

也就是說，我們在需要尋找字串前，先對要尋找的字串做一個分析，這樣可以大幅減少我們尋找的難度，加強尋找的速度。

我們把 T 字串各個位置的 j 值的變化定義為一個陣列 next，那麼 next 的長度就是 T 字串的長度。於是我們可以獲得下面的函數定義：

$$next[j] = \begin{cases} 0, & \text{當 } j=1 \text{ 時} \\ Max\{k \mid 1<k<j, \text{且 } 'P_1 \cdots P_{k-1}'='P_{j-k+1} \cdots P_{j-1}'\} & \text{當此集合不空時} \\ 1, & \text{其他情況} \end{cases}$$

5.7.2 next 陣列值推導

實際如何推導出一個字串的 next 陣列值呢，我們來看一些實例。

(1) T="abcdex"（如下表所示）

j	123456
模式字串 T	abcdex
next[*j*]	011111

1）當 j=1 時，next[1]=0；

2）當 j=2 時，j 由 1 到 $j-1$ 就只有字元 "a"，屬於其他情況 next[2]=1；

3）當 j=3 時，j 由 1 到 $j-1$ 字串是 "ab"，顯然 "a" 與 "b" 不相等，屬其他情況，next[3]=1；

4）以後同理，所以最後此 T 字串的 next[j] 為 011111。

(2) T="abcabx"（如下表所示）

j	123456
模式字串 T	abcabx
next[*j*]	011123

1） 當 j=1 時，next[1]=0；
2） 當 j=2 時，同上例說明，next[2]=1；
3） 當 j=3 時，同上，next[3]=1；
4） 當 j=4 時，同上，next[4]=1；
5） 當 j=5 時，此時 j 由 1 到 j−1 的字串是 "abc*a*"，字首字元 "a" 與尾綴字元 "a" 相等（字首用底線表示，尾綴用斜體表示），因此可推算出 k 值為 2（由 '$p_1 \cdots p_{k-1}$'='$p_{j-k+1} \cdots p_{j-1}$'，獲得 p_1=p_4）因此 next[5]=2；
6） 當 j=6 時，j 由 1 到 j−1 的字串是 "abc*ab*"，由於字首字元 "ab" 與尾綴 "ab" 相等，所以 next[6]=3。

我們可以根據經驗獲得如果前尾綴一個字元相等，k 值是 2，兩個字元 k 值是 3，n 個相等 k 值就是 n+1。

(3) T="ababaaaba"（如下表所示）

j	123456789
模式字串 T	ababaaaba
next[j]	011234223

1） 當 j=1 時，next[1]=0；
2） 當 j=2 時，同上 next[2]=1；
3） 當 j=3 時，同上 next[3]=1；
4） 當 j=4 時，j 由 1 到 j−1 的字串是 "ab*a*"，字首字元 "a" 與尾綴字元 "a" 相等，next[4]=2；
5） 當 j=5 時，j 由 1 到 j−1 的字串是 "abab"，由於字首字元 "ab" 與尾綴 "ab" 相等，所以 next[5]=3；
6） 當 j=6 時，j 由 1 到 j−1 的字串是 "ab*aba*"，由於字首字元 "aba" 與尾綴 "aba" 相等，所以 next[6]=4；
7） 當 j=7 時，j 由 1 到 j−1 的字串是 "ababa*a*"，由於字首字元 "ab" 與尾綴 "aa" 並不相等，只有 "a" 相等，所以 next[7]=2；
8） 當 j=8 時，j 由 1 到 j−1 的字串是 "ababaa*a*"，只有 "a" 相等，所以 next[8]=2；
9） 當 j=9 時，j 由 1 到 j−1 的字串是 "ababaa*ab*"，由於字首字元 "ab" 與尾綴 "ab" 相等，所以 next[9]=3。

(4) T="aaaaaaaab"（如下表所示）

j	123456789
模式字串 T	aaaaaaaab
next[j]	012345678

1） 當 j=1 時，next[1]=0；

2） 當 j=2 時，同上 next[2]=1；

3） 當 j=3 時，j 由 1 到 j−1 的字串是 "a*a*"，字首字元 "a" 與尾綴字元 "a" 相等，next[3]=2；

4） 當 j=4 時，j 由 1 到 j−1 的字串是 "*aa*a"，由於字首字元 "aa" 與尾綴 "aa" 相等，所以 next[4]=3；

5） ……

6） 當 j=9 時，j 由 1 到 j−1 的字串是 "*aaaaaaa*a"，由於字首字元 "aaaaaaa" 與尾綴 "aaaaaaa" 相等，所以 next[9]=8。

5.7.3 KMP 模式比對演算法實現

說了這麼多，我們可以來看看程式了。

```
/* 透過計算傳回子字串T的next陣列 */
void get_next(String T, int *next)
{
    int i,k;
    i=1;
    k=0;
    next[1]=0;
    while (i<T[0])  /* 此處T[0]表示字串T的長度 */
    {
        if(k==0 || T[i]== T[k])
        {
            ++i;
            ++k;
            next[i] = k;
        }
        else
            k= next[k];  /* 若字元不相同，則k值回溯 */
    }
}
```

註：字串的模式比對相關程式請參看程式目錄下「/ 第 5 章字串 / 02 模式比對 _KMP.c」。

上面這段程式的目的就是為了計算出目前要比對的字串 T 的 next 陣列。也就是磨刀的部分。

```
/* 傳回子字串T在主字串S中第pos個字元之後的位置。若不存在，則函數傳回值為0。 */
/* T非空，1≤pos≤StrLength(S)。 */
int Index_KMP(String S, String T, int pos)
{
    int i = pos;                /* i用於主字串S中目前位置索引值，從pos位置開始比對 */
    int j = 1;                  /* j用於子字串T中目前位置索引值 */
    int next[255];              /* 定義一next陣列 */
    get_next(T, next);          /* 對字串T作分析，得到next陣列 */
    while (i <= S[0] && j <= T[0]) /* 若i小於S的長度並且j小於T的長度時，迴圈繼續 */
    {
        if (j==0 || S[i] == T[j]) /* 兩字母相等則繼續，與樸素算法增加了j=0判斷 */
        {
            ++i;
            ++j;
        }
        else                    /* 指標後退重新開始比對 */
        {
            j = next[j];        /* j退回合適的位置，i值不變 */
        }
    }
    if (j > T[0])
        return i-T[0];
    else
        return 0;
}
```

上面這段程式的 while 迴圈是真正在比對尋找，也就是在砍柴了。

反白的為相對樸素比對演算法增加的程式，改動不算大，關鍵就是去掉了 i 值回溯的部分。對於 get_next 函數來說，若 T 的長度為 m，因只有關到簡單的單迴圈，其時間複雜度為 $O(m)$，而由於 i 值的不回溯，使得 index_KMP 演算法效率獲得了加強，while 迴圈的時間複雜度為 $O(n)$。因此，整個演算法的時間複雜度為 $O(n+m)$。相較於樸素模式比對演算法的 $O((n-m+1)*m)$ 來說，是要好一些。

這裡也需要強調，KMP 演算法僅當模式與主字串之間存在許多「部分比對」的情況下才表現出它的優勢，否則兩者差異並不明顯。

5.7.4 KMP 模式比對演算法改進

後來有人發現，KMP 還是有缺陷的。舉例來說，如果我們的主字串 S="aaaabcde"，子字串 T="aaaaax"，其 next 陣列值分別為 012345，在開始時，當 i=5、*j*=5 時，我們發現 "b" 與 "a" 不相等，如下圖中的①，因此 *j*=next[5]=4，如圖中的②，此時 "b" 與第 4 位置的 "a" 依然不等，*j*=next[4]=3，如圖中的③，後依次是④⑤，直到 *j*=next[1]=0 時，根據演算法，此時 i++、*j*++，獲得 i=6、*j*=1，如圖中的⑥。

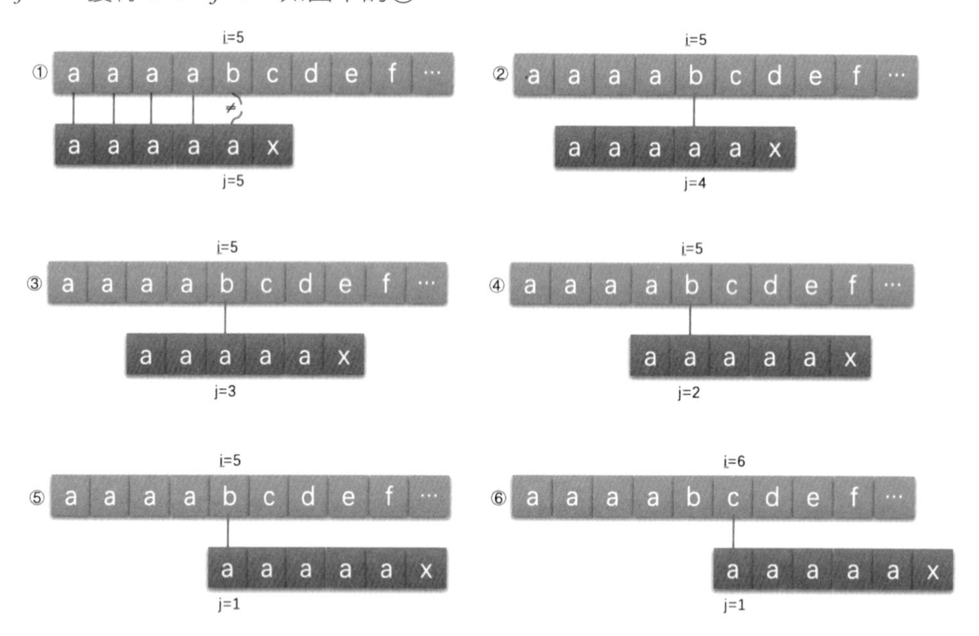

我們發現，當中的②③④⑤步驟，其實是多餘的判斷。由於 T 字串的第二、三、四、五位置的字元都與首位的 "a" 相等，那麼可以用首位 next[1] 的值去取代與它相等的字元後續 next[*j*] 的值，這是個很好的辦法。因此我們對求 next 函數進行了改良。

假設取代的陣列為 nextval，增加了反白部分，程式如下：

```
/* 求模式串T的next函數修正值並存入陣列nextval */
```

```
void get_nextval(String T, int *nextval)
{
    int i,k;
    i=1;
    k=0;
    nextval[1]=0;
    while (i<T[0])              /* 此處T[0]表示字串T的長度 */
    {
        if(k==0 || T[i]== T[k]) /* T[i]表示尾綴的單一字元，T[k]表示前綴的單一字元 */
        {
            ++i;
            ++k;
            if (T[i]!=T[k])                 /* 若目前字元與前綴字元不同 */
                nextval[i] = k;             /* 則目前的k為nextval在i位置的值 */
            else
                nextval[i] = nextval[k];    /* 如果與前綴字元相同，則將前綴字元的 */
                                            /* nextval值給予值給nextval在i位置的值 */
        }
        else
            k= nextval[k];                  /* 若字元不相同，則k值回溯 */
    }
}
```

實際比對演算法，只需要將 "get_next（T, next）;" 改為 "get_nextval（T,next）;" 即可，這裡不再重複。

5.7.5 nextval 陣列值推導

改良後，我們之前的實例 nextval 值就與 next 值不完全相同了。例如：

(1) T="ababaaaba"（如下表所示）

j	123456789
模式字串 T	ababaaaba
next[*j*]	011234223
nextval[*j*]	010104210

先算出 next 陣列的值分別為 011234223，然後再分別判斷。

1） 當 j=1 時，nextval[1]=0；

2）當 j=2 時，因第二位字元 "b" 的 next 值是 1，而第一位就是 "a"，它們不相等，所以 nextval[2]=next[2]=1，維持原值。

3）當 j=3 時，因為第三位字元 "a" 的 next 值為 1，所以與第一位的 "a" 比較得知它們相等，所以 nextval[3]=nextval[1]=0；如下圖所示。

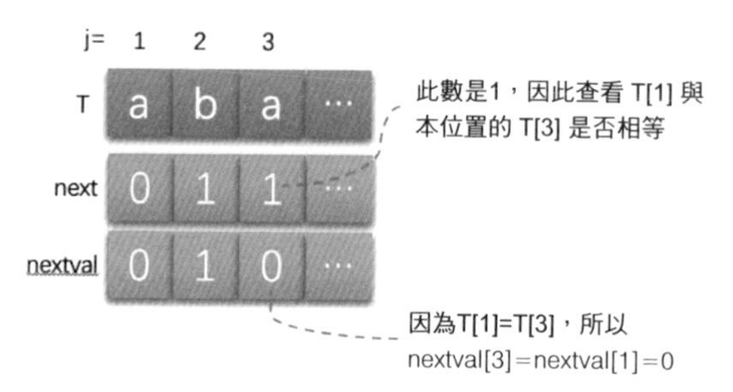

4）當 j=4 時，第四位的字元 "b"next 值為 2，所以與第二位的 "b" 相比較獲得結果是相等，因此 nextval[4]=nextval[2]=1；如下圖所示。

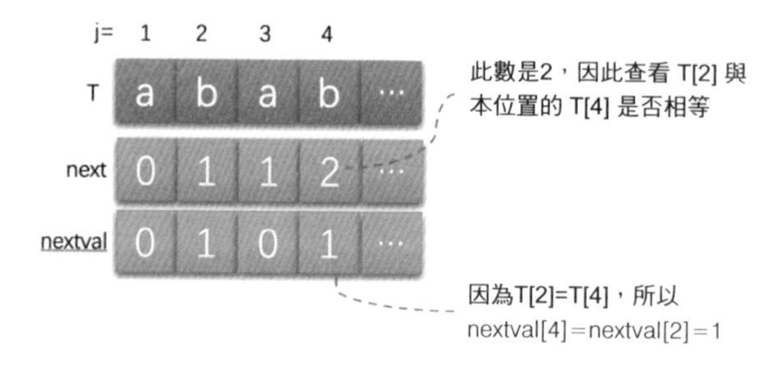

5）當 j=5 時，next 值為 3，第五個字元 "a" 與第三個字元 "a" 相等，因此 nextval[5]=nextval[3]=0；

6）當 j=6 時，next 值為 4，第六個字元 "a" 與第四個字元 "b" 不相等，因此 nextval[6]=4；

7）當 j=7 時，next 值為 2，第七個字元 "a" 與第二個字元 "b" 不相等，因此 nextval[7]=2；

8）當 j=8 時，next 值為 2，第八個字元 "b" 與第二個字元 "b" 相等，因此 nextval[8]=nextval[2]=1；

9）當 j=9 時，next 值為 3，第九個字元 "a" 與第三個字元 "a" 相等，因此 nextval[9]=nextval[3]=0。

(2) T="aaaaaaaab"（如下表所示）

j	123456789
模式字串 T	aaaaaaaab
next[*j*]	012345678
nextval[*j*]	000000008

先算出 next 陣列的值分別為 012345678，然後再分別判斷。

1）當 j=1 時，nextval[1]=0；

2）當 j=2 時，next 值為 1，第二個字元與第一個字元相等，所以 nextval[2]= nextval[1]=0；

3）同樣的道理，其後都為 0……；

4）當 j=9 時，next 值為 8，第九個字元 "b" 與第八個字元 "a" 不相等，所以 nextval[9]=8。

歸納改進過的 KMP 演算法，它是在計算出 next 值的同時，如果 a 位元字元與它 next 值指向的 b 位元字元相等，則該 a 位的 nextval 就指向 b 位的 nextval 值，如果不等，則該 a 位的 nextval 值就是它自己 a 位的 next 的值。這樣看來，磨刀是不是很認真，是不是很有技巧，對後面砍柴的效率也是大大的不一樣啊。

5.8 歸納回顧

這一章節我們重點講了「字串」這樣的資料結構，字串（string）是由零個或多個字元組成的有限序列。本質上，它是一種線性串列的擴充，但相對線性串列關注一個個元素來說，我們對字串這種結構更多的是關注它子字串的應用問題，如尋找、取代等操作。現在的高階語言都有針對字串的函數可以呼叫。我們在使用這些函數的時候，同時也應該要了解它當中的原理，以便於在碰到複雜的問題時，可以更加靈活的使用，例如 KMP 模式比對演算法的學習，就是更有效地去了解 index 函數當中的實現細節。多用心一點，說不定有一天，可以有以你的名字命名的演算法流傳於後世。

5.9 結尾語

在我們這一章的開頭，我提到了迴文詩，其實那一首只能算是寫得還不錯而已。迴文詩在中國古代有不少，不過當中有一組，嚴格來說是有一幅圖，卻是被公認為是最強的迴文詩──那就是《璇璣圖》。

相傳《璇璣圖》是前秦才女蘇若蘭因其丈夫遭人迫害，發配別處服苦役，過了七八年依然什麼訊息都沒有，蘇若蘭很想念自己的丈夫，但有什麼辦法呢，便將無限的情思寫成一首首詩文，並按一定的規律排列起來，然後用五彩絲線繡在錦帕之上。

《璇璣圖》，總計八百四十一字，除正中央之「心」字為後人所加外，原詩共八百四十字，縱橫各二十九字，縱、橫、斜、互動、正、反讀或退一字、迭一字讀均可成詩，詩有三、四、五、六、七言不等，目前統計可組成七千九百五十八首詩。看清楚哦，是 7958 首。

例如從最右側直行開始，隨文勢折返，可發現右上角區塊週邊順時鐘讀為「**仁智懷德聖虞唐，貞志篤終誓穹蒼，欽所感想妄淫荒，心憂增慕懷慘傷**」，而原詩若以逆時鐘方向讀則變為「**傷慘懷慕增憂心，荒淫妄想感所欽，蒼穹誓終篤志真，唐虞聖德懷智仁**」。在《璇璣圖》中類似詩句不勝枚舉，可以稱得上是迴文詩中的千古力作了！

琴清流楚激弦商秦曲發聲悲摧藏音和詠思惟空堂心憂增慕懷慘傷仁
芳廊東步階西遊王姿淑窈窕伯邵南周風興自后妃荒經離所懷歎嗟智
蘭休桃林陰翳桑懷歸思廣河女衛鄭楚樊厲節中闈淫遐曠路傷中情懷
凋翔飛燕巢雙鳩土迤逶路遐志詠歌長歎不能奮飛妄清幃房君無家德
茂流泉清水激揚眷頎其人碩興齊商雙發歌我衮衣想華飾容朗鏡明聖
熙長君思悲好仇舊蕤葳粲翠榮曜流華觀冶容爲誰感英曜珠光紛葩虞
陽愁歎發容摧傷鄉悲情我感傷情徵宮羽同聲相追所多思感誰爲榮唐
春方殊離仁君榮身苦惟艱生患多殷憂纏情將如何欽蒼穹誓終篤志貞
牆禽心濱均深身加懷憂是嬰藻文繁虎龍寧自感思岑形熒城榮明庭妙
面伯改漢物日我兼思何漫漫榮曜華彫旌孜孜傷情幽未猶傾苟難闈顯
殊在者之品潤乎愁苦艱是丁麗壯觀飾容側君在時巖在炎在不受亂華
意誠惑步育浸集悴我生何冤充顏曜繡衣夢想勞形峻慎盛戒義消作重
感故暱飄施愆殃少章時桑詩端無終始詩仁顏貞寒嵯深興后姬源人榮
故遺親飄生思愆精徽盛醫風比平始璇情賢喪物歲峨慮漸孽班禍讒章
新舊聞離天罪辜神恨昭盛興作蘇心璣明別改知識深微至嬖女因奸臣
霜廢遠微地積何遐微業孟鹿麗氏詩圖顯行華終凋淵察大趙婕所佞賢
水故離隔德怨因幽元傾宜鳴辭理興義怨士容始松重遠伐氏好恃凶惟
齊君殊喬貴其備曠悼思傷懷日往感年衰念是舊愆涯禍用飛辭恣害聖
潔子我木平根嘗遠歎永感悲思憂遠勞情誰爲獨居經在昭燕輦極我配
志惟同誰均難苦離戚戚情哀慕歲殊歎時賤女懷歎網防青實漢驕忠英
清新衾陰勻尋辛鳳知我者誰世異浮寄傾鄙賤何如羅萌青生成盈貞皇
純貞志一專所當麟沙流頹逝異浮沉華英翳曜潛陽林西昭景薄榆桑倫
望微精感通明神龍馳若然倏逝惟時年殊白日西移光滋愚讒漫頑凶匹
誰璽浮寄身輕飛昭虧不盈無倏必盛有衰無日不陂流蒙謙退休孝慈離
思輝光飭粲殊文德離忠體一違心意志殊憤激何施電疑危遠家和雍飄
想群離散妾孤遺懷儀容仰俯榮華麗飾身將無誰爲逝容節敦貞淑思浮
懷悲哀聲殊乖分聖貲何情憂感惟哀志節上通神祇推持所貞記自恭江
所春傷應翔雁歸皇辭成者作體下遺葑菲採者無差生從是敬孝爲基湘
親剛柔有女爲賤人房幽處己憫微身長路悲曠感生民梁山殊塞隔河津

心憂增慕懷慘傷仁
荒經離所懷歎嗟智
淫遐曠路傷中情懷
妄清幃房君無家德
想華飾容朗鏡明聖
感英曜珠光紛葩虞
所多思感誰爲榮唐
欽蒼穹誓終篤志貞

有興趣的同學可以搜尋相關的文獻，了解這張《璇璣圖》的神奇之處，不過似乎這更像是對文科學生的要求。我想強調的是，所謂迴文，就是一個字串的逆轉顯示，我們只要在字串的抽象資料類型中增加一種逆轉 reverse 的操作，就可以實現這樣的功能。如果你可以利用你已有的資料結構和演算法知識，特別是字串的知識，實現對璇璣圖古詩的破解（將各種規則下對應的詩輸出出來），那我相信，你的程式設計能力，至少在字串處理的程式設計能力已經到達一個非常高的高度了。

今天的課就到這，下課。

›› 5.9 結尾語

Chapter

06 樹

啟示

樹：樹（Tree）是 n（n ≥ 0）個節點的有限集。n=0 時稱為空樹。在任意一棵不可為空樹中：(1) 有且僅有一個特定的稱為根（Root）的節點；(2) 當 n>1 時，其餘節點可分為 m（m>0）個互不相交的有限集 T_1、T_2、……、T_m，其中每一個集合本身又是一棵樹，並且稱為根的子樹（SubTree）。

6.1 開場白

2010 年一部電影創造了奇蹟，它是全球第一部票房到達 27 億美金、總票房歷史排名第一的影片，那就是詹姆斯 · 柯麥隆執導的電影《阿凡達》（Avatar）。

電影裡提到了一棵高達 900 英尺（約 274 公尺）的參天巨樹，是那個潘朵拉星球的納美人的家園，讓人印象非常深刻。可惜那只是導演的夢想，地球上不存在這樣的物種。

無論多高多大的樹，那也是從小到大、由根到葉、一點點成長起來的。俗話說十年樹木、百年樹人，可一棵大樹又何止是十年這樣容易，說到哪裡去了，我們現在不是在上生物課，而是要講一種新的資料結構──樹。

6.2 樹的定義

之前我們一直在談的是一對一的線性結構，可現實中，還有很多一對多的情況需要處理，所以我們需要研究這種一對多的資料結構──「樹」，考慮它的各種特性，來解決我們在程式設計中碰到的相關問題。

樹（Tree）是 n（$n \geqslant 0$）個節點的有限集。n=0 時稱為空樹。在任意一棵不可為空樹中：(1) 有且僅有一個特定的稱為根（Root）的節點；(2) 當 $n > 1$ 時，其餘節點可分為 m（$m > 0$）個互不相交的有限集 T_1、T_2、……、T_m，其中每一個集合本身又是一棵樹，並且稱為根的子樹（SubTree），如下圖所示。

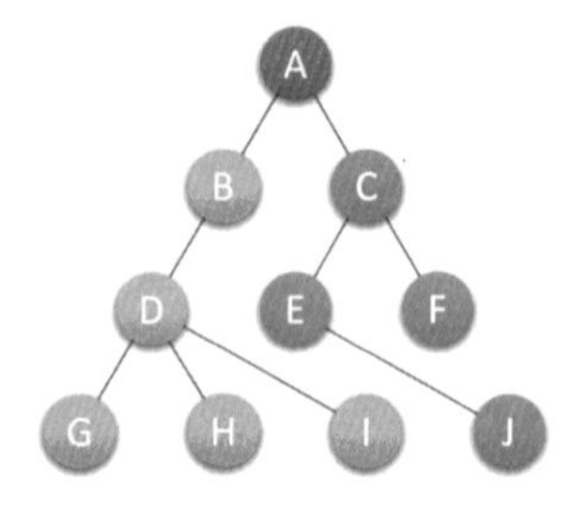

樹的定義其實就是我們在說明堆疊時提到的遞迴的方法。也就是在樹的定義之中還用到了樹的概念，這是一種比較新的定義方法。下圖的子樹 T_1 和子樹 T_2 就是根節點 A 的子樹。當然，D、G、H、I 組成的樹又是 B 為根節點的子樹，E、J 組成的樹是以 C 為根節點的子樹。

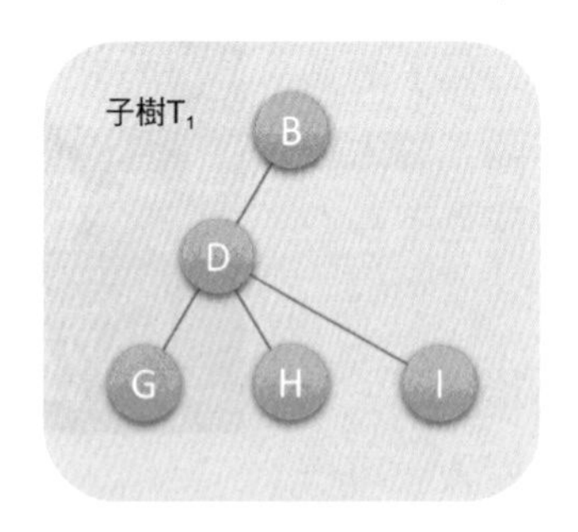

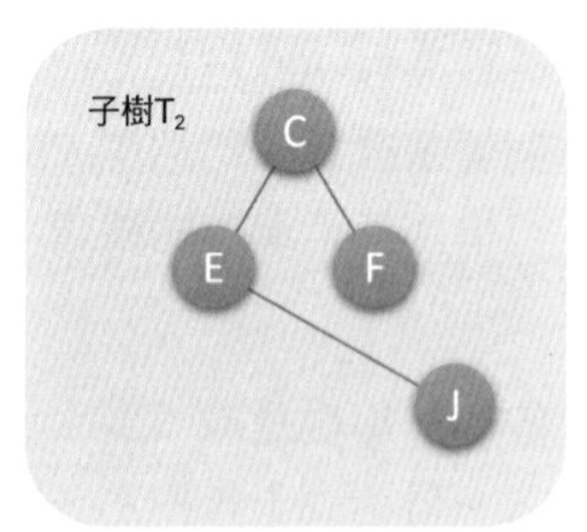

對於樹的定義還需要強調兩點：

(1) n>0 時根節點是唯一的，不可能存在多個根節點，別和現實中的大樹混在一起，現實中的樹有很多根鬚，那是真實的樹，資料結構中的樹是只能有一個根節點。

(2) $m>0$ 時，子樹的個數沒有限制，但它們一定是互不相交的。像下圖中的兩個結構就不符合樹的定義，因為它們都有相交的子樹。

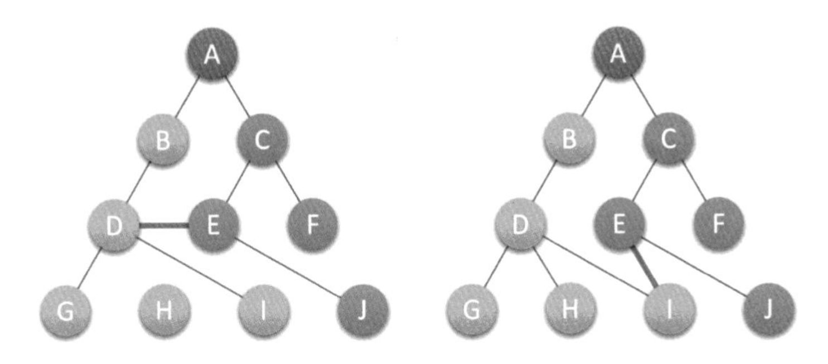

6.2.1 節點分類

樹的節點包含一個資料元素及許多指向其子樹的分支。節點擁有的子樹數稱為節點的度（Degree）。度為 0 的節點稱為葉節點（Leaf）或終端節點；度不為 0 的節點稱為非終端節點或分支節點。除根節點之外，分支節點也稱為內部節點。樹的度是樹內各節點的度的最大值。如下圖所示，因為這棵樹節點的度的最大值是節點 D 的度，為 3，所以樹的度也為 3。

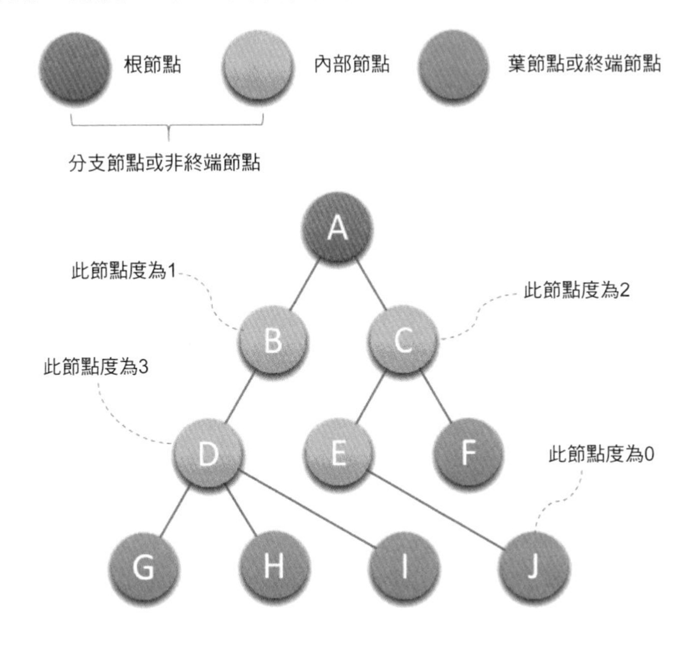

6.2.2 節點間關係

節點的子樹的根稱為該節點的孩子（Child），對應地，該節點稱為孩子的雙親（Parent）。嗯，為什麼不是父或母，叫雙親呢？對節點來說其父母同體，唯一的一個，所以只能把它稱為雙親了。同一個雙親的孩子之間互稱兄弟（Sibling）。節點的祖先是從根到該節點所經分支上的所有節點。所以對 H 來說，D、B、A 都是它的祖先。反之，以某節點為根的子樹中的任一節點都稱為該節點的子孫。B 的子孫有 D、G、H、I，如下圖所示。

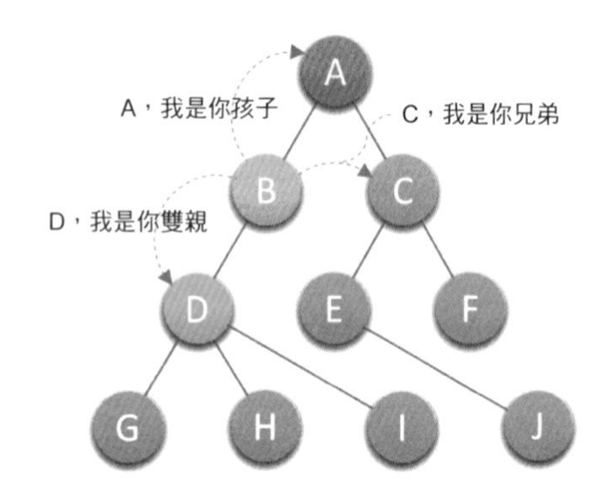

6.2.3 樹的其他相關概念

節點的層次（Level）從根開始定義起，根為第一層，根的孩子為第二層。若某節點在第 l 層，則其子樹就在第 l+1 層。其雙親在同一層的節點互為堂兄弟。顯然下圖中的 D、E、F 是堂兄弟，而 G、H、I 與 J 也是堂兄弟。樹中節點的最大層次稱為樹的深度（Depth）或高度，目前樹的深度為 4。

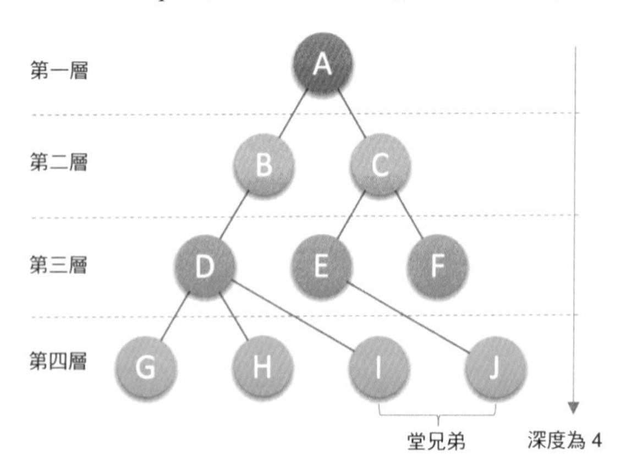

如果將樹中節點的各子樹看成從左至右是有次序的，不能互換的，則稱該樹為有序樹，否則稱為無序樹。

森林（Forest）是 m（m ≥ 0）棵互不相交的樹的集合。對樹中每個節點而言，其子樹的集合即為森林。對於 6.2 節開頭的圖中的樹而言，後面的圖中的兩棵子樹 T_1 和 T_2 其實就可以視為森林。

比較線性串列與樹的結構，它們有很大的不同，如下圖所示。

線性結構	樹結構
• 第一個資料元素：無前驅	• 根節點：無雙親，唯一
• 最後一個資料元素：無後繼	• 葉節點：無孩子，可以多個
• 中間元素：一個前驅一個後繼	• 中間節點：一個雙親多個孩子

6.3 樹的抽象資料類型

相對於線性結構，樹的操作就完全不同了，這裡我們列出一些基本和常用操作。

```
ADT 樹 (tree)
Data
    樹是由一個根節點和許多棵子樹組成。樹中節點具有相同資料類型及層次關係。
Operation
    InitTree(*T)：建置空樹 T。
    DestroyTree(*T)：銷毀樹 T。
    CreateTree(*T,definition)：按 definition 中列出樹的定義來建置樹。
    ClearTree(*T)：若樹 T 存在，則將樹 T 清為空樹。
    TreeEmpty(T)：若 T 為空樹，傳回 true，否則傳回 false。
    TreeDepth(T)：傳回 T 的深度。
    Root(T)：傳回 T 的根節點。
    Value(T,cur_e)：cur_e 是樹 T 中一個節點，傳回此節點的值。
    Assign(T,cur_e,value)：給樹 T 的節點 cur_e 設定值為 value。
    Parent(T,cur_e)：若 cur_e 是樹 T 的非根節點，則傳回它的雙親，否則傳回空。
    LeftChild(T,cur_e)： 若 cur_e 是樹 T 的非葉節點，則傳回它的最左孩子，否則
                         傳回空。
```

```
    RightSibling(T,cur_e)：若 cur_e 有右兄弟，則傳回它的右兄弟，否則傳回空。
    InsertChild(*T,*p,i,c)： 其中 p 指向樹 T 的某個節點，i 為所指節點 p 的度加上
                            1，不可為空樹 c 與 T 不相交，操作結果為插入 c 為樹
                            T 中 p 指節點的第 i 棵子樹。
    DeleteChild(*T,*p,i)：其中 p 指向樹 T 的某個節點，i 為所指節點 p 的度，操作
                          結果為刪除 T 中 p 所指節點的第 i 棵子樹。
endADT
```

6.4 樹的儲存結構

説到儲存結構，就會想到我們前面章節講過的循序儲存和鏈式儲存兩種結構。

先來看看循序儲存結構，用一段位址連續的儲存單元依次儲存線性串列的資料元素。這對線性串列來説是很自然的，對於樹這樣一對多的結構呢？

樹中某個節點的孩子可以有多個，這就表示，無論按何種順序將樹中所有節點儲存到陣列中，節點的儲存位置都無法直接反映邏輯關係，你想想看，資料元素逐一的儲存，誰是誰的雙親，誰是誰的孩子呢？簡單的循序儲存結構是不能滿足樹的實現要求的。

不過充分利用循序儲存和鏈式儲存結構的特點，完全可以實現對樹的儲存結構的表示。我們這裡要介紹三種不同的標記法：雙親標記法、孩子標記法、孩子兄弟標記法。

6.4.1 雙親標記法

我們人可能因為種種原因，沒有孩子，但無論是誰都不可能是從石頭裡蹦出來的，孫悟空顯然不能算是人，所以是人一定會有父母。樹這種結構也不例外，除了根節點外，其餘每個節點，它不一定有孩子，但是一定有且僅有一個雙親。

我們假設以一組連續空間儲存樹的節點，同時**在每個節點中，附設一個指示器指示其雙親節點在陣列中的位置**。也就是說，每個節點除了知道自己是誰以外，還知道它的雙親在哪裡。它的節點結構如下表所示。

data	parent

其中 data 是資料欄，儲存節點的資料資訊。而 parent 是指標域，儲存該節點的雙親在陣列中的索引。

以下是我們的雙親標記法的節點結構定義程式。

```
/* 樹的雙親表示法節點結構定義 */
#define MAX_TREE_SIZE 100

typedef int TElemType;             /* 樹節點的資料型態，目前暫定為整數 */

typedef struct PTNode              /* 節點結構 */
{
    TElemType data;                /* 節點資料 */
    int parent;                    /* 雙親位置 */
} PTNode;

typedef struct                     /* 樹結構 */
{
    PTNode nodes[MAX_TREE_SIZE];   /* 節點陣列 */
    int r,n;                       /* 根的位置和節點數 */
} PTree;
```

有了這樣的結構定義，我們就可以來實現雙親標記法了。由於根節點是沒有雙親的，所以我們約定根節點的位置域設定為 -1，這也就表示，我們所有的節點都存有它雙親的位置。如下圖中的樹結構可用下表中的樹雙親表示。

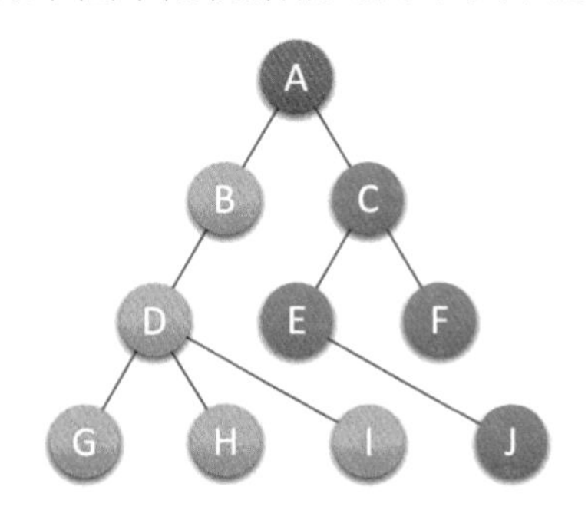

索引	data	parent
0	A	-1
1	B	0
2	C	0
3	D	1
4	E	2
5	F	2
6	G	3
7	H	3
8	I	3
9	J	4

這樣的儲存結構，我們可以根據節點的 parent 指標很容易找到它的雙親節點，所用的時間複雜度為 $O(1)$，直到 parent 為 −1 時，表示找到了樹節點的根。可如果我們要知道節點的孩子是什麼，對不起，請檢查整個結構才行。

這真是麻煩，能不能改進一下呢？

當然可以。我們增加一個節點最左邊孩子的域，不妨叫它長子域，這樣就可以很容易獲得節點的孩子。如果沒有孩子的節點，這個長子域就設定為 −1，如下表所示。

索引	data	parent	firstchild
0	A	-1	1
1	B	0	3
2	C	0	4
3	D	1	6
4	E	2	-1
5	F	2	-1
6	G	3	-1
7	H	3	-1
8	I	3	-1
9	J	4	-1

對有 0 個或 1 個孩子節點來説，這樣的結構是解決了要找節點孩子的問題了。甚至是有 2 個孩子，知道了長子是誰，另一個當然就是次子了。

另外一個問題場景，我們很關注各兄弟之間的關係，雙親標記法無法表現這樣的關係，那我們怎麼辦？嗯，可以增加一個右兄弟域來表現兄弟關係，也就是説，每一個節點如果它存在右兄弟，則記錄下右兄弟的索引。同樣的，如果右兄弟不存在，則設定值為 -1，如下表所示。

索引	data	parent	rightsib
0	A	-1	-1
1	B	0	2
2	C	0	-1
3	D	1	-1
4	E	2	5
5	F	2	-1
6	G	3	7
7	H	3	8
8	I	3	-1
9	J	4	-1

但如果節點的孩子很多，超過了 2 個。我們又關注節點的雙親、又關注節點的孩子、還關注節點的兄弟，而且對時間檢查要求還比較高，那麼我們還可以把此結構擴充為有雙親域、長子域、再有右兄弟域。**儲存結構的設計是一個非常靈活的過程。一個儲存結構設計得是否合理，取決於以該儲存結構為基礎的運算是否適合、是否方便，時間複雜度好不好等**。注意也不是越多越好，有需要時再設計對應的結構。複雜的結構表示更多時間與空間的負擔，簡單的設計對應著快速的尋找與增刪，我們確實要根據實際情況來做出取捨。

6.4.2 孩子標記法

換一種完全不同的考慮方法。由於樹中每個節點可能有多棵子樹，可以考慮用多重鏈結串列，即**每個節點有多個指標域，其中每個指標指向一棵子樹的根節點，我們把這種方法叫做多重鏈結串列標記法**。不過，樹的每個節點的度，也就是它的孩子個數是不同的。所以可以設計兩種方案來解決。

▦ 方案一

一種是指標域的個數就等於樹的度，複習一下，樹的度是樹各個節點度的最大值。其結構如下表所示。

data	child1	child2	child3	……	childd

其中 data 是資料欄。child1 到 childd 是指標域，用來指向該節點的孩子節點。

對下圖左邊的樹來說，樹的度是 3，所以我們的指標域的個數是 3，這種方法實現如下圖右圖所示。

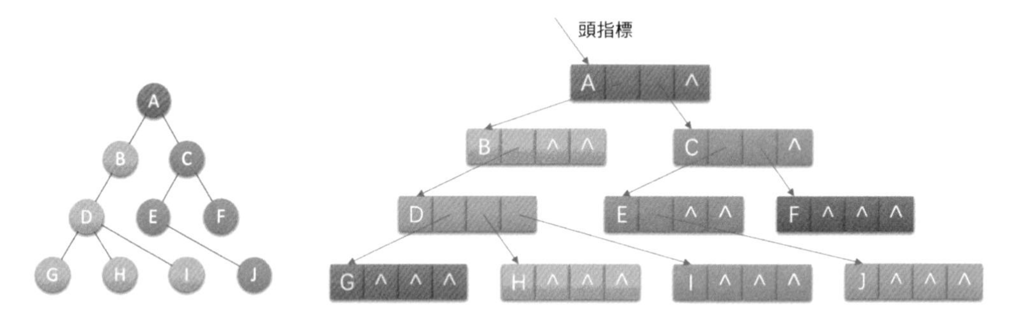

這種方法對於樹中各節點的度相差很大時，顯然是很浪費空間的，因為有很多的節點，它的指標域都是空的。不過如果樹的各節點度相差很小時，那就表示開闢的空間被充分利用了，這時儲存結構的缺點反而變成了優點。

既然很多指標域都可能為空，為什麼不隨選分配空間呢。於是我們有了第二種方案。

▦ 方案二

第二種方案每個節點指標域的個數等於該節點的度，我們專門取一個位置來儲存節點指標域的個數，其結構如下表所示。

data	degree	child1	child2	……	childd

其中 data 為資料欄，degree 為度域，也就是儲存該節點的孩子節點的個數，child1 到 childd 為指標域，指向該節點的各個孩子的節點。

對下圖左樹來說，這種方法實現如下圖右圖所示。

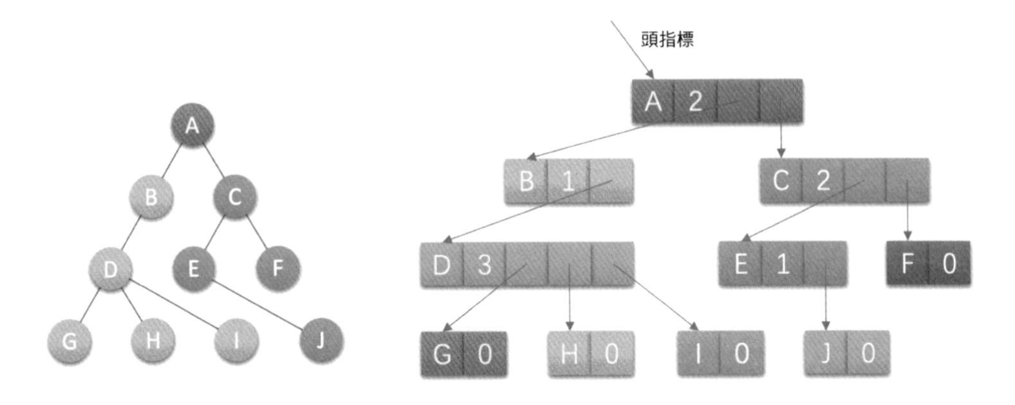

這種方法克服了浪費空間的缺點，對空間使用率是很高了，但是由於各個節點的鏈結串列是不相同的結構，加上要維護節點的度的數值，在運算上就會帶來時間上的損耗。

是否可有更好的方法，既可以減少空指標的浪費又能使節點結構相同。

仔細觀察，我們為了要檢查整棵樹，把每個節點放到一個循序儲存結構的陣列中是合理的，但每個節點的孩子有多少是不確定的，所以我們再對每個節點的孩子建立一個單鏈結串列表現它們的關係。

這就是我們要講的孩子標記法。實際辦法是，把每個節點的孩子節點排列起來，以單鏈結串列作儲存結構，則 n 個節點有 n 個孩子鏈結串列，如果是葉子節點則此單鏈結串列為空。然後 n 個頭指標又組成一個線性串列，採用循序儲存結構，儲存進一個一維陣列中，如下圖所示。

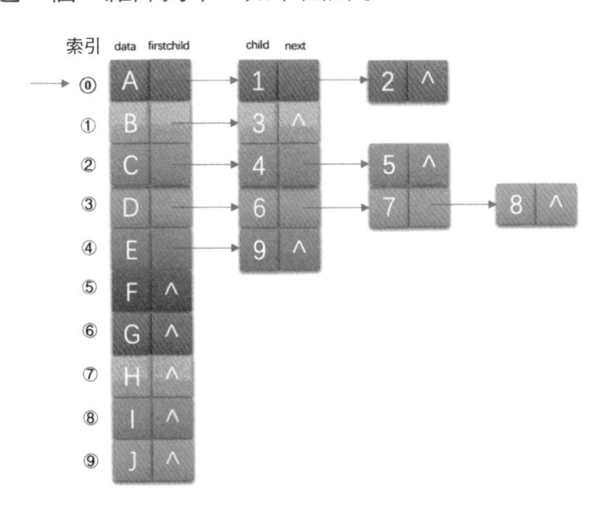

為此，設計兩種節點結構，一個是孩子鏈結串列的孩子節點，如下表所示。

child	next

其中 child 是資料欄，用來儲存某個節點在頭陣列中的索引。next 是指標域，用來儲存指向某節點的下一個孩子節點的指標。

另一個是頭陣列的頭部節點，如下表所示。

data	firstchild

其中 data 是資料欄，儲存某節點的資料資訊。firstchild 是頭指標域，儲存該節點的孩子鏈結串列的頭指標。

以下是我們的孩子標記法的結構定義程式。

```
/* 樹的孩子表示法結構定義 */
#define MAX_TREE_SIZE 100

typedef int TElemType;              /* 樹節點的資料型態，目前暫定為整數 */

typedef struct CTNode               /* 孩子節點 */
{
    int child;
    struct CTNode *next;
} *ChildPtr;

typedef struct                      /* 頭部結構 */
{
    TElemType data;
    ChildPtr firstchild;
} CTBox;

typedef struct                      /* 樹結構 */
{
    CTBox nodes[MAX_TREE_SIZE];     /* 節點陣列 */
    int r,n;                        /* 根的位置和節點數 */
} CTree;
```

這樣的結構對於我們要尋找某個節點的某個孩子，或找某個結點的某個孩子的兄弟，只需要尋找這個節點的孩子單鏈結串列即可。對於檢查整棵樹也是很方便的，對頭節點的陣列迴圈即可。

但是，這也存在著問題，我如何知道某個節點的雙親是誰呢？比較麻煩，需要整棵樹檢查才行，難道就不可以把雙親標記法和孩子標記法綜合一下嗎？當然是可以。如下圖所示。

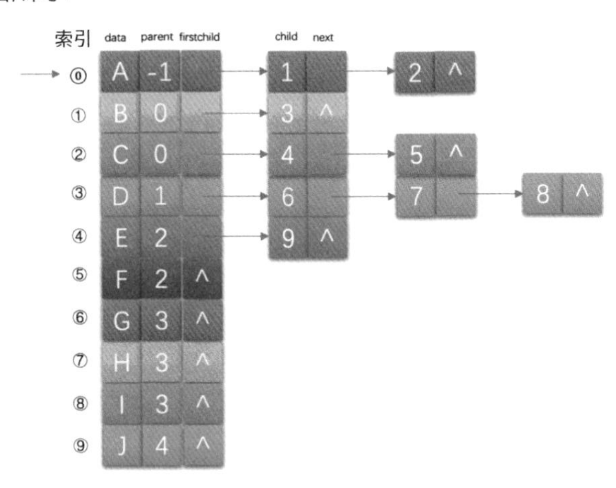

我們把這種方法稱為雙親孩子標記法，應該算是孩子標記法的改進。至於這個標記法的實際結構定義，這裡就略過，留給同學們自己去設計了。

6.4.3 孩子兄弟標記法

剛才我們分別從雙親的角度和從孩子的角度研究樹的儲存結構，如果我們從樹節點的兄弟的角度考慮又會如何呢？當然，對樹這樣的層級結構來說，只研究節點的兄弟是不行的，我們觀察後發現，**任意一棵樹，它的節點的第一個孩子如果存在就是唯一的，它的右兄弟如果存在也是唯一的。因此，我們設定兩個指標，分別指向該節點的第一個孩子和此節點的右兄弟。**

節點結構如下表所示。

data	firstchild	rightsib

其中 data 是資料欄，firstchild 為指標域，儲存該節點的第一個孩子節點的儲存位址，rightsib 是指標域，儲存該節點的右兄弟節點的儲存位址。

結構定義程式如下。

```
/* 樹的孩子兄弟表示法結構定義 */
typedef struct CSNode
```

```
{
    TElemType data;
    struct CSNode *firstchild,*rightsib;
} CSNode,*CSTree;
```

對下圖左邊的樹來説，這種方法實現的示意圖如下圖右圖所示。

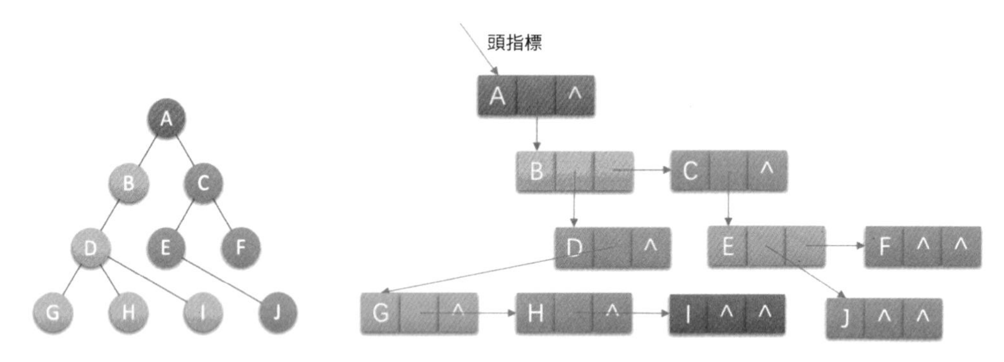

這種標記法，給尋找某個節點的某個孩子帶來了方便，只需要透過 firstchild 找到此節點的長子，然後再透過長子節點的 rightsib 找到它的二弟，接著一直下去，直到找到實際的孩子。當然，如果想找某個節點的雙親，這個標記法也是有缺陷的，那怎麼辦呢？

對，如果真的有必要，完全可以再增加一個 parent 指標域來解決快速尋找雙親的問題，這裡就不再細談了。

其實這個標記法的最大好處是它把一棵複雜的樹變成了一棵二元樹。我們把上圖右圖變形就成了右圖這個樣子。

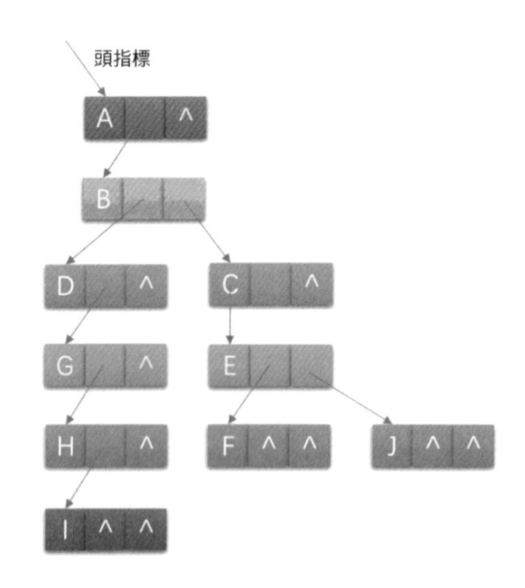

這樣就可以充分利用二元樹的特性和演算法來處理這棵樹了。有人問，二元樹是什麼？別急，這正是我接下來要重點講的內容。

6.5 二元樹的定義

現在我們來做個遊戲，我在紙上已經寫好了一個 100 以內的正整數，請大家想辦法猜出我寫的是哪一個？注意你們猜數字不能超過 7 次，我的回答只會告訴你你給的答案是「大了」還是「小了」。

這個遊戲在一些電視節目中，猜測一些商品的定價時常會使用。我看到過有些人是一點一點的數字累加的，例如 5、10、15、20 這樣猜，這樣的猜數策略太低階了，顯然是沒有學過資料結構和演算法的人才做得出的事。

其實這是一個很經典的折半尋找演算法。如果我們用下圖（下三層省略）的辦法，就一定能在 7 次以內，猜出結果來。

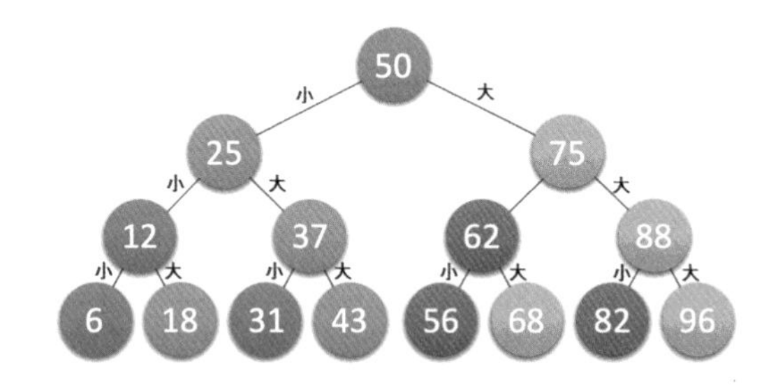

由於是 100 以內的正整數，所以我們先猜 50（100 的一半），被告之「大了」，於是再猜 25（50 的一半），被告之「小了」，再猜 37（25 與 50 的中間數），小了，於是猜 43，大了，40，大了，38，小了，39，完全正確。過程如下表所示。

被猜數字	第一次	第二次	第三次	第四次	第五次	第六次	第七次
39	50	25	37	43	40	38	39
82	50	75	88	82			
99	50	75	88	96	98	99	
1	50	25	12	6	3	2	1

我們發現，如果用這種方式進行尋找，效率高得不是一點點。對於折半尋找的詳細說明，我們後面章節再說。不過對於這種在某個階段都是兩種結果的情形，例如開和關、0 和 1、真和假、上和下、對與錯，正面與反面等，都適合用樹狀結構來建模，而這種樹是一種很特殊的樹狀結構，叫做二元樹。

> 二元樹（Binary Tree）是 n（$n \geqslant 0$）個節點的有限集合，該集合或為空集（稱為空二元樹），或由一個根節點和兩棵互不相交的、分別稱為根節點的左子樹和右子樹的二元樹組成。

下圖左圖就是一棵二元樹。而下圖右圖的樹，因為 D 節點有三個子樹，所以它不是二元樹。

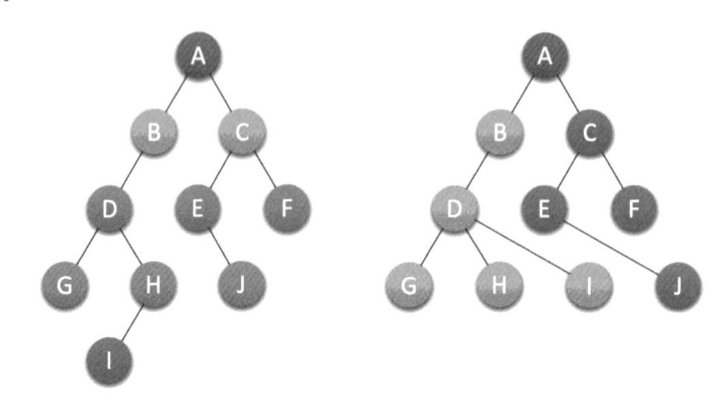

6.5.1 二元樹特點

二元樹的特點有：

- 每個節點最多有兩棵子樹，所以二元樹中不存在度大於 2 的節點。注意不是只有兩棵子樹，而是最多有。沒有子樹或有一棵子樹都是可以的。
- 左子樹和右子樹是有順序的，次序不能任意顛倒。就像人有雙手、雙腳，但顯然左手、左腳和右手、右腳是不一樣的，右手戴左手套、右腳穿左鞋都會極其不自然和難受。
- 即使樹中某節點只有一棵子樹，也要區分它是左子樹還是右子樹。下圖中，樹 1 和樹 2 是同一棵樹，但它們卻是不同的二元樹。就好像你一不小心，摔傷了手，傷的是左手還是右手，對你的生活影響度是完全不同的。

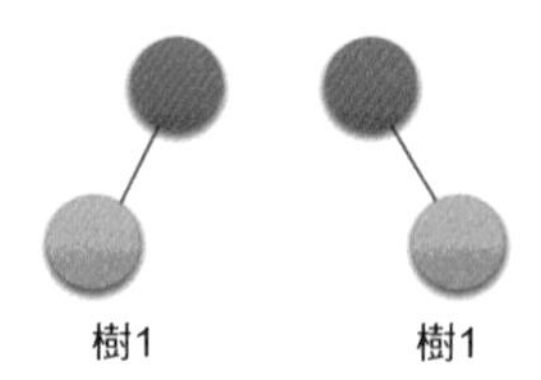

二元樹具有五種基本形態：

(1) 空二元樹。

(2) 只有一個根節點。

(3) 根節點只有左子樹。

(4) 根節點只有右子樹。

(5) 根節點既有左子樹又有右子樹。

應該說這五種形態還是比較好了解的，那我現在問大家，如果是有三個節點的樹，有幾種形態？如果是有三個節點的二元樹，考慮一下，又有幾種形態？

若只從形態上考慮，三個節點的樹只有兩種情況，那就是下圖中有兩層的樹 1 和有三層的後四種的任意一種，但對二元樹來說，由於要區分左右，所以就演變成五種形態，樹 2、樹 3、樹 4 和樹 5 分別代表不同的二元樹。

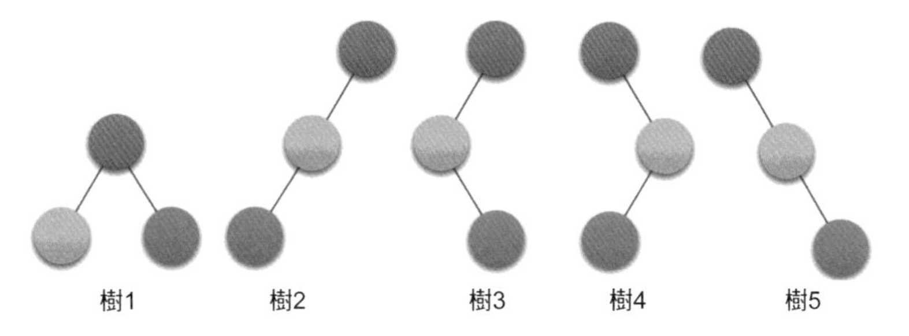

6.5.2 特殊二元樹

我們再來介紹一些特殊的二元樹。這些樹可能暫時你不能了解它有什麼用處，但先了解一下，以後會提到它們的實際用途。

1. 斜樹

顧名思義，斜樹一定要是斜的，但是往哪斜還是有講究。**所有的節點都只有左子樹的二元樹叫左斜樹。所有節點都是只有右子樹的二元樹叫右斜樹。這兩者統稱為斜樹。**上圖中的樹 2 就是左斜樹，樹 5 就是右斜樹。斜樹有很明顯的特點，就是每一層都只有一個節點，節點的個數與二元樹的深度相同。

有人會想，這也能叫樹呀，與我們的線性串列結構不是一樣嗎？對的，其實線性串列結構就可以視為是樹的一種極其特殊的表現形式。

2. 滿二元樹

蘇東坡曾有詞云：「人有悲歡離合，月有陰晴圓缺，此事古難全」。意思就是完美是理想，不完美才是人生。我們通常舉的實例也都是左高右低、參差不齊的二元樹。那是否存在完美的二元樹呢？

嗯，有同學已經在空中手指比劃起來。對的，完美的二元樹是存在的。

在一棵二元樹中，如果所有分支節點都存在左子樹和右子樹，並且所有葉子都在同一層上，這樣的二元樹稱為滿二元樹。

下圖就是一棵滿二元樹，從樣子上看就感覺它很完美。

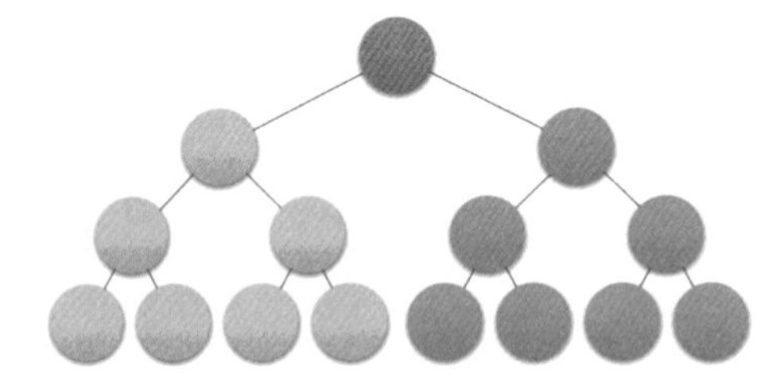

單是每個節點都存在左右子樹，不能算是滿二元樹，還必須要所有的葉子都在同一層上，這就做到了整棵樹的平衡。因此，滿二元樹的特點有：

（1）葉子只能出現在最下一層。出現在其他層就不可能達成平衡。

（2）非葉子節點的度一定是 2。否則就是「缺胳膊少腿」了。

（3）在同樣深度的二元樹中，滿二元樹的節點個數最多，葉子數最多。

3. 完全二元樹

對一棵具有 n 個節點的二元樹按層序編號，如果編號為 i（$1 \leqslant i \leqslant n$）的節點與同樣深度的滿二元樹中編號為 i 的節點在二元樹中位置完全相同，則這棵二元樹稱為完全二元樹，如下圖所示。

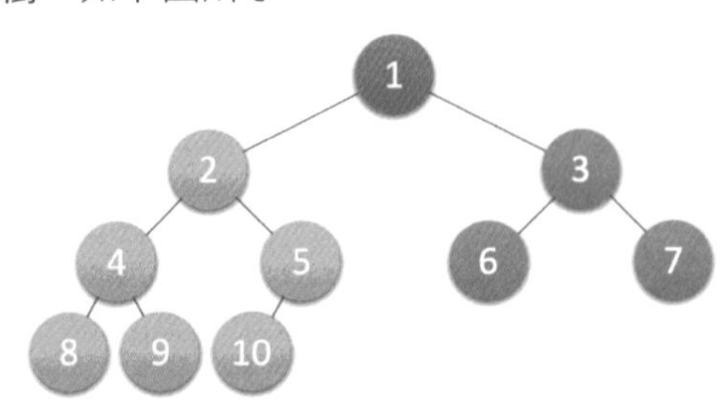

這是一種有些了解難度的特殊二元樹。

首先從字面上要區分，「完全」和「滿」的差異，滿二元樹一定是一棵完全二元樹，但完全二元樹不一定是滿的。

其次，完全二元樹的所有節點與同樣深度的滿二元樹，它們按層序編號相同的節點，是一一對應的。這裡有個關鍵字是**按層序編號**，像下圖中的樹，因為 5 節點沒有左子樹，卻有右子樹，那就使得按層序編號的第 10 個編號空檔了。它不是完全二元樹。

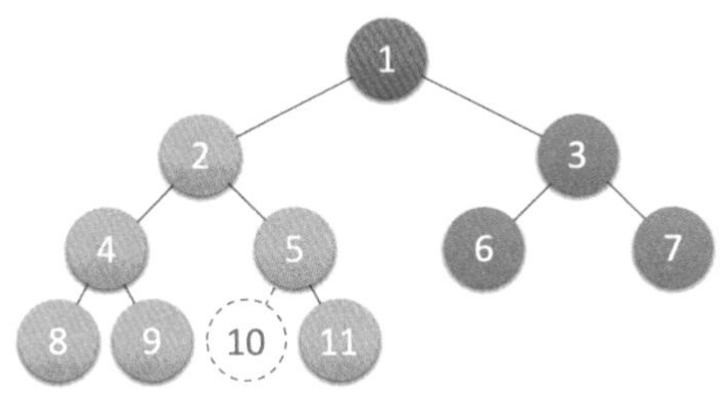

同樣道理，下圖中的樹，由於 3 節點沒有子樹，所以使得 6、7 編號的位清空檔了。它不是完全二元樹。

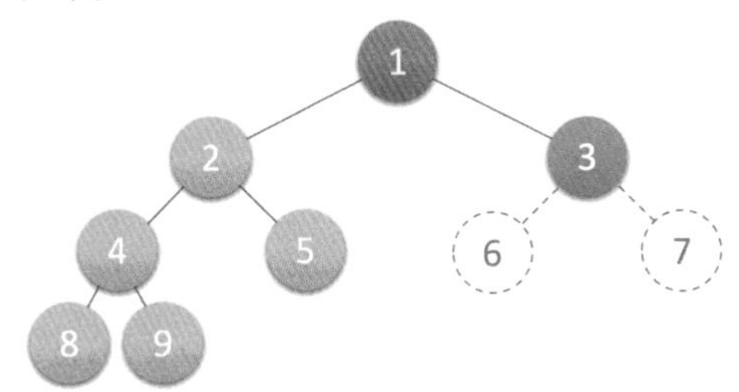

下圖中的樹又是因為 5 編號下沒有子樹造成第 10 和第 11 位清空檔。它不是完全二元樹。

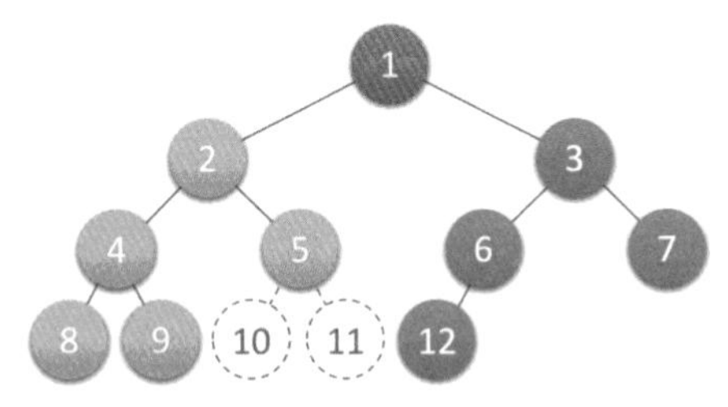

只有下圖中的樹，儘管它不是滿二元樹，但是編號是連續的，所以它是完全二元樹。

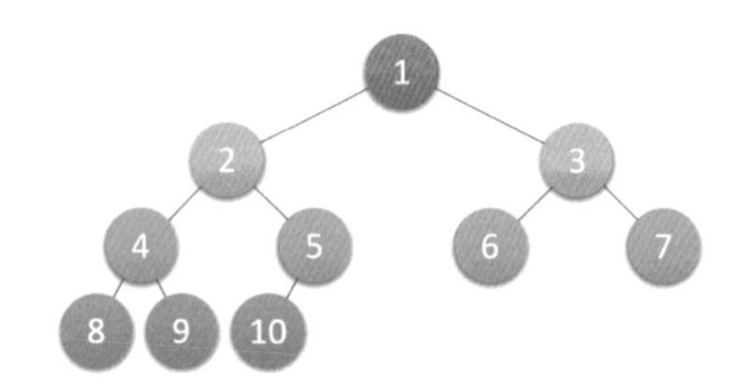

從這裡我也可以得出一些完全二元樹的特點：

（1）葉子節點只能出現在最下兩層。
（2）最下層的葉子一定集中在左部連續位置。
（3）倒數第二層，若有葉子節點，一定都在右部連續位置。
（4）如果節點度為 1，則該節點只有左孩子，即不存在只有右子樹的情況。
（5）同樣節點數的二元樹，完全二元樹的深度最小。

從上面的實例，也給了我們一個判斷某二元樹是否是完全二元樹的辦法，那就是看著樹的示意圖，心中默默給每個節點按照滿二元樹的結構逐層順序編號，如果編號出現空檔，就説明不是完全二元樹，否則就是。

6.6 二元樹的性質

二元樹有一些需要了解並記住的特性，以便於我們更進一步地使用它。

6.6.1 二元樹性質 1

性質 1：在二元樹的第 i 層上至多有 2^{i-1} 個節點（$i \geqslant 1$）。

這個性質很好記憶，觀察一下滿二元樹。

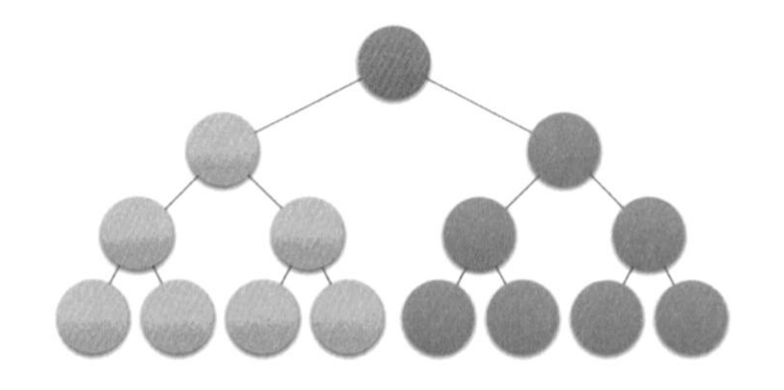

第一層是根節點，只有一個，所以 $2^{1-1}=2^0=1$。

第二層有兩個，$2^{2-1}=2^1=2$。
第三層有四個，$2^{3-1}=2^2=4$。
第四層有八個，$2^{4-1}=2^3=8$。

透過數學歸納法的論證，可以很容易得出在二元樹的第 i 層上至多有 2^{i-1} 個節點（$i \geqslant 1$）的結論。

6.6.2 二元樹性質 2

性質 2：深度為 k 的二元樹至多有 2^k-1 個節點（$k \geqslant 1$）。

注意這裡一定要看清楚，是 2^k 後再減去 1，而非 2^{k-1}。以前很多同學不能完全了解，這樣去記憶，就容易把性質 2 與性質 1 給弄混淆了。

深度為 k 意思就是有 k 層的二元樹，我們先來看看簡單的。

如果有一層，至多 $1=2^1-1$ 個節點。
如果有二層，至多 $1+2=3=2^2-1$ 個節點。
如果有三層，至多 $1+2+4=7=2^3-1$ 個節點。
如果有四層，至多 $1+2+4+8=15=2^4-1$ 個節點。

透過數學歸納法的論證，可以得出，如果有 k 層，此二元樹至多有 2^k-1 個節點。

6.6.3 二元樹性質 3

性質 3：對任何一棵二元樹 T，如果其終端節點數為 n_0，度為 2 的節點數為 n_2，則 $n_0 = n_2+1$。

終端節點數其實就是葉子節點數，而一棵二元樹，除了葉子節點外，剩下的就是度為 1 或 2 的節點數了，我們設 n_1 為度是 1 的節點數。則樹 T 節點總數 $n=n_0+n_1+n_2$。

例如下圖的實例，節點總數為 10，它是由 A、B、C、D 等度為 2 節點，F、G、H、I、J 等度為 0 的葉子節點和 E 這個度為 1 的節點組成。總和為 4+1+5 =10。

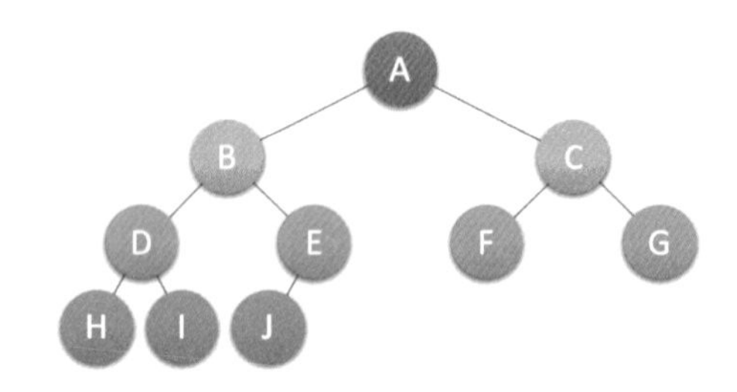

我們換個角度，再數一數它的連接線數，由於根節點只有分支出去，沒有分支進入，所以分支線總數為節點總數減去 1。上圖就是 9 個分支。對 A、B、C、D 節點來說，它們都有兩個分支線出去，而 E 節點只有一個分支線出去。所以總分支線為 4×2+1×1=9。

用代數表達就是分支線總數 $=n-1=n_1+2n_2$。因為剛才我們有等式 $n=n_0+n_1+n_2$，所以可推導出 $n_0+n_1+n_2-1= n_1+2n_2$。結論就是 $n_0=n_2+1$。

6.6.4 二元樹性質 4

性質 4：具有 *n* 個節點的完全二元樹的深度為 $\lfloor \log_2 n \rfloor+1$（$\lfloor x \rfloor$ 表示不大於 x 的最大整數）。

由滿二元樹的定義我們可以知道，深度為 k 的滿二元樹的節點數 n 一定是 2^k-1。因為這是最多的節點個數。那麼對於 $n=2^k-1$ 倒推獲得滿二元樹的深度為 $k=\log_2(n+1)$，例如節點數為 15 的滿二元樹，深度為 4。

完全二元樹我們前面已經提到，它是一棵具有 n 個節點的二元樹，若按層序編號後其編號與同樣深度的滿二元樹中編號節點在二元樹中位置完全相同，那它就是完全二元樹。也就是說，它的葉子節點只會出現在最下面的兩層。

它的節點數一定少於等於同樣深度的滿二元樹的節點數 2^k-1，但一定多於 $2^{k-1}-1$。即滿足 $2^{k-1}-1 < n \leqslant 2^k-1$。由於節點數 n 是整數，$n \leqslant 2^k-1$ 表示 $n<2^k$，$n > 2^{k-1}-1$，表示 $n \geqslant 2^{k-1}$，所以 $2^{k-1} \leqslant n < 2^k$，不等式兩邊取對數，獲得 $k-1 \leqslant \log_2 n < k$，而 k 作為深度也是整數，因此 $k=\lfloor \log_2 n \rfloor+1$。

6.6.5 二元樹性質 5

性質 5：如果對一棵有 n 個節點的完全二元樹（其深度為 $\lfloor \log_2 n \rfloor+1$）的節點按層序編號（從第 1 層到第 $\lfloor \log_2 n \rfloor+1$ 層，每層從左到右），對任一節點 i（$1 \leqslant i \leqslant n$）有：

(1) 如果 i=1，則節點 i 是二元樹的根，無雙親；如果 i>1，則其雙親是節點 $\lfloor i/2 \rfloor$。

(2) 如果 2i>n，則節點 i 無左孩子（節點 i 為葉子節點）；否則其左孩子是節點 2i。

(3) 如果 2i+1>n，則節點 i 無右孩子；否則其右孩子是節點 2i+1。

我們如下圖為例，來了解這個性質。這是一個完全二元樹，深度為 4，節點總數是 10。

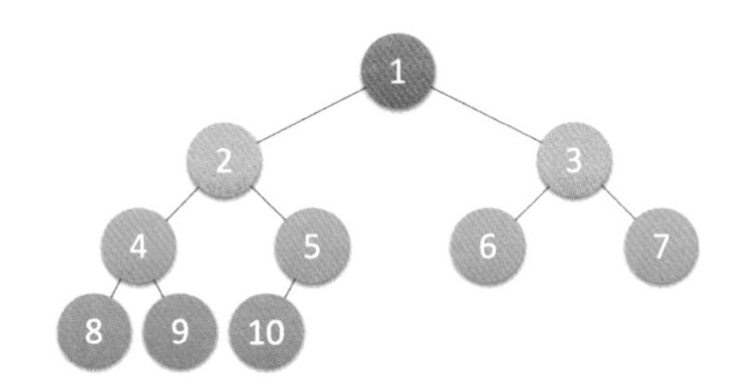

對第一條來說是很顯然的，i=1 時就是根節點。i>1 時，例如節點 7，它的雙親就是 $\lfloor 7/2 \rfloor$=3，節點 9，它的雙親就是 $\lfloor 9/2 \rfloor$=4。

第二條，例如節點 6，因為 2×6=12 超過了節點總數 10，所以節點 6 無左孩子，它是葉子節點。同樣，而節點 5，因為 2×5=10 正好是節點總數 10，所以它的左孩子是節點 10。

第三條，例如節點 5，因為 2×5+1=11，大於節點總數 10，所以它無右孩子。而節點 3，因為 2×3+1=7 小於 10，所以它的右孩子是節點 7。

6.7 二元樹的儲存結構

6.7.1 二元樹循序儲存結構

前面我們已經談到了樹的儲存結構，並且談到循序儲存對樹這種一對多的關聯式結構實現起來是比較困難的。但是二元樹是一種特殊的樹，由於它的特殊性，使得用循序儲存結構也可以實現。

二元樹的循序儲存結構就是用一維陣列儲存二元樹中的節點，並且節點的儲存位置，也就是陣列的索引要能表現節點之間的邏輯關係，例如雙親與孩子的關係，左右兄弟的關係等。

註：樹的二元樹順序結構相關程式請參看程式目錄下「/ 第 6 章樹 / 01 二元樹順序結構實現 _BiTreeArra.c」。

先來看看完全二元樹的循序儲存，一棵完全二元樹如下圖所示。

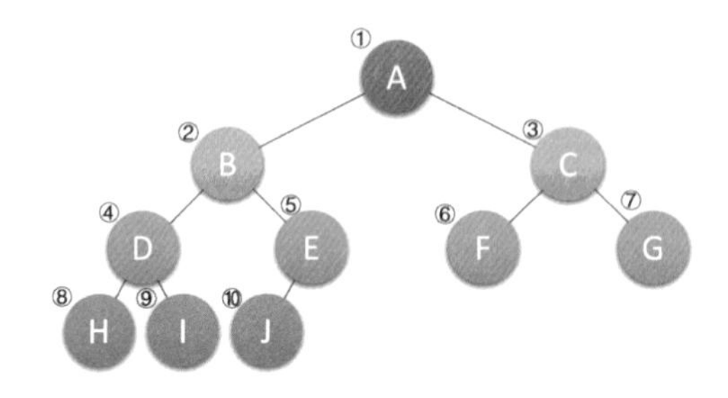

將這棵二元樹存入到陣列中，對應的索引對應其同樣的位置，如下圖所示。

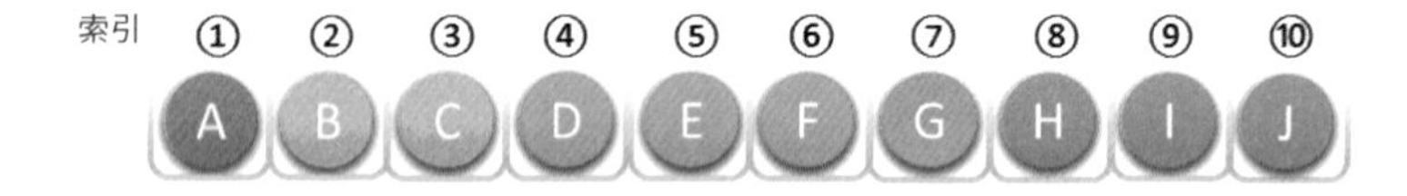

這下看出完全二元樹的優越性來了吧。由於它定義的嚴格，所以用循序結構也可以表現出二元樹的結構來。

當然對於一般的二元樹，儘管層序編號不能反映邏輯關係，但是可以將其按完全二元樹編號，只不過，把不存在的節點設定為 "∧" 而已。如下圖，注意虛線節點表示不存在。

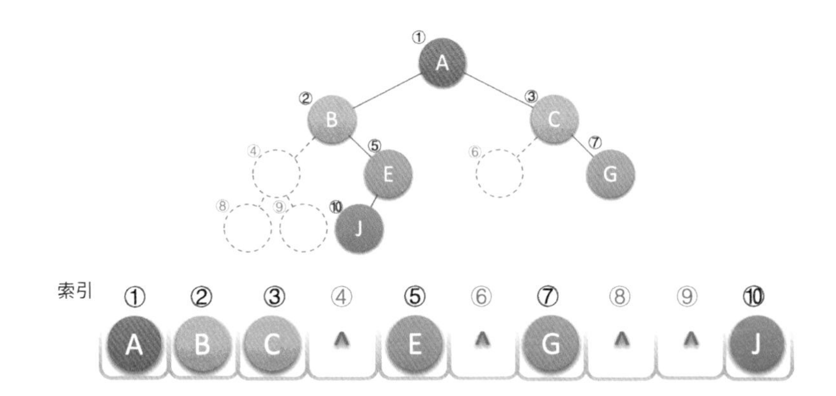

考慮一種極端的情況，一棵深度為 k 的右斜樹，它只有 k 個節點，卻需要分配 2^k-1 個儲存單元空間，這顯然是對儲存空間的浪費，例如下圖所示。所以，循序儲存結構一般只用於完全二元樹。

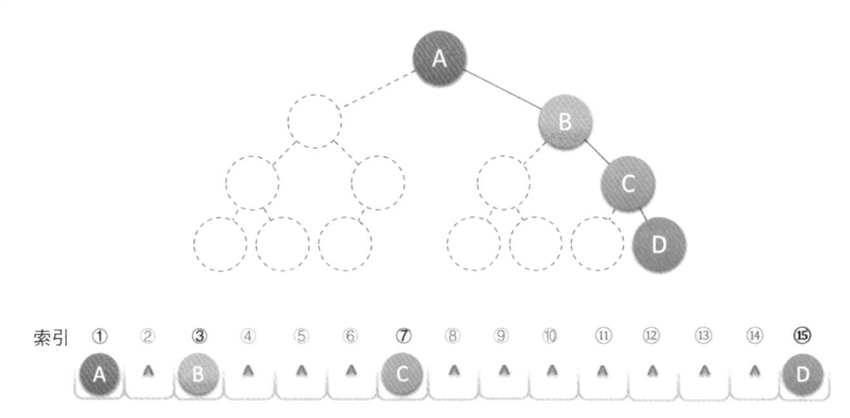

6.7.2 二元鏈結串列

既然循序儲存適用性不強，我們就要考慮鏈式儲存結構。二元樹每個節點最多有兩個孩子，所以為它設計一個資料欄和兩個指標域是比較自然的想法，我們稱這樣的鏈結串列叫做二元鏈結串列。節點結構圖如下表所示。

lchild	data	rchild

其中 data 是資料欄，lchild 和 rchild 都是指標域，分別儲存指向左孩子和右孩子的指標。

以下是我們的二元鏈結串列的節點結構定義程式。

```
/* 二元樹的二元鏈結串列節點結構定義 */
typedef struct BiTNode                    /* 節點結構 */
{
   TElemType data;                        /* 節點資料 */
   struct BiTNode *lchild,*rchild;        /* 左右孩子指標 */
}BiTNode,*BiTree;
```

註：樹的二元樹鏈式結構相關程式請參看程式目錄下「/ 第 6 章樹 / 02 二元樹鏈式結構實現 _BiTreeLink.c」。

結構示意圖如下圖所示。

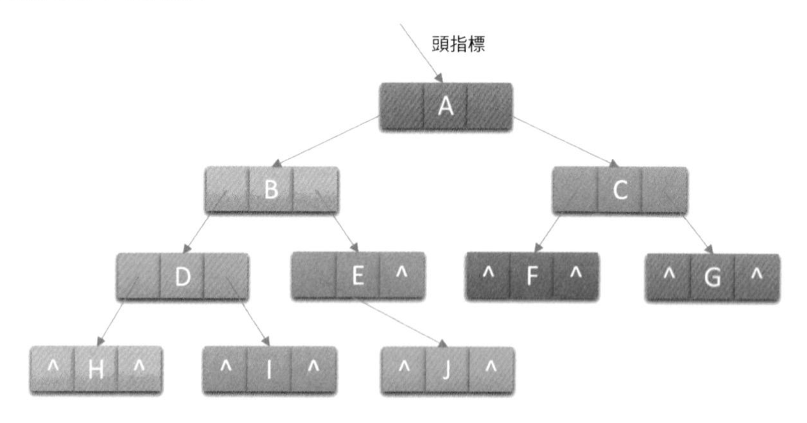

就如同樹的儲存結構中討論的一樣，如果有需要，還可以再增加一個指向其雙親的指標域，那樣就稱之為三叉鏈結串列。由於與樹的儲存結構類似，這裡就不詳述了。

6.8 檢查二元樹

6.8.1 二元樹檢查原理

假設，我手上有 20 張 100 元的和 2000 張 1 元的獎券，同時灑向了空中，大家比賽看誰最後撿的最多。如果是你，你會怎麼做？

相信所有同學都會説，一定先撿 100 元的。道理非常簡單，因為撿一張 100 元等於 1 元的撿 100 張，效率好得不僅是一點點。所以可以獲得這樣的結論，同樣是撿獎券，在有限時間內，要達到最高效率，次序非常重要。對於二元樹的檢查來講，次序同樣顯得很重要。

二元樹的檢查（traversing binary tree）是指從根節點出發，按照某種次序依次存取二元樹中所有節點，使得每個節點被存取一次且僅被存取一次。

這裡有兩個關鍵字：**存取和次序**。

存取其實是要根據實際的需要來確定實際做什麼，例如對每個節點進行相關計算，輸出列印等，它算作是一個抽象操作。在這裡我們可以簡單地假設存取就是輸出節點的資料資訊。

二元樹的檢查次序不同於線性結構，最多也就是從頭至尾、循環、雙向等簡單的檢查方式。樹的節點之間不存在唯一的前驅和後繼關係，在存取一個節點後，下一個被存取的節點面臨著不同的選擇。

就像你人生的道路上，學測填志願要面臨哪個城市、哪所大學、實際主修等選擇，由於選擇方式的不同，檢查的次序就完全不同了。

6.8.2 二元樹檢查方法

二元樹的檢查方式可以很多，如果我們限制了從左到右的習慣方式，那麼主要就分為四種：

1. 前序檢查

規則是若二元樹為空，則空操作傳回，否則先存取根節點，然後前序檢查左子樹，再前序檢查右子樹。如右圖所示，檢查的順序為：ABDGHCEIF。

2. 中序檢查

規則是若樹為空，則空操作傳回，否則從根節點開始（注意並不是先存取根節點），中序檢查根節點的左子樹，然後是存取根節點，最後中序檢查右子樹。如右圖所示，檢查的順序為：GDHBAEICF。

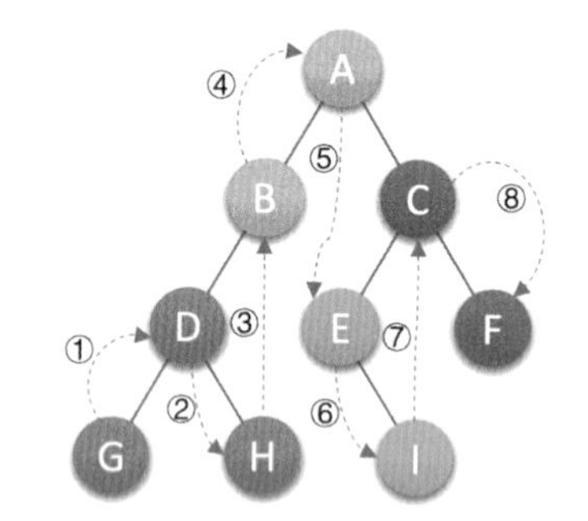

3. 後序檢查

規則是若樹為空，則空操作傳回，否則從左到右先葉子後節點的方式檢查存取左右子樹，最後是存取根節點。如右圖所示，檢查的順序為：GHDBIEFCA。

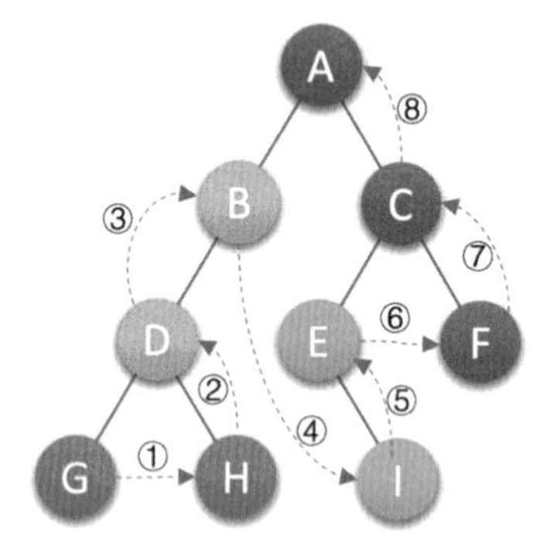

4. 層序檢查

規則是若樹為空，則空操作傳回，否則從樹的第一層，也就是根節點開始存取，從上而下逐層檢查，在同一層中，按從左到右的順序對節點一個一個存取。如右圖所示，檢查的順序為：ABCDEFGHI。

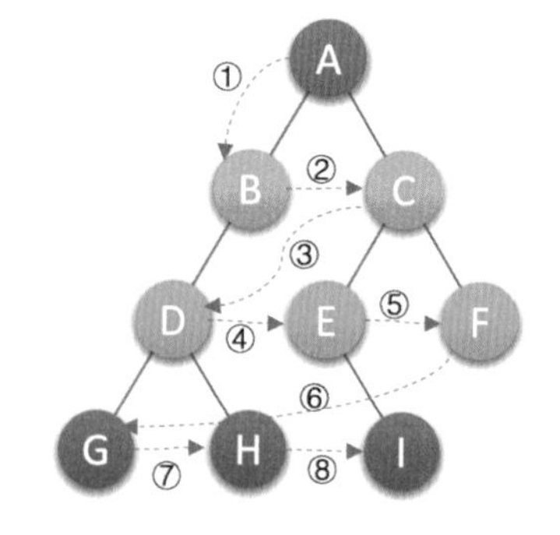

有同學會說，研究這麼多檢查的方法幹什麼呢？

我們用圖形的方式來表現樹的結構，應該說是非常直觀和容易了解，但是對電腦來說，它只有循環、判斷等方式來處理，也就是說，它只會處理線性序列，而我們剛才提到的四種檢查方法，其實都是在把樹中的節點變成某種意義的線性序列，這就給程式的實現帶來了好處。

另外不同的檢查提供了對節點依次處理的不同方式，可以在檢查過程中對節點進行各種處理。

6.8.3 前序檢查演算法

二元樹的定義是用遞迴的方式，所以，實現檢查演算法也可以採用遞迴，而且極其簡潔明瞭。先來看看二元樹的前序檢查演算法。程式如下：

```
/* 二元樹的前序檢查遞迴算法 */
/* 起始條件: 二元樹T存在 */
/* 操作結果: 前序遞迴檢查T */
void PreOrderTraverse(BiTree T)
{
    if(T==NULL)
        return;
    printf("%c",T->data);          /* 顯示節點資料，可以變更為其它對節點動作 */
    PreOrderTraverse(T->lchild);   /* 再先序檢查左子樹 */
    PreOrderTraverse(T->rchild);   /* 最後先序檢查右子樹 */
}
```

假設我們現在有如下圖這樣一棵二元樹 T。這樹已經用二元鏈結串列結構儲存在記憶體當中。

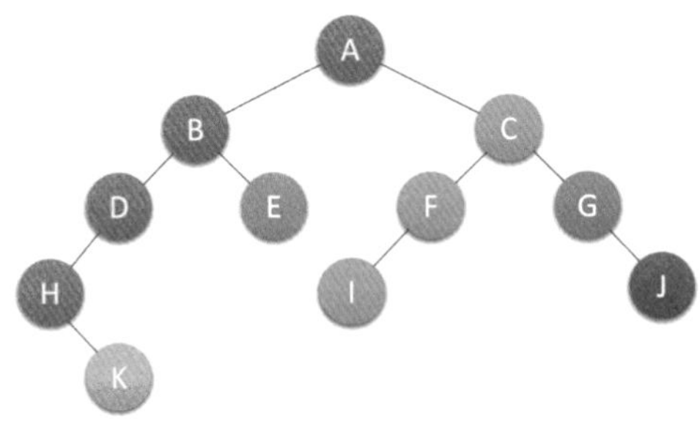

那麼當呼叫 PreOrderTraverse（T）函數時，我們來看看程式是如何執行的。

(1) 呼叫 PreOrderTraverse（T），T 根節點不為 null，所以執行 printf，列印字母 A，如下圖所示。

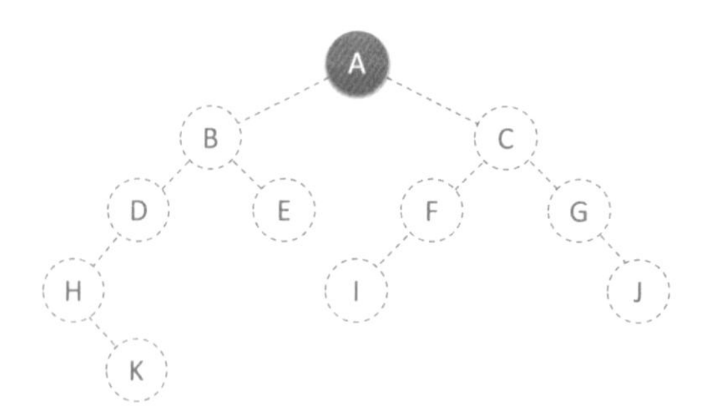

(2) 呼叫 PreOrderTraverse（T->lchild）; 存取了 A 節點的左孩子，不為 null，執行 printf 顯示字母 B，如下圖所示。

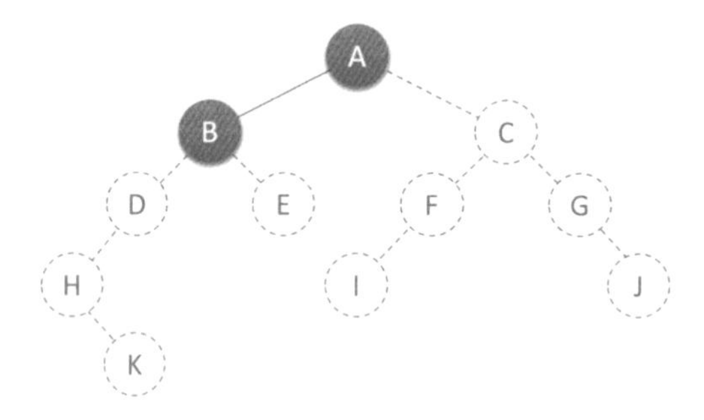

(3) 此時再次遞迴呼叫 PreOrderTraverse（T->lchild）; 存取了 B 節點的左孩子，執行 printf 顯示字母 D，如下圖所示。

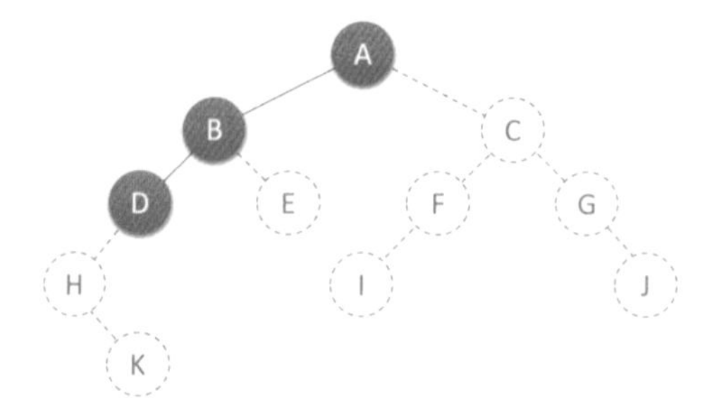

(4) 再次遞迴呼叫 PreOrderTraverse（T->lchild）; 存取了 D 節點的左孩子，執行 printf 顯示字母 H，如下圖所示。

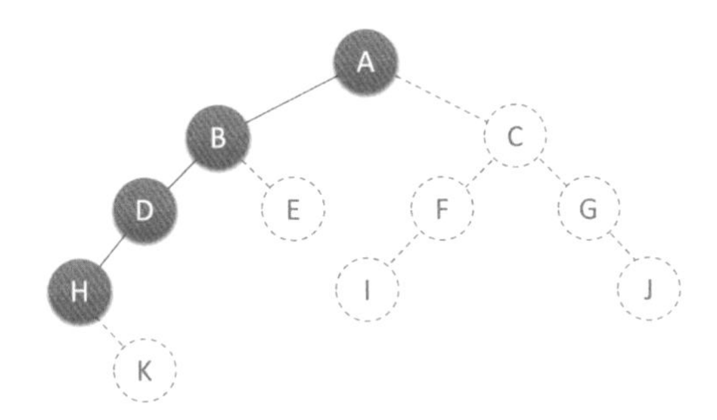

(5) 再次遞迴呼叫 PreOrderTraverse（T->lchild）; 存取了 H 節點的左孩子，此時因為 H 節點無左孩子，所以 T==null，傳回此函數，此時遞迴呼叫 PreOrderTraverse（T->rchild）; 存取了 H 節點的右孩子，printf 顯示字母 K，如下圖所示。

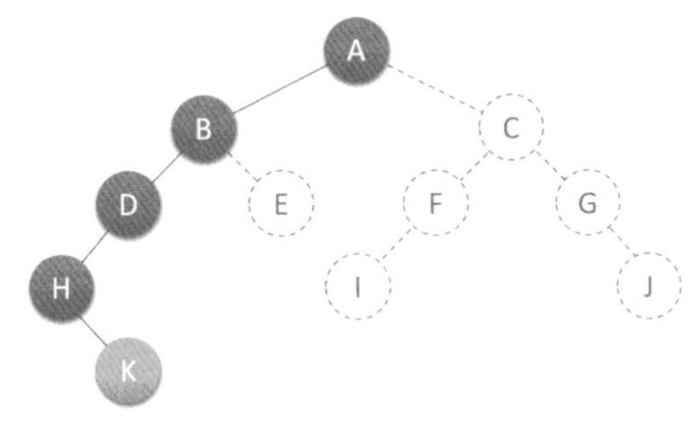

(6) 再次遞迴呼叫 PreOrderTraverse（T->lchild）; 存取了 K 節點的左孩子，K 節點無左孩子，傳回，呼叫 PreOrderTraverse（T->rchild）; 存取了 K 節點的右孩子，也是 null，傳回。於是此函數執行完畢，傳回到上一級遞迴的函數（即列印 H 節點時的函數），也執行完畢，傳回到列印節點 D 時的函數，呼叫 PreOrderTraverse（T->rchild）; 存取了 D 節點的右孩子，不存在，傳回到 B 節點，呼叫 PreOrderTraverse（T->rchild）; 找到了節點 E，列印字母 E，如下圖所示。

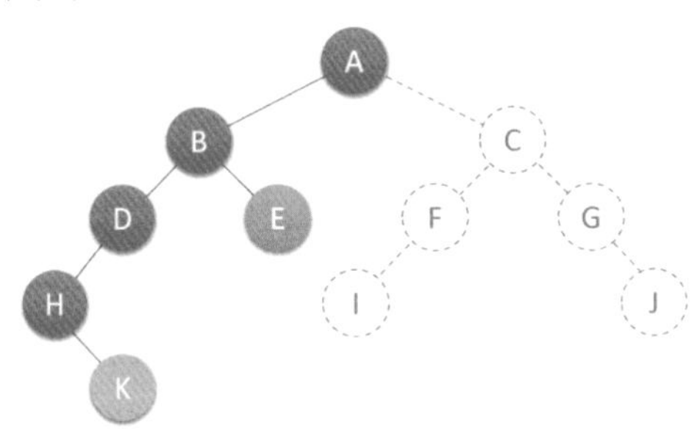

(7) 由於節點 E 沒有左右孩子，傳回列印節點 B 時的遞迴函數，遞迴執行完畢，傳回到最初的 PreOrderTraverse，呼叫 PreOrderTraverse（T->rchild）；存取節點 A 的右孩子，列印字母 C，如下圖所示。

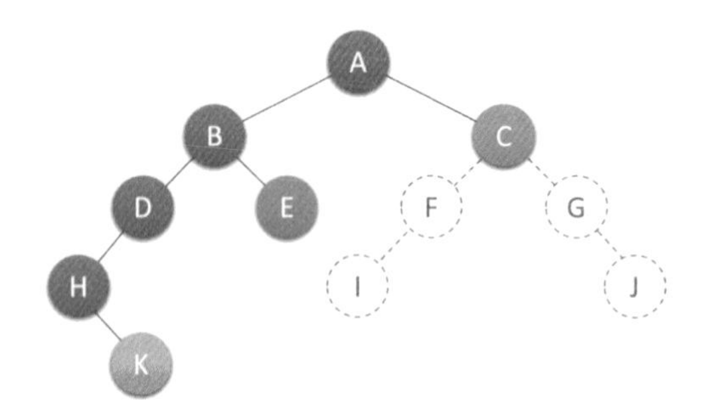

(8) 之後類似前面的遞迴呼叫，依次繼續列印 F、I、G、J，步驟略。

綜上，前序檢查這棵二元樹的節點順序是：ABDHKECFIGJ。

6.8.4 中序檢查演算法

那麼二元樹的中序檢查演算法是如何呢？別以為很複雜，它和前序檢查演算法僅只是程式的順序上的差異。

```
/* 二元樹的中序檢查遞迴算法 */
/* 起始條件: 二元樹T存在 */
/* 操作結果: 中序遞迴檢查T */
void InOrderTraverse(BiTree T)
{
    if(T==NULL)
        return;
    InOrderTraverse(T->lchild);    /* 中序檢查左子樹 */
    printf("%c",T->data);          /* 顯示節點資料，可以變更為其它對節點動作 */
    InOrderTraverse(T->rchild);    /* 最後中序檢查右子樹 */
}
```

換句話說，它等於是把呼叫左孩子的遞迴函數提前了，就這麼簡單。我們來看看當呼叫 InOrderTraverse（T）函數時，程式是如何執行的。

(1) 呼叫 InOrderTraverse（T），T 的根節點不為 null，於是呼叫 InOrderTraverse（T->lchild）；存取節點 B。目前指標不為 null，繼續呼叫 InOrderTraverse

（T->lchild）; 存 取 節 點 D。 不 為 null， 繼 續 呼 叫 InOrderTraverse（T->lchild）; 存取節點 H。繼續呼叫 InOrderTraverse（T->lchild）; 存取節點 H 的左孩子，發現目前指標為 null，於是傳回。列印目前節點 H，如下圖所示。

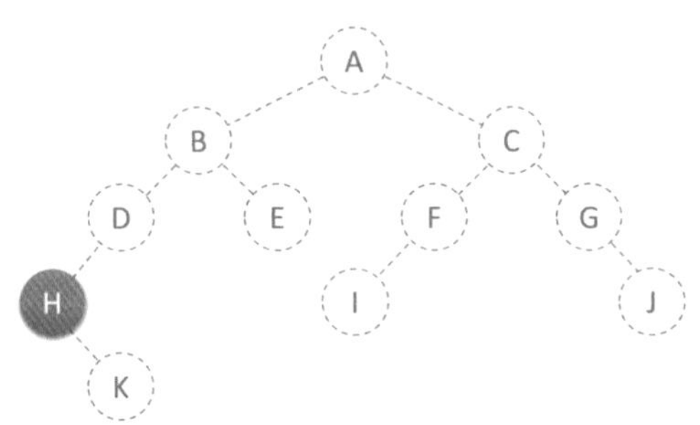

(2) 然後呼叫 InOrderTraverse（T->rchild）; 存取節點 H 的右孩子 K，因節點 K 無左孩子，所以列印 K，如下圖所示。

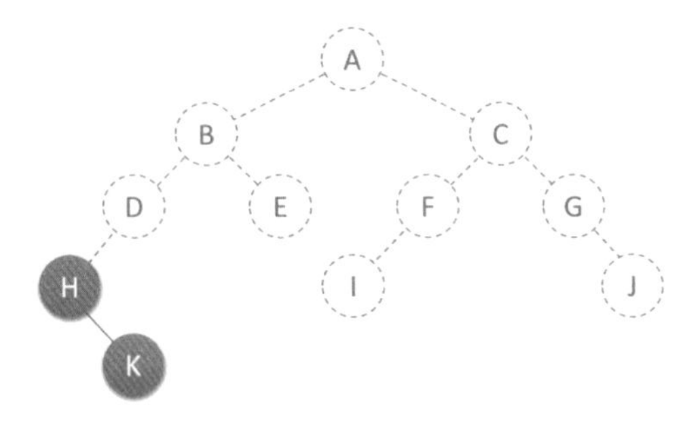

(3) 因為節點 K 沒有右孩子，所以傳回。列印節點 H 函數執行完畢，傳回。列印字母 D，如下圖所示。

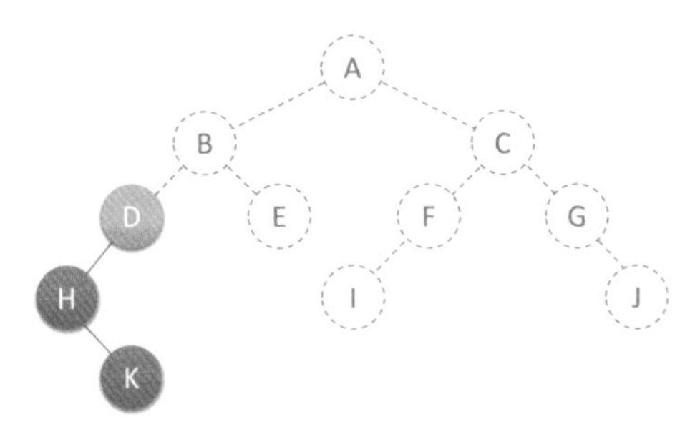

(4) 節點 D 無右孩子，此函數執行完畢，傳回。列印字母 B，如下圖所示。

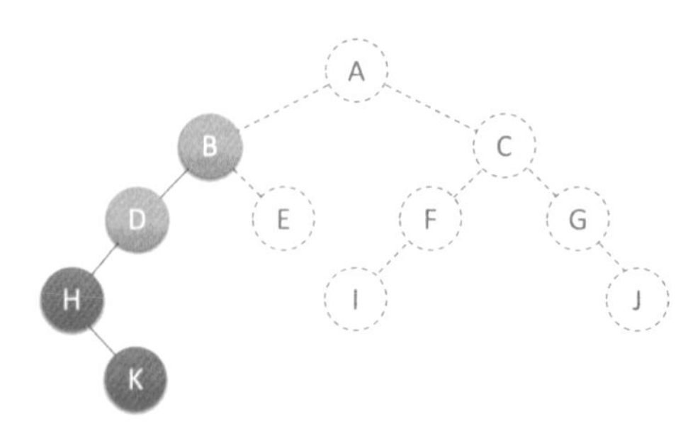

(5) 呼叫 InOrderTraverse（T->rchild）; 存取節點 B 的右孩子 E，因節點 E 無左孩子，所以列印 E，如下圖所示。

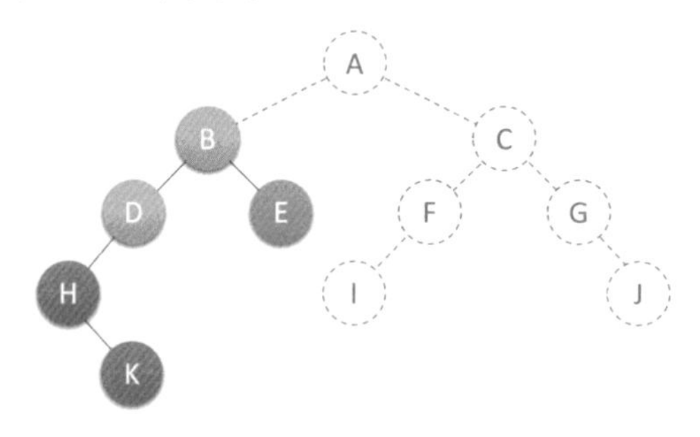

(6) 節點 E 無右孩子，傳回。節點 B 的遞迴函數執行完畢，傳回到了最初我們呼叫 InOrderTraverse 的地方，列印字母 A，如下圖所示。

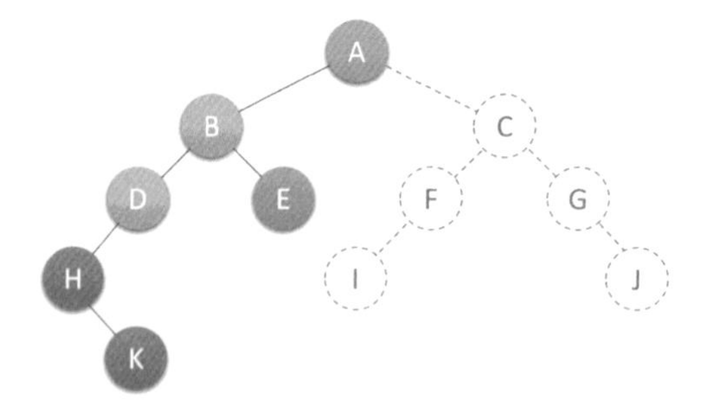

(7) 再呼叫 InOrderTraverse（T->rchild）; 存取節點 A 的右孩子 C，再遞迴存取節點 C 的左孩子 F，節點 F 的左孩子 I。因為 I 無左孩子，列印 I，之後分別列印 F、C、G、J。步驟省略。

綜上，中序檢查這棵二元樹的節點順序是：HKDBEAIFCGJ。

6.8.5 後序檢查演算法

那麼同樣的，後序檢查也就很容易想到應該如何寫程式了。

```
/* 二元樹的後序檢查遞迴算法 */
/* 起始條件: 二元樹T存在 */
/* 操作結果: 後序遞迴檢查T */
void PostOrderTraverse(BiTree T)
{
    if(T==NULL)
        return;
    PostOrderTraverse(T->lchild);     /* 先後序檢查左子樹  */
    PostOrderTraverse(T->rchild);     /* 再後序檢查右子樹  */
    printf ("%c",T->data);            /* 顯示節點資料，可以變更為其它對節點動作 */
}
```

如下圖所示，後序檢查是先遞迴左子樹，由根節點 A → B → D → H，節點 H 無左孩子，再檢視節點 H 的右孩子 K，因為節點 K 無左右孩子，所以列印 K，傳回。

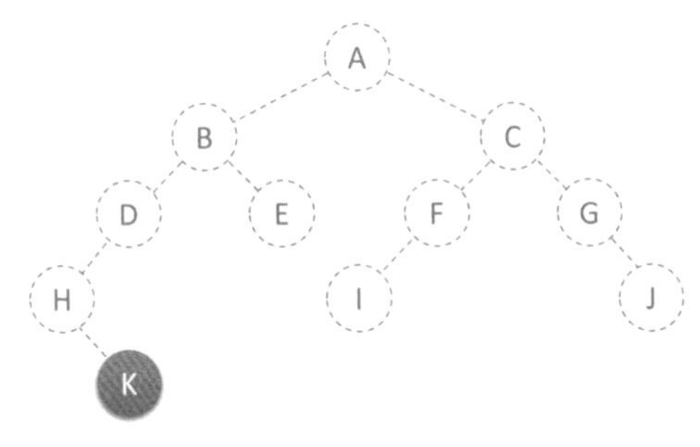

最後，後序檢查的節點的順序就是：KHDEBIFJGCA。同學們可以自己按照剛才的辦法得出這個結果。

6.8.6 推導檢查結果

有一種題目為了考驗你對二元樹檢查的掌握程度，是這樣出題的。已知一棵二元樹的前序檢查序列為 ABCDEF，中序檢查序列為 CBAEDF，請問這棵二元樹的後序檢查結果是多少？

對於這樣的題目，如果真的完全了解了前中後序的原理，是不難的。

三種檢查都是從根節點開始，前序檢查是先列印再遞迴左和右。所以前序檢查序列為 ABCDEF，第一個字母是 A 被列印出來，就說明 A 是根節點的資料。再由中序檢查序列是 CBAEDF，可以知道 C 和 B 是 A 的左子樹的節點，E、D、F 是 A 的右子樹的節點，如下圖所示。

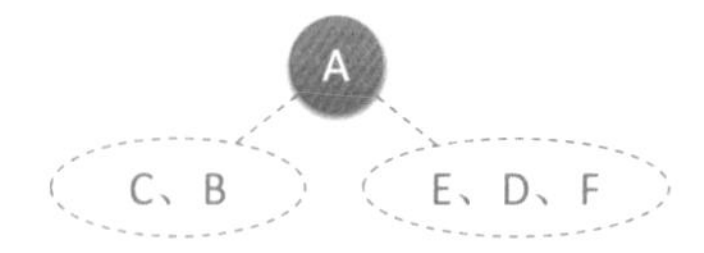

然後我們看前序中的 C 和 B，它的順序是 ABCDEF，是先列印 B 後列印 C，所以 B 應該是 A 的左孩子，而 C 就只能是 B 的孩子，此時是左還是右孩子還不確定。再看中序序列是 CBAEDF，C 是在 B 的前面列印，這就說明 C 是 B 的左孩子，否則就是右孩子了，如下圖所示。

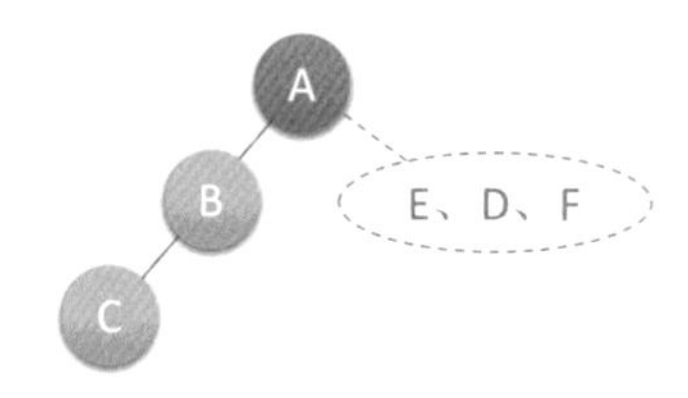

再看前序中的 E、D、F，它的順序是 ABCDEF，那就表示 D 是 A 節點的右孩子，E 和 F 是 D 的子孫，注意，它們中有一個不一定是孩子，還有可能是孫子的。再來看中序序列是 CBAEDF，由於 E 在 D 的左側，而 F 在右側，所以可以確定 E 是 D 的左孩子，F 是 D 的右孩子。因此最後獲得的二元樹是如下圖所示。

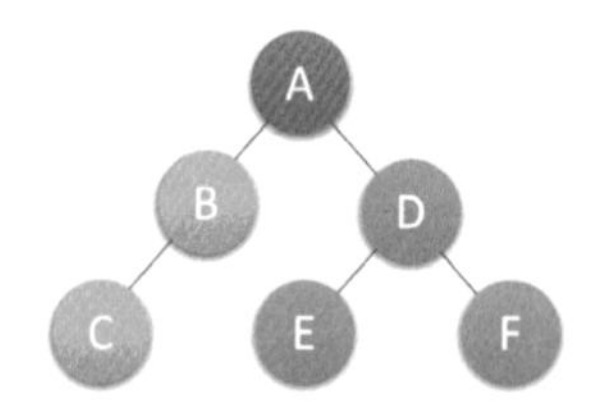

為了避免推導中的失誤，你最好在心中遞迴檢查，檢查一下這棵樹的前序和中序檢查序列是否與題目中的相同。

已經復原了二元樹，要獲得它的後序檢查結果就是易如反掌，結果是 CBEFDA。

但其實，如果同學們足夠熟練，不用畫這棵二元樹，也可以獲得後序的結果，因為剛才判斷了 A 節點是根節點，那麼它在後序序列中，一定是最後一個。剛才推導出 C 是 B 的左孩子，而 B 是 A 的左孩子，那就表示後序序列的前兩位一定是 CB。同樣的辦法也可以獲得 EFD 這樣的後序順序，最後就自然的獲得 CBEFDA 這樣的序列，不用在草稿上畫樹狀圖了。

反過來，如果我們的題目是這樣：二元樹的中序序列是 ABCDEFG，後序序列是 BDCAFGE，求前序序列。

這次簡單點，由後序的 BDCAFGE，獲得 E 是根節點，因此前序字首是 E。

於是根據中序序列分為兩棵樹 ABCD 和 FG，由後序序列的 BDCAFGE，知道 A 是 E 的左孩子，前序序列目前分析為 EA。

再由中序序列的 ABCDEFG，知道 BCD 是 A 節點的右子孫，再由後序序列的 BDCAFGE 知道 C 節點是 A 節點的右孩子，前序序列目前分析獲得 EAC。

中序序列 ABCDEFG，獲得 B 是 C 的左孩子，D 是 C 的右孩子，所以前序序列目前分析結果為 EACBD。

由後序序列 BDCAFGE，獲得 G 是 E 的右孩子，於是 F 就是 G 的孩子。如果你是在考試時做這道題目，時間就是分數、名次、學歷，那麼你根本不需關心 F 是 G 的左還是右孩子，前序檢查序列的最後結果就是 EACBDGF。

不過細細分析，根據中序序列 ABCDEFG，是可以得出 F 是 G 的左孩子。

從這裡我們也獲得兩個二元樹檢查的性質。

- 已知前序檢查序列和中序檢查序列，可以唯一確定一棵二元樹。
- 已知後序檢查序列和中序檢查序列，可以唯一確定一棵二元樹。

但要注意了，**已知前序和後序檢查，是不能確定一棵二元樹的**，原因也很簡單，例如前序序列是 ABC，後序序列是 CBA。我們可以確定 A 一定是根節點，但接下來，我們無法知道，哪個節點是左子樹，哪個是右子樹。這棵樹可能有如右圖所示的四種可能。

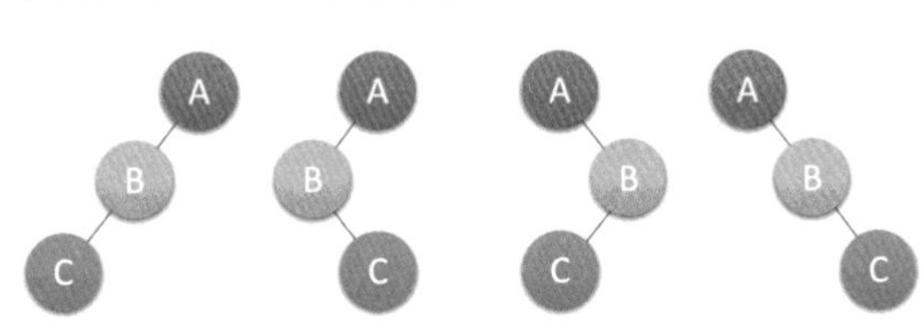

6.9 二元樹的建立

說了半天，我們如何在記憶體中產生一棵二元鏈結串列的二元樹呢？樹都沒有，哪來檢查。所以我們還得來談談關於二元樹建立的問題。

如果我們要在記憶體中建立一個如下圖左圖這樣的樹，為了能讓每個節點確認是否有左右孩子，我們對它進行了擴充，變成下圖右圖的樣子，也就是將二元樹中每個節點的空指標引出一個虛節點，其值為一特定值，例如 "#"。我們稱這種處理後的二元樹為原二元樹的擴充二元樹。擴充二元樹就可以做到一個檢查序列確定一棵二元樹了。例如下圖的前序檢查序列就為 AB#D##C##。

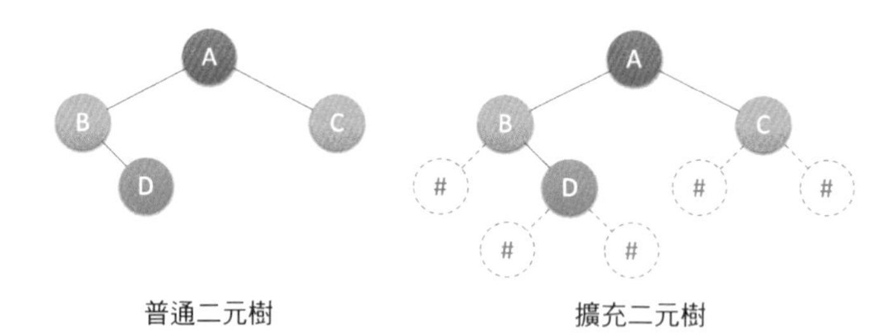

普通二元樹　　擴充二元樹

有了這樣的準備，我們就可以來看看如何產生一棵二元樹了。假設二元樹的節點均為一個字元，我們把剛才前序檢查序列 AB#D##C## 用鍵盤逐一輸入。實現的演算法如下：

```
/* 按前序輸入二元樹中節點的值(一個字元) */
/* #表示空樹，建構二元鏈結串列表示二元樹T */
void CreateBiTree(BiTree *T)
{
    TElemType ch;

    scanf("%c",&ch);
    ch=str[index++];

    if(ch=='#')
        *T=NULL;
    else
    {
        *T=(BiTree)malloc(sizeof(BiTNode));
        if(!*T)
            exit(OVERFLOW);
```

```
        (*T)->data=ch;                  /* 產生根節點 */
        CreateBiTree(&(*T)->lchild);    /* 建構左子樹 */
        CreateBiTree(&(*T)->rchild);    /* 建構右子樹 */
    }
}
```

其實建立二元樹，也是利用了遞迴的原理。只不過在原來應該是列印節點的地方，改成了產生節點、給節點設定值的操作而已。所以大家了解前面的檢查的話，對於這段程式就不難理解了。

6.10 線索二元樹

6.10.1 線索二元樹原理

我們現在提倡節約型社會，一切都應該節省為本。對待我們的程式當然也不例外，能不浪費的時間或空間，都應該考慮節省。我們再來觀察下圖，會發現指標域並不是都充分的利用了，有許許多多的 "∧"，也就是空指標域的存在，這實在不是好現象，應該要想辦法利用起來。

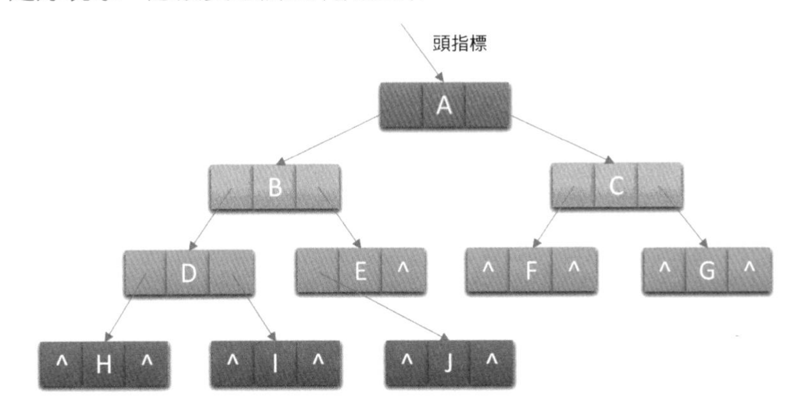

首先我們要來看看這空指標有多少個呢？對於一個有 n 個節點的二元鏈結串列，每個節點有指向左右孩子的兩個指標域，所以一共是 $2n$ 個指標域。而 n 個節點的二元樹一共有 n-1 條分支線數，也就是說，其實是存在 $2n-(n-1)=n+1$ 個空指標域。例如上圖有 10 個節點，而帶有 "∧" 空指標域為 11。這些空間不儲存任何事物，白白的浪費著記憶體的資源。

另一方面，我們在做檢查時，例如對上圖做中序檢查時，獲得了 HDIBJEAFCG 這樣的字元序列，檢查過後，我們可以知道，節點 I 的前驅是 D，後繼是 B，節點 F 的前驅是 A，後繼是 C。也就是說，我們可以很清楚的知道任意一個節點，它的前驅和後繼是哪一個。

可是這是建立在已經檢查過的基礎之上的。在二元鏈結串列上，我們只能知道每個節點指向其左右孩子節點的位址，而不知道某個節點的前驅是誰，後繼是誰。要想知道，必須檢查一次。以後每次需要知道時，都必須先檢查一次。為什麼不考慮在建立時就記住這些前驅和後繼呢，那將是多大的時間上的節省。

綜合剛才兩個角度的分析後，我們可以考慮利用那些空位址，儲存指向節點在某種檢查次序下的前驅和後繼節點的位址。就好像 GPS 導航一樣，我們開車的時候，哪怕我們對實際目的地的位置一無所知，但它每次都可以告訴我從目前位置的下一步應該走向哪裡。這就是我們現在要研究的問題。我們把這種**指向前驅和後繼的指標稱為線索，加上線索的二元鏈結串列稱為線索鏈結串列，對應的二元樹就稱為線索二元樹（Threaded Binary Tree）**。

請看下圖，我們把這棵二元樹進行中序檢查後，將所有的空指標域中的 rchild，改為指向它的後繼節點。於是我們就可以透過指標知道 H 的後繼是 D（圖中①），I 的後繼是 B（圖中②），J 的後繼是 E（圖中③），E 的後繼是 A（圖中④），F 的後繼是 C（圖中⑤），G 的後繼因為不存在而指向 NULL（圖中⑥）。此時共有 6 個空指標域被利用。

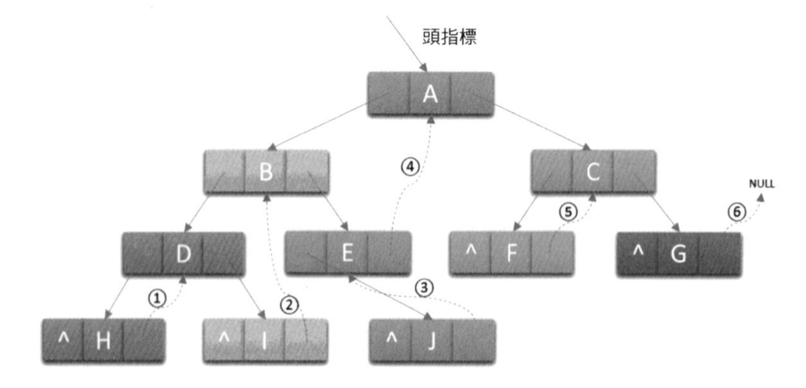

再看下圖，我們將這棵二元樹的所有空指標域中的 lchild，改為指向目前節點的前驅。因此 H 的前驅是 NULL（圖中①），I 的前驅是 D（圖中②），J 的前驅

是 B（圖中③），F 的前驅是 A（圖中④），G 的前驅是 C（圖中⑤）。一共 5 個空指標域被利用，正好和上面的後繼加起來是 11 個。

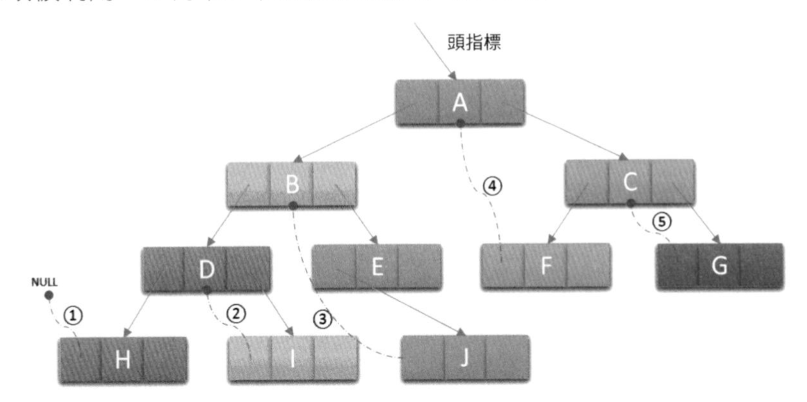

透過下圖（黑點虛線為前驅，藍箭頭虛線為後繼），就更容易看出，其實線索二元樹，等於是把一棵二元樹轉變成了一個雙向鏈結串列，這樣對我們的插入刪除節點、尋找某個節點都帶來了方便。所以我們對二元樹以某種次序檢查使其變為線索二元樹的過程稱做是線索化。

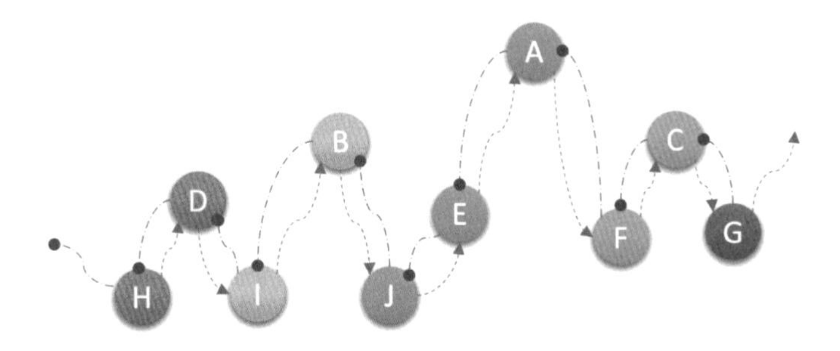

不過好事總是多磨的，問題並沒有徹底解決。我們如何知道某一節點的 lchild 是指向它的左孩子還是指向前驅？ rchild 是指向右孩子還是指向後繼？例如 E 節點的 lchild 是指向它的左孩子 J，而 rchild 卻是指向它的後繼 A。顯然我們在決定 lchild 是指向左孩子還是前驅，rchild 是指向右孩子還是後繼上是需要一個區分標示的。因此，我們在每個節點再增設兩個標示域 ltag 和 rtag，注意 ltag 和 rtag 只是儲存 0 或 1 數字的布林型變數，其佔用的記憶體空間要小於像 lchild 和 rchild 的指標變數。節點結構如下表所示。

lchild	ltag	data	rtag	rchild

其中：

- ltag 為 0 時指向該節點的左孩子，為 1 時指向該節點的前驅。
- rtag 為 0 時指向該節點的右孩子，為 1 時指向該節點的後繼。

因此對於下圖左圖的二元鏈結串列圖可以修改為下圖右圖的樣子。

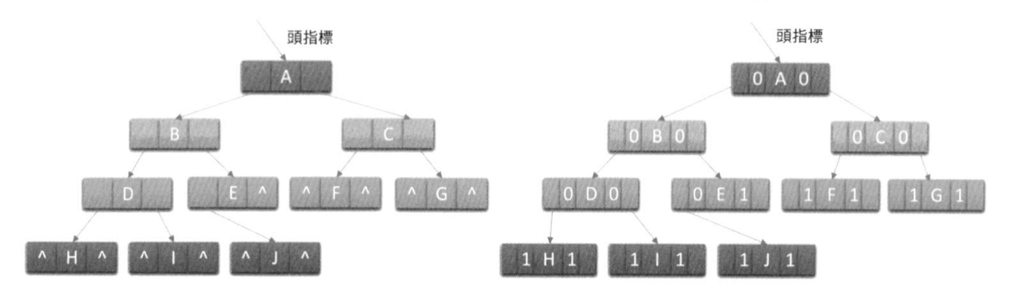

6.10.2 線索二元樹結構實現

由此二元樹的線索儲存結構定義程式如下：

```
/* 二元樹的二元線索儲存結構定義 */
typedef char TElemType;
typedef enum {Link,Thread} PointerTag;  /* Link=0表示指向左右孩子指標 */
                                        /* Thread=1表示指向前驅或後繼的線索 */
typedef  struct BiThrNode               /* 二元線索儲存節點結構 */
{
    TElemType data;                     /* 節點資料 */
    struct BiThrNode *lchild, *rchild;  /* 左右孩子指標 */
    PointerTag LTag;
    PointerTag RTag;                    /* 左右標誌 */
} BiThrNode, *BiThrTree;
```

註：樹的線索二元樹相關程式請參看程式目錄下「/ 第 6 章樹 / 03 線索二元樹 _ThreadBinaryTree.c」。

線索化的實質就是將二元鏈結串列中的空指標改為指向前驅或後繼的線索。由於前驅和後繼的資訊只有在檢查該二元樹時才能獲得，所以線索化的過程就是在檢查的過程中修改空指標的過程。

中序檢查線索化的遞迴函數程式如下：

```
BiThrTree pre;                    /* 全局變數,始終指向剛剛存取過的節點 */
/* 中序檢查進行中序線索化 */
void InThreading(BiThrTree p)
{
    if(p)
    {
        InThreading(p->lchild);    /* 遞迴左子樹線索化 */
        if(!p->lchild)             /* 沒有左孩子 */
        {
            p->LTag=Thread;        /* 前驅線索 */
            p->lchild=pre;         /* 左孩子指標指向前驅 */
        }
        if(!pre->rchild)           /* 前驅沒有右孩子 */
        {
            pre->RTag=Thread;      /* 後繼線索 */
            pre->rchild=p;         /* 前驅右孩子指標指向後繼(目前節點p) */
        }
        pre=p;                     /* 保持pre指向p的前驅 */
        InThreading(p->rchild);    /* 遞迴右子樹線索化 */
    }
}
```

你會發現，這程式除反白程式以外，和二元樹中序檢查的遞迴程式幾乎完全一樣。只不過將本是列印節點的功能改成了線索化的功能。

中間反白部分程式說明如下：

if（!p->lchild）表示如果某節點的左指標域為空，因為其前驅節點剛剛存取過，設定值給了 pre，所以可以將 pre 設定值給 p->lchild，並修改 p->LTag=Thread（也就是定義為 1）以完成前驅節點的線索化。

後繼就要稍稍麻煩一些。因為此時 p 節點的後繼還沒有存取到，因此只能對它的前驅節點 pre 的右指標 rchild 做判斷，if（!pre->rchild）表示如果為空，則 p 就是 pre 的後繼，於是 pre->rchild=p，並且設定 pre->RTag=Thread，完成後繼節點的線索化。

完成前驅和後繼的判斷後，別忘記將目前的節點 p 設定值給 pre，以便於下一次使用。

有了線索二元樹後，我們對它進行檢查時發現，其實就等於是操作一個雙向鏈結串列結構。

和雙向鏈結串列結構一樣，在二元樹線索鏈結串列上增加一個頭節點，如下圖所示，並令其 lchild 域的指標指向二元樹的根節點（圖中的①），其 rchild 域的指標指向中序檢查時存取的最後一個節點（圖中的②）。反之，令二元樹的中序序列中的第一個節點中，lchild 域指標和最後一個節點的 rchild 域指標均指向頭節點（圖中的③和④）。這樣定義的好處就是我們既可以從第一個節點起順後繼進行檢查，也可以從最後一個節點起順前驅進行檢查。

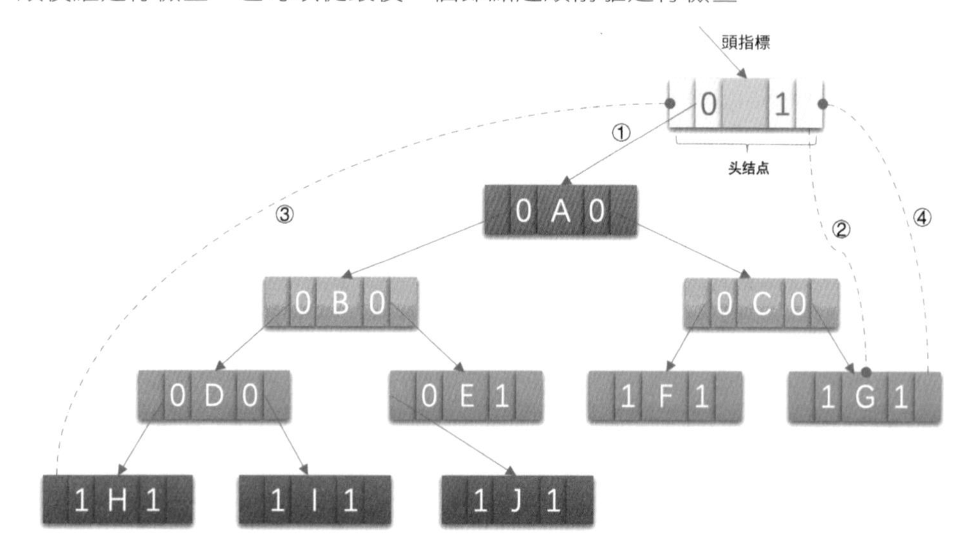

檢查的程式如下：

```
1  Status InOrderTraverse_Thr(BiThrTree T)
2  {
3      BiThrTree p;
4      p=T->lchild;                    /* p指向根節點 */
5      while(p!=T)
6      {                               /* 空樹或檢查結束時,p==T */
7          while(p->LTag==Link)
8              p=p->lchild;
9          if(!visit(p->data))         /* 存取其左子樹為空的節點 */
10             return ERROR;
11         while(p->RTag==Thread&&p->rchild!=T)
12         {
```

```
13             p=p->rchild;
14             visit(p->data);     /* 存取後繼節點 */
15         }
16         p=p->rchild;
17     }
18     return OK;
19 }
```

(1) 程式中，第 4 行，p=T->lchild; 意思就是上圖中的①，讓 p 指向根節點開始檢查。

(2) 第 5 ～ 16 行，while（p!=T）其實意思就是循環直到圖中的④的出現，此時表示 p 指向了頭節點，於是與 T 相等（T 是指向頭節點的指標），結束循環，否則繼續迴圈下去進行檢查操作。

(3) 第 7 ～ 8 行，while（p->LTag==Link）這個循環，就是由 A → B → D → H，此時 H 節點的 LTag 不是 Link（就是不等於 0），所以結束此迴圈。

(4) 第 9 行，列印 H。

(5) 第 10 ～ 14 行，while（p->RTag==Thread && p->rchild!=T），由於節點 H 的 RTag==Thread（就是等於 1），且不是指向頭節點。因此列印 H 的後繼 D，之後因為 D 的 RTag 是 Link，因此退出迴圈。

(6) 第 15 行，p=p->rchild; 表示 p 指向了節點 D 的右孩子 I。

(7) ……，就這樣不斷迴圈檢查，路徑參照下圖，直到列印出 HDIBJEAFCG，結束檢查操作。

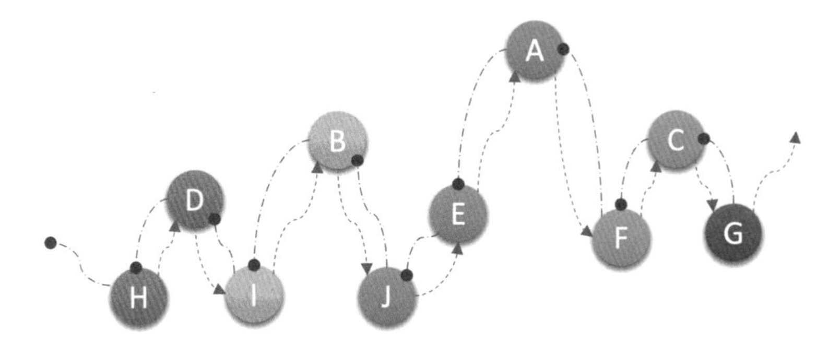

從這段程式也可以看出，它等於是一個鏈結串列的掃描，所以時間複雜度為 $O(n)$。

由於它充分利用了空指標域的空間（這等於節省了空間），又確保了建立時的一次檢查就可以終生受用前驅後繼的資訊（這表示節省了時間）。所以在實際問題中，如果所用的二元樹需經常檢查或尋找節點時需要某種檢查序列中的前驅和後繼，那麼採用線索二元鏈結串列的儲存結構就是非常不錯的選擇。

6.11 樹、森林與二元樹的轉換

我之前在網上看到這樣一個故事，不知道是真還是假，反正是有點意思。

故事是說聯合利華引進了一條香皂包裝生產線，結果發現這條生產線有個缺陷：常常會有盒子裡沒有裝入香皂。總不能把空盒子賣給顧客啊，他們只好請了一個學自動化的博士設計一個方案來分揀空的香皂盒。博士組織成立了一個十幾人的科學研究攻關團隊，綜合採用了機械、微電子、自動化、X 射線探測等技術，花了幾十萬，成功解決了問題。每當生產線上有空香皂盒通過，兩旁的探測器會檢測到，並且驅動一隻機械手把空皂盒推走。

中國南方有個鄉鎮企業也買了同樣的生產線，老闆發現這個問題後大為光火，找了個小工來說：你把這個問題搞定，不然老子炒你魷魚。小工很快想出了辦法：他在生產線旁邊放了台風扇猛吹，空皂盒自然會被吹走。

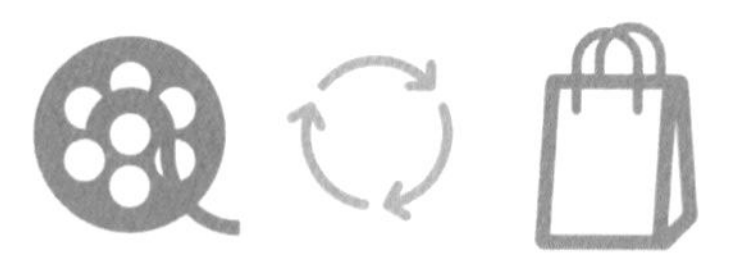

這個故事在網路上引起很大的爭議，我相信大家聽完後也會有不少的想法。不過我在這只是想說，有很多複雜的問題都是可以有簡單辦法去處理的，在於你肯不肯動腦筋，在於你有沒有創新。

我們前面已經講過了樹的定義和儲存結構，對樹來說，在滿足樹的條件下可以是任意形狀，一個節點可以有任意個孩子，顯然對樹的處理要複雜得多，去研究關於樹的性質和演算法，真的不容易。有沒有簡單的辦法解決對樹處理的難題呢？

我們前面也講了二元樹，儘管它也是樹，但由於每個節點最多只能有左孩子和右孩子，面對的變化就少很多了。因此很多性質和演算法都被研究了出來。如果所有的樹都像二元樹一樣方便就好了。你還別說，真是可以這樣做。

在講樹的儲存結構時，我們提到了樹的孩子兄弟法可以將一棵樹用二元鏈結串列進行儲存，所以借助二元鏈結串列，樹和二元樹可以相互進行轉換。從物理結構來看，它們的二元鏈結串列也是相同的，只是解釋不太一樣而已。因此，只要我們設定一定的規則，用二元樹來表示樹，甚至表示森林都是可以的，森林與二元樹也可以互相進行轉換。

我們分別來看看它們之間的轉換如何進行。

6.11.1 樹轉為二元樹

樹如右圖所示：

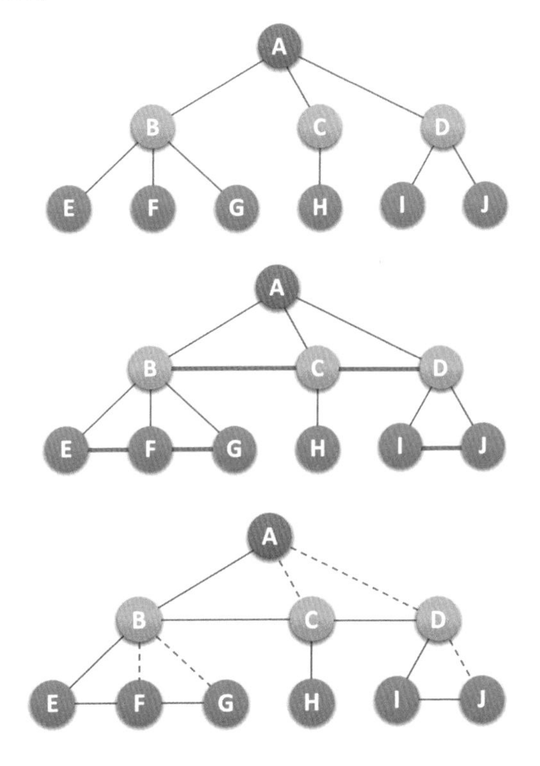

將樹轉為二元樹的步驟如下：

(1) 加線。在所有兄弟節點之間加一條連線。

(2) 去線。對樹中每個節點，只保留它與第一個孩子節點的連線，刪除它與其他孩子節點之間的連線。

(3) 層次調整。以樹的根節點為軸心，將整棵樹順時鐘旋轉一定的角度，使之結構層次分明。注意第一個孩子是二元樹節點的左孩子，兄弟轉換過來的孩子是節點的右孩子。

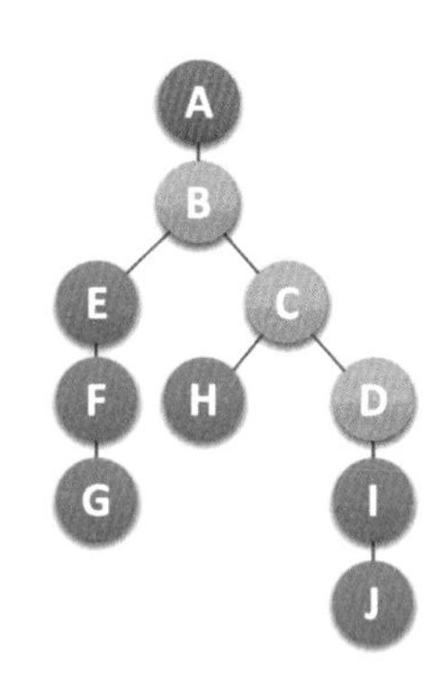

例如上面幾幅圖，一棵樹經過三個步驟轉為一棵二元樹。初學者容易犯的錯誤就是在層次調整時，弄錯左右孩子的關係。例如圖中 F、G 本都是樹節點 B 的孩子，是節點 E 的兄弟，因此轉換後，F 就是二元樹節點 E 的右孩子，G 是二元樹節點 F 的右孩子。

6.11.2 森林轉為二元樹

森林是由許多棵樹組成的，所以完全可以視為，森林中的每一棵樹都是兄弟，可以按照兄弟的處理辦法來操作。

例如右圖，我們要將森林的三棵樹轉化為一棵二元樹。

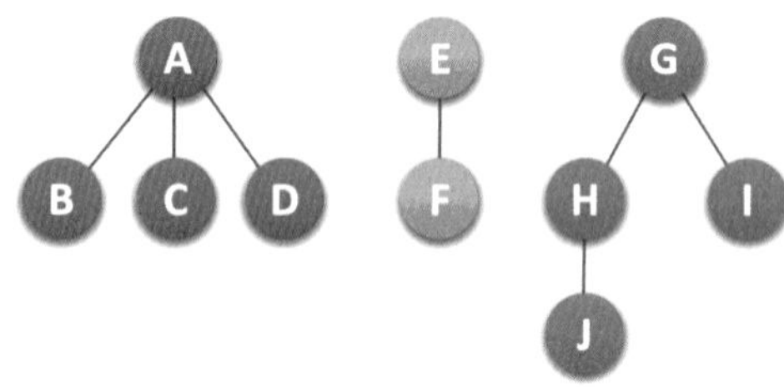

轉化步驟如下：

(1) 把每個樹轉為二元樹。

(2) 第一棵二元樹不動，從第二棵二元樹開始，依次把後一棵二元樹的根節點作為前一棵二元樹的根節點的右孩子，用線連接起來。當所有的二元樹連接起來後就獲得了由森林轉換來的二元樹。

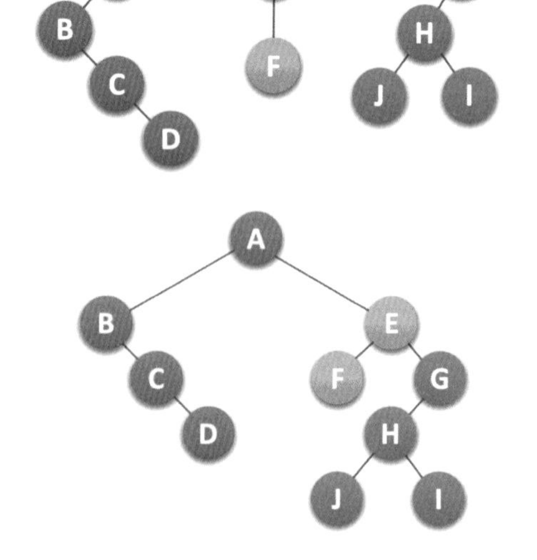

6.11.3 二元樹轉為樹

二元樹轉為樹是樹轉為二元樹的逆過程，也就是反過來做而已。例如右圖的二元樹。

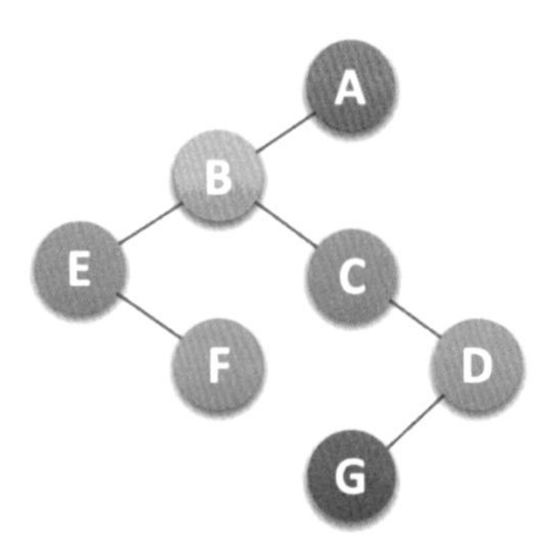

轉化為樹步驟如下：

(1) 加線。若某節點的左孩子節點存在，則將這個左孩子的右孩子節點、右孩子的右孩子節點、右孩子的右孩子的右孩子節點……哈，反正就是左孩子的 n 個右孩子節點都作為此節點的孩子。將該節點與這些右孩子節點用線連接起來。

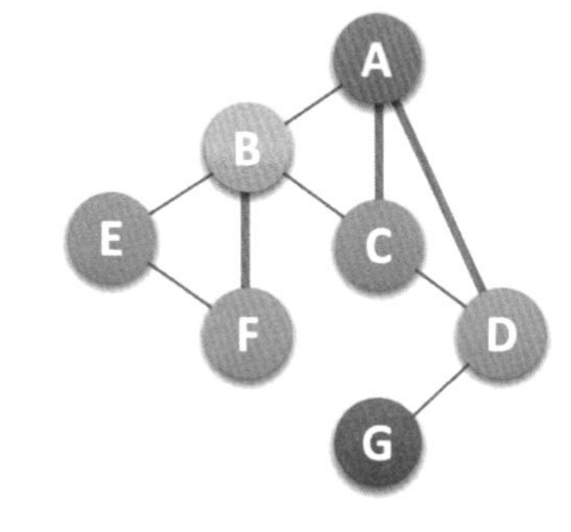

(2) 去線。刪除原二元樹中所有節點與其右孩子節點的連線。

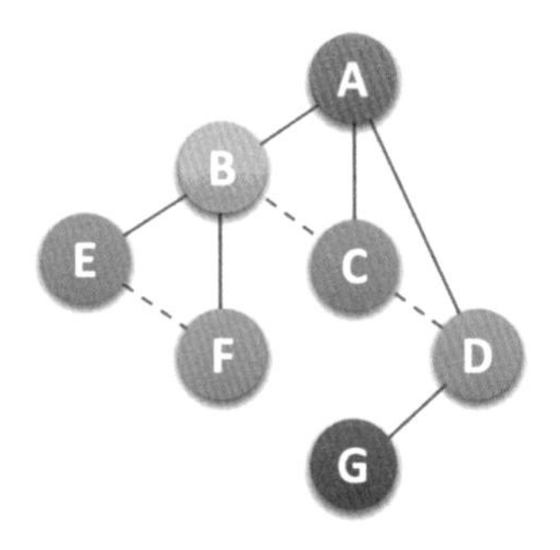

(3) 層次調整。使之結構層次分明。

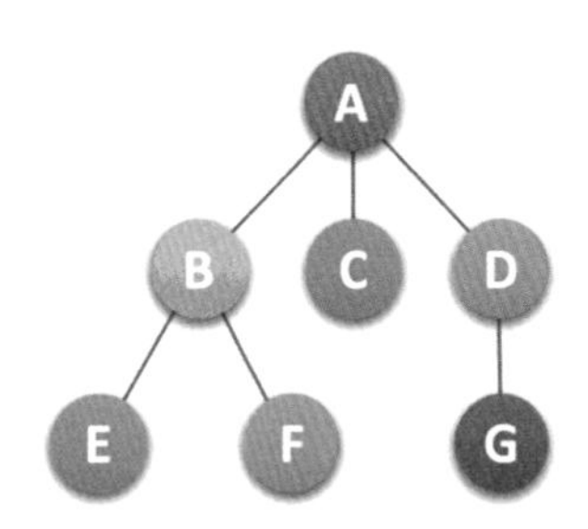

6.11.4 二元樹轉為森林

判斷一棵二元樹能夠轉換成一棵樹還是森林，標準很簡單，那就是只要看這棵二元樹的根節點有沒有右孩子，有就是森林，沒有就是一棵樹。那麼如果是轉換成森林。

例如右圖這個二元樹：

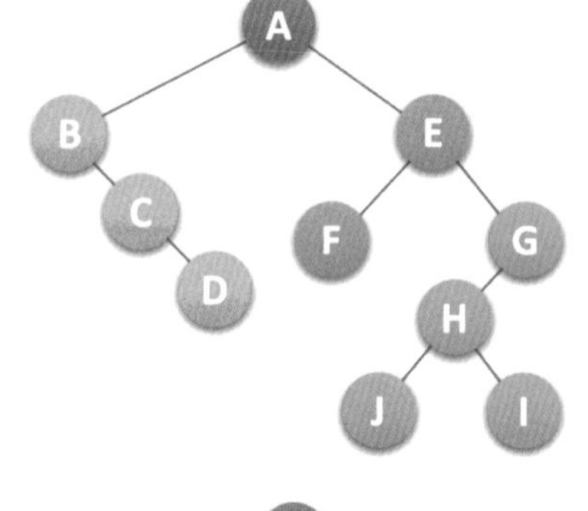

轉換成森林步驟如下：

(1) 從根節點開始，若右孩子存在，則把與右孩子節點的連線刪除。

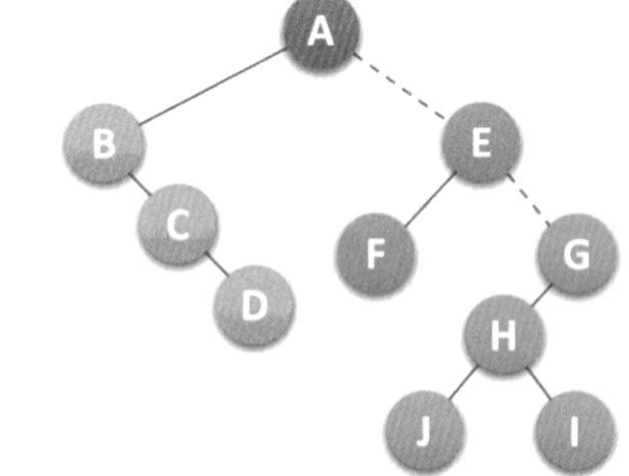

(2) 再檢視分離後的二元樹，若右孩子存在，則連線刪除……，直到所有右孩子連線都刪除為止，獲得分離的二元樹。

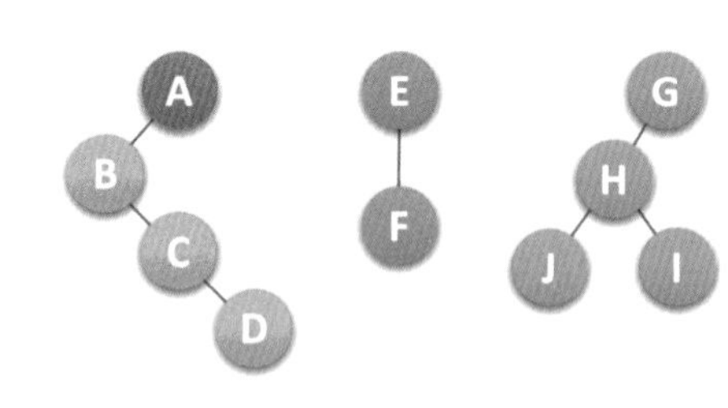

(3) 再將每棵分離後的二元樹轉為樹即可。

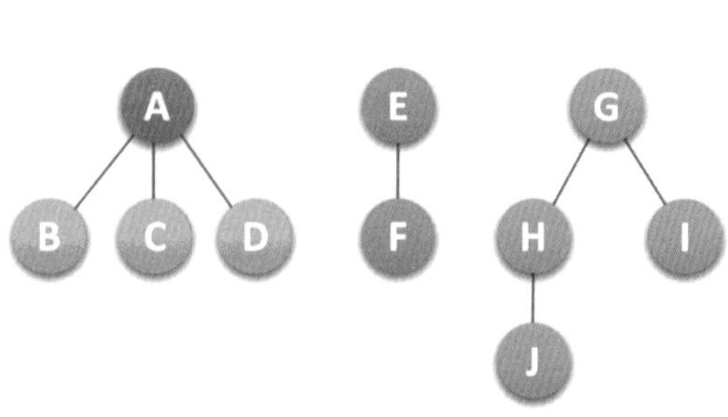

6.11.5 樹與森林的檢查

最後我們再談一談關於樹和森林的檢查問題。

樹的檢查分為兩種方式。

(1) 先根檢查樹。即先存取樹的根節點，然後依次先根檢查根的每棵子樹。
(2) 後根檢查。即先依次後根檢查每棵子樹，然後再存取根節點。例如下圖的樹，它的先根檢查序列為 ABEFCDG，後根檢查序列為 EFBCGDA。

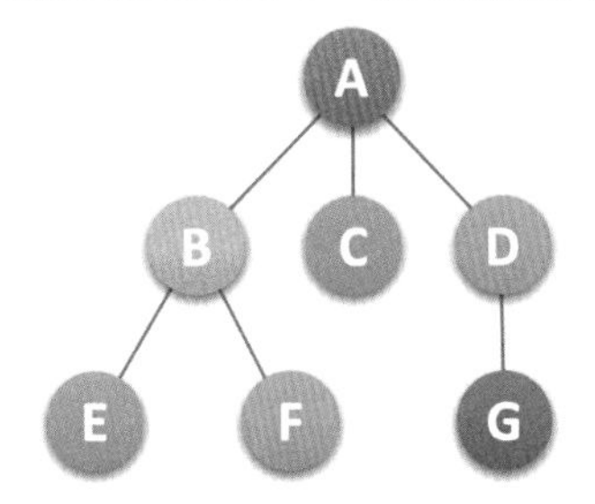

森林的檢查也分為兩種方式：

(1) 前序檢查：先存取森林中第一棵樹的根節點，然後再依次先根檢查根的每棵子樹，再依次用同樣方式檢查除去第一棵樹的剩餘樹組成的森林。例如下圖三棵樹的森林，前序檢查序列的結果就是 ABCDEFGHJI。
(2) 中序檢查：是先存取森林中第一棵樹，中序檢查的方式檢查每棵子樹，然後再存取根節點，再依次同樣方式檢查除去第一棵樹的剩餘樹組成的森林。例如下圖三棵樹的森林，中序檢查序列的結果就是 BCDAFEJHIG。

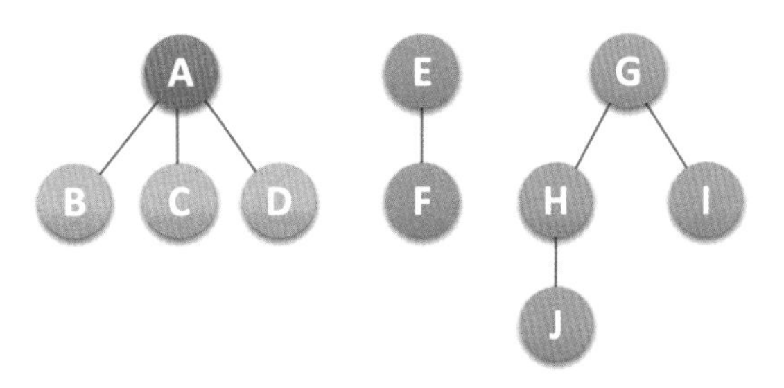

如果我們對下圖的二元樹進行分析就會發現，森林的前序檢查和二元樹的前序檢查結果相同，森林的中序檢查和二元樹的中序檢查結果相同。

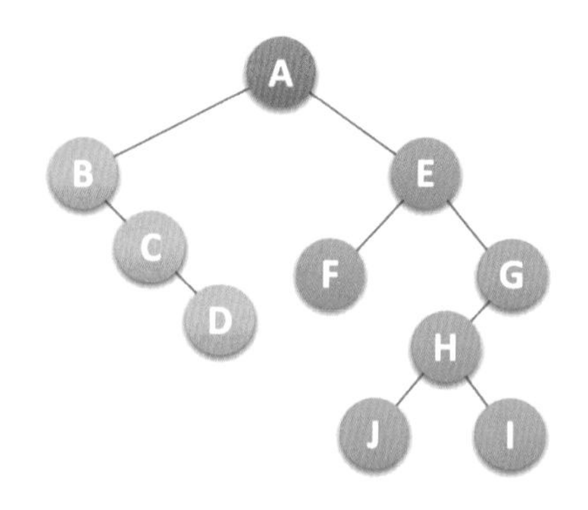

這也就告訴我們，當以二元鏈結串列作樹的儲存結構時，樹的先根檢查和後根檢查完全可以借用二元樹的前序檢查和中序檢查的演算法來實現。這其實也就證實，我們找到了對樹和森林這種複雜問題的簡單解決辦法。

6.12 霍夫曼樹及其應用

6.12.1 霍夫曼樹

「喂，兄弟，最近無聊透頂了，有沒有什麼書可看？」

「我這有《三國演義》的電子書，你要不要？」

「'既生瑜，何生亮。'《三國演義》好呀，你郵件發給我！」

「OK ！檔案 1M 多大小，好像大了點。我打個包，稍等……哈哈，少了一半，壓縮效果不錯呀。」

「太棒了，快點傳給我吧。」

這是我們生活中常見的對白。現在我們都是講究效率的社會，什麼都要求速度，在不能出錯的情況下，做任何事情都講究越快越好。在電腦和網際網路技術中，文字壓縮就是一個非常重要的技術。玩電腦的人幾乎都會應用壓縮和解壓縮軟體來處理文件。因為它除了可以減少文件在磁碟上的空間外，還有重要的一點，就是我們可以在網路上以壓縮的形式傳輸大量資料，使得儲存和傳遞都更加高效。

那麼壓縮而不出錯是如何做到的呢？簡單說，就是把我們要壓縮的文字進行重新編碼，以減少不必要的空間。儘管現在最新技術在編碼上已經很好很強大，但這一切都來自曾經的技術累積，我們今天就來介紹一下最基本的壓縮編碼方法──霍夫曼編碼。

在介紹霍夫曼編碼前，我們必須得介紹霍夫曼樹，而介紹霍夫曼樹，我們不得不提這樣一個人，美國數學家霍夫曼（David Huffman），也有的翻譯為哈夫曼。他在 1952 年發明了霍夫曼編碼，為了紀念他的成就，於是就把他在編碼中用到的特殊的二元樹稱之為霍夫曼樹，他的編碼方法稱為霍夫曼編碼。也就是說，我們現在介紹的知識全都來自近 60 年前這位偉大科學家的研究成果，而我們平時所用的壓縮和解壓縮技術也都是基於霍夫曼的研究之上發展而來，我們應該要記住他。

什麼叫做霍夫曼樹呢？我們先來看一個實例。

過去我們小學、中學一般考試都是用百分制來表示學科成績的。這帶來了一個弊端，就是很容易讓學生、家長，甚至老師自己都以分取人，讓分數代表了一切。有時想想也對，90 分和 95 分也許就只是一道題目對錯的差距，但卻讓兩個孩子可能受到完全不同的待遇，這並不公平。因此，我們很多的學科，特別是小學的學科成績都改為優秀、良好、中等、及格和不及格這樣模糊的詞語，不再通報實際的分數。

不過對於老師來講，他在對試卷評分的時候，顯然不能憑感覺給優良或及格不及格等成績，因此一般都還是按照百分制算出每個學生的成績後，再根據統一的標準換算得出五級分制的成績。例如下面的程式就實現了這樣的轉換。

```
if (a<60)
   b="不及格";
else if (a<70)
   b="及格";
else if (a<80)
   b="中等";
else if (a<90)
   b="良好";
else
   b="優秀";
```

下圖粗略看沒什麼問題，可是通常都認為，一張好的考卷應該是讓學生成績大部分處於中等或良好的範圍，優秀和不及格都應該較少才對。而上面這樣的程式，就使得所有的成績都需要先判斷是否及格，再逐級而上獲得結果。輸入量很大的時候，其實演算法是有效率問題的。

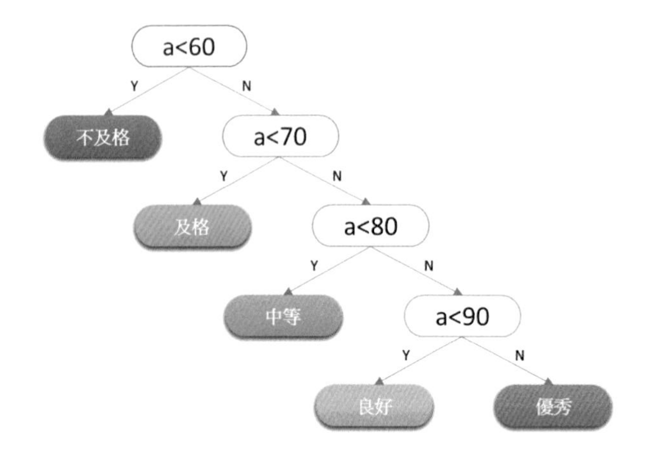

如果在實際的學習生活中，學生的成績在 5 個等級上的分佈規律如下表所示。

分數	0 ～ 59	60 ～ 69	70 ～ 79	80 ～ 89	90 ～ 100
所佔比例	5%	15%	40%	30%	10%

那麼 70 分以上大約佔總數 80% 的成績都需要經過 3 次以上的判斷才可以獲得結果，這顯然不合理。

有沒有好一些的辦法，仔細觀察發現，中等成績（70 ～ 79 分之間）比例最高，其次是良好成績，不及格的所佔比例最少。我們把上圖這棵二元樹重新進行分配。改成如下圖的做法試試看。

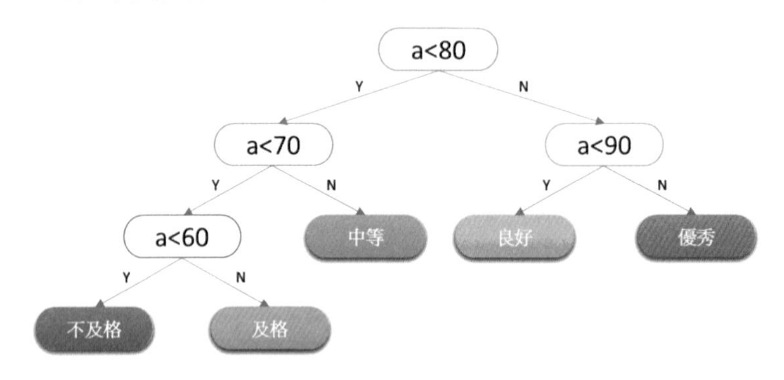

從圖中感覺，應該效率要高一些了，到底高多少呢。這樣的二元樹又是如何設計出來的呢？我們來看看霍夫曼大叔是如何說的吧。

6.12.2 霍夫曼樹定義與原理

我們先把這兩棵二元樹簡化成葉子節點帶有權重的二元樹（註：樹節點間的邊相關的數叫做權重 Weight），如下圖所示。其中 A 表示不及格、B 表示及格、C 表示中等、D 表示良好、E 表示優秀。每個葉子的分支線上的數字就是剛才我們提到的五級分制的成績所佔百分比。

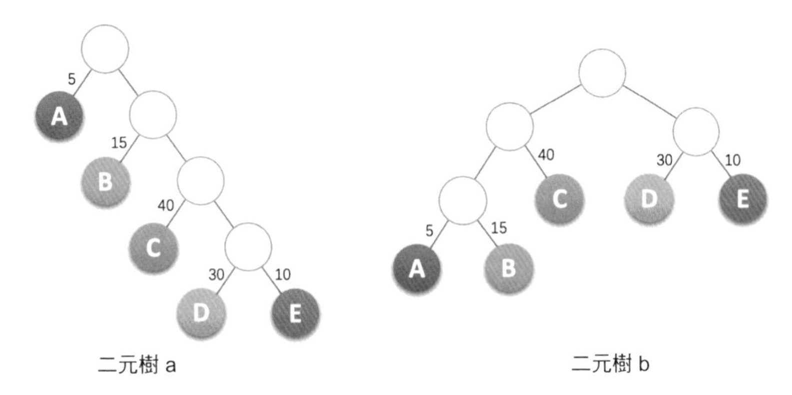

二元樹 a　　　　二元樹 b

霍夫曼大叔說，**從樹中一個節點到另一個節點之間的分支組成兩個節點之間的路徑，路徑上的分支數目稱做路徑長度**。上圖的第一個二元樹中，根節點到節點 D 的路徑長度就為 4，第二個二元樹中根節點到節點 D 的路徑長度為 2。**樹的路徑長度就是從樹根到每一節點的路徑長度之和**。二元樹 a 的樹路徑長度就為 1+1+2+2+3+3+4+4=20。二元樹 b 的樹路徑長度就為 1+2+3+3+2+1+2+2=16。

如果考慮到帶有權重的節點，節點權重的路徑長度為從該節點到樹根之間的路徑長度與節點上權重的乘積。樹的權重路徑長度為樹中所有葉子節點的權重路徑長度之和。假設有 n 個權重 $\{w_1,w_2,\cdots,w_n\}$，建置一棵有 n 個葉子節點的二元樹，每個葉子節點權重 w_k，每個葉子的路徑長度為 l_k，我們通常記作，則其中**權重路徑長度 WPL 最小的二元樹稱做霍夫曼樹**。也有不少書中也稱為最佳二元樹，我個人覺得為了紀念做出極大貢獻的科學家，既然用他們的名字命名，就應該要堅持用他們的名字稱呼，哪怕「最佳」更能表現這棵樹的品質也應該只作為別名。

有了霍夫曼對權重路徑長度的定義，我們來計算一下上圖這兩棵樹的 WPL 值。

二元樹 a 的 WPL=5×1+15×2+40×3+30×4+10×4=315

注意：這裡 5 是 A 節點的權重，1 是 A 節點的路徑長度，其他同理。

二元樹 b 的 WPL=5×3+15×3+40×2+30×2+10×2=220

這樣的結果表示什麼呢？如果我們現在有 10000 個學生的百分制成績需要計算五級分制成績，用二元樹 a 的判斷方法，需要做 31500 次比較，而二元樹 b 的判斷方法，只需要 22000 次比較，差不多少了三分之一量，在效能上加強不是一點點。

那麼現在的問題就是，上圖的二元樹 b 這樣的樹是如何建置出來的，這樣的二元樹是不是就是最佳的霍夫曼樹呢？別急，霍夫曼大叔給了我們解決的辦法。

(1) 先把有權重的葉子節點按照從小到大的順序排列成一個有序序列，即：A5，E10，B15，D30，C40。

(2) 取頭兩個最小權重的節點作為一個新節點 N_1 的兩個子節點，注意相對較小的是左孩子，這裡就是 A 為 N_1 的左孩子，E 為 N_1 的右孩子，如下圖所示。新節點的權重為兩個葉子權重的和 5+10=15。

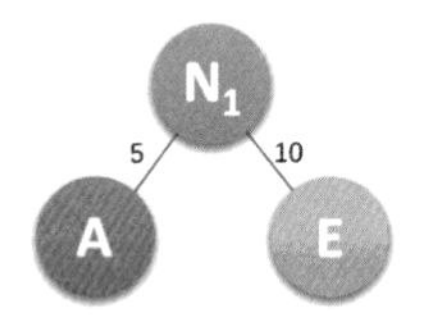

(3) 將 N_1 取代 A 與 E，插入有序序列中，保持從小到大排列。即：$N_1$15，B15，D30，C40。

(4) 重複步驟 2。將 N_1 與 B 作為一個新節點 N_2 的兩個子節點。如下圖所示。N_2 的權重 =15+15=30。

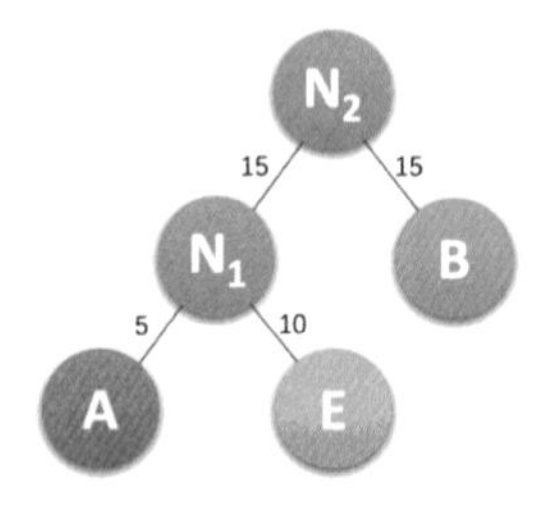

(5) 將 N_2 取代 N_1 與 B，插入有序序列中，保持從小到大排列。即：$N_2$30，D30，C40。

(6) 重複步驟 2。將 N_2 與 D 作為一個新節點 N_3 的兩個子節點。如下圖所示。N_3 的權重 =30+30=60。

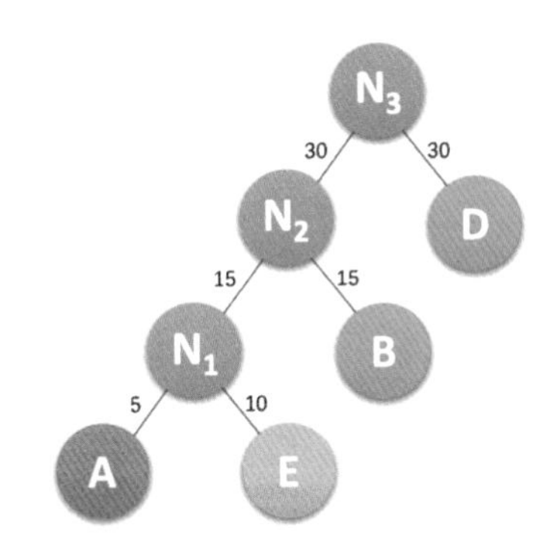

(7) 將 N_3 取代 N_2 與 D，插入有序序列中，保持從小到大排列。即：C40，$N_3$60。

(8) 重複步驟 2。將 C 與 N_3 作為一個新節點 T 的兩個子節點，如下圖左圖所示。由於 T 即是根節點，完成霍夫曼樹的建置。

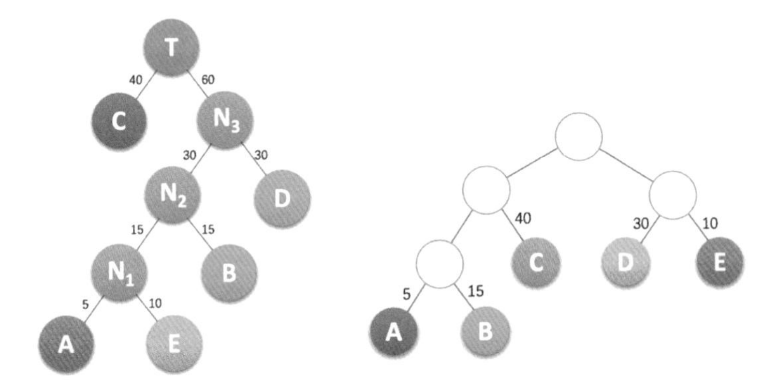

此時的上圖左二元樹的帶有權重路徑長度 WPL=40×1+30×2+15×3+ 10×4+5×4=205。與上圖的右二元樹的 WPL=5×3+15×3+40×2+30×2+10×2=220 相比，還少了 15。顯然此時建置出來的二元樹才是最佳的霍夫曼樹。

不過現實總是比理想要複雜得多，上圖左圖雖然是霍夫曼樹，但就當前例子而言有點特殊性，由於每次判斷都要兩次比較（如根節點就是 a<80 && a>=70，兩次比較才能獲得 y 或 n 的結果），所以整體效能上，反而不如右圖的二元樹效能高（如根結點只需比較 a<80）。當然這並不是我們要討論的重點了。

透過剛才的步驟，我們可以得出建置霍夫曼樹的霍夫曼演算法描述。

(1) 根據指定的 n 個權重 $\{w_1,w_2,\cdots,w_n\}$ 組成 n 棵二元樹的集合 $F=\{T_1,T_2,\cdots,T_n\}$，其中每棵二元樹 T_i 中只有一個權重為 w_i 根節點，其左右子樹均為空。
(2) 在 F 中選取兩棵根節點的權重最小的樹作為左右子樹建置一棵新的二元樹，且置新的二元樹的根節點的權重為其左右子樹上根節點的權重之和。
(3) 在 F 中刪除這兩棵樹，同時將新獲得的二元樹加入 F 中。
(4) 重複 2 和 3 步驟，直到 F 只含一棵樹為止。這棵樹便是霍夫曼樹。

6.12.3 霍夫曼編碼

當然，霍夫曼研究這種最佳樹的目的不是為了我們可以轉化一下成績。他更大目的是為了解決當年遠距離通訊（主要是電報）的資料傳輸的最佳化問題。

例如我們有一段文字內容為 "BADCADFEED" 要網路傳輸給別人，顯然用二進位的數字（0 和 1）來表示是很自然的想法。我們現在這段文字只有六個字母 ABCDEF，那麼我們可以用對應的二進位資料表示，如下表所示。

字母	A	B	C	D	E	F
二進位字元	000	001	010	011	100	101

這樣真正傳輸的資料就是編碼後的 "001000011010000011101100100011"，對方接收時可以按照 3 位一分來解碼。如果一篇文章很長，這樣的二進位串也將非常的可怕。而且事實上，不管是英文、中文或是其他語言，字母或中文字的出現頻率是不相同的，例如英文中的幾個母音字母 "a e i o u"，中文中的「的了有在」等中文字都是頻率極高。

假設六個字母的頻率為 A 27，B 8，C 15，D 15，E 30，F 5，合起來正好是 100%。那就表示，我們完全可以重新按照霍夫曼樹來規劃它們。

下圖左圖為建置霍夫曼樹的過程的權重顯示。右圖為將權重左分支改為 0，右分支改為 1 後的霍夫曼樹。

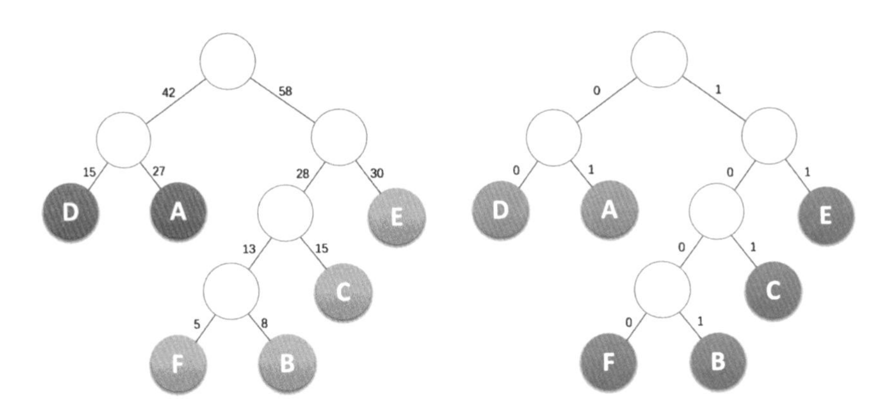

此時，我們對這六個字母用其從樹根到葉子所經過路徑的 0 或 1 來編碼，可以獲得如下表所示這樣的定義。

字母	A	B	C	D	E	F
二進位字元	01	1001	101	00	11	1000

我們將文字內容為 "BADCADFEED" 再次編碼，比較可以看到結果串變小了。

- 原編碼二進位串：001000011010000011101100100011　（共 30 個字元）
- 新編碼二進位串：1001010010101001000111100　（共 25 個字元）

也就是說，我們的資料被壓縮了，節省了大約 17% 的儲存或傳輸成本。隨著字元的增加和多字元權重的不同，這種壓縮會更加顯出其優勢。

當我們接收到 1001010010101001000111100 這樣壓縮過的新編碼時，我們應該如何把它解碼出來呢？

編碼中非 0 即 1，長短不等的話其實是很容易混淆的，所以若要設計長短不等的編碼，則必須是任一字元的編碼都不是另一個字元的編碼的字首，這種編碼稱做字首編碼。

你仔細觀察就會發現，上表中的編碼就不存在容易與 1001、1000 混淆的 "10" 和 "100" 編碼。

可僅是這樣不足以讓我們去方便地解碼的，因此在解碼時，還是要用到霍夫曼樹，即發送方和接收方必須要約定好同樣的霍夫曼編碼規則。

當我們接收到 1001010010101001000111100 時，由約定好的霍夫曼樹可知，1001 獲得第一個字母是 B，接下來 01 表示第二個字元是 A，如下圖所示，其餘的也對應的可以獲得，進一步成功解碼。

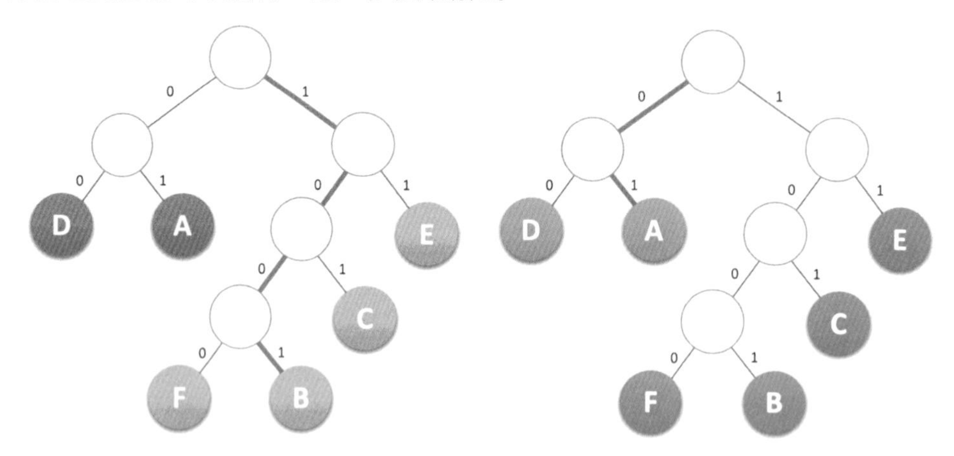

一般地，設需要編碼的字元集為 { $d_1,d_2,\cdots,d_n$ }，各個字元在電文中出現的次數或頻率集合為 { $w_1,w_2,\cdots,w_n$ }，以 $d_1,d_2,\cdots,d_n$ 作為葉子節點，以 $w_1,w_2,\cdots,w_n$ 作為對應葉子節點的權重來建置一棵霍夫曼樹。規定霍夫曼樹的左分支代表 0，右分支代表 1，則從根節點到葉子節點所經過的路徑分支組成的 0 和 1 的序列便為該節點對應字元的編碼，這就是霍夫曼編碼。

6.13 歸納回顧

終於到了歸納的時間，這一章與前面章節相比，顯得過於龐大了些，原因也就在於樹的複雜性和變化豐富度是前面的線性串列所不可比擬的。即使在本章之後，我們還要說明關於樹這一資料結構的相關知識，可見它的重要性。

開頭我們提到了樹的定義，講到了遞迴在樹定義中的應用。提到了如子樹、節點、度、葉子、分支節點、雙親、孩子、層次、深度、森林等諸多概念，這些都是需要在了解的基礎上去記憶的。

我們談到了樹的儲存結構時，講了雙親標記法、孩子標記法、孩子兄弟標記法等不同的儲存結構。

並由孩子兄弟標記法引出了我們這章中最重要一種樹，二元樹。

二元樹每個節點最多兩棵子樹，有左右之分。提到了斜樹，滿二元樹、完全二元樹等特殊二元樹的概念。

我們接著談到它的各種性質，這些性質給我們研究二元樹帶來了方便。

二元樹的儲存結構由於其特殊性使得既可以用循序儲存結構又可以用鏈式儲存結構表示。

檢查是二元樹最重要的一種學問，前序、中序、後序以及層序檢查都是需要熟練掌握的知識。要讓自己要學會用電腦的執行思維去模擬遞迴的實現，可以加深我們對遞迴的了解。不過，並非二元樹檢查就一定要用到遞迴，只不過遞迴的實現比較優雅而已。這點需要明確。

二元樹的建立自然也是可以透過遞迴來實現。

研究中也發現，二元鏈結串列有很多浪費的空指標可以利用，尋找某個節點的前驅和後繼為什麼非要每次檢查才可以獲得，這就引出了如何建置一棵線索二元樹的問題。線索二元樹給二元樹的節點尋找和檢查帶來了高效率。

樹、森林看似複雜，其實它們都可以轉化為簡單的二元樹來處理，我們提供了樹、森林與二元樹的互相轉換的辦法，這樣就使得面對樹和森林的資料結構時，編碼實現成為了可能。

最後，我們提到了關於二元樹的應用，霍夫曼樹和霍夫曼編碼，對於帶有權重路徑的二元樹做了詳盡地説明，讓你初步了解資料壓縮的原理，並明白其是如何做到無損編碼和無錯解碼的。

6.14 結尾語

在我們這章開頭，我們提到了《阿凡達》這部電影，電影中有一個情節就是人類用先進的航空武器和導彈硬是將那棵納威人賴以生存的蒼天大樹給放倒了，讓人很是唏噓感慨。這儘管講的只是一個虛構的故事，但在現實社會中，人類為了某種很短期的利益，亂砍濫伐，毀滅森林，破壞植被幾乎天天都在我們居住的地球上演。

這樣造成的結果就是冬天深寒、夏天酷熱、超強颱風、百年洪水、滾滾泥流、無盡乾旱。我們地球上人類的生存環境岌岌可危。

是的，這只是一堂電腦課，講的是無生命的資料結構──樹。但在這一章的最後，我還是想呼籲一下大家。

人受傷時還會流下淚水，樹受傷時，老天都不會哭泣。希望我們的未來不要僅有鋼筋水泥建造的高樓和大廈，也要有鬱鬱蔥蔥的森林和草地，我們人類才可能與自然和諧共處。愛護樹木、保護森林，讓我們為生存的家園能夠更加自然與美好，盡一份自己的力量。

今天課就到這，下課。

Chapter

07

啟示

圖：圖（Graph）是由頂點的有限不可為空集合和頂點之間邊的集合組成，通常表示為：G（V,E），其中，G 表示一個圖，V 是圖 G 中頂點的集合，E 是圖 G 中邊的集合。

7.1 開場白

旅遊幾乎是每個年輕人的愛好，但沒有錢或沒時間也是困惑年輕人不能圓夢的直接原因。如果可以用最少的資金和最少的時間周遊中國甚至是世界一定是非常棒的。假設你已經有了一筆不算很豐裕的閒錢，也有了約半年的時間。此時打算全中國的旅遊，你將如何安排這次行程呢？

我們假設旅遊就是一個一個省市進行，省市內的風景區不去細分，例如北京玩 7 天，天津玩 3 天，四川玩 20 天這樣子。你現在需要做的就是制訂一個規劃方案，如何才能用最少的成本將下圖中的所有省市都玩遍，這裡所謂最少的成本是指交通成本與時間成本。

如果你不善於規劃，很有可能就會出現如玩好新疆後到海南，然後再衝向黑龍江這樣的荒唐決策。但是即使是順著省市遊玩的方案也會存在很複雜的選擇問題，例如遊完湖北，周邊有安徽、江西、湖南、重慶、陝西、河南等省市，你下一步怎麼走最划算呢？

你一時解答不了這些問題是很正常的，計算的工作本來就非人腦而應該是電腦去做的事情。我們今天要開始學習最有意思的一種資料結構——圖。在圖的應用中，就有對應的演算法來解決這樣的問題。學完這一章，即使不能馬上獲得最後的答案，你也大概知道應該如何去做了。

7.2 圖的定義

在線性串列中，資料元素之間是被串起來的，僅有線性關係，每個資料元素只有一個直接前驅和一個後繼。在樹狀結構中，資料元素之間具有明顯的層次關係，並且每一層上的資料元素可能和下一層中多個元素相關，但只能和上一層中一個元素相關。這和一對父母可以有多個孩子，但每個孩子卻只能有一對父母是一個道理。但現實中，人與人之間關係就非常複雜，例如我認識的朋友，可能他們之間也互相認識，這就不是簡單的一對一、一對多，研究人際關係很自然會考慮多對多的情況。那就是我們今天要研究的主題——圖。圖是一種較線性串列和樹更加複雜的資料結構。在圖形結構中，節點之間的關係可以是任意的，圖中任意兩個資料元素之間都可能相關。

前面同學可能覺得樹的術語好多，可來到了圖，你就知道，什麼才叫做真正的術語多。不過術語再多也是有規律可循的，讓我們開始「圖」世界的旅程。以右圖所示，先來看定義。

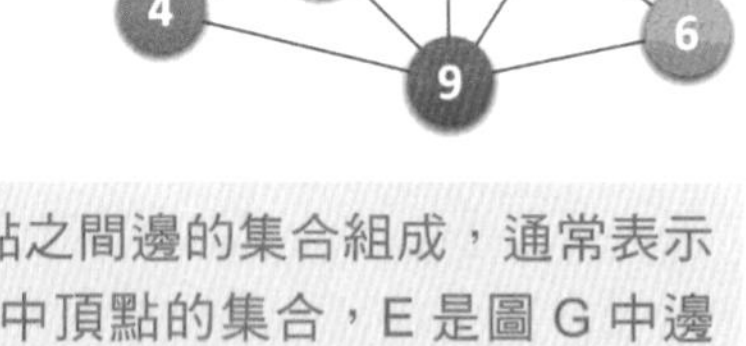

> 圖（Graph）是由頂點的有限不可為空集合和頂點之間邊的集合組成，通常表示為：G（V,E），其中，G 表示一個圖，V 是圖 G 中頂點的集合，E 是圖 G 中邊的集合。

對於圖的定義，我們需要明確幾個注意的地方。

- 線性串列中我們把資料元素叫元素，樹中將資料元素叫節點，在圖中資料元素，我們則稱之為頂點（Vertex）。[1]

1 有些書中也稱圖的頂點為 Node，在這裡統一用 Vertex。

- 線性串列中可以沒有資料元素，稱為空串列。樹中可以沒有節點，叫做空樹。那麼對於圖呢？我記得有一個笑話説一個小朋友拿著一張空白紙給別人卻說這是他畫的一幅「牛吃草」的畫，「那草呢？」「草被牛吃光了。」「那牛呢？」「牛吃完草就走了呀。」之所以好笑是因為我們根本不認為一張空白紙算作畫的。同樣，在圖結構中，不允許沒有頂點。在定義中，若 V 是頂點的集合，則強調了頂點集合 V 有限不可為空[2]。
- 線性串列中，相鄰的資料元素之間具有線性關係，樹結構中，相鄰兩層的節點具有層次關係，而圖中，任意兩個頂點之間都可能有關係，頂點之間的邏輯關係用邊來表示，邊集可以是空的。

7.2.1 各種圖定義

無向邊：若頂點 v_i 到 v_j 之間的邊沒有方向，則稱這條邊為無向邊（Edge），用**無序偶對**（v_i,v_j）來表示。如果圖中任意兩個頂點之間的邊都是無向邊，則稱該圖為**無向圖**（Undirected graphs）。下圖左圖就是一個無向圖，由於是無方向的，連接頂點 A 與 D 的邊，可以表示成無序對（A,D），也可以寫成（D,A）。

對無向圖 G_1 來説，G_1=（V_1,{E_1}），其中頂點集合 V_1={A,B,C,D}；邊集合 E_1={（A,B）,（B,C）,（C,D）,（D,A）,（A,C）}

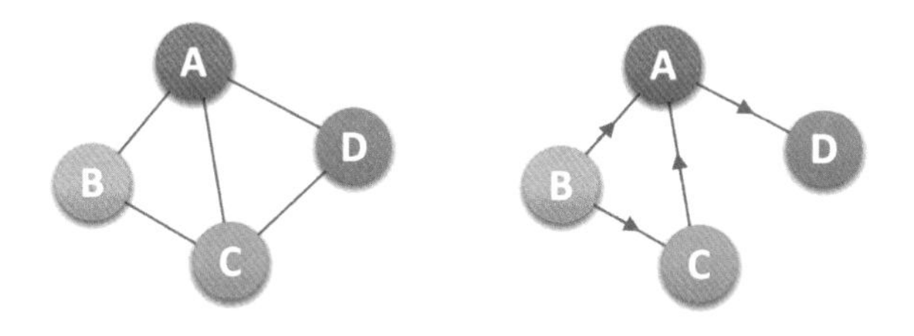

有向邊：若從頂點 v_i 到 v_j 的邊有方向，則稱這條邊為有向邊，也稱為**弧**（Arc）。用有序偶 <v_i, v_j> 來表示，v_i 稱為弧尾（Tail），v_j 稱為弧頭（Head）。如果圖中任意兩個頂點之間的邊都是有向邊，則稱該圖為**有向圖**（Directed graphs）。上圖右圖就是一個有向圖。**連接頂點 A 到 D 的有向邊就是弧，A 是弧尾，D 是弧頭，<A，D> 表示弧，注意不能寫成 <D，A>。**

2 此處定義有爭議。部分教材中強調點集非空，但在 http://en.wikipedia.org/wiki/Null_graph 提出點集可為空。

對上圖右圖中的有向圖 G_2 來說，G_2=（V_2,{E_2}），其中頂點集合 V_2={A,B,C,D}；弧集合 E_2={<A,D>,<B,A>,<C,A>,<B,C>}。

看清楚了，無向邊用小括號 "()" 表示，而有向邊則是用中括號 "<>" 表示。

在圖中，若不存在頂點到其本身的邊，且同一條邊不重複出現，則稱這樣的圖為簡單圖。我們課程裡要討論的都是簡單圖。顯然下圖中的兩個圖就不屬於我們要討論的範圍。

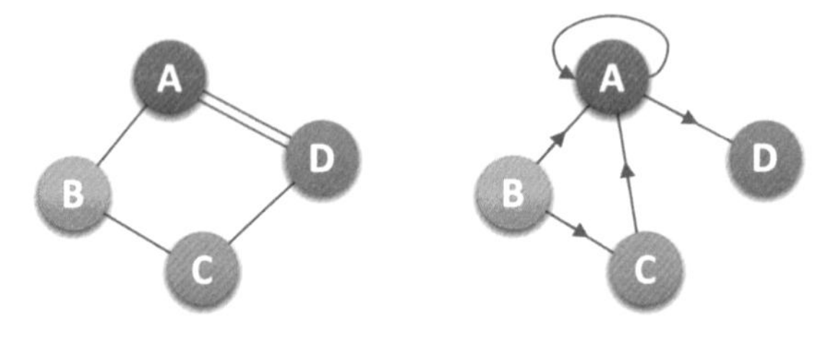

在無向圖中，如果任意兩個頂點之間都存在邊，則稱該圖為無向完全圖。含有 n 個頂點的無向完全圖有 $\frac{n\times(n-1)}{2}$ 條邊。例如下圖就是無向完全圖，因為每個頂點都要與除它以外的頂點連線，頂點 A 與 BCD 三個頂點連線，共有四個頂點，自然是 4×3，但由於頂點 A 與頂點 B 連線後，計算 B 與 A 連線就是重複，因此要整體除以 2，共有 6 條邊。

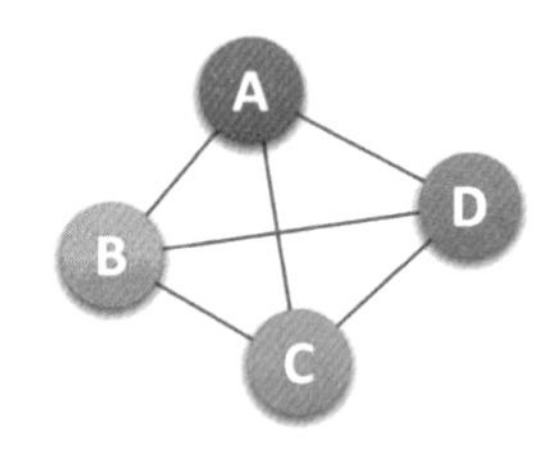

在有向圖中，如果任意兩個頂點之間都存在方向互為相反的兩條弧，則稱該圖為有向完全圖。含有 n 個頂點的有向完全圖有 $n\times(n-1)$ 條邊，如下圖所示。

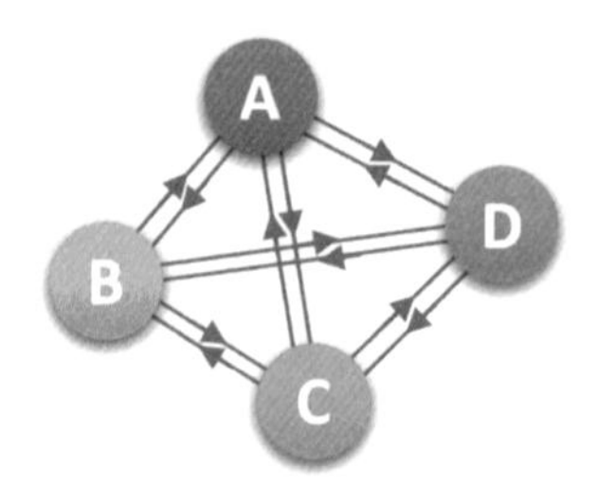

從這裡也可以獲得結論，對於具有 n 個頂點和 e 條邊數的圖，無向圖 $0 \leqslant e \leqslant n(n-1)/2$，有向圖 $0 \leqslant e \leqslant n(n-1)$。

有很少條邊或弧的圖稱為稀疏圖，反之稱為稠密圖。這裡稀疏和稠密是模糊的概念，都是相對而言的。例如我去上海世博會那天，參觀的人數差不多 50 萬人，我個人感覺人數實在是太多，可以用稠密來形容。可後來聽說，世博園裡人數最多的一天達到了 103 萬人，啊，50 萬人是多麼的稀疏呀。

有些圖的邊或弧具有與它相關的數字，這種**與圖的邊或弧相關的數叫做權重**（Weight）。這些權重可以表示從一個頂點到另一個頂點的距離或耗費。**這種帶權重的圖通常稱為網**（Network）。下圖就是一張帶權重的圖，即標識中國四大城市的直線距離的網，此圖中的權重就是兩地的距離。

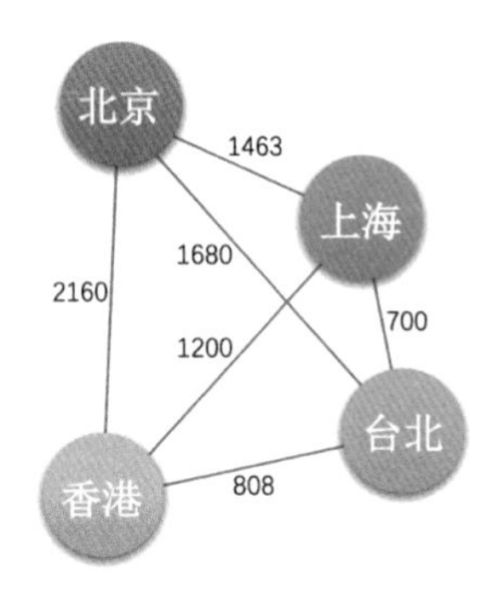

假設有兩個圖 G=（V,{E}）和 G'=（V',{E'}），如果 V'⊆V 且 E'⊆E，則稱 G' 為 G 的子圖（Subgraph）。例如下圖帶網底的圖均為左側無向圖與有向圖的子圖。

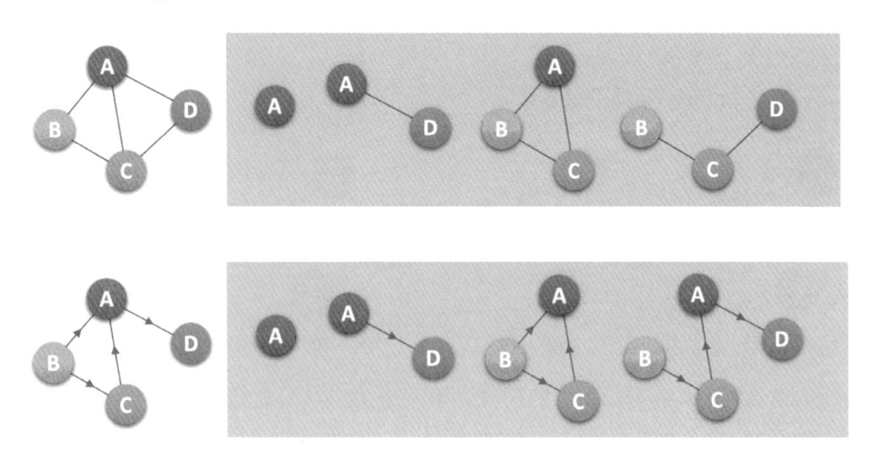

7.2.2 圖的頂點與邊間關係

對於無向圖 G=（V,{E}），如果邊（v,v'）∈E，則稱頂點 v 和 v' 互為相鄰點（Adjacent），即 v 和 v' 相鄰。邊（v,v'）依附（incident）於頂點 v 和 v'，或說（v,v'）與頂點 v 和 v' 相鄰。頂點 v 的度（Degree）是和 v 相連結的邊的數目，記為 TD（v）。例如上圖左側上方的無向圖，頂點 A 與 B 互為相鄰點，邊（A,B）依附於頂點 A 與 B 上，頂點 A 的度為 3。而此圖的邊數是 5，各個頂點度的和 =3+2+3+2=10，推敲後發現，邊數其實就是各頂點度數和的一半，多出的一半是因為重複兩次記數。簡記如下，

$$e=\frac{1}{2}\sum_{i=1}^{n}TD\left(v_i\right)$$

對於有向圖 G=（V,{E}），如果弧 <v,v'>∈E，則稱頂點 v 相鄰到頂點 v'，頂點 v' 相鄰自頂點 v。弧 <v,v'> 和頂點 v，v' 相連結。以頂點 v 為頭的弧的數目稱為 v 的內分支度（InDegree），記為 ID（v）；以 v 為尾的弧的數目稱為 v 的外分支度（OutDegree），記為 OD（v）；頂點 v 的度為 TD（v）=ID（v）+OD（v）。例如上圖左側下方的有向圖，頂點 A 的內分支度是 2（從 B 到 A 的弧，從 C 到 A 的弧），外分支度是 1（從 A 到 D 的弧），所以頂點 A 的度為 2+1=3。此有向圖的弧有 4 條，而各頂點的外分支度和 =1+2+1+0=4，各頂點的內分支度和 =2+0+1+1=4。所以獲得

$$e=\sum_{i=1}^{n}ID\left(v_i\right)=\sum_{i=1}^{n}OD\left(v_i\right)$$

無向圖 G=（V,{E}）中從頂點 v 到頂點 v' 的路徑（Path）是一個頂點序列（$v=v_{i,0},v_{i,1},\cdots,v_{i,m}=v'$），其中（$v_{i,j-1},v_{i,j}$）∈E，1 ≤ j ≤ m。例如下圖中就列舉了頂點 B 到頂點 D 四種不同的路徑。

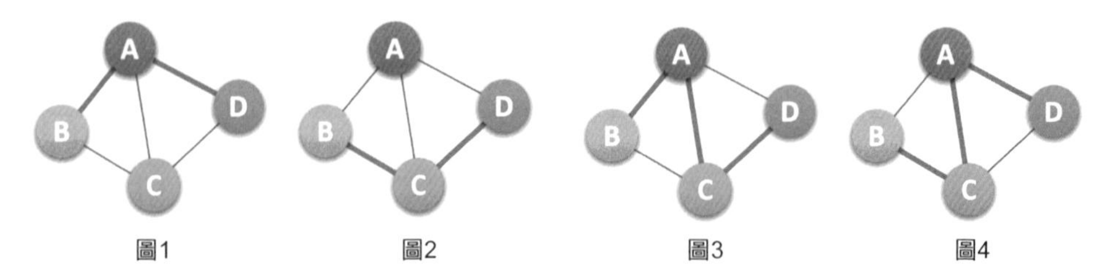

圖1　圖2　圖3　圖4

如果 G 是有向圖，則路徑也是有向的，頂點序列應滿足 $<v_{i,j-1},v_{i,j}>$∈E，1 ≤ j ≤ m。例如下圖，頂點 B 到 D 有兩種路徑。而頂點 A 到 B，就不存在路徑。

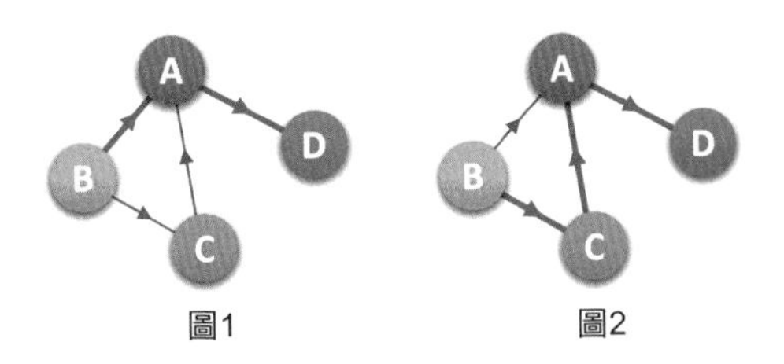

圖1　　圖2

樹中根節點到任意節點的路徑是唯一的，但是圖中頂點與頂點之間的路徑卻是不唯一的。

路徑的長度是路徑上的邊或弧的數目。上圖中的上方圖 1 和圖 2 兩條路徑長度為 2，下方圖 3 和圖 4 兩條路徑長度為 3。上圖左側路徑長為 2，右側路徑長度為 3。

第一個頂點和最後一個頂點相同的路徑稱為迴路或環（Cycle）。序列中頂點不重複出現的路徑稱為簡單路徑。除了第一個頂點和最後一個頂點之外，其餘頂點不重複出現的迴路，稱為簡單迴路或簡單環。下圖中兩個圖的粗線都組成環，左側的環因第一個頂點和最後一個頂點都是 B，且 C、D、A 沒有重複出現，因此是一個簡單環。而右側的環，由於頂點 C 的重複，它就不是簡單環了。

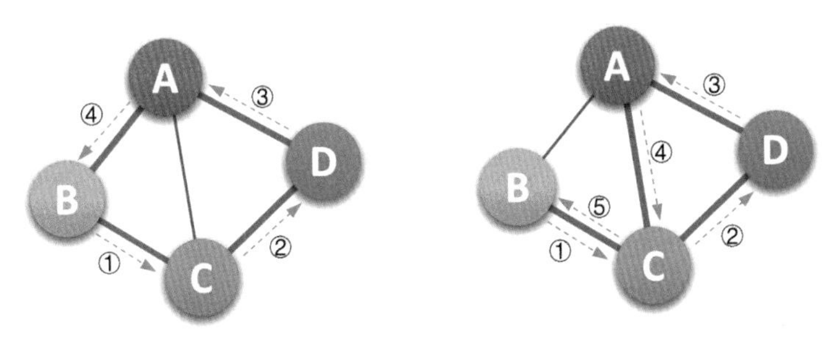

7.2.3 連通圖相關術語

在無向圖 G 中，如果從頂點 v 到頂點 v' 有路徑，則稱 v 和 v' 是連通的。如果對於圖中任意兩個頂點 v_i、$v_j \in V$，v_i 和 v_j 都是連通的，則稱 G 是連通圖（Connected Graph）。下圖的圖 1，它的頂點 A 到頂點 B、C、D 都是連通的，但顯然頂點 A 與頂點 E 或 F 就無路徑，因此不能算是連通圖。而下圖的圖 2，頂點 A、B、C、D 相互都是連通的，所以它本身是連通圖。

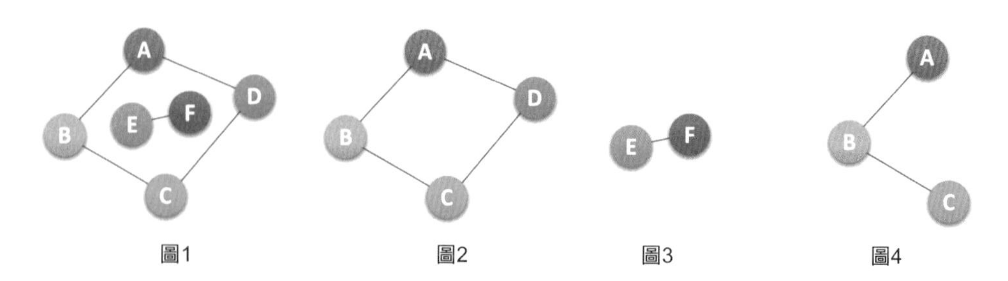

無向圖中的相當大連通子圖稱為連通分量。注意連通分量的概念，它強調：

- 要是子圖；
- 子圖要是連通的；
- 連通子圖含有相當大頂點數；
- 具有相當大頂點數的連通子圖包含依附於這些頂點的所有邊。

上圖的圖 1 是一個無向非連通圖。但是它有兩個連通分量，即圖 2 和圖 3。而圖 4，儘管是圖 1 的子圖，但是它卻不滿足連通子圖的相當大頂點數（圖 2 滿足）。因此它不是圖 1 的無向圖的連通分量。

在有向圖 G 中，如果對於每一對 v_i、$v_j \in V$、$v_i \neq v_j$，從 v_i 到 v_j 和從 v_j 到 v_i 都存在路徑，則稱 G 是強連通圖。有向圖中的相當大強連通子圖稱做有向圖的強連通分量。例如下圖中圖 1 並不是強連通圖，因為頂點 A 到頂點 D 存在路徑，而 D 到 A 就不存在。圖 2 就是強連通圖，而且顯然圖 2 是圖 1 的相當大強連通子圖，即是它的強連通分量。

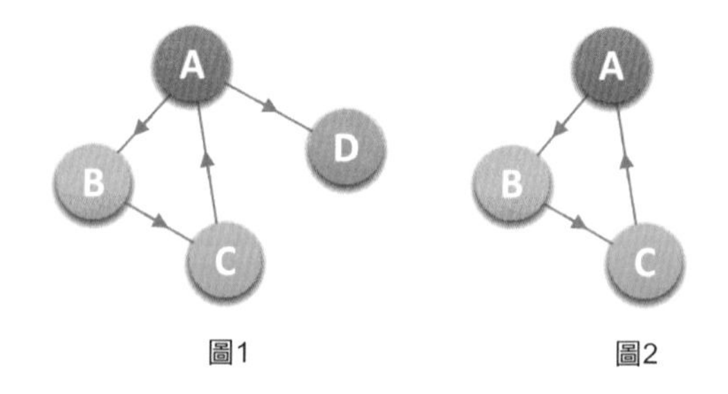

現在我們再來看連通圖的產生樹定義。

所謂的連通圖的產生樹是一個極小的連通子圖，它含有圖中全部的 n 個頂點，但只有足以組成一棵樹的 n−1 條邊。例如下圖的圖 1 是一普通圖，但顯然它不是產生樹，當去掉兩條組成環的邊後，例如圖 2 或圖 3，就滿足 n 個頂點 n−1 條邊且連通的定義了。它們都是一棵產生樹。從這裡也可知道，如果一個圖有 n 個頂點和小於 n−1 條邊，則是非連通圖，如果它多於 n−1 邊條，必定組成一個環，因為這條邊使得它依附的那兩個頂點之間有了第二條路徑。例如圖 2 和圖 3，隨便加哪兩頂點的邊都將組成環。不過有 n−1 條邊並不一定是產生樹，例如圖 4。

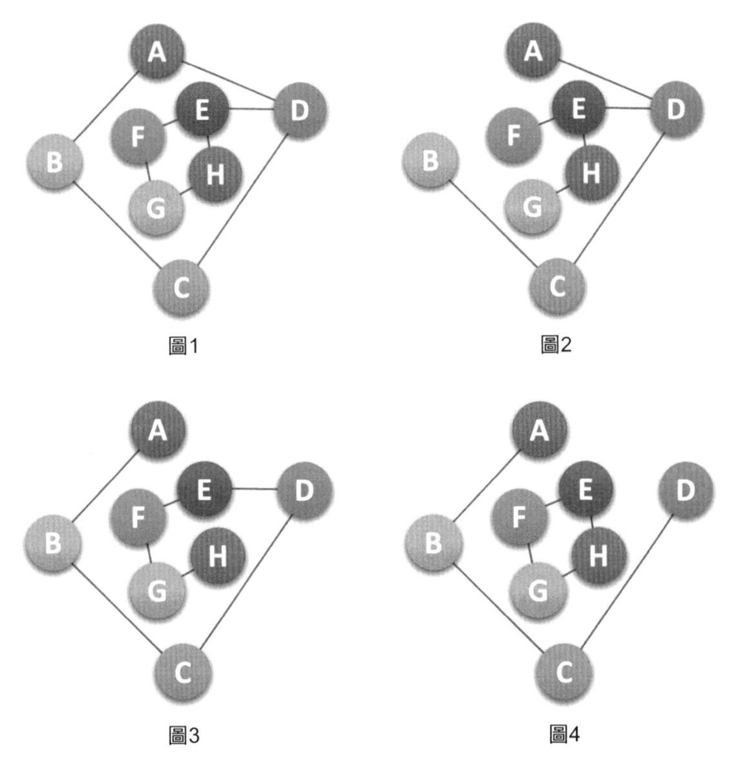

如果一個有向圖恰有一個頂點的內分支度為 0，其餘頂點的內分支度均為 1，則是一個有向樹。對有向樹的了解比較容易，所謂內分支度為 0 其實就相當於樹中的根節點，其餘頂點內分支度為 1 就是說樹的非根節點的雙親只有一個。

一個有向圖的產生森林由許多棵有向樹組成，含有圖中全部頂點，但只有足以組成許多棵不相交的有向樹的弧。如下圖的圖 1 是一棵有向圖。去掉一些弧後，它可以分解為兩棵有向樹，如圖 2 和圖 3，這兩棵就是圖 1 有向圖的產生森林。

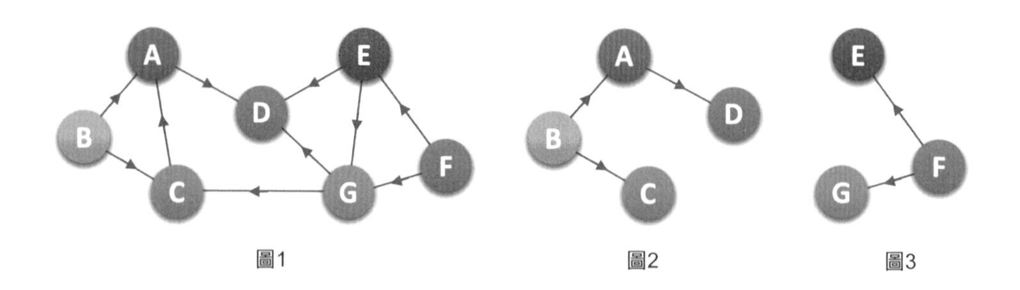

圖1 圖2 圖3

7.2.4 圖的定義與術語歸納

術語終於介紹得差不多了，可能有不少同學有些頭痛了，我們再來整理一下。

圖按照有無方向分為**無向圖**和**有向圖**。無向圖由**頂點**和**邊**組成，有向圖由頂點和**弧**組成。弧有**弧尾**和**弧頭**之分。

圖按照邊或弧的多少分**稀疏圖**和**稠密圖**。如果任意兩個頂點之間都存在邊叫**完全圖**，有向的叫**有向完全圖**。若無重複的邊或頂點到本身的邊則叫**簡單圖**。

圖中頂點之間有**相鄰點**、**依附**的概念。無向圖頂點的邊數叫做度，有向圖頂點分為**內分支度**和**外分支度**。

圖上的邊或弧上帶**權**則稱為**網**。

圖中頂點間存在**路徑**，兩頂點存在路徑則說明是**連通**的，如果路徑最後回到起始點則稱為**環**，當中不重複叫**簡單路徑**。若任意兩頂點都是連通的，則圖就是**連通圖**，有向則稱**強連通圖**。圖中有子圖，若子圖相當大連通則就是**連通分量**，有向的則稱**強連通分量**。

無向圖中連通且 n 個頂點 $n-1$ 條邊叫**產生樹**。有向圖中一頂點內分支度為 0 其餘頂點內分支度為 1 的叫**有向樹**。一個有向圖由許多棵有向樹組成**產生森林**。

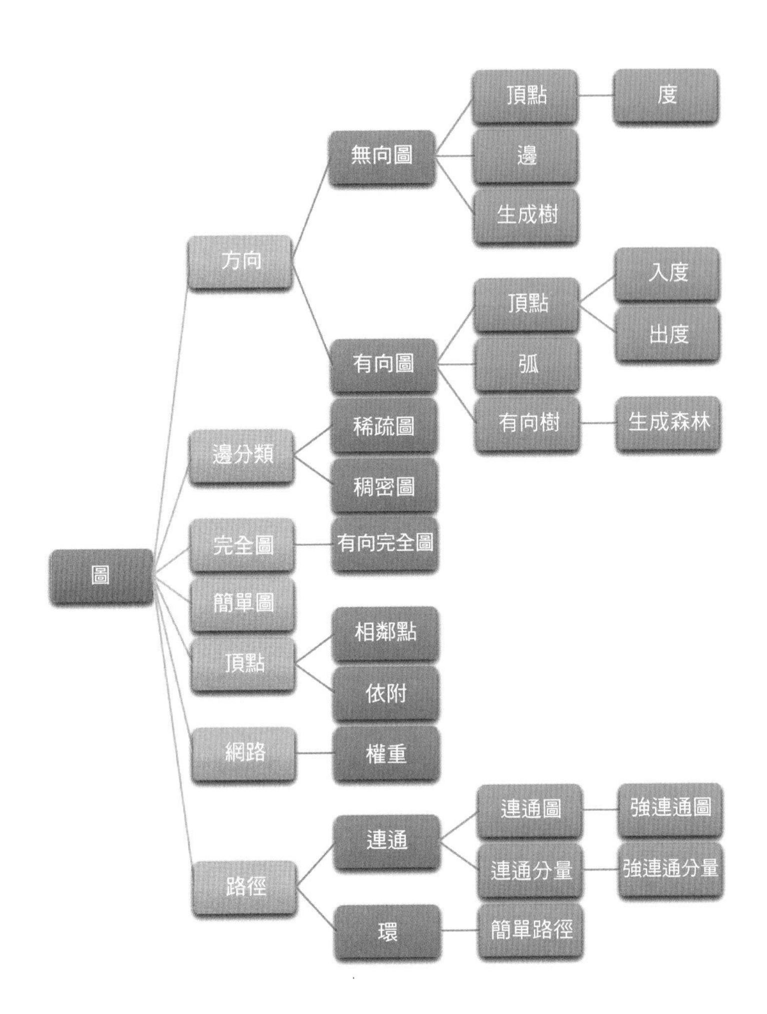

7.3 圖的抽象資料類型

圖身為資料結構，它的抽象資料類型帶有自己特點，正因為它的複雜，運用廣泛，使得不同的應用需要不同的運算集合，組成不同的抽象資料操作。我們這裡就來看看圖的基本操作。

```
ADT 圖 (Graph)
Data
    頂點的有限不可為空集合和邊的集合。
```

```
Operation
    CreateGraph(*G,V,VR)：按照頂點集 V 和邊弧集 VR 的定義建置圖 G。
    DestroyGraph(*G)：圖 G 存在則銷毀。
    LocateVex(G,u)：若圖 G 中存在頂點 u，則傳回圖中的位置。
    GetVex(G,v)：傳回圖 G 中頂點 v 的值。
    PutVex(G,v,value)：將圖 G 中頂點 v 設定值 value。
    FirstAdjVex(G,*v)：傳回頂點 v 的相鄰頂點，若頂點在 G 中無相鄰頂點傳回空。
    NextAdjVex(G,v,*w)：傳回頂點 v 相對於頂點 w 的下一個相鄰頂點，若 w 是 v 的
                        最後一個相鄰點則傳回 " 空 "。
    InsertVex(*G,v)：在圖 G 中增添新頂點 v。
    DeleteVex(*G,v)：刪除圖 G 中頂點 v 及其相關的弧。
    InsertArc(*G,v,w)：在圖 G 中增添弧 <v,w>，若 G 是無向圖，還需要增添對稱弧
                       <w,v>。
    DeleteArc(*G,v,w)：在圖 G 中刪除弧 <v,w>，若 G 是無向圖，則還刪除對稱弧
                       <w,v>。
    DFSTraverse(G)：對圖 G 中進行深度優先檢查，在檢查過程對每個頂點呼叫。
    HFSTraverse(G)：對圖 G 中進行廣度優先檢查，在檢查過程對每個頂點呼叫。
endADT
```

7.4 圖的儲存結構

圖的儲存結構相較線性串列與樹來說就更加複雜了。首先，我們口頭上說的「頂點的位置」或「相鄰點的位置」只是一個相對的概念。其實從圖的邏輯結構定義來看，圖上任何一個頂點都可被看成是第一個頂點，任一頂點的相鄰點之間也不存在次序關係。例如下圖中的四張圖，仔細觀察發現，它們其實是同一個圖，只不過頂點的位置不同，就造成了表面上不太一樣的感覺。

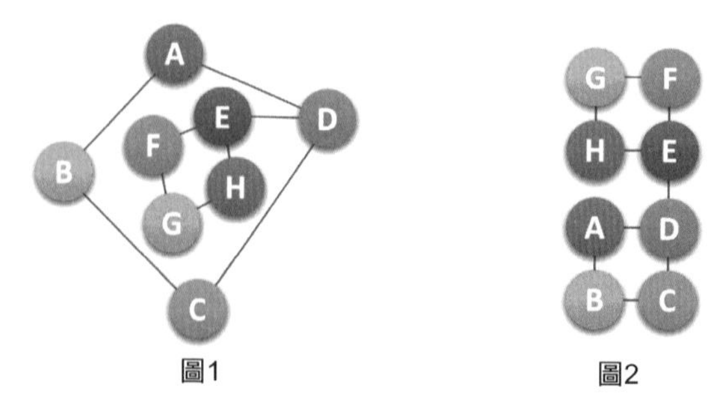

圖1　圖2

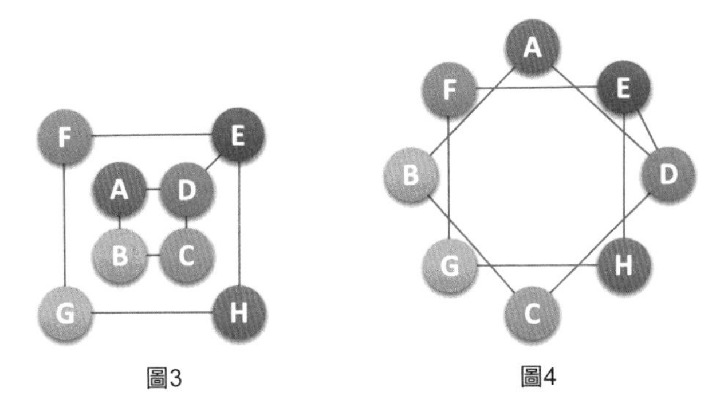

圖3　　圖4

也正由於圖的結構比較複雜，任意兩個頂點之間都可能存在聯繫，因此無法以資料元素在記憶體中的物理位置來表示元素之間的關係，也就是說，圖不可能用簡單的循序儲存結構來表示。而多重鏈結串列的方式，即以一個資料欄和多個指標域組成的節點表示圖中的頂點，儘管可以實現圖結構，但其實在樹中，我們也已經討論過，這是有問題的。如果各個頂點的度數相差很大，按度數最大的頂點設計節點結構會造成很多儲存單元的浪費，而若按每個頂點自己的度數設計不同的頂點結構，又帶來操作的不便。因此，對圖來說，如何對它實現物理儲存是個難題，不過我們的前輩們已經解決了，現在我們來看前輩們提供的五種不同的儲存結構。

7.4.1 相鄰矩陣

考慮到圖是由頂點和邊或弧兩部分組成。合在一起比較困難，那就很自然地考慮到分兩個結構來分別儲存。頂點不分大小、主次，所以用一個一維陣列來儲存是很不錯的選擇。而邊或弧由於是頂點與頂點之間的關係，一維搞不定，那就考慮用一個二維陣列來儲存。於是我們的相鄰矩陣的方案就誕生了。

圖的相鄰矩陣（Adjacency Matrix）儲存方式是用兩個陣列來表示圖。一個一維陣列儲存圖中頂點資訊，一個二維陣列（稱為相鄰矩陣）儲存圖中的邊或弧的資訊。

設圖 G 有 n 個頂點，則相鄰矩陣是一個 $n \times n$ 的方陣，定義為：

$$arc[i][j] = \begin{cases} 1, & \text{若 } (v_i,v_j) \in E \text{ 或 } \langle v_i,v_j \rangle \in E \\ 0, & \text{其他} \end{cases}$$

我們來看一個實例，下圖的左圖就是一個無向圖。

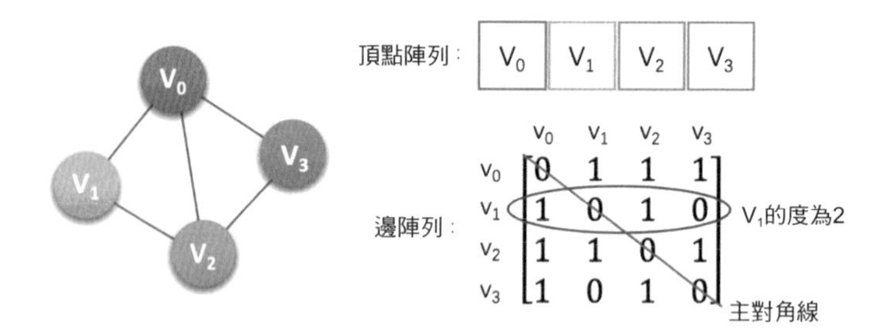

我們可以設定兩個陣列，頂點陣列為 vertex[4]={ v_0, v_1, v_2, v_3}，邊陣列 arc[4][4] 為上圖右圖這樣的矩陣。簡單解釋一下，對於矩陣的主對角線的值，即 arc[0][0]、arc[1][1]、arc[2][2]、arc[3][3]，全為 0 是因為不存在頂點到本身的邊，例如 v_0 到 v_0。arc[0][1]=1 是因為 v_0 到 v_1 的邊存在，而 arc[1][3]=0 是因為 v_1 到 v_3 的邊不存在。並且由於是無向圖，v_1 到 v_3 的邊不存在，表示 v_3 到 v_1 的邊也不存在。所以無向圖的邊陣列是一個對稱矩陣。

嗯？對稱矩陣是什麼？忘記了不要緊，複習一下。所謂對稱矩陣就是 n 階矩陣的元滿足 $a_{ij}=a_{ji}$，($0 \leqslant i,j \leqslant n$)。即從矩陣的左上角到右下角的主對角線為軸，右上角的元與左下角相對應的元全都是相等的。

有了這個矩陣，我們就可以很容易地知道圖中的資訊。

(1) 我們要判斷任意兩頂點是否有邊無邊就非常容易了。
(2) 我們要知道某個頂點的度，其實就是這個頂點 v_i 在相鄰矩陣中第 i 行（或第 i 列）的元素之和。例如頂點 v_1 的度就是 1+0+1+0=2。
(3) 求頂點 v_i 的所有相鄰點就是將矩陣中第 i 行元素掃描一遍，arc[i][j] 為 1 就是相鄰點。

我們再來看一個有向圖範例，如下圖所示的左圖。

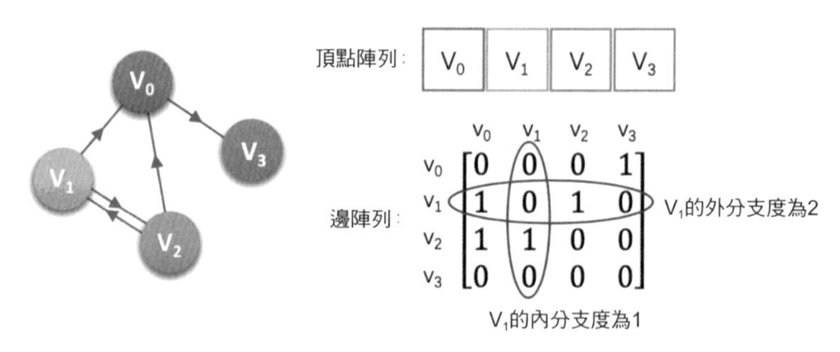

頂點陣列為 vertex[4]={ v_0, v_1, v_2, v_3}，弧陣列 arc[4][4] 為上圖右圖這樣的矩陣。主對角線上數值依然為 0。但因為是有向圖，所以此矩陣並不對稱，例如由 v_1 到 v_0 有弧，獲得 arc[1][0]=1，而 v_0 到 v_1 沒有弧，因此 arc[0][1]=0。

有向圖講究內分支度與外分支度，頂點 v_1 的內分支度為 1，正好是第 v_1 列各數之和。頂點 v_1 的外分支度為 2，即第 v_1 行的各數之和。

與無向圖同樣的辦法，判斷頂點 v_i 到 v_j 是否存在弧，只需要尋找矩陣中 arc[i][j] 是否為 1 即可。要求 v_i 的所有相鄰點就是將矩陣第 i 行元素掃描一遍，尋找 arc[i][j] 為 1 的頂點。

在圖的術語中，我們提到了網的概念，也就是每條邊上帶有權的圖叫做網。那麼這些權重就需要存下來，如何處理這個矩陣來適應這個需求呢？我們有辦法。

設圖 G 是網圖，有 n 個頂點，則相鄰矩陣是一個 $n \times n$ 的方陣，定義為：

$$arc[i][j] = \begin{cases} W_{ij}, & 若\ (v_i,v_j) \in E\ 或\ \langle v_i,v_j \rangle \in E \\ 0, & 若\ i = j \\ \infty, & 其他 \end{cases}$$

這裡 w_{ij} 表示（v_i,v_j）或 $\langle v_i,v_j \rangle$ 上的權重。∞ 表示一個電腦允許的、大於所有邊上權重的值，也就是一個不可能的極限值。有同學會問，為什麼不是 0 呢？原因在於權重 w_{ij} 大多數情況下是正值，但個別時候可能就是 0，甚至有可能是負值。因此必須要用一個不可能的值來代串列不存在。如下圖左圖就是一個有向網圖，右圖就是它的相鄰矩陣。

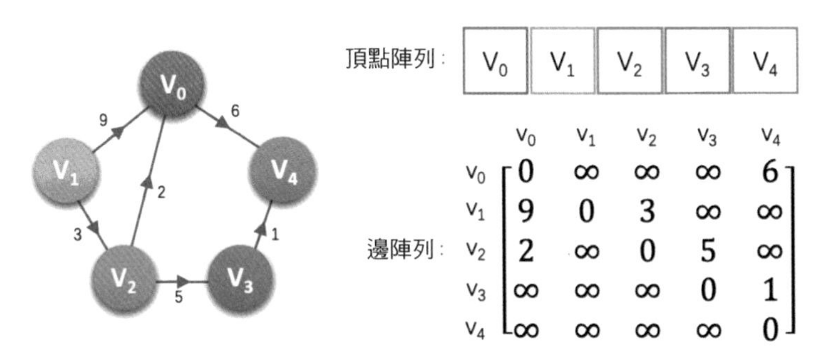

那麼相鄰矩陣是如何實現圖的建立的呢？我們先來看看圖的相鄰矩陣儲存的結構，程式如下。

```
typedef char VertexType;            /* 頂點型態應由使用者定義 */
typedef int EdgeType;               /* 邊上的權值型態應由使用者定義 */
#define MAXVEX 100                  /* 最大頂點數，應由使用者定義 */
#define INFINITY 65535              /* 用65535來代表∞ */
typedef struct
{
    VertexType vexs[MAXVEX];        /* 頂點列表 */
    EdgeType arc[MAXVEX][MAXVEX];   /* 相鄰矩陣，可看作邊列表 */
    int numNodes, numEdges;         /* 圖中目前的頂點數和邊數  */
}MGraph;
```

註：圖的相鄰矩陣結構相關程式請參看程式目錄下「/ 第 7 章圖 / 01 相鄰矩陣建立 _CreateMGraph.c」。

有了這個結構定義，我們建置一個圖，其實就是給頂點列表和邊列表輸入資料的過程。我們來看看無向網圖的建立程式。

```
/* 建立無向網圖的相鄰矩陣表示 */
void CreateMGraph(MGraph *G)
{
    int i,j,k,w;
    printf("輸入頂點數和邊數:\n");
    scanf("%d,%d",&G->numNodes,&G->numEdges);  /* 輸入頂點數和邊數 */
    for (i = 0;i <G->numNodes;i++)             /* 讀入頂點訊息,建立頂點列表 */
        scanf(&G->vexs[i]);
    for (i = 0;i <G->numNodes;i++)
        for (j = 0;j <G->numNodes;j++)
            G->arc[i][j]=INFINITY;             /* 相鄰矩陣初始化 */
    for (k = 0;k <G->numEdges;k++)             /* 讀入numEdges條邊，建立相鄰矩陣 */
    {
        printf("輸入邊(vi,vj)上的索引i，索引j和權w:\n");
        scanf("%d,%d,%d",&i,&j,&w);            /* 輸入邊(vi,vj)上的權w */
        G->arc[i][j]=w;
        G->arc[j][i]= G->arc[i][j];            /* 因為是無向圖，矩陣對稱 */
    }
}
```

從程式中也可以獲得，n 個頂點和 e 條邊的無向網圖的建立，時間複雜度為 $O(n+n^2+e)$，其中對相鄰矩陣 G.arc 的初始化耗費了 $O(n^2)$ 的時間。

7.4.2 相鄰串列

相鄰矩陣是不錯的一種圖型儲存結構，但是我們也發現，對於邊數相對頂點較少的圖，這種結構是存在對儲存空間的相當大浪費的。比如說，如果我們要處理下圖這樣的稀疏有向圖，相鄰矩陣中除了 arc[1][0] 有權重外，沒有其他弧，其實這些儲存空間都浪費掉了。

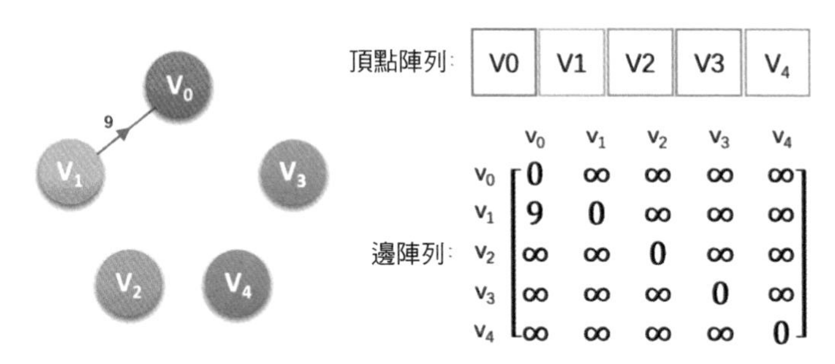

$$
\begin{array}{c|ccccc}
 & v_0 & v_1 & v_2 & v_3 & v_4 \\
\hline
v_0 & 0 & \infty & \infty & \infty & \infty \\
v_1 & 9 & 0 & \infty & \infty & \infty \\
v_2 & \infty & \infty & 0 & \infty & \infty \\
v_3 & \infty & \infty & \infty & 0 & \infty \\
v_4 & \infty & \infty & \infty & \infty & 0
\end{array}
$$

因此我們考慮另外一種儲存結構方式。回憶我們在線性串列時談到，循序儲存結構就存在預先分配記憶體可能造成儲存空間浪費的問題，於是引出了鏈式儲存的結構。同樣的，我們也可以考慮對邊或弧使用鏈式儲存的方式來避免空間浪費的問題。

再回憶我們在樹中談儲存結構時，講到了一種孩子標記法，將節點存入陣列，並對節點的孩子進行鏈式儲存，不管有多少孩子，也不會存在空間浪費問題。這個想法同樣適用於圖的儲存。我們把這種**陣列與鏈結串列相結合的儲存方法稱為相鄰串列**（Adjacency List）。

相鄰串列的處理辦法如下。

(1) 圖中頂點用一個一維陣列儲存，當然，頂點也可以用單鏈結串列來儲存，不過陣列可以較容易地讀取頂點資訊，更加方便。另外，對於頂點陣列中，每個資料元素還需要儲存指向第一個相鄰點的指標，以便於尋找該頂點的邊資訊。

(2) 圖中每個頂點 v_i 的所有相鄰點組成一個線性串列，由於相鄰點的個數不定，所以用單鏈結串列儲存，無向圖稱為頂點 v_i 的邊列表，有向圖則稱為頂點 v_i 作為弧尾的出邊列表。

例如下圖所示的就是一個無向圖的相鄰串列結構。

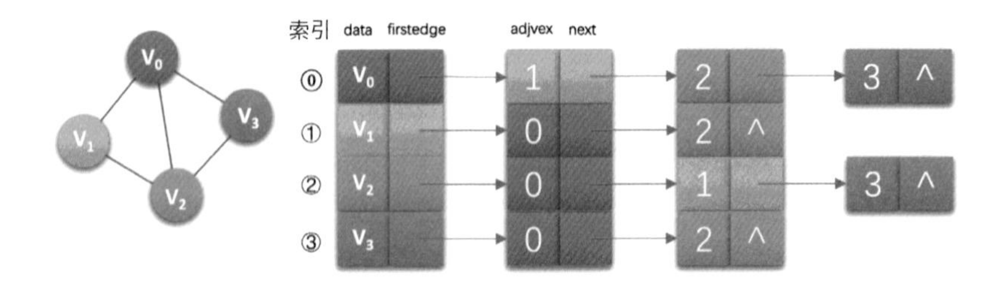

從圖中我們知道，頂點列表的各個節點由 data 和 firstedge 兩個域表示，data 是資料欄，儲存頂點的資訊，firstedge 是指標域，指向邊列表的第一個節點，即此頂點的第一個相鄰點。邊列表節點由 adjvex 和 next 兩個域組成。adjvex 是相鄰點域，儲存某頂點的相鄰點在頂點列表中的索引，next 則儲存指向邊列表中下一個節點的指標。例如 v_1 頂點與 v_0、v_2 互為相鄰點，則在 v_1 的邊列表中，adjvex 分別為 v_0 的 0 和 v_2 的 2。

這樣的結構，對於我們要獲得圖的相關資訊也是很方便的。例如我們要想知道某個頂點的度，就去尋找這個頂點的邊列表中節點的個數。若要判斷頂點 v_i 到 v_j 是否存在邊，只需要測試頂點 v_i 的邊列表中 adjvex 是否存在節點 v_j 的索引 j 就行了。若求頂點的所有相鄰點，其實就是對此頂點的邊列表進行檢查，獲得的 adjvex 域對應的頂點就是相鄰點。

若是有向圖，相鄰串列結構是類似的，例如下圖中第一幅圖的相鄰串列就是第二幅圖。但要注意的是有向圖由於有方向，我們是以頂點為弧尾來儲存邊列表的，這樣很容易就可以獲得每個頂點的外分支度。

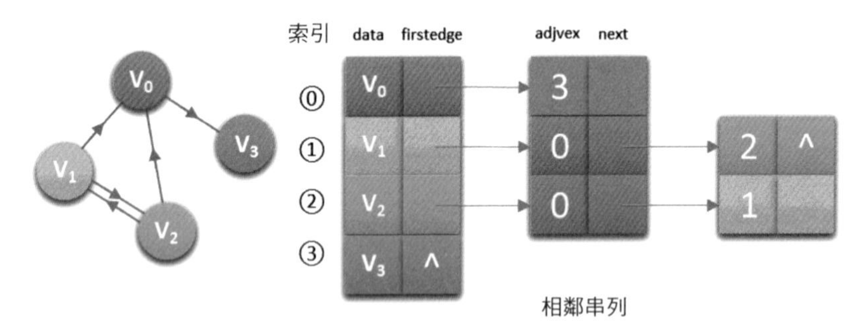

相鄰串列

但也有時為了便於確定頂點的內分支度或以頂點為弧頭的弧，我們可以建立**一個有向圖的逆相鄰串列，即對每個頂點 vi 都建立一個連結為 vi 為弧頭的串列**。如下圖的逆相鄰串列圖所示。

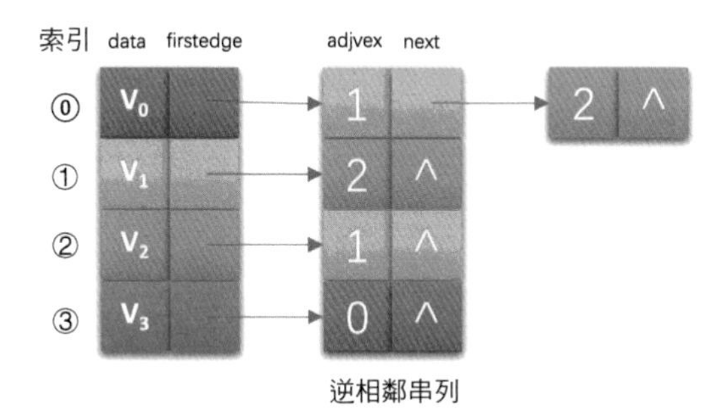

逆相鄰串列

此時我們很容易就可以算出某個頂點的內分支度或外分支度是多少，判斷兩頂點是否存在弧也很容易實現。

對於帶權重的網圖，可以在邊列表節點定義中再增加一個 weight 的資料欄，儲存權重資訊即可，如下圖所示。

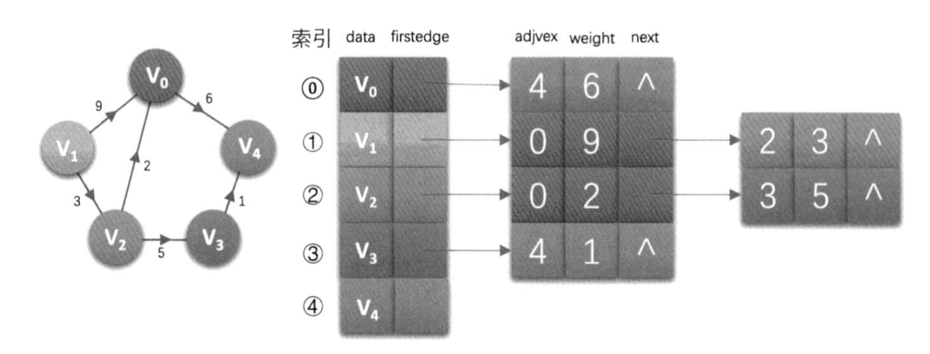

有了這些結構的圖，下面關於節點定義的程式就很好了解了。

```
typedef char VertexType;                /* 頂點型態應由使用者定義 */
typedef int EdgeType;                   /* 邊上的權值型態應由使用者定義 */

typedef struct EdgeNode                 /* 邊列表節點 */
{
    int adjvex;                         /* 相鄰點域，儲存該頂點對應的索引 */
    EdgeType info;                      /* 用於儲存權值，對於非網圖可以不需要 */
    struct EdgeNode *next;              /* 鏈域，指向下一個相鄰點 */
}EdgeNode;

typedef struct VertexNode               /* 頂點列表節點 */
{
    VertexType data;                    /* 頂點域，儲存頂點訊息 */
    EdgeNode *firstedge;                /* 邊頭部指標 */
```

```
}VertexNode, AdjList[MAXVEX];

typedef struct
{
    AdjList adjList;
    int numNodes,numEdges;              /* 圖中目前頂點數和邊數 */
}GraphAdjList;
```

註：圖的相鄰串列結構相關程式請參看程式目錄下「/第7章圖/02相鄰串列建立_CreateALGraph.c」。

對於相鄰串列的建立，也就是順理成章之事。無向圖的相鄰串列建立程式如下。

```
/* 建立圖的相鄰串列結構 */
void  CreateALGraph(GraphAdjList *G)
{
    int i,j,k;
    EdgeNode *e;
    printf("輸入頂點數和邊數:\n");
    scanf("%d,%d",&G->numNodes,&G->numEdges);       /* 輸入頂點數和邊數 */
    for (i = 0;i < G->numNodes;i++)                  /* 讀入頂點訊息，建立頂點列表 */
    {
        scanf(&G->adjList[i].data);                  /* 輸入頂點訊息 */
        G->adjList[i].firstedge=NULL;                /* 將邊列表置為空表 */
    }


    for (k = 0;k < G->numEdges;k++)               /* 建立邊列表 */
    {
        printf("輸入邊(vi,vj)上的頂點序號:\n");
        scanf("%d,%d",&i,&j);                      /* 輸入邊(vi,vj)上的頂點序號 */
        e=(EdgeNode *)malloc(sizeof(EdgeNode)); /* 向記憶體申請空間,產生邊列表節點 */
        e->adjvex=j;                          /* 相鄰序號為j */
        e->next=G->adjList[i].firstedge;      /* 將e的指標指向目前頂點上指向的節點 */
        G->adjList[i].firstedge=e;            /* 將目前頂點的指標指向e */
        e=(EdgeNode *)malloc(sizeof(EdgeNode)); /* 向記憶體申請空間,產生邊列表節點 */
        e->adjvex=i;                          /* 相鄰序號為i */
        e->next=G->adjList[j].firstedge;      /* 將e的指標指向目前頂點上指向的節點 */
        G->adjList[j].firstedge=e;            /* 將目前頂點的指標指向e */
    }
}
```

這裡反白的程式，是應用了我們在單鏈結串列建立中說明到的頭插法[3]，由於對無向圖，一條邊對應都是兩個頂點，所以在迴圈中，一次就針對 i 和 j 分別進行了插入。本演算法的時間複雜度，對於 n 個頂點 e 條邊來說，很容易得出是 $O(n+e)$。

7.4.3 十字鏈結串列

記得看過一個創意，我非常喜歡。說的是在美國，晚上需要保全透過視訊監控對如商場超市、碼頭倉庫、辦公辦公大樓等場所進行安保工作，如右圖。值夜班代價總是比較大的，所以人員成本很高。一位老兄在國內經常和美國的朋友視訊聊天，但總為白天黑夜的時差苦惱，突然靈感一來，想到一個絕妙的點子。他建立一家公司，承接美國客戶的視訊監控工作，因為美國的黑夜就是中國的白天，利用網際網路，他的員工白天上班就可以監控到美國倉庫夜間的實際情況，如果發生了像火災、偷盜這樣的突發事件，即時電話到美國當地相關人員處理。由於利用了時差和人員成本的優勢，這位老兄發了大財。這個創意讓我們知道，充分利用現有的資源，正向思維、逆向思維、整合思維可以創造更大價值。

那麼對有向圖來說，相鄰串列是有缺陷的。關心了外分支度問題，想了解內分支度就必須要檢查整個圖才能知道，反之，逆相鄰串列解決了內分支度卻不了解外分支度的情況。有沒有可能**把相鄰串列與逆相鄰串列結合起來**呢？答案是一定的，就是把它們整合在一起。這就是我們現在要講的有向圖的一種儲存方法：**十字鏈結串列**（Orthogonal List）。

我們重新定義頂點列表節點結構如下表所示。

data	firstin	firstout

3　詳細說明參見本書 3.9 節內容。

其中 firstin 表示入邊頭指標，指向該頂點的入邊列表中第一個節點，firstout 表示出邊頭指標，指向該頂點的出邊列表中的第一個節點。

重新定義的邊列表節點結構如下表所示。

tailvex	headvex	headlink	taillink

其中 tailvex 是指弧起點在頂點列表的索引，headvex 是指弧終點在頂點列表中的索引，headlink 是指入邊列表指標域，指在終點相同的下一條邊，taillink 是指邊列表指標域，指向起點相同的下一條邊。如果是網，還可以再增加一個 weight 域來儲存權重。

例如下圖，頂點依然是存入一個一維陣列 $\{v_0,v_1,v_2,v_3\}$，實線箭頭指標的圖示與上面的的相鄰串列的圖相似。就以頂點 v_0 來說，firstout 指向的是出邊列表中的第一個節點 v_3。所以 v_0 邊列表節點的 headvex=3，而 tailvex 其實就是目前頂點 v_0 的索引 0，由於 v_0 只有一個出邊頂點，所以 headlink 和 taillink 都是空。

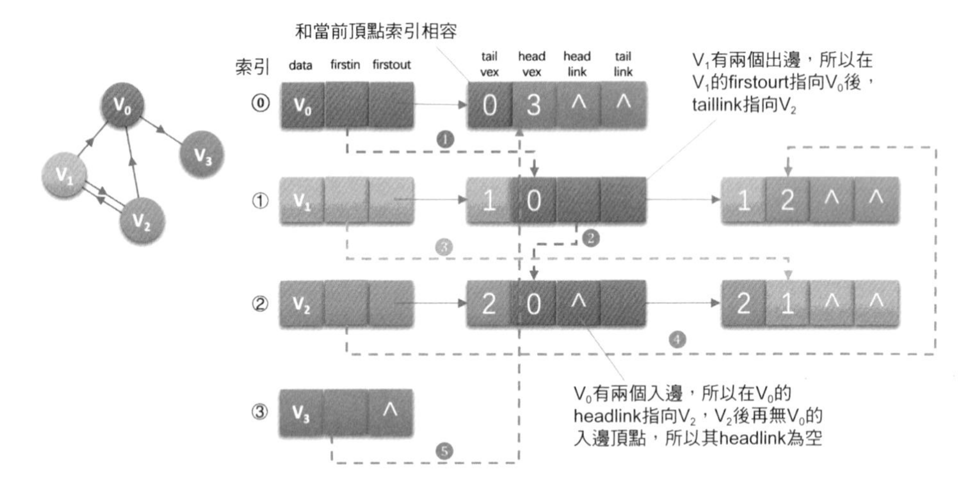

我們重點需要來解釋虛線箭頭的含義，它其實就是此圖的逆相鄰串列的表示。對 v_0 來說，它有兩個頂點 v_1 和 v_2 的入邊。因此 v_0 的 firstin 指向頂點 v_1 的邊列表節點中 headvex 為 0 的節點，如上圖右圖中的①。接著由入邊節點的 headlink 指向下一個入邊頂點 v_2，如圖中的②。對於頂點 v_1，它有一個入邊頂點 v_2，所以它的 firstin 指向頂點 v_2 的邊列表節點中 headvex 為 1 的節點，如圖中的③。頂點 v_2 和 v_3 也是同樣有一個入邊頂點，如圖中④和⑤。

十字鏈結串列的好處就是因為把相鄰串列和逆相鄰串列整合在了一起，這樣既容易找到以 v_i 為尾的弧，也容易找到以 v_i 為頭的弧，因而容易求得頂點的外分支度和內分支度。而且它除了結構複雜一點外，其實建立圖型演算法的時間複雜度是和相鄰串列相同的，因此，在有向圖的應用中，十字鏈結串列是非常好的資料結構模型。

7.4.4 相鄰多重串列

講了有向圖的最佳化儲存結構，對於無向圖的相鄰串列，有沒有問題呢？如果我們在無向圖的應用中，關注的重點是頂點，那麼相鄰串列是不錯的選擇，但如果我們更關注邊的操作，例如對已存取過的邊做標記，刪除某一條邊等操作，那就表示，需要找到這條邊的兩個邊列表節點操作，這其實還是比較麻煩的。例如下圖，若要刪除左圖的（v_0,v_2）這條邊，需要對相鄰串列結構中右邊列表的陰影兩個節點進行刪除操作，顯然這是比較煩瑣的。

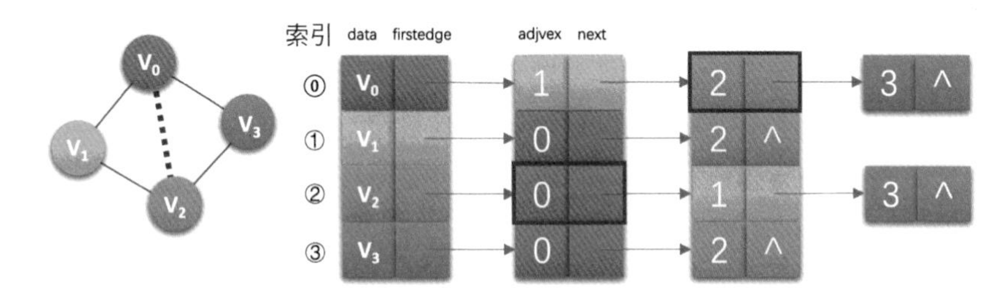

因此，我們也仿照十字鏈結串列的方式，對邊列表節點的結構進行一些改造，也許就可以避免剛才提到的問題。

重新定義的邊列表節點結構如下表所示。

ivex	ilink	jvex	jlink

其中 ivex 和 jvex 是與某條邊依附的兩個頂點在頂點列表中的索引。ilink 指向依附頂點 ivex 的下一條邊，jlink 指向依附頂點 jvex 的下一條邊。這就是相鄰多重串列結構。

我們來看結構示意圖的繪製過程，了解了它是如何連線的，也就了解相鄰多重串列建置原理了。如下圖所示，左圖告訴我們它有 4 個頂點和 5 條邊，顯然，我們就應該先將 4 個頂點和 5 條邊的邊列表節點畫出來。由於是無向圖，所以 ivex 是 0、jvex 是 1 還是反過來都是無所謂的，不過為了繪圖方便，都將 ivex 值設定得與一旁的頂點索引相同。

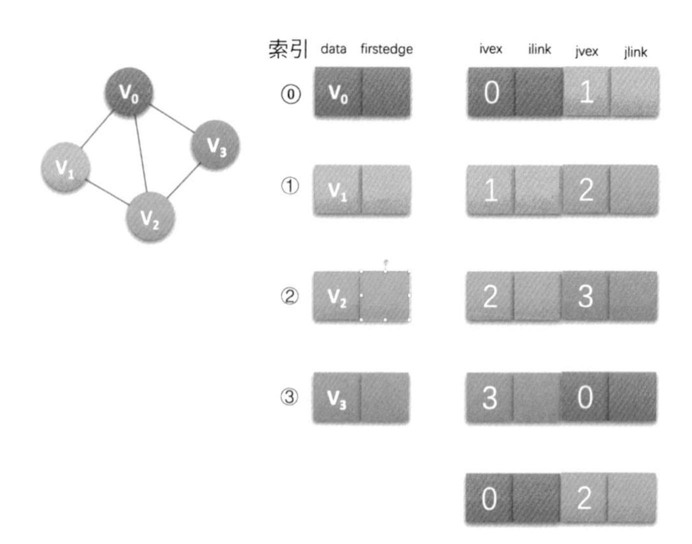

我們開始連線，如下圖。首先連線的①②③④就是將頂點的 firstedge 指向一條邊，頂點索引要與 ivex 的值相同，這很好了解。接著，由於頂點 v_0 的（v_0,v_1）邊的鄰邊有（v_0,v_3）和（v_0,v_2）。因此⑤⑥的連線就是滿足指向下一條依附於頂點 v_0 的邊的目標，注意 ilink 指向的節點的 jvex 一定要和它本身的 ivex 的值相同。同樣的道理，連線⑦就是指（v_1,v_0）這條邊，它是相當於頂點 v_1 指向（v_1,v_2）邊後的下一條。v_2 有三條邊依附，所以在③之後就有了⑧⑨。連線⑩的就是頂點 v_3 在連線④之後的下一條邊。左圖一共有 5 條邊，所以右圖有 10 條連線，完全符合預期。

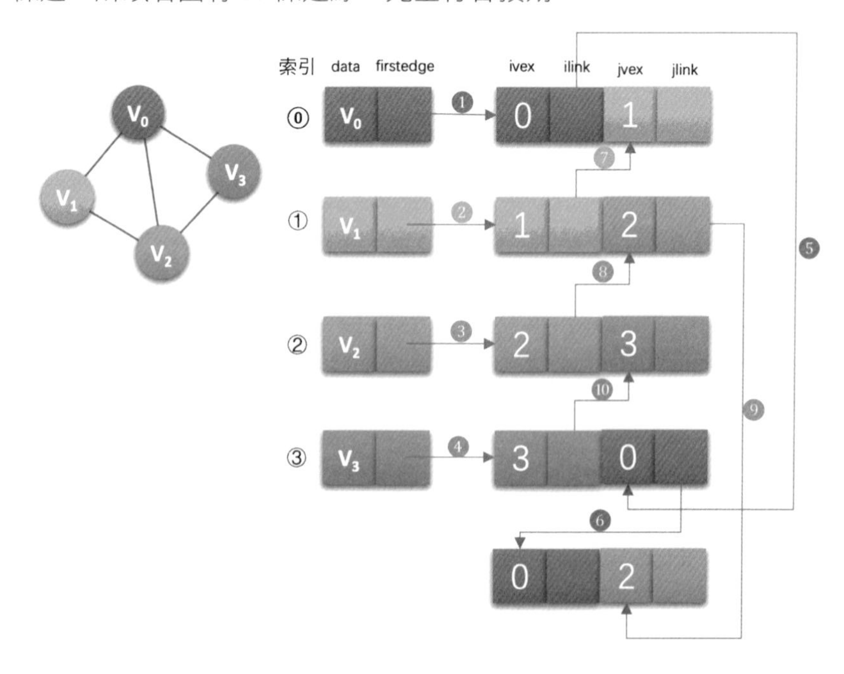

到這裡，大家應該可以明白，相鄰多重串列與相鄰串列的差別，僅是在於同一條邊在相鄰串列中用兩個節點表示，而在相鄰多重串列中只有一個節點。這樣對邊的操作就方便多了，若要刪除左圖的（v_0,v_2）這條邊，只需要將右圖的⑥⑨的連結指向改為 ∧ 即可。由於各種基本操作的實現也和相鄰串列是相似的，這裡我們就不說明程式了。

7.4.5 邊集陣列

邊集陣列是由兩個一維陣列組成。一個是儲存頂點的資訊；另一個是儲存邊的資訊，這個邊陣列每個資料元素由一條邊的起點索引（begin）、終點索引（end）和權（weight）組成，如下圖所示。顯然邊集陣列關注的是邊的集合，在邊集陣列中要尋找一個頂點的度需要掃描整個邊陣列，效率並不高。因此它更適合對邊依次進行處理的操作，而不適合對頂點相關的操作。關於邊集陣列的應用我們將在本章 7.6.2 節的克魯斯克爾（Kruskal）演算法中有介紹，這裡就不再詳述了。

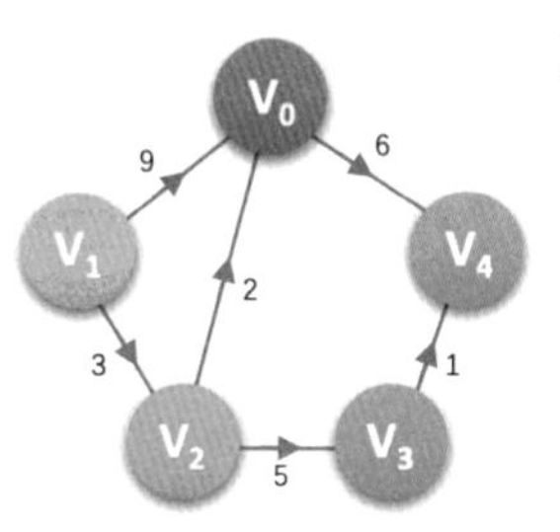

頂點陣列：

V_0	V_1	V_2	V_3	V_4

邊陣列：

	begin	end	weight
Edges[0]	0	4	6
Edges[1]	1	0	9
Edges[2]	1	2	3
Edges[3]	2	3	5
Edges[4]	3	4	1
Edges[5]	2	0	2

定義的邊陣列結構如下表所示。

begin	end	weight

其中 begin 是儲存起點索引，end 是儲存終點索引，weight 是儲存權重。

7.5 圖的檢查

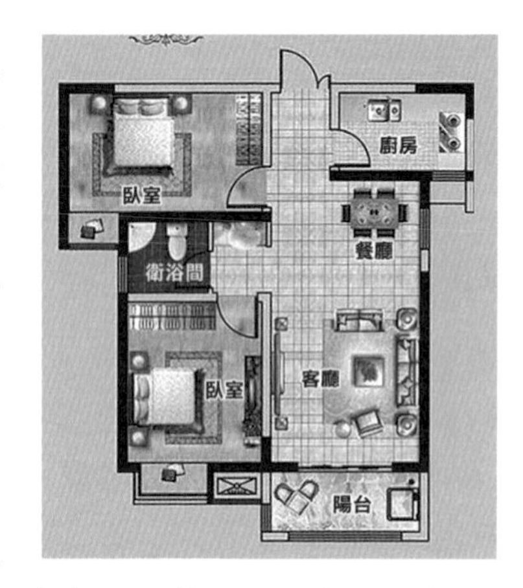

我有天早晨準備出門，發現鑰匙不見了。昨晚還看到它，所以確定鑰匙在家裡。一定是我那三歲不到的兒子拿著玩，不知道丟到哪個角落去了，問他也說不清楚。我現在必須得找到它，你們說，我應該如何找？介紹我們家的結構，如下圖所示，是最典型的兩房兩廳一廚一衛一陽台。

有人說，往小孩子經常玩的地方找找看。OK，我照做了，可惜沒找到。然後怎麼辦？有人說一間一間找，可怎麼個找法？是把一間房間翻個底朝天再找下一間好呢，還是先每個房間的最常去的位置找一找，然後再一步一步細化到每個房間的角落？

這是一個大家都可能會面臨的問題，不找的東西時常見，需要的東西尋不著。找東西的策略也因人而異。有些人因為找東西沒有規劃，當一樣東西找不到時，常常會反覆地找，甚至某些抽屜找個四五遍，另一些地方卻一次也沒找過。找東西是沒有什麼標準方法的，不過今天我們學過了圖的檢查以後，你至少應該在找東西時，更加科學地規劃尋找方案，而不至於手忙腳亂。

圖的檢查是和樹的檢查類似，我們希望**從圖中某一頂點出發訪遍圖中其餘頂點，且使每一個頂點僅被存取一次，這一過程就叫做圖的檢查**（Traversing Graph）。

樹的檢查我們談到了四種方案，應該說都還好，畢竟根節點只有一個，檢查都是從它發起，其餘所有節點都只有一個雙親。可圖就複雜多了，因為它的任一頂點都可能和其餘的所有頂點相鄰，極有可能存在沿著某條路徑搜尋後，又回到原頂點，而有些頂點卻還沒有檢查到的情況。因此我們需要在檢查過程中把存取過的頂點打上標記，以避免存取多次而不自知。實際辦法是設定一個存取陣列 visited[n]，n 是圖中頂點的個數，初值為 0，存取過後設定為 1。這其實在小說中常常見到，一行人在迷宮中迷了路，為了避免找尋出路時屢次重複，所以會在路口用小刀刻上標記。

對圖的檢查來說，如何避免因迴路陷入無窮迴圈，就需要科學地設計檢查方案，通常有兩種檢查次序方案：它們是深度優先檢查和廣度優先檢查。

7.5.1 深度優先檢查

深度優先檢查（Depth_First_Search），也有稱為深度優先搜尋，簡稱為DFS。它的實際思維就如同我剛才提到的找鑰匙方案，無論從哪一間房間開始都可以，例如主臥室，然後從房間的角開始，將房間內的牆角、床頭櫃、床上、床下、衣櫃裡、衣櫃上、前面的電視櫃等逐一尋找，做到不放過任何一個死角，所有的抽屜、儲藏櫃中全部都找遍，具體比喻就是翻個底朝天，然後再尋找下一間，直到找到為止。

為了更好的了解深度優先檢查，我們來做一個遊戲。

假設你需要完成一個工作，要求你在如下圖左圖這樣的迷宮中，從頂點 A 開始要走遍所有的圖頂點並作上標記，注意不是簡單地看著這樣的平面圖走哦，而是如同現實般地在只有高牆和通道的迷宮中去完成工作。

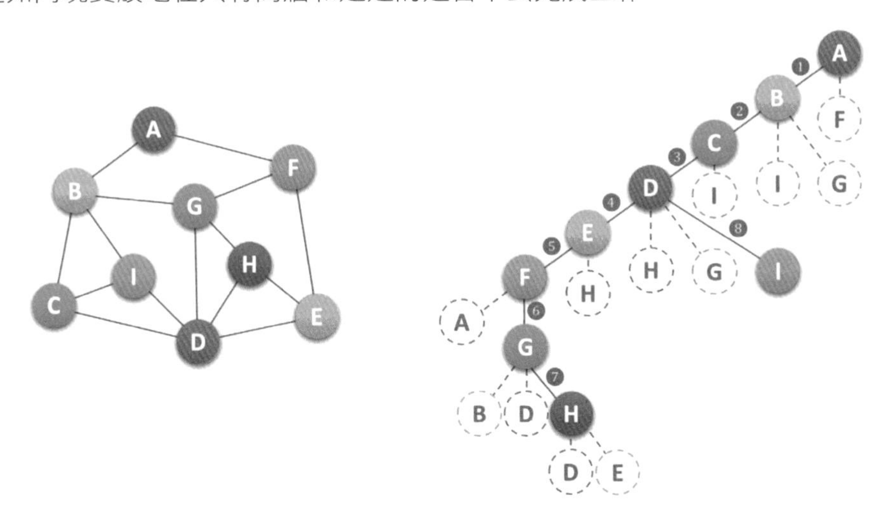

很顯然我們是需要策略的，否則在這四通八達的通道中亂竄，要想完成工作那就只能是碰運氣。如果你學過深度優先檢查，這個工作就不難完成了。

首先我們從頂點 A 開始，做上表示走過的記號後，面前有兩條路，通向 B 和 F，我們給自己定一個原則，在沒有碰到重複頂點的情況下，始終是向右手邊走，於是走到了 B 頂點。整個行路過程，可參看上圖的右圖。此時發現有三條分支，分別通向頂點 C、I、G，右手通行原則，使得我們走到了 C 頂點。就這樣，我們一直順著右手通道走，一直走到 F 頂點。當我們依然選擇右手通道走過去後，發現走回到頂點 A 了，因為在這裡做了記號表示已經走過。此時我們退回到頂點 F，走向從右數的第二條通道，到了 G 頂點，它有三條通道，發現 B 和 D 都已經是走過的，於是走到 H，當我們面對通向 H 的兩條通道 D 和 E 時，會發現都已經走過了。

此時我們是否已經檢查了所有頂點呢？沒有。可能還有很多分支的頂點我們沒有走到，所以我們按原路傳回。在頂點 H 處，再無通道沒走過，傳回到 G，也無未走過通道，傳回到 F，沒有通道，傳回到 E，有一條通道通往 H 的通道，驗證後也是走過的，再傳回到頂點 D，此時還有三條道未走過，一條條來，H 走過了，G 走過了，I，哦，這是一個新頂點，沒有標記，趕快記下來。繼續傳回，直到傳回頂點 A，確認你已經完成檢查工作，找到了所有的 9 個頂點。

反應快的同學一定會感覺到，深度優先檢查其實就是一個遞迴的過程，如果再敏感一些，會發現其實轉換成如上圖的右圖後，就像是一棵樹的前序檢查，沒錯，它就是。**它從圖中某個頂點 v 出發，存取此頂點，然後從 v 的未被存取的相鄰點出發深度優先檢查圖，直到圖中所有和 v 有路徑相通的頂點都被存取到**。事實上，我們這裡講到的是連通圖，對於非連通圖，只需要對它的連通分量分別進行深度優先檢查，即在先前一個頂點進行一次深度優先檢查後，**若圖中尚有頂點未被存取，則另選圖中一個未曾被存取的頂點作起始點，重複上述過程，直到圖中所有頂點都被存取到為止**。

如果我們用的是相鄰矩陣的方式，則程式如下：

```
#define MAXVEX 9
Boolean visited[MAXVEX];                /* 訪問標誌的陣列 */

/* 相鄰矩陣的深度優先遞迴算法 */
void DFS(MGraph G, int i)
{
    int j;
    visited[i] = TRUE;
    printf("%c ", G.vexs[i]);           /* 列印頂點，也可以其它動作 */
    for (j = 0; j < G.numVertexes; j++)
```

```
        if(G.arc[i][j] == 1 && !visited[j])
            DFS(G, j);                /* 對為存取的相鄰頂點遞迴呼叫 */
}

/* 相鄰矩陣的深度檢查動作 */
void DFSTraverse(MGraph G)
{
    int i;
    for (i = 0; i < G.numVertexes; i++)
        visited[i] = FALSE;          /* 起始所有頂點狀態都是未存取過狀態 */
    for (i = 0; i < G.numVertexes; i++)
        if(!visited[i])              /* 對未存取過的頂點呼叫DFS，若連通圖僅執行一次 */
            DFS(G, i);
}
```

註：圖相鄰矩陣檢查的相關程式請參看程式目錄下「/ 第 7 章圖 / 03 相鄰矩陣深度和廣度檢查 DFS_BFS.c」。

程式的執行過程，其實就是我們剛才迷宮找尋所有頂點的過程。

如果圖結構是相鄰串列結構，其 DFSTraverse 函數的程式是幾乎相同的，只是在遞迴函數中因為將陣列換成了鏈結串列而有不同，程式如下。

```
/* 相鄰串列的深度優先遞迴算法 */
void DFS(GraphAdjList GL, int i)
{
    EdgeNode *p;
    visited[i] = TRUE;
    printf("%c ",GL->adjList[i].data);  /* 列印頂點,也可以其它動作 */
    p = GL->adjList[i].firstedge;
    while(p)
    {
        if(!visited[p->adjvex])
            DFS(GL, p->adjvex);          /* 對為存取的相鄰頂點遞迴呼叫 */
        p = p->next;
    }
}

/* 相鄰串列的深度檢查動作 */
void DFSTraverse(GraphAdjList GL)
{
    int i;
```

```
    for (i = 0; i < GL->numVertexes; i++)
        visited[i] = FALSE;     /* 起始所有頂點狀態都是未存取過狀態 */
    for (i = 0; i < GL->numVertexes; i++)
        if(!visited[i])         /* 對未存取過的頂點呼叫DFS,若是連通圖,只會執行一次 */
          DFS(GL, i);
}
```

比較兩個不同儲存結構的深度優先檢查演算法，對 n 個頂點 e 條邊的圖來說，相鄰矩陣由於是二維陣列，要尋找每個頂點的相鄰點需要存取矩陣中的所有元素，因此都需要 $O(n^2)$ 的時間。而相鄰串列做儲存結構時，找相鄰點所需的時間取決於頂點和邊的數量，所以是 $O(n+e)$。顯然對點多邊少的稀疏圖來說，相鄰串列結構使得演算法在時間效率上大幅加強。

對於有向圖而言，由於它只是對通道存在可行或不可行，演算法上沒有變化，是完全可以通用的。這裡就不再詳述了。

7.5.2 廣度優先檢查

廣度優先檢查（Breadth_First_Search），又稱為廣度優先搜尋，簡稱 BFS。還是以找鑰匙的實例為例。小孩子不太可能把鑰匙丟到大衣櫃頂上或廚房的油煙機裡去，深度優先檢查表示要徹底尋找完一個房間才尋找下一個房間，這未必是最佳方案。所以不妨先把家裡的所有房間簡單看一遍，看看鑰匙是不是就放在很顯眼的位置，如果全走一遍沒有，再把小孩在每個房間玩得最多的地方或各個家俱的下面找一找，如果還是沒有，那看一下每個房間的抽屜，這樣一步步擴大尋找的範圍，直到找到為止。事實上，我在全屋尋找的第二遍時就在抽水馬桶後面的地板上找到了。

如果說圖的深度優先檢查類似樹的前序檢查，那麼圖的廣度優先檢查就類似樹的層序檢查了。我們將下圖的第一幅圖稍微變形，變形原則是頂點 A 放置在最上第一層，讓與它有邊的頂點 B、F 為第二層，再讓與 B 和 F 有邊的頂點 C、I、G、E 為第三層，再將這四個頂點有邊的 D、H 放在第四層，如下圖的第二幅圖和第三幅圖所示。此時在視覺上感覺圖的形狀發生了變化，其實頂點和邊的關係還是完全相同的。

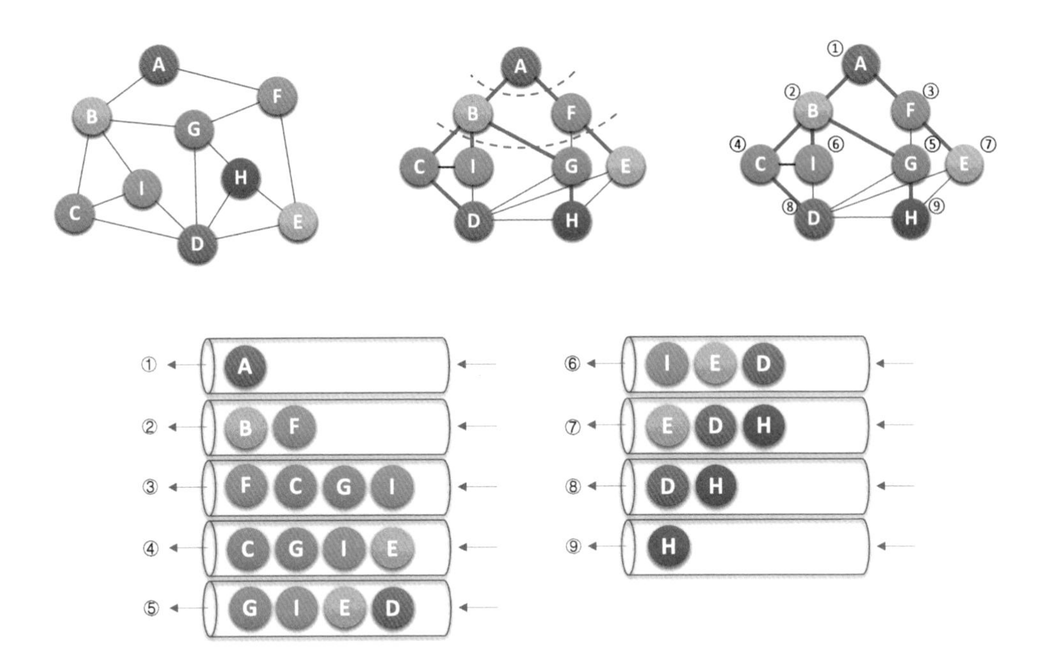

有了這個說明，我們來看程式就非常容易了。以下是相鄰矩陣結構的廣度優先檢查演算法。

```
/* 相鄰矩陣的廣度檢查算法 */
void BFSTraverse(MGraph G)
{
    int i, j;
    Queue Q;
    for (i = 0; i < G.numVertexes; i++)
        visited[i] = FALSE;
    InitQueue(&Q);                              /* 初始化一輔助用的佇列 */
    for (i = 0; i < G.numVertexes; i++)         /* 對每一個頂點做迴圈 */
    {
        if (!visited[i])                        /* 若是未存取過就處理 */
        {
            visited[i]=TRUE;                    /* 設定目前頂點存取過 */
            printf ("%c ", G.vexs[i]);          /* 列印頂點，也可以其它動作 */
            EnQueue(&Q,i);                      /* 將此頂點加入佇列列 */
            while(!QueueEmpty(Q))               /* 若目前佇列不為空 */
            {
                DeQueue(&Q,&i);                 /* 將佇列首元素出佇列，給予值給i */
                for(j=0;j<G.numVertexes;j++)
                {
```

```
                                        /* 判斷其它頂點若與目前頂點存在 */
                                        /* 邊且未存取過 */
                    if(G.arc[i][j] == 1 && !visited[j])
                    {
                        visited[j]=TRUE;          /* 將找到的此頂點標示為已存取 */
                        printf("%c ", G.vexs[j]); /* 列印頂點 */
                        EnQueue(&Q,j);            /* 將找到的此頂點加入佇列列 */
                    }
                }
            }
        }
    }
}
```

對於相鄰串列的廣度優先檢查，程式與相鄰矩陣差異不大，程式如下。

```
/* 相鄰串列的廣度檢查算法 */
void BFSTraverse(GraphAdjList GL)
{
    int i;
    EdgeNode *p;
    Queue Q;
    for(i = 0; i < GL->numVertexes; i++)
        visited[i] = FALSE;
    InitQueue(&Q);
    for(i = 0; i < GL->numVertexes; i++)
    {
        if (!visited[i])
        {
            visited[i]=TRUE;
            printf("%c ",GL->adjList[i].data); /* 列印頂點,也可以其它動作 */
            EnQueue(&Q,i);
            while(!QueueEmpty(Q))
            {
                DeQueue(&Q,&i);
                p = GL->adjList[i].firstedge; /* 找到目前頂點的邊列表鏈結串列頭指標 */
                while(p)
                {
                    if(!visited[p->adjvex])    /* 若此頂點未被存取 */
                    {
                        visited[p->adjvex]=TRUE;
                        printf ("%c ",GL->adjList[p->adjvex].data);
                        EnQueue(&Q,p->adjvex); /* 將此頂點加入佇列列 */
```

```
                }
                p = p->next;            /* 指標指向下一個相鄰點 */
            }
        }
      }
    }
}
```

註：圖相鄰串列檢查的相關程式請參看程式目錄下「/ 第 7 章圖 / 04 相鄰串列深度和廣度檢查 DFS_BFS.c」。

比較圖的深度優先檢查與廣度優先檢查演算法，你會發現，它們在時間複雜度上是一樣的，不同之處僅在於對頂點存取的順序不同。可見兩者在全圖檢查上是沒有優劣之分的，只是視不同的情況選擇不同的演算法。

不過如果圖頂點和邊非常多，不能在短時間內檢查完成，檢查的目的是為了尋找合適的頂點，那麼選擇哪種檢查就要仔細斟酌了。深度優先更適合目標比較明確，以找到目標為主要目的的情況，而廣度優先更適合在不斷擴大檢查範圍時找到相對最佳解的情況。

這裡還要再多說幾句，對於深度和廣度而言，已經不是簡單的演算法實現問題，完全可以上升到方法論的角度。你求學是博覽群書、不求甚解，還是深鑽細研、鞭辟入裡；你旅遊是走馬觀花、蜻蜓點水，還是下馬看花、深度體驗；你交友是四海之內皆兄弟，還是人生得一知己足矣……其實都無對錯之分，全視不同人的了解而有了不同的詮釋。我個人覺得深度和廣度是既矛盾又統一的兩個方面，偏頗都不可取，還望大家自己慢慢體會。

7.6 最小產生樹

假設你是電信業的現場工程師，需要為一個鎮的九個村莊架設通訊網路做設計，村莊位置大致如下圖，其中 v_0 ～ v_8 是村莊，之間連線的數字表示村與村間的可通達的直線距離，例如 v_0 至 v_1 就是 10 公里（個別如 v_0 與 v_6，v_6 與 v_8，v_5 與 v_7 未測算距離是因為有高山或湖泊，不予考慮）。你們主管要求你必須用最小的成本完成這次工作。你說怎麼辦？

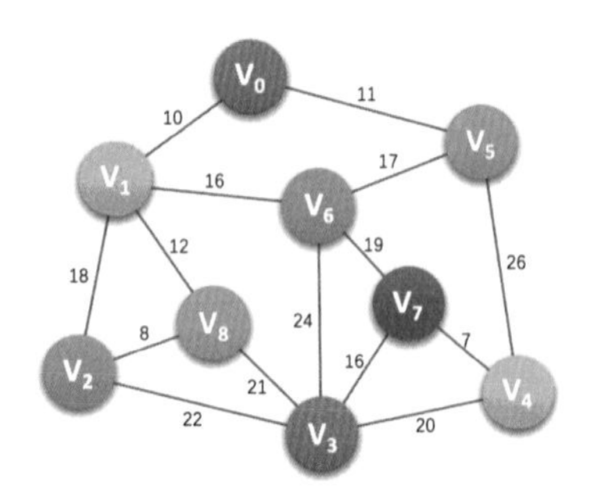

顯然這是一個帶權重的圖，即網結構。所謂的最小成本，就是 n 個頂點，用 $n-1$ 條邊把一個連通圖連接起來，並且使得權重的和最小。在這個實例裡，每多一公里就多一份成本，所以只要讓線路連線的公里數最少，就是最少成本了。

如果你加班加點，沒日沒夜設計出的結果是如下圖的方案一（粗線為要架設線路），我想你離被炒魷魚應該是不遠了（同學微笑）。因為這個方案比後兩個方案多出 60% 的成本會讓老闆氣暈過去的。

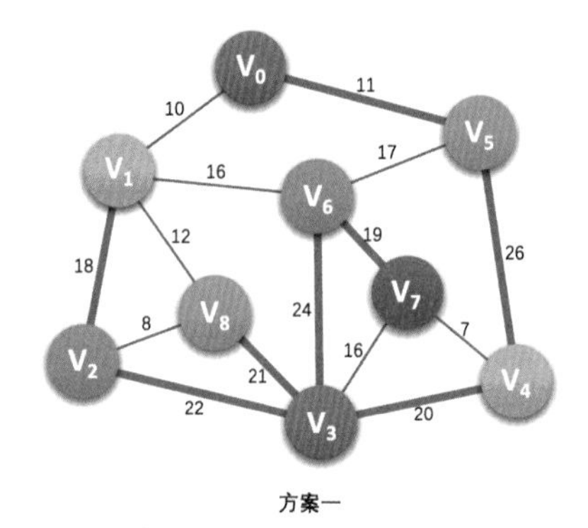

方案一

公里數：18+22+20+26+11+21+24+19=161

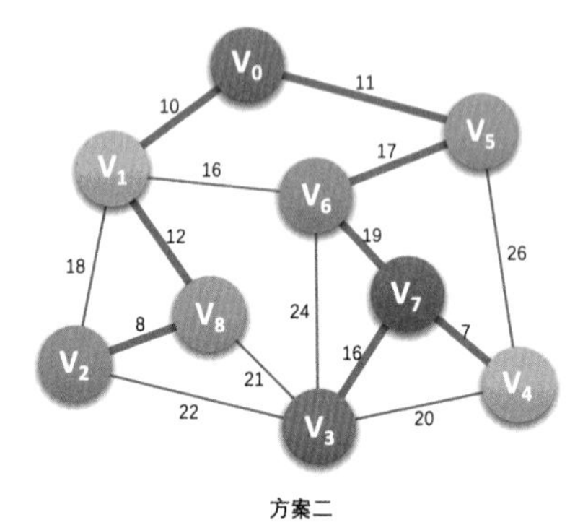

方案二

公里數：8+12+10+11+17+19+16+7=100

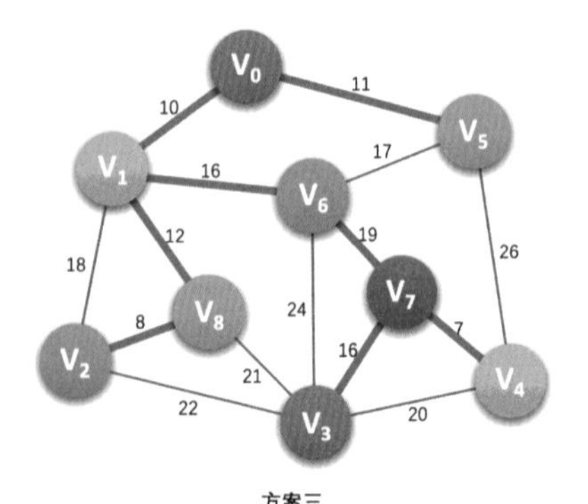

方案三

公里數：8+12+10+11+16+19+16+7=99

方案三設計得非常巧妙，但也只以極其微弱的優勢對方案二勝出，應該說很是僥倖。我們有沒有辦法可以精確計算出這種網圖的最佳方案呢？答案當然是 Yes。

我們在講圖的定義和術語時，曾經提到過，一個連通圖的產生樹是一個極小的連通子圖，它含有圖中全部的頂點，但只有足以組成一棵樹的 $n-1$ 條邊。顯然上圖的三個方案都是上上圖的網圖的產生樹。那麼**我們把建置連通網的最小代價產生樹稱為最小產生樹**（Minimum Cost Spanning Tree）。

找連通網的最小產生樹，經典的有兩種演算法，普林演算法和克魯斯克爾演算法。我們就分別來介紹一下。

7.6.1 普林（Prim）演算法

為了能講明白這個演算法，我們先建置上面相同圖的相鄰矩陣，如下圖的右圖所示。

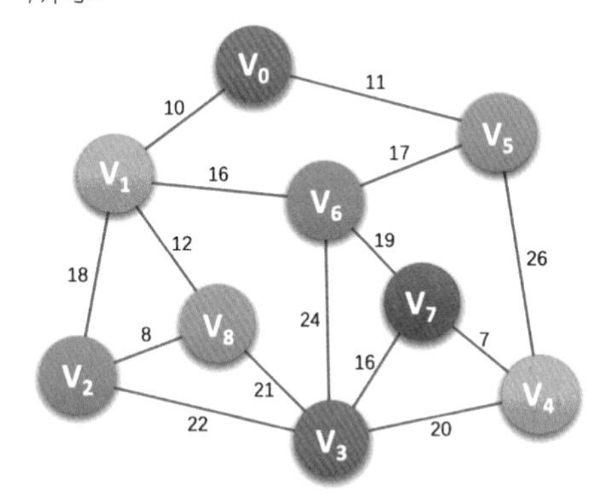

	v_0	v_1	v_2	v_3	v_4	v_5	v_6	v_7	v_8
v_0	0	10	∞	∞	∞	11	∞	∞	∞
v_1	10	0	18	∞	∞	∞	16	∞	12
v_2	∞	18	0	22	∞	∞	∞	∞	8
v_3	∞	∞	22	0	20	∞	24	16	21
v_4	∞	∞	∞	20	0	26	∞	7	∞
v_5	11	∞	∞	∞	26	0	17	∞	∞
v_6	∞	16	∞	24	∞	17	0	19	∞
v_7	∞	∞	∞	16	7	∞	19	0	∞
v_8	∞	12	8	21	∞	∞	∞	∞	0

也就是說，現在我們已經有了一個儲存結構為 MGragh 的 G（見本書 7.4 節相鄰矩陣）。G 有 9 個頂點，它的 arc 二維陣列如上圖的右圖所示。陣列中的我們用 65535 來代表∞。

如果是你，如何找出這個圖的最小產生樹呢？先別往下，大家來試試。

如果是我，我會這樣考慮，反正也不知道從哪裡開始，我們就從 V_0 開始。V_0 旁有兩條邊，10 與 11 比，10 更小一些。所以選 v_0 到 v_1 的邊為最小產生樹的第一條邊，如下圖左圖所示。然後我們看 v_0 和 v_1 兩個頂點的其它邊，有 11、16、12、18，這裡面最小的是 11，所以 v_0 到 v_5 的邊為最小產生樹的第二條邊，如下圖中圖所示。然後我們看 v_0、v_1 和 v_5 三個頂點的其它邊，有 18、12、16、17、26，這裡面最小的是 12，所以 v_1 到 v_8 的邊為最小產生樹的第三條邊，如下圖右圖所示

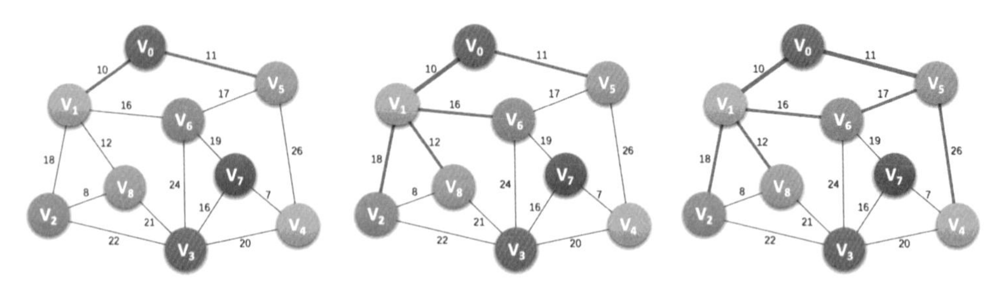

類似的方法，我們可以獲得下面的六張圖。需要注意的是，事實上像下圖的圖 2 中的 v_1 與 v_2，圖 3 中的 v_5 與 v_6 都已經有了確認的最小產生樹的邊。它們之間就無需再去連接了。

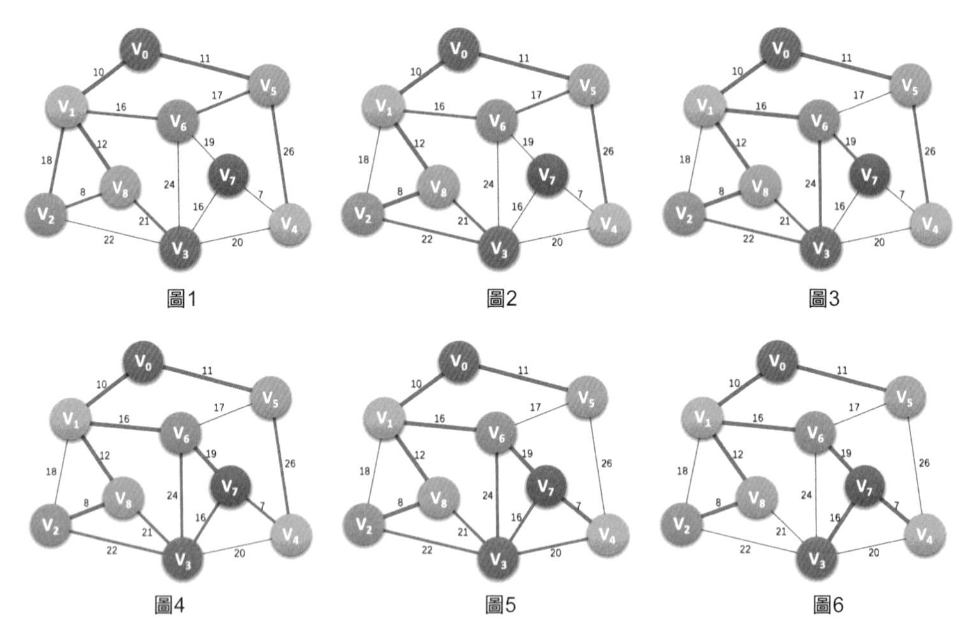

圖1 圖2 圖3

圖4 圖5 圖6

如果你可以利用這樣的推理畫出這個最小產生樹，這個普林演算法的精髓基本就掌握了。現在我們的看程式。

普林（Prim）演算法程式如下，左側數字為行號。其中 INFINITY 為權重極大值，不妨是 65535，MAXVEX 為頂點個數最大值，此處大於等於 9 即可。現

在假設我們自己就是電腦，在呼叫 MiniSpanTree_Prim 函數，輸入上述的相鄰矩陣後，看看它是如何執行並列印出最小產生樹的。

```
1  /* Prim算法產生最小產生樹  */
2  void MiniSpanTree_Prim(MGraph G)
3  {
4      int min, i, j, k;
5      int adjvex[MAXVEX];                  /* 儲存關聯頂點間邊的權值點索引 */
6      int lowcost[MAXVEX];                 /* 儲存關聯頂點間邊的權值 */
7      lowcost[0] = 0;                      /* 初始化第一個權值為0，即v0加入產生樹*/
8      adjvex[0] = 0;                       /* 初始化第一個頂點索引為0 */
9      for (i = 1; i < G.numVertexes; i++) /* 迴圈除索引為0外的全部頂點 */
10     {
11         lowcost[i] = G.arc[0][i];        /* 將v0頂點與之有邊的權值存入陣列 */
12         adjvex[i] = 0;                   /* 初始化都為v0的索引 */
13     }
14     for (i = 1; i < G.numVertexes; i++)
15     {
16         min = INFINITY;          /* 初始化最小權值為∞，可以是較大數字如65535等 */
17         j = 1;k = 0;
18         while(j < G.numVertexes)                /* 循環全部頂點 */
19         {
20             if(lowcost[j]!=0 && lowcost[j] < min)
21             {                                   /* 如果權值不為0且權值小於min */
22                 min = lowcost[j];               /* 則讓目前權值成為最小值 */
23                 k = j;                          /* 將目前最小值的索引存入k */
24             }
25             j++;
26         }
27         printf ("(%d, %d)\n", adjvex[k], k);  /* 列印目前頂點邊中權值最小的邊 */
28         lowcost[k] = 0;              /* 將目前頂點權值設定為0,此頂點已完成工作 */
29         for (j = 1; j < G.numVertexes; j++)    /* 循環所有頂點 */
30         {           /* 如果索引為k頂點各邊權值小於此前這些頂點未被加入產生樹權值 */
31             if(lowcost[j]!=0 && G.arc[k][j] < lowcost[j])
32             {
33                 lowcost[j] = G.arc[k][j];   /* 將較小的權值存入lowcost對應位置 */
34                 adjvex[j] = k;              /* 將索引為k的頂點存入adjvex */
35             }
36         }
37     }
38 }
```

註：圖最小產生樹 Prim 的相關程式請參看程式目錄下「/ 第 7 章圖 / 05 最小產生樹 _Prim.c」。

(1) 程式開始執行，我們由第 5~6 行，建立了兩個一維陣列 lowcost 和 adjvex，長度都為頂點個數 9。它們的作用我們慢慢細說。

(2) 第 7~8 行我們分別給這兩個陣列的第一個索引位設定值為 0，adjvex[0]=0 其實意思就是我們現在從頂點 v_0 開始（事實上，最小產生樹從哪個頂點開始計算都無所謂，我們假設從 v_0 開始），lowcost[0]=0 就表示 v_0 已經被納入到最小產生樹中，之後凡是 lowcost 陣列中的值被設定為 0 就是表示此索引的頂點被納入最小產生樹。

(3) 第 9~13 行表示我們讀取上圖的右圖相鄰矩陣的第一行資料。將數值設定值給 lowcost 陣列，所以此時 lowcost 陣列值為 {0,10,65535,65535,65535,11,65535, 65535, 65535}，而 adjvex 則全部為 0。此時，我們已經完成了整個初始化的工作，準備開始產生。

(4) 第 14~37 行，整個迴圈過程就是建置最小產生樹的過程。

(5) 第 16~17 行，將 min 設定為了一個極大值 65535，它的目的是為了之後找到一定範圍內的最小權重。*j* 是用來做頂點索引循環的變數，*k* 是用來儲存最小權重的頂點索引。

(6) 第 18~26 行，迴圈中不斷修改 min 為目前 lowcost 陣列中最小值，並用 k 保留此最小值的頂點索引。經過循環後，min=10，*k*=1。注意 19 行 if 判斷的 lowcost[j]!=0 表示已經是產生樹的頂點不參與最小權重的尋找。

(7) 第 27 行，因 *k*=1，adjvex[1]=0，所以列印結果為（0，1），表示 v_0 至 v_1 邊為最小產生樹的第一條邊。如下圖所示。

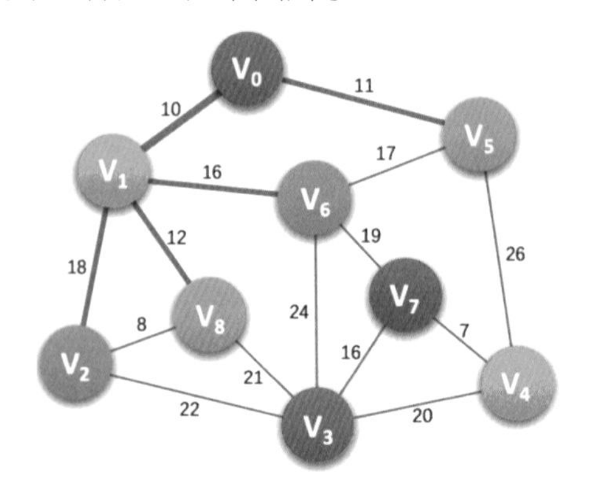

(8) 第 28 行，此時因 *k*=1 我們將 lowcost[*k*]=0 就是說頂點 v_1 納入到最小產生樹中。此時 lowcost 陣列值為 {0,0,65535,65535,65535,11,65535,65535,65535}。

(9) 第 29~36 行，*j* 迴圈由 1 至 8，因 *k*=1，尋找相鄰矩陣的第 v_1 行的各個權重，與 lowcost 的對應值比較，若更小則修改 lowcost 值，並將 k 值存入 adjvex 陣列中。因第 v_1 行有 18、16、12 均比 65535 小，所以最後 lowcost 陣列的值為：{0,0,18,65535,65535,11,16,65535,12}。adjvex 陣列的值為：{0,0,1,0,0,0,1,0,1}。這裡第 30 行 if 判斷的 lowcost[j]!=0 也說明 v_0 和 v_1 已經是產生樹的頂點不參與最小權重的比對了。

(10) 再次循環，由第 16 行到第 27 行，此時 min=11，*k*=5，adjvex[5]=0。因此列印結構為（0，5）。表示 v_0 至 v_5 邊為最小產生樹的第二條邊，如下圖所示。

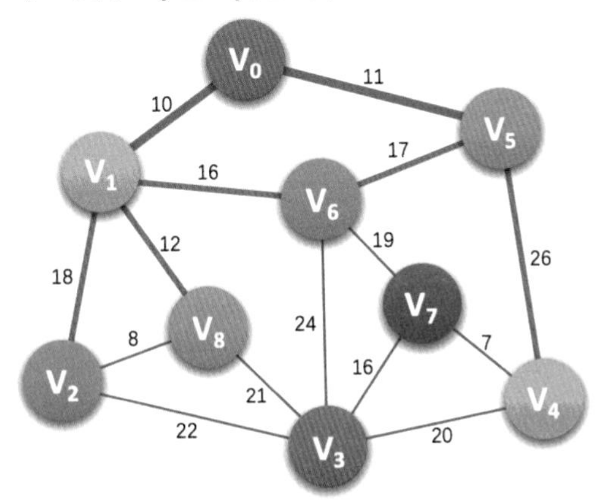

(11) 接下來執行到 37 行，lowcost 陣列的值為：{0,0,18,65535,26,0,16,65535,12}。adjvex 陣列的值為：{0,0,1,0,5,0,1,0,1}。

(12) 之後，相信大家也都會自己去模擬了。透過不斷的轉換，建置的過程如下圖中圖 1 ～圖 6 所示。

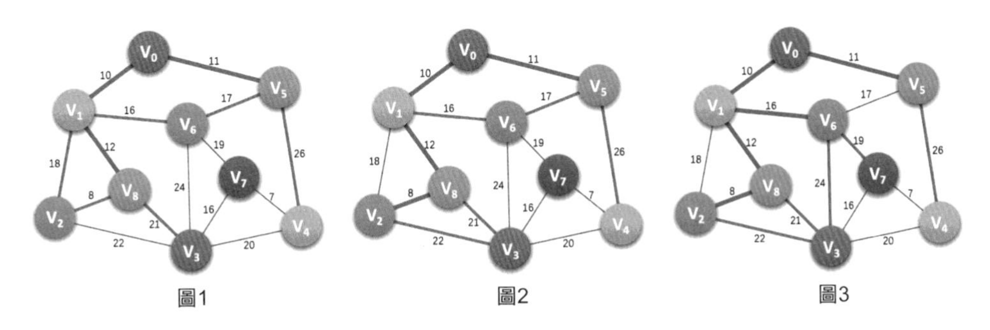

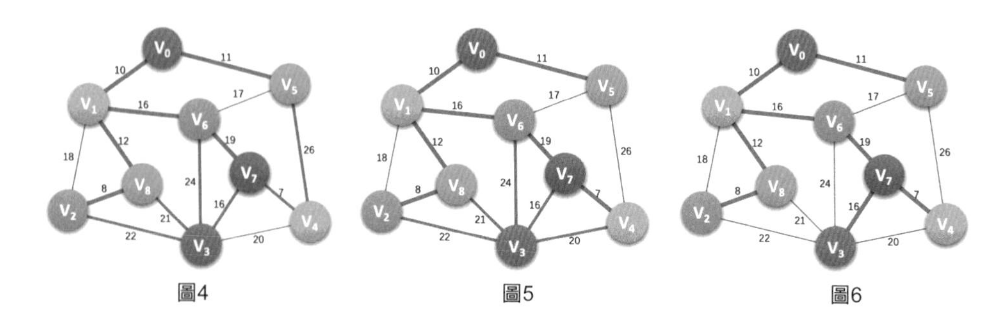

圖4　　圖5　　圖6

有了這樣的說明，再來介紹普林（Prim）演算法的實現定義可能就容易了解一些。

假設 N=（V,{E}）是連通網，TE 是 N 上最小產生樹中邊的集合。演算法從 U={u_0}（u_0∈V），TE={} 開始。重複執行下述操作：在所有 u∈U,v∈V−U 的邊（u,v）∈E 中找一條代價最小的邊（u_0,v_0）併入集合 TE，同時 v_0 併入 U，直到 U=V 為止。此時 TE 中必有 n−1 條邊，則 T=（V,{TE}）為 N 的最小產生樹。

由演算法程式中的迴圈巢狀結構可得知此演算法的時間複雜度為 O(n^2)。[4]

7.6.2 克魯斯克爾（Kruskal）演算法

現在我們來換一種思考方式，普林（Prim）演算法是以某頂點為起點，逐步找各頂點上最小權重的邊來建置最小產生樹的。這就像是我們如果去參觀某個展會，例如去世博會，一種策略是你從一個入口進去後，先選最近的場館觀光，看完後再緊著看下一個，這算好嗎？當然是可以。但我們還有一種策略，事先計畫好所有的路線，進園後直接到你最想去的場館觀看呢？事實上，去世博園的觀眾，絕大多數都是事先做好攻略才去遊玩的。

同樣的想法，我們也可以直接就以邊為目標去建置，因為權重是在邊上，直接去找最小權重的邊來建置產生樹也是很自然的想法，只不過建置時要考慮是否會形成環路而已。此時我們就用到了圖的儲存結構中的邊集陣列結構。以下是 edge 邊集陣列結構的定義程式：

4　目前這演算法只是基本實現最小產生樹的建構，演算法還可以最佳化。

```
/* 對邊集陣列Edge結構的定義 */
typedef struct
{
    int begin;
    int end;
    int weight;
}Edge;
```

註：圖最小產生樹 Kruskal 的相關程式請參看程式目錄下「/ 第 7 章圖 / 06 最小產生樹 _Kruskal.c」。

我們將同樣的圖的相鄰矩陣透過程式轉化為下圖的右圖的邊集陣列，並且對它們按權重從小到大排序。

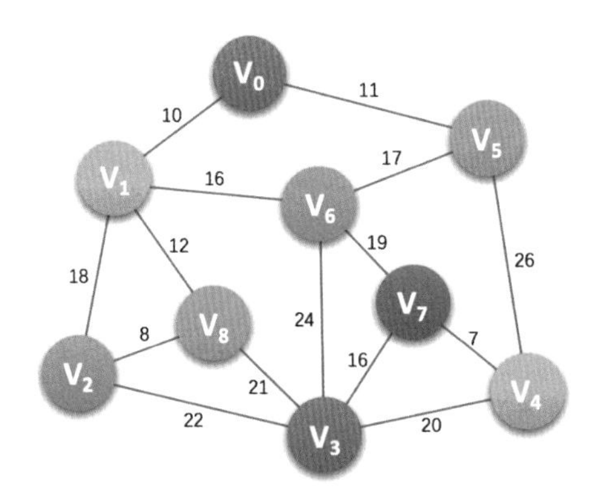

	begin	end	weight
Edges[0]	4	7	7
Edges[1]	2	8	8
Edges[2]	0	1	10
Edges[3]	0	5	11
Edges[4]	1	8	12
Edges[5]	3	7	16
Edges[6]	1	6	16
Edges[7]	5	6	17
Edges[8]	1	2	18
Edges[9]	6	7	19
Edges[10]	3	4	20
Edges[11]	3	8	21
Edges[12]	2	3	22
Edges[13]	3	6	24
Edges[14]	4	5	26

克魯斯克爾（Kruskal）演算法的思維就是站在了上帝角度。先把權重最短的邊一個個挑出來。看下圖。左圖找到了權重最短邊 v_7 和 v_4，中圖找到了權重第二短邊 v_2 和 v_8，右圖找到了權重第三短邊 v_0 和 v_1。

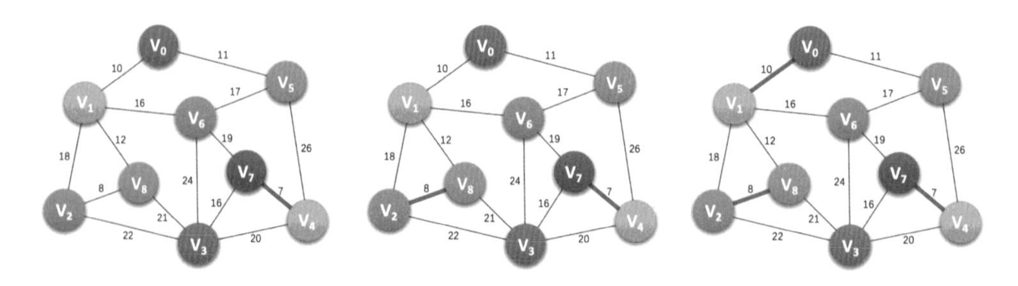

如果就這麼簡單，這演算法也就不稀奇了。當我們找到了大量的權重短邊後，發現了一個問題。例如當我們完成到下圖左圖的情況，我們接下來去找權重最小的邊應該是 v_6 和 v_5，這條邊的權重是 17，但是這會帶來一個結果，v_6 和 v_5，已經透過中轉的頂點 v_0 和 v_1 連通了，它們並不需要繼續再連結，否則就是重複。而 v_6 和 v_5 兩個頂點更應該與頂點 v_3 、v_7 和 v_4 進行連接。檢查了它們的權重，22、21、24、19、26，最後選擇了 19 作為最小的權重邊。如下圖右圖，完成最小產生樹的建置。怎麼樣？是不是很好了解呢？

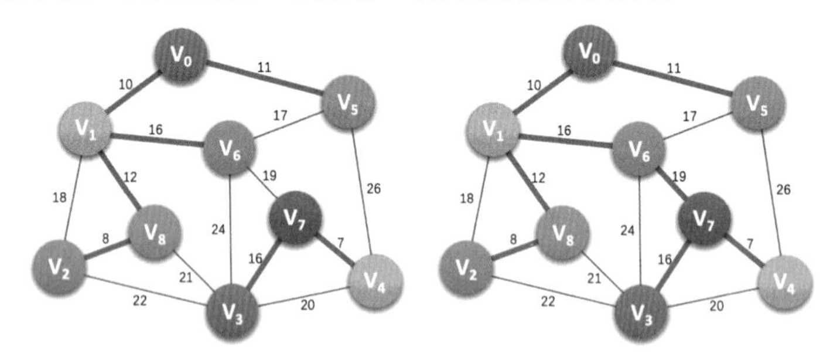

現在我們來看克魯斯克爾（Kruskal）演算法程式，左側數字為行號。其中 MAXEDGE 為邊數量的極大值，此處大於等於 15 即可，MAXVEX 為頂點個數最大值，此處大於等於 9 即可。現在假設我們自己就是電腦，在呼叫 MiniSpanTree_Kruskal 函數，輸入上圖右圖的相鄰矩陣後，看看它是如何執行並列印出最小產生樹的。

```
1  /* Kruskal算法產生最小產生樹 */
2  void MiniSpanTree_Kruskal(MGraph G)
3  {
4      int i, n, m;
5      Edge edges[MAXEDGE];/* 定義邊集陣列,edge的結構為begin,end,weight,均為整數 */
6      int parent[MAXVEX];    /* 定義一陣列用來判斷邊與邊是否形成環路 */
7
```

```
8      /* 此處省略將相鄰矩陣G轉化為邊集陣列edges並按權由小到大排序的程式碼*/
9
10     for (i = 0; i < G.numVertexes; i++)
11         parent[i] = 0;                  /* 初始化陣列值為0 */
12     for (i = 0; i < G.numEdges; i++)    /* 循環每一條邊 */
13     {
14         n = Find(parent,edges[i].begin);
15         m = Find(parent,edges[i].end);
16         if (n != m)         /* 假如n與m不等，說明此邊沒有與現有的產生樹狀成環路 */
17         {/* 將此邊的結尾頂點放入索引為起點的parent中。表示此頂點已經在產生樹集合中 */
18             parent[n] = m;
19             printf("(%d, %d) %d\n", edges[i].begin,
20                 edges[i].end, edges[i].weight);
21         }
22     }
23 }
24
25 /* 查詢連線頂點的尾部索引 */
26 int Find(int *parent, int f)
27 {
28     while ( parent[f] > 0)
29     {
30         f = parent[f];
31     }
32     return f;
33 }
```

(1) 程式開始執行，第 6 行之後，我們省略掉頗佔篇幅但卻很容易實現的將相鄰矩陣轉為邊集陣列，並按權重從小到大排序的程式[5]，也就是說，在第 6 行開始，我們已經有了結構為 edge，資料內容是上圖的右圖的一維陣列 edges。

(2) 第 6~11 行，我們宣告一個陣列 parent，並將它的值都初始化為 0，它的作用我們後面慢慢說。

(3) 第 12~21 行，我們開始對邊集陣列做循環檢查，開始時，i=0。

(4) 第 14 行，我們呼叫了第 25~32 行的函數 Find，傳入的參數是陣列 parent 和目前權重最小邊（v_4,v_7）的 begin：4。因為 parent 中全都是 0 所以傳出值使得 n=4。

5 詳細程式，本書提供下載。

(5) 第 15 行，同樣作法，傳入（v_4,v_7）的 end：7。傳出值使得 m=7。

(6) 第 16~20 行，很顯然 *n* 與 *m* 不相等，因此 parent[4]=7。此時 parent 陣列值為 {0,0,0,0,7,0,0,0,0}，並且列印獲得 "(4,7)7"。此時我們已經將邊（v_4,v_7）納入到最小產生樹中，如下圖所示。

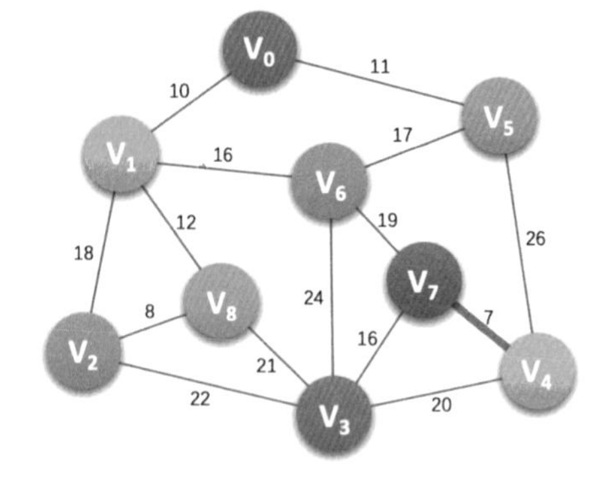

(7) 循環傳回，執行 14~20 行，此時 *i*=1，edge[1] 獲得邊（v_2,v_8），*n*=2，*m*=8，parent[2]=8，列印結果為 "(2,8)8"，此時 parent 陣列值為 {0,0,8,0,7,0, 0,0,0}，這也就表示邊（v_4,v_7）和邊（v_2,v_8）已經納入到最小產生樹，如下圖所示。

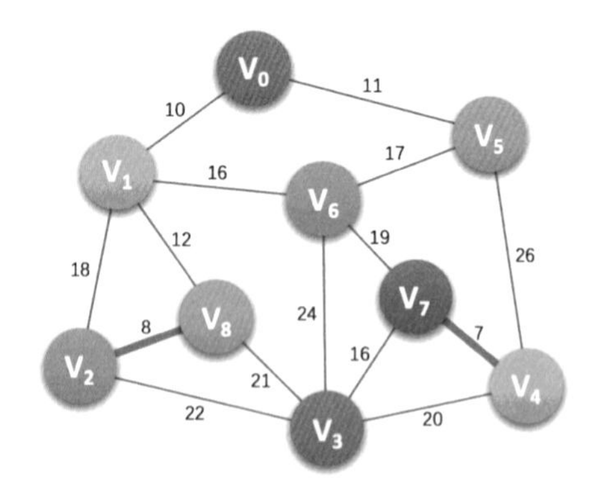

(8) 再次執行 14~20 行，此時 i=2，edge[2] 獲得邊（v_0,v_1），n=0，m=1，parent[0]=1，列印結果為 "(0,1)10"，此時 parent 陣列值為 {1,0,8,0,7,0,0, 0,0}，此時邊（v_4,v_7）、（v_2,v_8）和（v_0,v_1）已經納入到最小產生樹，如下圖所示。

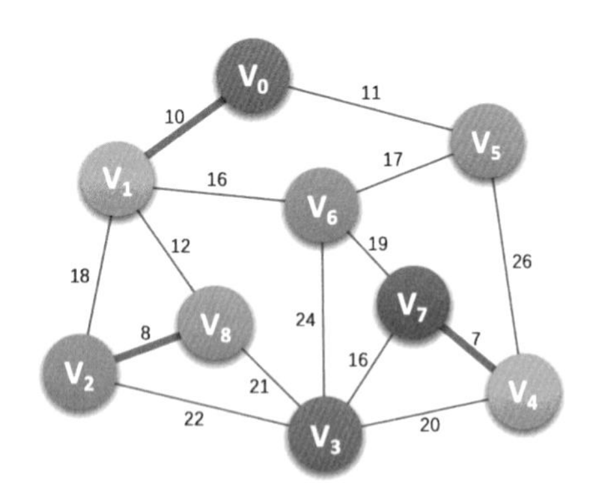

(9) 當 i=3、4、5、6 時，分別將邊（v_0,v_5）、（v_1,v_8）、（v_3,v_7）、（v_1,v_6）納入到最小產生樹中，如下圖所示。此時 parent 陣列值為 {1,5,8,7,7,8,0,0,6}，怎麼去解讀這個陣列現在這些數字的意義呢？

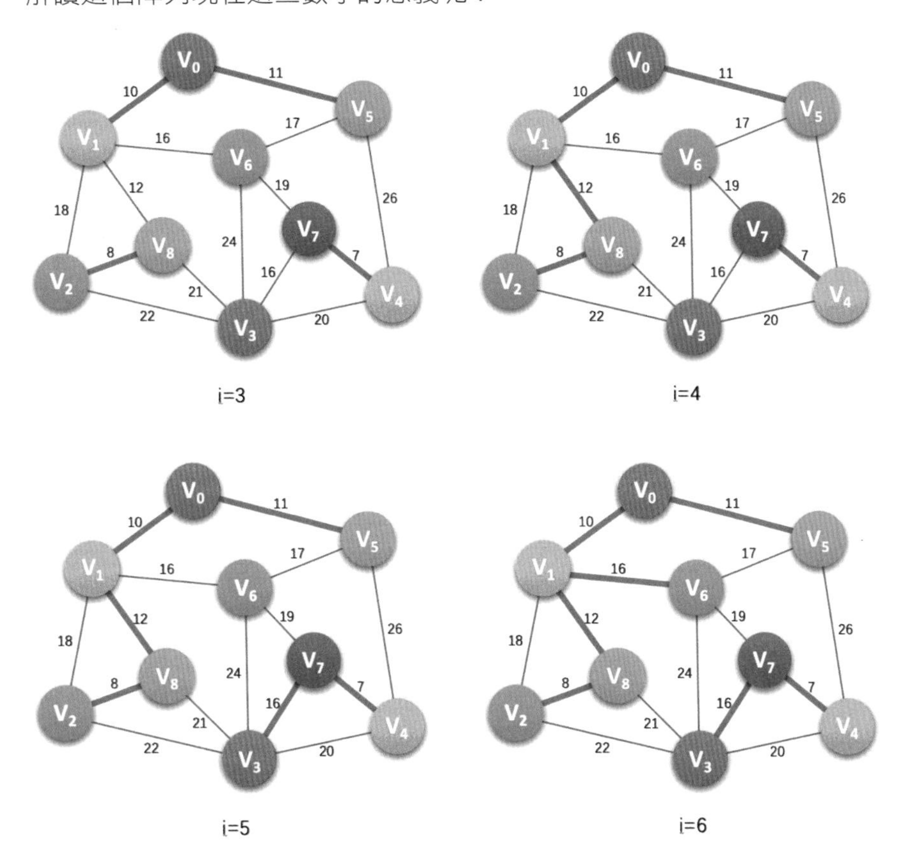

從上圖的右下方的圖 i=6 的粗線連線可以獲得，我們其實是有兩個連通的邊集合 A 與 B 中納入到最小產生樹中的，如下圖所示。當 parent[0]=1，表示 v_0 和 v_1 已經在產生樹的邊集合 A 中。此時將 parent[0]=1 的 1 改為索引，由 parent[1]=5，表示 v_1 和 v_5 在邊集合 A 中，parent[5]=8 表示 v_5 與 v_8 在邊集合 A 中，parent[8]=6 表示 v_8 與 v_6 在邊集合 A 中，parent[6]=0 表示集合 A 暫時到頭，此時邊集合 A 有 v_0、v_1、v_5、v_8、v_6。我們檢視 parent 中沒有檢視的值，parent[2]=8 表示 v_2 與 v_8 在一個集合中，因此 v_2 也在邊集合 A 中。再由 parent[3]=7、parent[4]=7 和 parent[7]=0 可知 v_3、v_4、v_7 在另一個邊集合 B 中。

(10) 當 i=7 時，第 14 行，呼叫 Find 函數，會傳導入參數 edges[7].begin=5。此時第 26 行，parent[5]=8>0，所以 f=8，再循環得 parent[8]=6。因 parent[6]=0 所以 Find 傳回後第 13 行獲得 n=6。而此時第 12 行，傳導入參數 edges[7].end=6 獲得 m=6。此時 n=m，不再列印，繼續下一循環。這就告訴我們，因為邊（v_5,v_6）使得邊集合 A 形成了環路。因此不能將它納入到最小產生樹中，如上圖所示。

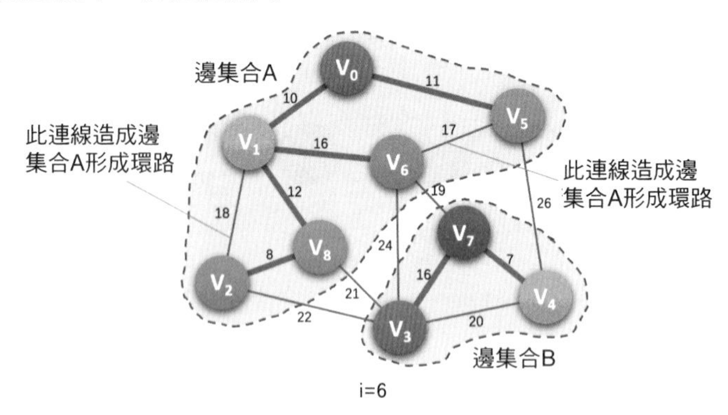

i=6

(11) 當 i=8 時，與上面相同，由於邊（v_1,v_2）使得邊集合 A 形成了環路。因此不能將它納入到最小產生樹中，如上圖所示。

(12) 當 i=9 時，邊（v_6,v_7），第 14 行獲得 n=6，第 15 行獲得 m=7，因此 parent[6]=7，列印 "(6,7)19"。此時 parent 陣列值為 {1,5,8,7,7,8,7,0,6}，如下圖所示。

(13) 此後面的循環均造成環路，最後最小產生樹即如下圖所示。

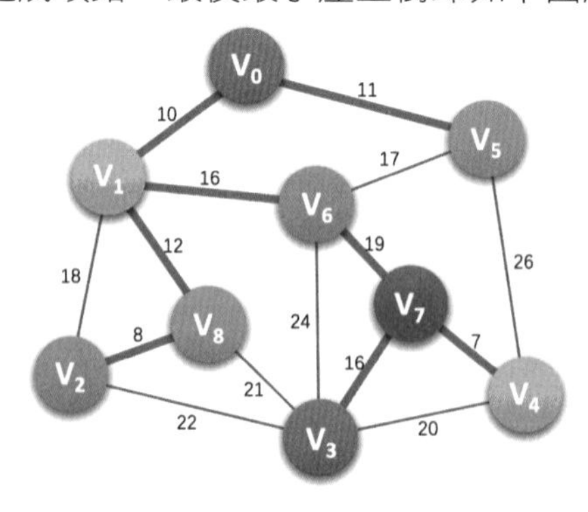

我們來把克魯斯克爾（Kruskal）演算法的實現定義歸納一下，結束這一節的說明。

假設 N=（V,{E}）是連通網，則令最小產生樹的初始狀態為只有 n 個頂點而無邊的非連通圖 T={V,{}}，圖中每個頂點自成一個連通分量。在 E 中選擇代價最小的邊，若該邊依附的頂點落在 T 中不同的連通分量上，則將此邊加入到 T 中，否則捨去此邊而選擇下一條代價最小的邊。依次類推，直到 T 中所有頂點都在同一連通分量上為止。

此演算法的 Find 函數由邊數 e 決定，時間複雜度為 O(log*e*)，而外面有一個 for 循環 e 次。所以克魯斯克爾演算法的時間複雜度為 O(*e*log*e*)。

比較兩個演算法，克魯斯克爾演算法主要是針對邊來展開，邊數少時效率會非常高，所以對於稀疏圖有很大的優勢；而普林演算法對於稠密圖，即邊數非常多的情況會更好一些。

7.7 最短路徑

我們時常會面臨著對路徑選擇的決策問題。例如在北京、上海、廣州等城市，因其城市面積較大，乘地鐵或公共汽車都要考慮從 A 點到 B 點，如何換乘到達？例如下圖這樣的地鐵網圖，如果不是專門去做研究，對剛接觸的人來說，都會犯迷糊。

現實中，每個人需求不同，選擇方案就不盡相同。有人為了省錢，它需要的是路程最短（定價以路程長短為標準），但可能由於線路班次少，換乘站間距離長等原因並不省時間；而另一些人，為了要趕飛機火車或早晨上班不遲到，他最大的需求是總時間要短；還有一種人，如老人行動不便，或上班族下班，忙碌一天累得要死，他們都不想多走路，哪怕車子繞遠路耗時長也無所謂，關鍵是換乘要少，這樣可以在車上好好休息一下（有些線路方案換乘兩次比換乘三四次耗時還長）。這些都是一般大眾的需求，簡單的圖形可以靠人的經驗和感覺，但複雜的道路或地鐵網就需要電腦透過演算法計算來提供最佳的方案。我們今天就要來研究關於圖的最短路徑的問題。

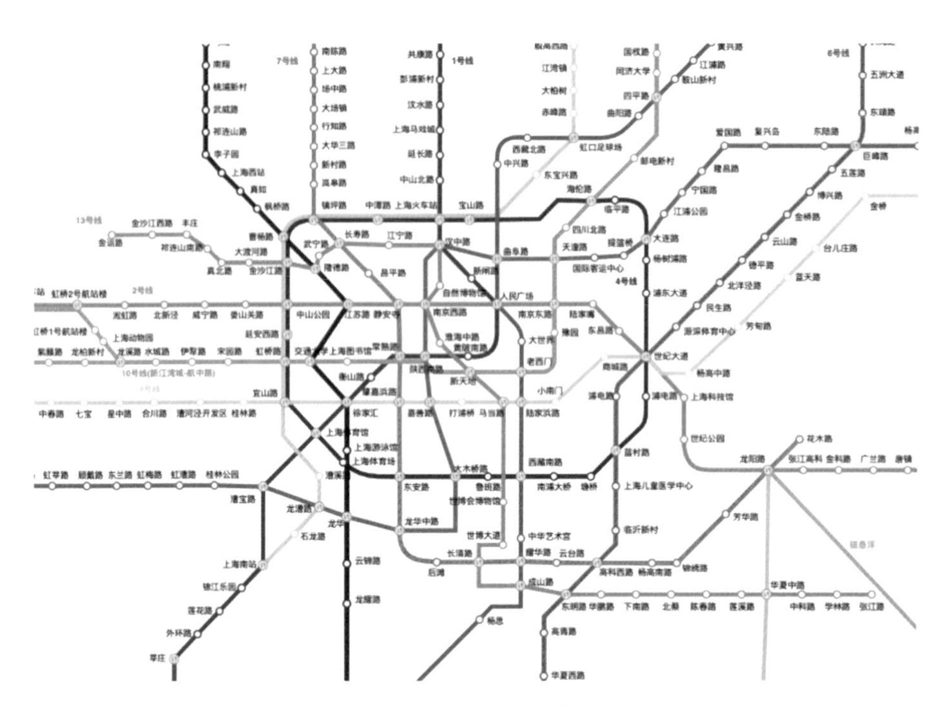

在網圖和非網圖中，最短路徑的含義是不同的。由於非網圖它沒有邊上的權重，所謂的最短路徑，其實就是指兩頂點之間經過的邊數最少的路徑；而對網圖來說，最短路徑，是指兩頂點之間經過的邊上權重之和最少的路徑，並且我們稱路徑上的第一個頂點是原點，最後一個頂點是終點。顯然，我們研究網圖更有實際意義，就地圖來說，距離就是兩頂點間的權重之和。而非網圖完全可以視為所有的邊的權重都為 1 的網。

我們要說明兩種求最短路徑的演算法。先來講第一種，從某個原點到其餘各頂點的最短路徑問題。

你能很快計算出下圖中由原點 v_0 到終點 v_8 的最短路徑嗎？如果不能，沒關係，我們一同來研究看如何讓電腦計算出來。如果能，哼哼，那僅代表你智商還不錯，你還是要來好好學習，畢竟真實世界的圖可沒這麼簡單，人腦是用來創造而非做枯燥複雜的計算的。我們開始吧。

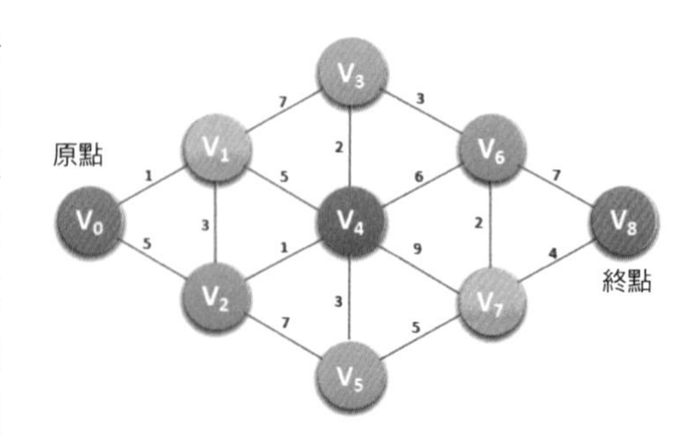

7.7.1 戴克斯特拉（Dijkstra）演算法

這是一個按路徑長度遞增的次序產生最短路徑的演算法。它的想法大致是這樣的。

比如說要求下圖中頂點 v_0 到頂點 v_1 的最短距離，沒有比這更簡單的了，答案就是 1，路徑就是直接 v_0 連線到 v_1。

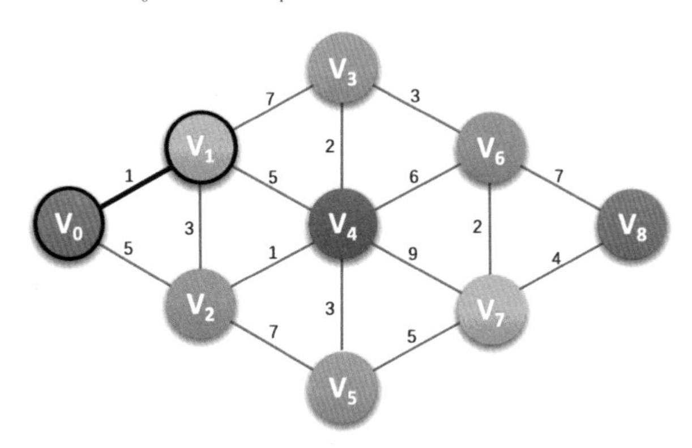

由於頂點 v_1 還與 v_2、v_3、v_4 連線，所以此時我們同時求得了 $v_0 \rightarrow v_1 \rightarrow v_2$ $=1+3=4$，$v_0 \rightarrow v_1 \rightarrow v_3=1+7=8$，$v_0 \rightarrow v_1 \rightarrow v_4=1+5=6$。

現在，我問 v_0 到 v_2 的最短距離，如果你不假思索地說是 5，那就犯錯了。因為邊上都有權重，剛才已經有 $v_0 \rightarrow v_1 \rightarrow v_2$ 的結果是 4，比 5 還要小 1 個單位，它才是最短距離，如下圖所示。

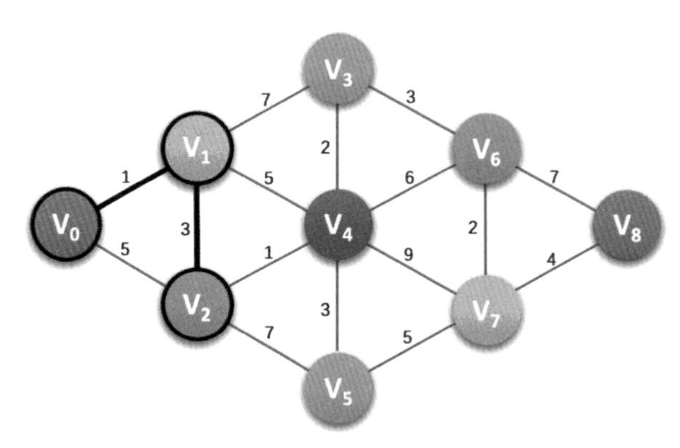

由於頂點 v_2 還與 v_4、v_5 連線，所以此時我們同時求得了 $v_0 \rightarrow v_2 \rightarrow v_4$ 其實就是 $v_0 \rightarrow v_1 \rightarrow v_2 \rightarrow v_4=4+1=5$，$v_0 \rightarrow v_2 \rightarrow v_5=4+7=11$。這裡 $v_0 \rightarrow v_2$ 我們用

的是剛才計算出來的較小的 4。此時我們也發現 $v_0 \rightarrow v_1 \rightarrow v_2 \rightarrow v_4=5$ 要比 $v_0 \rightarrow v_1 \rightarrow v_4=6$ 還要小。所以 v_0 到 v_4 目前的最小距離是 5，如下圖所示。

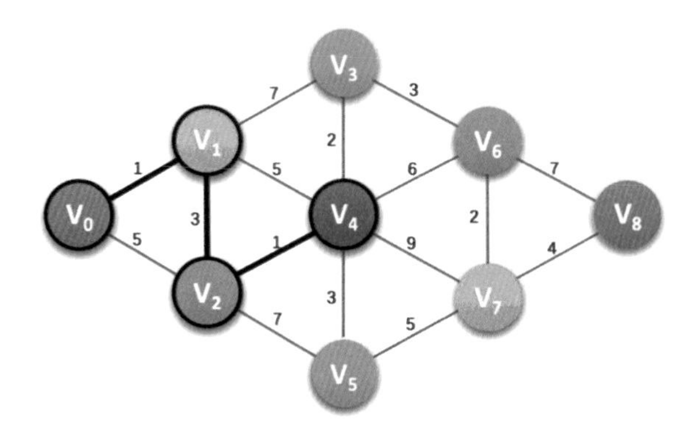

當我們要求 v_0 到 v_3 的最短距離時，通向 v_3 的三條邊，除了 v_6 沒有研究過外，$v_0 \rightarrow v_1 \rightarrow v_3$ 的結果是 8，而 $v_0 \rightarrow v_4 \rightarrow v_3=5+2=7$。因此，$v_0$ 到 v_3 的最短距離是 7，如下圖所示。

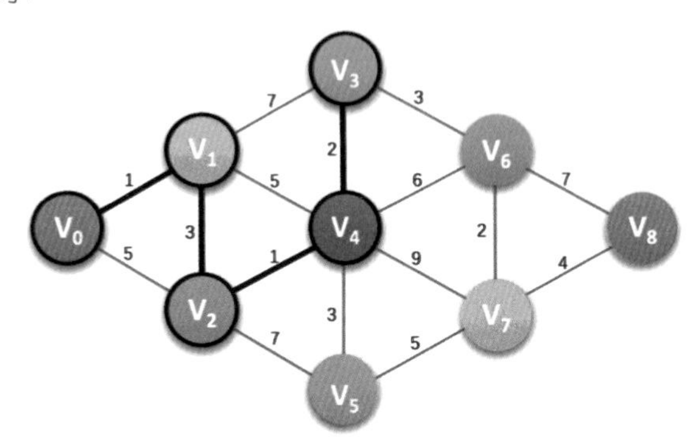

我想你大致明白，這個戴克斯特拉（Dijkstra）演算法是如何做事的了。它並不是一下子就求出了 v_0 到 v_8 的最短路徑，而是一步步求出它們之間頂點的最短路徑，過程中都是以已經求出為基礎的最短路徑的基礎上，求得更遠頂點的最短路徑，最後獲得你要的結果。

如果還是不太明白，不要緊，現在我們來看程式，從程式的模擬執行中，再次去了解它的思維。

先來看資料結構：

```
#define MAXEDGE 20
```

```
#define MAXVEX 20
#define INFINITY 65535

typedef struct
{
    int vexs[MAXVEX];
    int arc[MAXVEX][MAXVEX];
    int numVertexes, numEdges;
}MGraph;

typedef int Patharc[MAXVEX];          /* 用於儲存最短路徑索引的陣列 */
typedef int ShortPathTable[MAXVEX];   /* 用於儲存到各點最短路徑的權值和 */
```

註：圖的最短路徑 Dijkstra 演算法的相關程式請參看程式目錄下「/ 第 7 章圖 / 07 最短路徑 _Dijkstra.c」。

演算法程式以下：

```
1  /*  Dijkstra算法，求有向網G的v0頂點到其餘頂點v的最短路徑P[v]及帶權長度D[v] */
2  /*  P[v]的值為前驅頂點索引,D[v]表示v0到v的最短路徑長度和 */
3  void ShortestPath_Dijkstra(MGraph G, int v0, Patharc *P, ShortPathTable *D)
4  {
5      int v,w,k,min;
6      int final[MAXVEX];              /* final[w]=1表示求得頂點v0至vw的最短路徑 */
7      for (v=0; v<G.numVertexes; v++)     /* 初始化資料 */
8      {
9          final[v] = 0;                   /* 全部頂點初始化為不詳最短路徑狀態 */
10         (*D)[v] = G.arc[v0][v];         /* 將與v0點有連線的頂點加上權值 */
11         (*P)[v] = -1;                   /* 初始化路徑陣列P為-1 */
12     }
13     (*D)[v0] = 0;                       /* v0至v0路徑為0 */
14     final[v0] = 1;                      /* v0至v0不需要求路徑 */
15     /* 開始主迴圈，每次求得v0到某個v頂點的最短路徑 */
16     for(v=1; v<G.numVertexes; v++)
17     {
18         min=INFINITY;                   /* 目前所知離v0頂點的最近距離 */
19         for(w=0; w<G.numVertexes; w++) /* 尋找離v0最近的頂點 */
20         {
21             if(!final[w] && (*D)[w]<min)
22             {
23                 k=w;
24                 min = (*D)[w];          /* w頂點離v0頂點更近 */
```

```
25              }
26          }
27          final[k] = 1;                       /* 將目前找到的最近的頂點置為1 */
28          for(w=0; w<G.numVertexes; w++)  /* 修正目前最短路徑及距離 */
29          {
30              /* 如果經由v頂點的路徑比現在這條路徑的長度短的話 */
31              if(!final[w] && (min+G.arc[k][w]<(*D)[w]))
32              {                               /* 說明找到了更短的路徑，修改D[w]和P[w] */
33                  (*D)[w] = min + G.arc[k][w];     /* 修改目前路徑長度 */
34                  (*P)[w]=k;
35              }
36          }
37      }
38  }
```

呼叫此函數前，其實我們需要為下圖的左圖準備相鄰矩陣 MGraph 的 G，如下圖的右圖，並且定義參數 v_0 為 0。

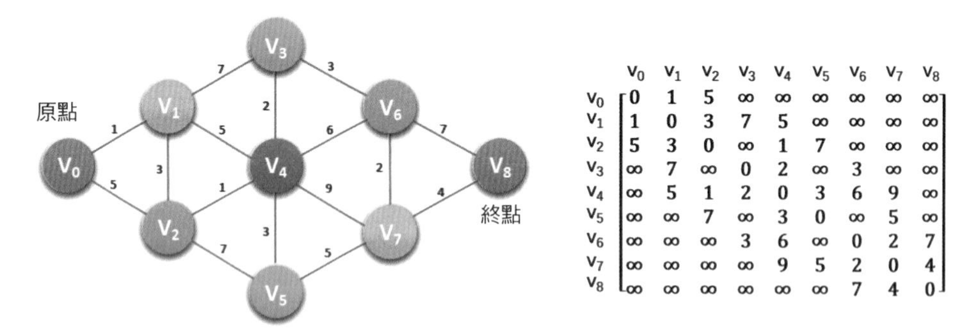

(1) 程式開始執行，第 6 行 final 陣列是為了 v_0 到某頂點是否已經求得最短路徑的標記，如果 v_0 到 v_w 已經有結果，則 final[w]=1。

(2) 第 7~12 行，是在對資料進行初始化的工作。此時 final 陣列值均為 0，表示所有的點都未求得最短路徑。D 陣列為 {65535,1,5,65535,65535,65535,65535,65535,65535}。因為 v_0 與 v_1 和 v_2 的邊權重為 1 和 5。P 陣列全為 0，表示目前沒有路徑。

(3) 第 13 行，表示 v_0 到 v_0 本身，權重和結果為 0。D 陣列為 {0,1,5,65535,65535,65535,65535,65535,65535}。第 14 行，表示 v_0 點算是已經求得最短路徑，因此 final[0]=1。此時 final 陣列為 {1,0,0,0,0,0,0,0,0}。此時整個初始化工作完成。

(4) 第 16~37 行，為主迴圈，每次迴圈求得 v_0 與一個頂點的最短路徑。因此 v 從 1 而非 0 開始。

(5) 第 18~26 行，先令 min 為 65535 的極大值，透過 *w* 迴圈，與 D[*w*] 比較找到最小值 min=1，k=1。

(6) 第 27 行，由 *k*=1，表示與 v_0 最近的頂點是 v_1，並且由 D[1]=1，知道此時 v_0 到 v_1 的最短距離是 1。因此將 v_1 對應的 final[1] 設定為 1。此時 final 陣列為 {1,1,0,0,0,0,0,0,0}。

(7) 第 28~36 行是一迴圈，此迴圈甚為關鍵。它的目的是在剛才已經找到 v_0 與 v_1 的最短路徑的基礎上，對 v_1 與其他頂點的邊進行計算，獲得 v_0 與它們的目前最短距離，如下圖所示。因為 min=1，所以本來 D[2]=5，現在 $v_0 \rightarrow v_1 \rightarrow v_2$=D[2]=min+3=4，$v_0 \rightarrow v_1 \rightarrow v_3$=D[3]=min+7=8，$v_0 \rightarrow v_1 \rightarrow v_4$=D[4]=min+5=6，因此，D 陣列目前值為 {0,1,4,8,6,65535, 65535,65535,65535}。而 P[2]=1，P[3]=1，P[4]=1，它表示的意思是 v_0 到 v_2、v_3、v_4 點的最短路徑它們的前驅均是 v_1。此時 P 陣列值為：{-1, -1,1,1,1,-1,-1,-1,-1}。

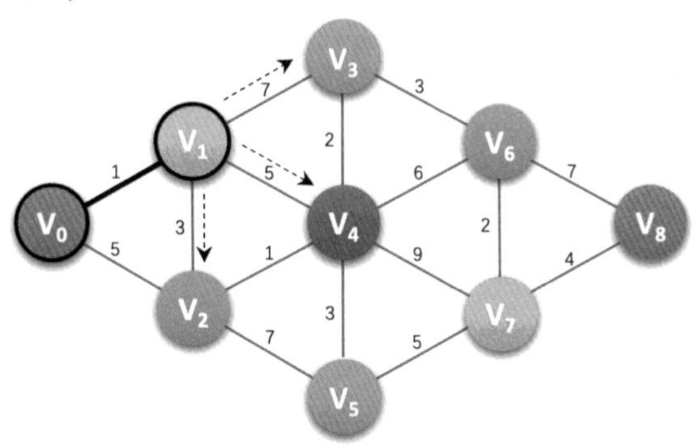

(8) 重新開始迴圈，此時 *v*=2。第 16 ～ 24 行，對 *w* 循環，注意因為 final[0]=1 和 final[1]=1，由第 21 行的 !final[w] 可知，v_0 與 v_1 並不參與最小值的取得。透過迴圈比較，找到最小值 min=4，k=2。

(9) 第 27 行，由 *k*=2，表示已經求出 v_0 到 v_2 的最短路徑，並且由 D[2]=4，知道最短距離是 4。因此將 v_2 對應的 final[2] 設定為 1，此時 final 陣列為：{1,1,1,0,0,0,0,0,0}。

(10) 第 28~36 行。在剛才已經找到 v_0 與 v_2 的最短路徑的基礎上，對 v_2 與其他頂點的邊，進行計算，獲得 v_0 與它們的目前最短距離，如下圖所示。因為 min=4，所以本來 D[4]=6，現在 $v_0 \rightarrow v_2 \rightarrow v_4$=D[4]=min+1=5，$v_0 \rightarrow v_2 \rightarrow v_5$=D[5]=min+7=11，因此，D 陣列目前值為：{0,1,4,8,5,11,65535, 65535, 65535}。而原本 P[4]=1，此時 P[4]=2，P[5]=2，它表示 v_0 到 v_4、v_5 點的最短路徑它們的前驅均是 v_2。此時 P 陣列值為：{-1,-1,1,1,2,2,-1,-1,-1}。

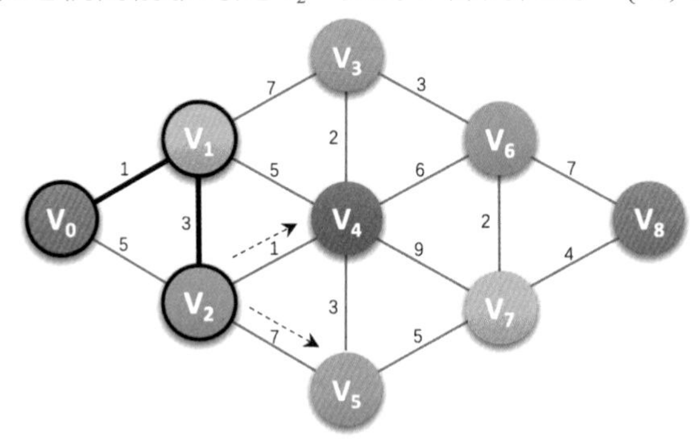

(11) 重新開始迴圈，此時 v=3。第 17~25 行，透過對 w 迴圈比較找到最小值 min=5，k=4。

(12) 第 27 行，由 k=4，表示已經求出 v_0 到 v_4 的最短路徑，並且由 D[4]=5，知道最短距離是 5。因此將 v_4 對應的 final[4] 設定為 1。此時 final 陣列為：{1,1,1,0,1,0,0,0,0}。

(13) 第 28~36 行。對 v_4 與其他頂點的邊進行計算，獲得 v_0 與它們的目前最短距離，如下圖所示。因為 min=5，所以本來 D[3]=8，現在 $v_0 \rightarrow v_4 \rightarrow v_3$ =D[3]=min+2=7，本來 D[5]=11，現在 $v_0 \rightarrow v_4 \rightarrow v_5$ = D[5]=min+3=8，另外 $v_0 \rightarrow v_4 \rightarrow v_6$=D[6]=min+6=11，$v_0 \rightarrow v_4 \rightarrow v_7$ = D[7]=min+9=14，因此，D 陣列目前值為：{0,1,4,7,5,8,11,14,65535}。而原本 P[3]=1，此時 P[3]=4，原本 P[5]=2，此時 P[5]=4，另外 P[6]=4，P[7]=4，它表示 v_0 到 v_3、v_5、v_6、v_7 點的最短路徑它們的前驅均是 v_4。此時 P 陣列值為：{-1,-1,1,4,2,4,4,4,-1}。

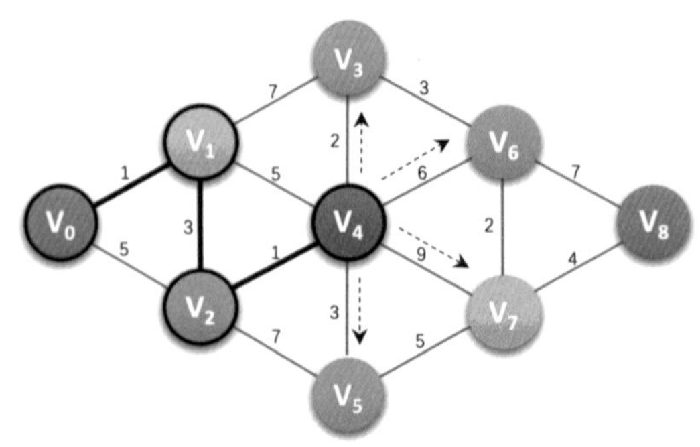

(14) 之後的迴圈就完全類似了。獲得最後的結果，如下圖所示。此時 final 陣列為：{1,1,1,1,1,1,1,1,1}，它表示所有的頂點均完成了最短路徑的尋找工作。此時 D 陣列為：{0,1,4,7,5,8,10,12,16}，它表示 v_0 到各個頂點的最短路徑數，例如 D[8]=1+3+1+2+3+2+4=16。此時的 P 陣列為：{-1,-1,1,4,2,4,3,6,7}，這串數字可能略為難了解一些。例如 P[8]=7，它的意思是 v_0 到 v_8 的最短路徑，頂點 v_8 的前驅頂點是 v_7，再由 P[7]=6 表示 v_7 的前驅是 v_6，P[6]=3，表示 v_6 的前驅是 v_3。這樣就可以獲得，v_0 到 v_8 的最短路徑為 $v_8 \leftarrow v_7 \leftarrow v_6 \leftarrow v_3 \leftarrow v_4 \leftarrow v_2 \leftarrow v_1 \leftarrow v_0$，即 $v_0 \rightarrow v_1 \rightarrow v_2 \rightarrow v_4 \rightarrow v_3 \rightarrow v_6 \rightarrow v_7 \rightarrow v_8$。

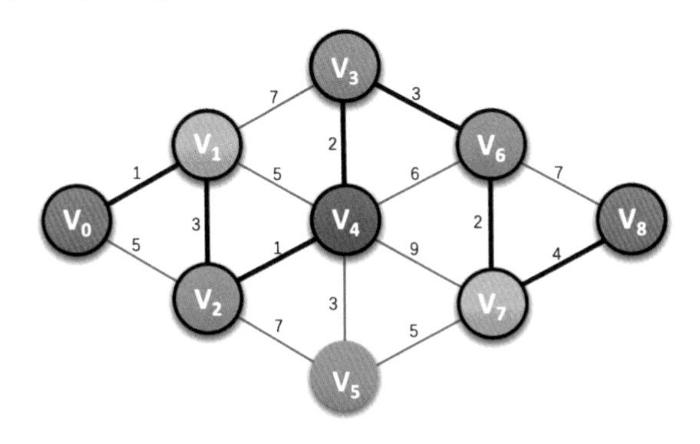

其實最後傳回的陣列 D 和陣列 P，是可以獲得 v_0 到任意一個頂點的最短路徑和路徑長度的。例如 v_0 到 v_8 的最短路徑並沒有經過 v_5，但我們已經知道 v_0 到 v_5 的最短路徑了。由 D[5]=8 可知它的路徑長度為 8，由 P[5]=4 可知 v_5 的前驅頂點是 v_4，所以 v_0 到 v_5 的最短路徑是 $v_0 \rightarrow v_1 \rightarrow v_2 \rightarrow v_4 \rightarrow v_5$。

也就是說，我們透過戴克斯特拉（Dijkstra）演算法解決了從某個原點到其餘各頂點的最短路徑問題。從循環巢狀結構可以很容易獲得此演算法的時間複雜度為 $O(n^2)$，儘管有同學覺得，可不可以只找到從原點到某一個特定終點的最短路徑，其實這個問題和求原點到其他所有頂點的最短路徑一樣複雜，時間複雜度依然是 $O(n^2)$。

這有如，你吃了七個包子終於算是吃飽了，就感覺很不划算，前六個包子白吃了，應該直接吃第七個包子，於是你就去尋找可以吃一個就能飽肚子的包子，能夠滿足你的要求最後結果只能有一個，那就是用七個包子的麵粉和餡做的大包子。這種只關注結果而忽略過程的思維是非常不可取的。

可如果我們還需要知道如 v_3 到 v_5、v_1 到 v_7 這樣的任一頂點到其餘所有頂點的最短路徑怎麼辦呢？此時簡單的辦法就是對每個頂點當作原點執行一次戴克斯特拉（Dijkstra）演算法，等於在原有演算法的基礎上，再來一次循環，此時整個演算法的時間複雜度就成了 $O(n^3)$。

對此，我們現在再來介紹另一個求最短路徑的演算法──佛洛伊德（Floyd），它求所有頂點到所有頂點的時間複雜度也是 $O(n^3)$，但其演算法非常簡潔優雅，能讓人感覺到智慧的無限魅力。讓我們就一同來欣賞和學習它吧。[6]

7.7.2 佛洛伊德（Floyd）演算法

為了清楚說明佛洛伊德（Floyd）演算法的精妙所在，我們先來看最簡單的案例。下圖的左圖是一個最簡單的 3 個頂點連通網圖。

從 v_1 到 v_2，你覺得應該怎麼走才是最短路徑？通常人們都會認為是兩點之間，直線最短──因為沒有中間商賺差價。可根據最短路徑定義，並不是這樣，邊權重的和最小才是最短。目測就可以發現，$v_1 \rightarrow v_2$ 要 5 個單位，$v_1 \rightarrow v_0 \rightarrow v_2$ 只需要 2+1=3 個單位，結果是最短路徑為 $v_1 \rightarrow v_0 \rightarrow v_2$。

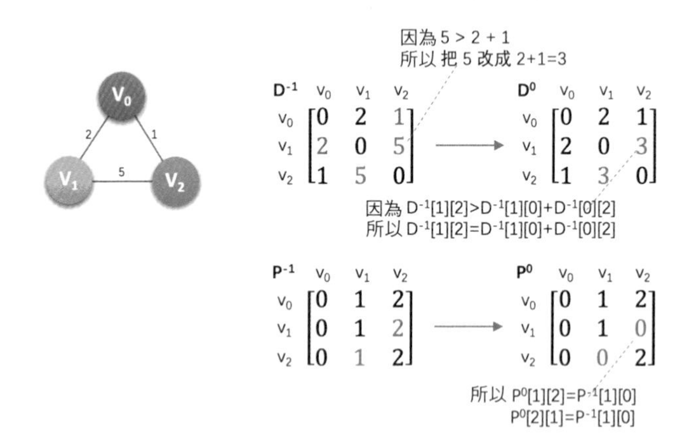

我們先定義兩個二維陣列 ***D***[3][3] 和 ***P***[3][3]，***D*** 代表頂點到頂點的最短路徑權重和的矩陣。***P*** 代表對應頂點的最短路徑的前驅矩陣，用來儲存路徑。在未分

6 本書實現的 Dijkstra 演算法只能用於無孤立點的圖，包含孤立點的圖的 Dijkstra 演算法留給讀者練習。

析任何頂點之前，我們將 ***D*** 命名為 $\boldsymbol{D}^{-1}$，其實它就是初始的圖的相鄰矩陣。將 ***P*** 命名為 $\boldsymbol{P}^{-1}$，初始化為圖中所示的矩陣。

也就是說，我們要求所有的頂點經過 v_0 後到達另一頂點的最短路徑。因為只有三個頂點，因此需要檢視 $v_1 \rightarrow v_0 \rightarrow v_2$，獲得 $\boldsymbol{D}^{-1}[1][0]+\boldsymbol{D}^{-1}[0][2]=2+1=3$。$\boldsymbol{D}^{-1}[1][2]$ 表示的是 $v_1 \rightarrow v_2$ 的權重為 5，我們發現 $\boldsymbol{D}^{-1}[1][2]> \boldsymbol{D}^{-1}[1][0]+\boldsymbol{D}^{-1}[0][2]$，通俗的話講就是 $v_1 \rightarrow v_0 \rightarrow v_2$ 比直接 $v_1 \rightarrow v_2$ 距離還要近。所以我們就讓 $\boldsymbol{D}^{-1}[1][2]= \boldsymbol{D}^{-1}[1][0]+\boldsymbol{D}^{-1}[0][2]=3$，同樣的 $\boldsymbol{D}^{-1}[2][1]=3$，於是就有了 $\boldsymbol{D}^{0}$ 的矩陣。因為有變化，所以 ***P*** 矩陣對應的 $\boldsymbol{P}^{-1}[1][2]$ 和 $\boldsymbol{P}^{-1}[2][1]$ 也修改為目前中轉的頂點 v_0 的索引 0，於是就有了 $\boldsymbol{P}^{0}$。即

$$D^0[v][w]= \min\{ D^{-1}[v][w]，D^{-1}[v][0]+D^{-1}[0][w]\}$$

接下來，其實也就是在 $\boldsymbol{D}^{0}$ 和 $\boldsymbol{P}^{0}$ 的基礎上繼續處理所有頂點經過 v_1 和 v_2 後到達另一頂點的最短路徑，獲得 $\boldsymbol{D}^{1}$ 和 $\boldsymbol{P}^{1}$、$\boldsymbol{D}^{2}$ 和 $\boldsymbol{P}^{2}$ 完成所有頂點到所有頂點的最短路徑計算工作。

如果我就用這麼簡單的圖形來說明程式，大家一定會覺得不能說明什麼問題。所以我們還是以前面的複雜網圖為例，來說明佛洛伊德（Floyd）演算法。

首先我們針對下圖的左網圖準備兩個矩陣 $\boldsymbol{D}^{-1}$ 和 $\boldsymbol{P}^{-1}$，$\boldsymbol{D}^{-1}$ 就是網圖的相鄰矩陣，$\boldsymbol{P}^{-1}$ 初設為 ***P***[i][j]=j 這樣的矩陣，它主要用來儲存路徑。

D^{-1}	v_0	v_1	v_2	v_3	v_4	v_5	v_6	v_7	v_8
v_0	0	1	5	∞	∞	∞	∞	∞	∞
v_1	1	0	3	7	5	∞	∞	∞	∞
v_2	5	3	0	∞	1	7	∞	∞	∞
v_3	∞	7	∞	0	2	∞	3	∞	∞
v_4	∞	5	1	2	0	3	6	9	∞
v_5	∞	∞	7	∞	3	0	∞	5	∞
v_6	∞	∞	∞	3	6	∞	0	2	7
v_7	∞	∞	∞	∞	9	5	2	0	4
v_8	∞	∞	∞	∞	∞	∞	7	4	0

P^{-1}	v_0	v_1	v_2	v_3	v_4	v_5	v_6	v_7	v_8
v_0	0	1	2	3	4	5	6	7	8
v_1	0	1	2	3	4	5	6	7	8
v_2	0	1	2	3	4	5	6	7	8
v_3	0	1	2	3	4	5	6	7	8
v_4	0	1	2	2	4	5	6	7	8
v_5	0	1	2	3	4	5	6	7	8
v_6	0	1	2	3	4	5	6	7	8
v_7	0	1	2	3	4	5	6	7	8
v_8	0	1	2	3	4	5	6	7	8

程式如下，注意因為是求所有頂點到所有頂點的最短路徑，因此 Pathmatirx 和 ShortPathTable 都是二維陣列。

```
typedef int Patharc[MAXVEX][MAXVEX];
typedef int ShortPathTable[MAXVEX][MAXVEX];
1  /* Floyd算法，求網圖G中各頂點v到其餘頂點w的最短路徑P[v][w]及帶權長度D[v][w] */
```

```
2  void ShortestPath_Floyd(MGraph G, Patharc *P, ShortPathTable *D)
3  {
4      int v,w,k;
5      for(v=0; v<G.numVertexes; ++v)      /* 初始化D與P */
6      {
7          for(w=0; w<G.numVertexes; ++w)
8          {
9              (*D)[v][w]=G.arc[v][w];      /* D[v][w]值即為對應點間的權值 */
10             (*P)[v][w]=w;                /* 初始化P */
11         }
12     }
13     for(k=0; k<G.numVertexes; ++k)
14     {
15         for(v=0; v<G.numVertexes; ++v)
16         {
17             for(w=0; w<G.numVertexes; ++w)
18             {
19                 if ((*D)[v][w]>(*D)[v][k]+(*D)[k][w])
20                 { /* 如果經由索引為k頂點路徑比原兩點間路徑更短 */
21                     (*D)[v][w]=(*D)[v][k]+(*D)[k][w];/* 將目前兩點間權值設更小一個 */
22                     (*P)[v][w]=(*P)[v][k];       /* 路徑設定為經由索引為k的頂點 */
23                 }
24             }
25         }
26     }
27 }
```

註：圖的最短路徑 Floyd 演算法的相關程式請參看程式目錄下「/ 第 7 章圖 / 08 最短路徑 _Floyd.c」。

(1) 程式開始執行，第 5~12 行就是初始化了 ***D*** 和 ***P***，使得它們成為上圖的兩個矩陣。從矩陣也獲得，$v_0 \to v_1$ 路徑權重是 1，$v_0 \to v_2$ 路徑權重是 5，$v_0 \to v_3$ 無邊連線，所以路徑權重為極大值 65535。

(2) 第 13~26 行，是演算法的主迴圈，一共三層巢狀結構，*k* 代表的就是中轉頂點的索引。*v* 代表起始頂點，*w* 代表結束頂點。

(3) 當 k=0 時，也就是所有的頂點都經過 v_0 中轉，計算是否有最短路徑的變化。可惜結果是，沒有任何變化，如下圖所示。

D^0	v_0	v_1	v_2	v_3	v_4	v_5	v_6	v_7	v_8
v_0	0	1	5	∞	∞	∞	∞	∞	∞
v_1	1	0	3	7	5	∞	∞	∞	∞
v_2	5	3	0	∞	1	7	∞	∞	∞
v_3	∞	7	∞	0	2	∞	3	∞	∞
v_4	∞	5	1	2	0	3	6	9	∞
v_5	∞	∞	7	∞	3	0	∞	5	∞
v_6	∞	∞	∞	3	6	∞	0	2	7
v_7	∞	∞	∞	∞	9	5	2	0	4
v_8	∞	∞	∞	∞	∞	∞	7	4	0

P^0	v_0	v_1	v_2	v_3	v_4	v_5	v_6	v_7	v_8
v_0	0	1	2	3	4	5	6	7	8
v_1	0	1	2	3	4	5	6	7	8
v_2	0	1	2	3	4	5	6	7	8
v_3	0	1	2	3	4	5	6	7	8
v_4	0	1	2	2	4	5	6	7	8
v_5	0	1	2	3	4	5	6	7	8
v_6	0	1	2	3	4	5	6	7	8
v_7	0	1	2	3	4	5	6	7	8
v_8	0	1	2	3	4	5	6	7	8

(4) 當 k=1 時，也就是所有的頂點都經過 v_1 中轉。此時，當 v=0 時，原本 ***D***[0][2]=5，現在由於 ***D***[0][1]+***D***[1][2]=4。因此由程式的第 21 行，二者取其最小值，獲得 ***D***[0][2]=4，同理可得 ***D***[0][3]=8、***D***[0][4]=6，當 v=2、3、4 時，也修改了一些資料，請參考如下圖左圖中虛線框資料。由於這些最小權重的修正，所以在路徑矩陣 ***P*** 上，也要作處理，將它們都改為目前的 ***P***[v][k] 值，見程式第 22 行。

D^1	v_0	v_1	v_2	v_3	v_4	v_5	v_6	v_7	v_8
v_0	0	1	4	8	6	∞	∞	∞	∞
v_1	1	0	3	7	5	∞	∞	∞	∞
v_2	4	3	0	10	1	7	∞	∞	∞
v_3	8	7	10	0	2	∞	3	∞	∞
v_4	6	5	1	2	0	3	6	9	∞
v_5	∞	∞	7	∞	3	0	∞	5	∞
v_6	∞	∞	∞	3	6	∞	0	2	7
v_7	∞	∞	∞	∞	9	5	2	0	4
v_8	∞	∞	∞	∞	∞	∞	7	4	0

P^1	v_0	v_1	v_2	v_3	v_4	v_5	v_6	v_7	v_8
v_0	0	1	1	1	1	5	6	7	8
v_1	0	1	2	3	4	5	6	7	8
v_2	1	1	2	1	4	5	6	7	8
v_3	1	1	1	3	4	5	6	7	8
v_4	1	1	2	2	4	5	6	7	8
v_5	0	1	2	3	4	5	6	7	8
v_6	0	1	2	3	4	5	6	7	8
v_7	0	1	2	3	4	5	6	7	8
v_8	0	1	2	3	4	5	6	7	8

(5) 接下來就是 k=2 一直到 8 結束，表示針對每個頂點做中轉獲得的計算結果，當然，我們也要清楚，$\boldsymbol{D}^0$ 是以 $\boldsymbol{D}^{-1}$ 為基礎，$\boldsymbol{D}^1$ 是以 $\boldsymbol{D}^0$ 為基礎，……，$\boldsymbol{D}^8$ 是以 $\boldsymbol{D}^7$ 為基礎，就像我們曾經說過的七個包子的故事，它們是有聯繫的，路徑矩陣 P 也是如此。最後當 k=8 時，兩矩陣資料如下圖所示。

D^8	v_0	v_1	v_2	v_3	v_4	v_5	v_6	v_7	v_8
v_0	0	1	4	7	5	8	10	12	16
v_1	1	0	3	6	4	7	9	11	15
v_2	4	3	0	3	1	4	6	8	12
v_3	7	6	3	0	2	5	3	5	9
v_4	5	4	1	2	0	3	5	7	11
v_5	8	7	4	5	3	0	7	5	9
v_6	10	9	6	3	5	7	0	2	6
v_7	12	11	8	5	7	5	2	0	4
v_8	16	15	12	9	11	9	6	4	0

P^8	v_0	v_1	v_2	v_3	v_4	v_5	v_6	v_7	v_8
v_0	0	1	1	1	1	1	1	1	1
v_1	0	1	2	2	2	2	2	2	2
v_2	1	1	2	4	4	4	4	4	4
v_3	4	4	4	3	4	4	6	6	6
v_4	2	2	2	3	4	5	3	3	3
v_5	4	4	4	4	4	5	7	7	7
v_6	3	3	3	3	3	7	6	7	7
v_7	6	6	6	6	6	5	6	7	8
v_8	7	7	7	7	7	7	7	7	8

至此，我們的最短路徑就算是完成了，你可以看到矩陣第 v_0 行的數值與戴克斯特拉（Dijkstra）演算法求得的 ***D*** 陣列的數值是完全相同，都是{0,1,4,7,5,8,10,12,16}。而且這裡是所有頂點到所有頂點的最短路徑權重和都可以計算出。

那麼如何由 ***P*** 這個路徑陣列得出實際的最短路徑呢？以 v_0 到 v_8 為例，從上圖的右圖第 v_8 列，***P***[0][8]=1，獲得要經過頂點 v_1，然後將 1 取代 0 獲得 ***P***[1][8]=2，說明要經過 v_2，然後將 2 取代 1 獲得 ***P***[2][8]=4，說明要經過 v_4，然後將 4 取代 2 獲得 ***P***[4][8]=3，說明要經過 v_3，……，這樣很容易就推導出最後的最短路徑值為 $v_0 \rightarrow v_1 \rightarrow v_2 \rightarrow v_4 \rightarrow v_3 \rightarrow v_6 \rightarrow v_7 \rightarrow v_8$。

求最短路徑的顯示程式可以這樣寫。

```
printf("各頂點間最短路徑如下:\n");
for(v=0; v<G.numVertexes; ++v)
{
    for(w=v+1; w<G.numVertexes; w++)
    {
        printf("v%d-v%d weight: %d ",v,w,D[v][w]);
        k=P[v][w];                  /* 獲得第一個路徑頂點索引 */
        printf(" path: %d",v);      /* 列印原點 */
        while(k!=w)                 /* 如果路徑頂點索引不是終點 */
        {
            printf (" -> %d",k);    /* 列印路徑頂點 */
            k=P[k][w];              /* 獲得下一個路徑頂點索引 */
        }
        printf (" -> %d\n",w);      /* 列印終點 */
    }
    printf ("\n");
}
```

再次回過頭來看看佛洛伊德（Floyd）演算法，它的程式簡潔到就是一個二重迴圈初始化加一個三重迴圈權重修正，就完成了所有頂點到所有頂點的最短路徑計算。幾乎就如同是我們在學習 C 語言循環巢狀結構的範例程式而已。如此簡單的實現，真是巧妙之極，在我看來，這是非常漂亮的演算法，不知道你們是否喜歡？很可惜由於它的三重迴圈，因此也是 $O(n^3)$ 時間複雜度。**如果你面臨需要求所有頂點至所有頂點的最短路徑問題時，佛洛伊德（Floyd）演算法應該是不錯的選擇。**

另外，我們雖然對求最短路徑的兩個演算法舉例都是無向圖，但它們對有向圖依然有效，因為二者的差異僅是相鄰矩陣是否對稱而已。

7.8 拓撲排序

說了兩個有環的圖應用，現在我們來談談無環的圖應用。無環，即是圖中沒有迴路的意思。

7.8.1 拓撲排序介紹

我們會把施工過程、生產流程、軟體開發、教學安排等都當成一個開發專案來對待，所有的專案都可分為許多個「活動」的子專案。例如下圖是我這非專業人士繪製的一張電影製作流程圖，現實中可能並不完全相同，但基本表達了一個專案和許多個活動的概念。在這些活動之間，通常會受到一定的條件約束，如其中某些活動必須在另一些活動完成之後才能開始。就像電影製作不可能在人員合格進駐場地時，導演還沒有找到，也不可能在拍攝過程中，場地都沒有。這都會導致荒謬的結果。因此這樣的專案圖，一定是無環的有向圖。

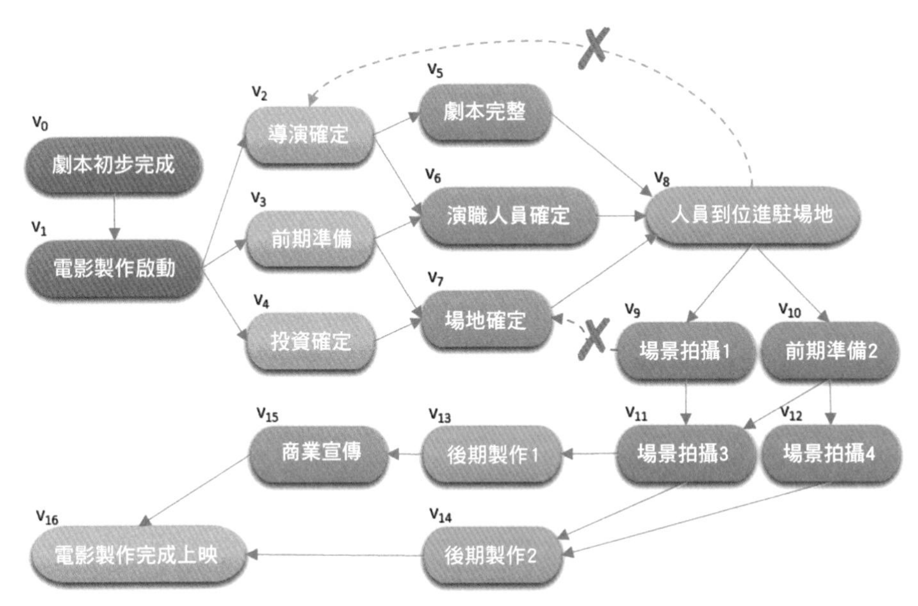

在一個表示專案的有向圖中，用頂點列表示活動，用弧表示活動之間的優先關係，這樣的有向圖為頂點列表示活動的網，我們稱為 AOV 網（Activity On Vertex Network）。AOV 網中的弧表示活動之間存在的某種限制關係。例如演職人員確定了，場地也聯繫才可以開始進場拍攝。另外就是 AOV 網中不能存在迴路。剛才已經舉了實例，讓某個活動的開始要以自己完成作為先決條件，顯然是不可以的。

設 G=(V,E) 是一個具有 n 個頂點的有向圖，V 中的頂點序列 v_1，v_2，……，v_n，滿足若從頂點 v_i 到 v_j 有一條路徑，則在頂點序列中頂點 v_i 必在頂點 v_j 之前。則我們稱這樣的頂點序列為一個拓撲序列。

上圖這樣的 AOV 網的拓撲序列不止一條。序列 v_0 v_1 v_2 v_3 v_4 v_5 v_6 v_7 v_8 v_9 v_{10} v_{11} v_{12} v_{13} v_{14} v_{15} v_{16} 是一條拓撲序列，而 v_0 v_1 v_4 v_3 v_2 v_7 v_6 v_5 v_8 v_{10} v_9 v_{12} v_{11} v_{14} v_{13} v_{15} v_{16} 也是一條拓撲序列。

所謂**拓撲排序，其實就是對一個有向圖型建置拓撲序列的過程**。建置時會有兩個結果，如果此網的全部頂點都被輸出，則說明它是不存在環（迴路）的 AOV 網；如果輸出頂點數少了，哪怕是少了一個，也說明這個網存在環（迴路），不是 AOV 網。

一個不存在迴路的 AOV 網，我們可以將它應用在各種各樣的專案的流程圖中，滿足各種應用場景的需要，所以實現拓撲排序的演算法就很有價值了。

7.8.2 拓撲排序演算法

對 AOV 網進行拓撲排序的基本想法是：從 AOV 網中選擇一個內分支度為 0 的頂點輸出，然後刪去此頂點，並刪除以此頂點為尾的弧，繼續重複此步驟，直到輸出全部頂點或 AOV 網中不存在內分支度為 0 的頂點為止。

首先我們需要確定一下這個圖需要使用的資料結構。前面求最小產生樹和最短路徑時，我們用的都是相鄰矩陣，但由於拓撲排序的過程中，需要刪除頂點，顯然用相鄰串列會更加方便。因此我們需要為 AOV 網建立一個相鄰串列。考慮到演算法過程中始終要尋找內分支度為 0 的頂點，我們在原來頂點列表節點結構中，增加一個內分支度域 in，結構如下表所示，其中 in 就是內分支度的數字。

in	data	firstedge

因此對於下圖的第一幅圖 AOV 網，我們可以獲得如第二幅圖的相鄰串列資料結構。

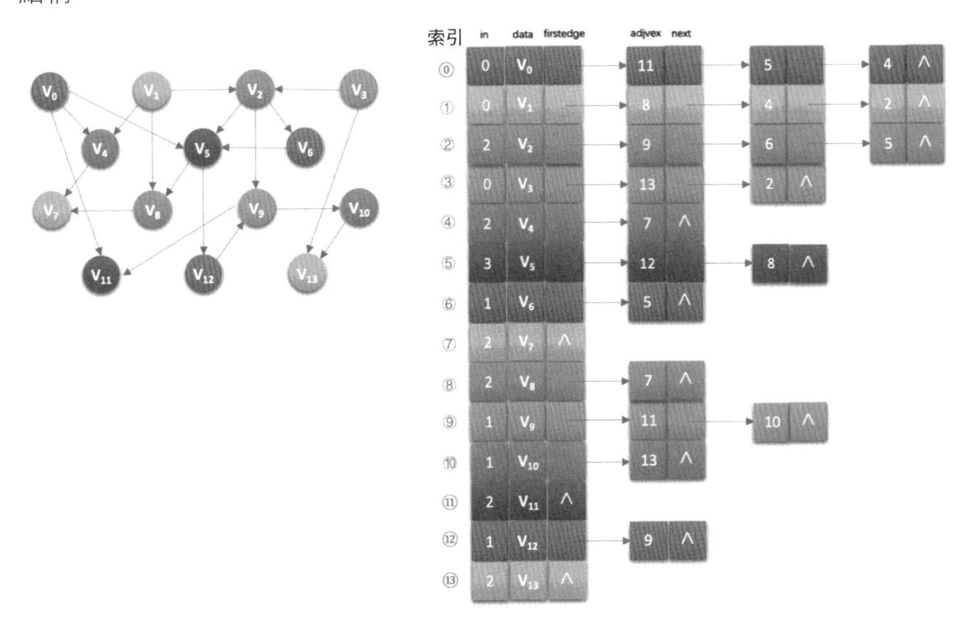

在拓撲排序演算法中，有關的結構程式如下。

```
typedef struct EdgeNode          /* 邊列表節點  */
{
    int adjvex;                  /* 相鄰點域，儲存該頂點對應的索引 */
    int weight;                  /* 用於儲存權值，對於非網圖可以不需要 */
    struct EdgeNode *next;       /* 鏈域，指向下一個相鄰點 */
}EdgeNode;

typedef struct VertexNode        /* 頂點列表節點 */
{
    int in;                      /* 頂點內分支度 */
    int data;                    /* 頂點域，儲存頂點訊息 */
    EdgeNode *firstedge;         /* 邊頭部指標 */
}VertexNode, AdjList[MAXVEX];

typedef struct
{
```

```
    AdjList adjList;
    int numVertexes,numEdges;      /* 圖中目前頂點數和邊數 */
}graphAdjList,*GraphAdjList;
```

註：圖的拓撲排序演算法的相關程式請參看程式目錄下「/ 第 7 章圖 / 09 拓撲排序 _TopologicalSort.c」。

在演算法中，我還需要輔助的資料結構一堆疊，用來儲存處理過程中內分支度為 0 的頂點，目的是為了避免每個尋找時都要去檢查頂點列表找有沒有內分支度為 0 的頂點。

現在我們來看程式，並且模擬執行它。

```
1  /* 拓撲排序，若GL無回路，則輸出拓撲排序序列並傳回1，若有回路傳回0。 */
2  Status TopologicalSort(GraphAdjList GL)
3  {
4      EdgeNode *e;
5      int i,k,gettop;
6      int top=0;                          /* 用於堆疊指標索引  */
7      int count=0;                        /* 用於統計輸出頂點的個數  */
8      int *stack;                         /* 建堆疊將內分支度為0的頂點入堆疊  */
9      stack=(int *)malloc(GL->numVertexes * sizeof(int) );
10     for(i = 0; i<GL->numVertexes; i++)
11         if(0 == GL->adjList[i].in)         /* 將內分支度為0的頂點入堆疊 */
12             stack[++top]=i;
13     while(top!=0)
14     {
15         gettop=stack[top--];                           /* 出堆疊 */
16         printf ("%d -> ",GL->adjList[gettop].data);   /* 列印此頂點 */
17         count++;                                       /* 統計輸出頂點數 */
18         for(e = GL->adjList[gettop].firstedge; e; e = e->next) /*對此頂點弧列表檢查*/
19         {
20             k=e->adjvex;
21             if( !(--GL->adjList[k].in) )      /* 將k號頂點相鄰點的內分支度減1*/
22                 stack[++top]=k;               /* 若為0則入堆疊，以便下次循環輸出 */
23         }
24     }
25     if(count < GL->numVertexes)              /* count小於頂點數，說明存在環 */
26         return ERROR;
27     else
28         return OK;
29 }
```

(1) 程式開始執行，第 4~8 行都是變數的定義，其中 stack 是一個堆疊，用來儲存整數的數字。

(2) 第 9~11 行，作了一個循環判斷，把內分支度為 0 的頂點索引都存入堆疊，從下圖的右圖相鄰串列可知，此時 stack 應該為：{0，1，3}，即 v_0、v_1、v_3 的頂點內分支度為 0，如下圖所示。

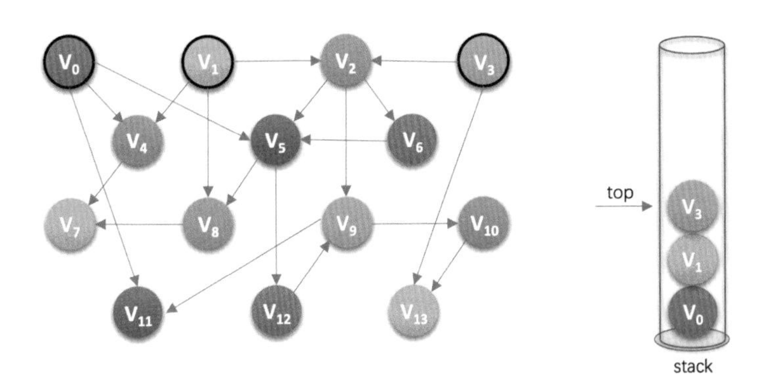

(3) 第 13~24 行，while 迴圈，當堆疊中有資料元素時，始終循環。

(4) 第 15~17 行，v_3 移出堆疊獲得 gettop=3。並列印此頂點，然後 count 加 1。

(5) 第 18~23 行，迴圈其實是對 v_3 頂點對應的弧鏈結串列進行檢查，即下圖中的灰色部分，找到 v_3 連接的兩個頂點 v_2 和 v_{13}，並將它們的內分支度減少一位，此時 v_2 和 v_{13} 的 in 值都為 1。它的目的是為了將 v_3 頂點上的弧刪除。

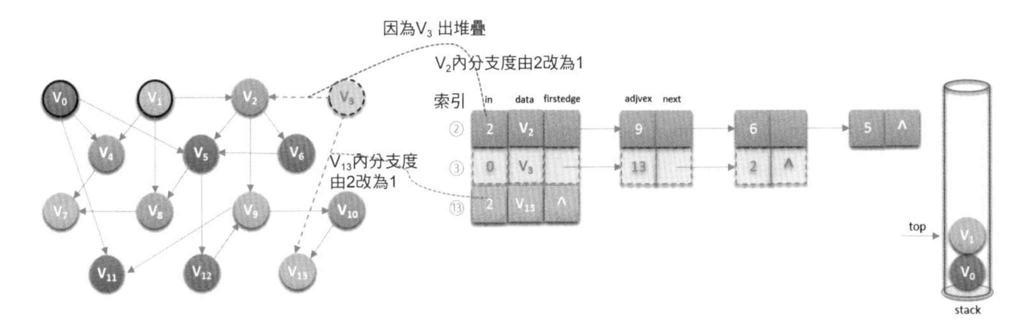

(6) 再次循環，第 13~24 行。此時處理的是頂點 v_1。經過移出堆疊、列印、count=2 後，我們對 v_1 到 v_2、v_4、v_8 的弧進行了檢查。並同樣減少了它們的內分支度數，此時 v_2 內分支度為 0，於是由第 21~22 行知，v_2 存入堆疊，如下圖所示。試想，如果沒有在頂點列表中加入 in 這個內分支度資料欄，

21 行的判斷就必須要是迴圈，這顯然是要消耗時間的，我們利用空間換取了時間。

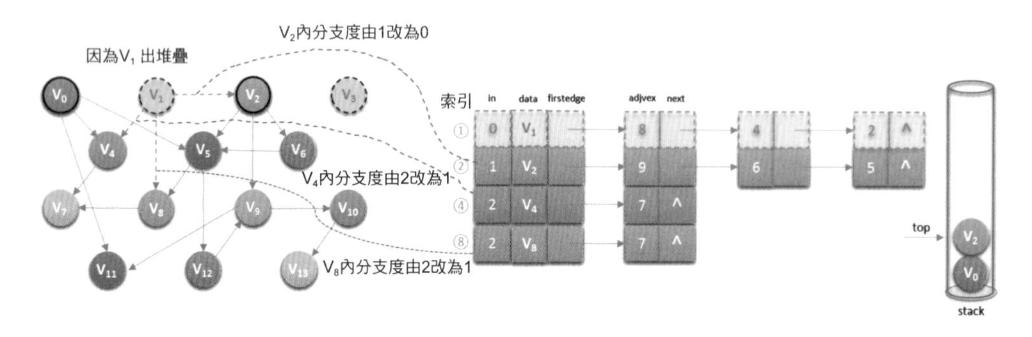

(7) 接下來，就是同樣的處理方式了。下圖展示了 v_2 v_6 v_0 v_4 v_5 v_8 的列印刪除過程，後面還剩幾個頂點都類似，就不圖示了。

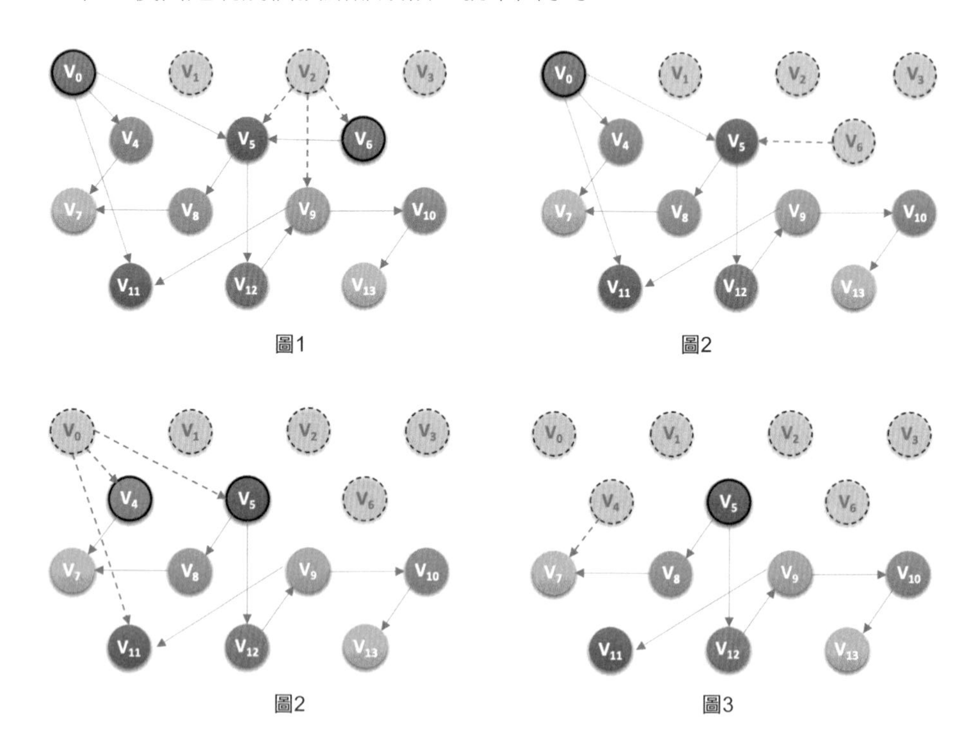

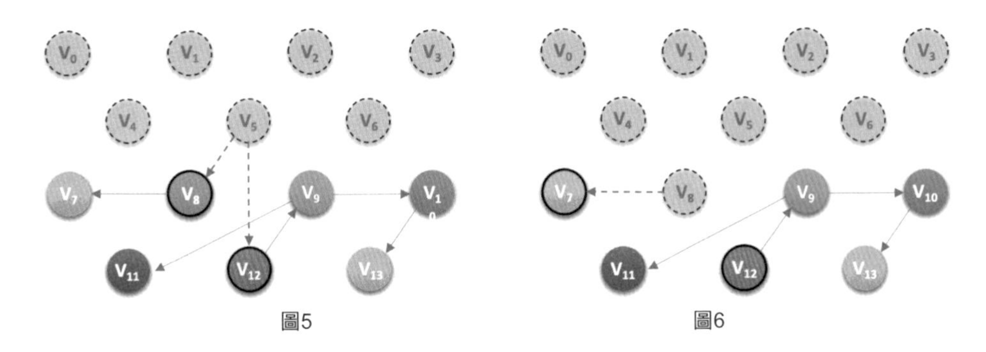

圖5　圖6

(8) 最後拓撲排序列印結果為 3->1->2->6->0->4->5->8->7->12->9->10->13->11。當然這結果並不是唯一的一種拓撲排序方案。

分析整個演算法，對一個具有 n 個頂點 e 條弧的 AOV 網來說，第 8 ～ 10 行掃描頂點列表，將內分支度為 0 的頂點存入堆疊的時間複雜為 $O(n)$，而之後的 while 迴圈中，每個頂點進一次堆疊，出一次堆疊，內分支度減 1 的操作共執行了 e 次，所以整個演算法的時間複雜度為 $O(n+e)$。

7.9 關鍵路徑

拓撲排序主要是為解決一個專案是否可順序進行的問題，但有時我們還需要解決專案完成需要的最短時間問題。比如說，造一輛汽車，我們需要先造各種各樣的零組件最後再組裝成車，如下圖所示。這些零組件基本都是在管線上同時生產的，假如造一個輪子需要 0.5 天時間，造一個引擎需要 3 天時間，造一個車底盤需要 2 天時間，造一個外殼需要 2 天時間，其他零組件時間需要 2 天，全部零組件集中到一處需要 0.5 天，組裝成車需要 2 天時間，請問，在汽車廠造一輛車，最短需要多少時間呢？

有人說時間就是全部加起來，這當然是不對的。我已經說了前提，這些零組件都是分別在流水線上同時生產的，也就是說，在生產引擎的 3 天裡，可能已經生產了 6 個輪子，1.5 個外殼和 1.5 個底盤，而組裝車是在這些零組件都生產好後才可以進行。因此最短的時間其實是零組件中生產時間最長的引擎 3 天 + 集中零組件 0.5 天 + 組裝車的 2 天，一共 5.5 天完成一輛汽車的生產。

因此，我們如果要對一個流程圖獲得最短時間，就必須要分析它們的拓撲關係，並且找到當中最關鍵的流程，這個流程的時間就是最短時間。

因此在前面講了 AOV 網的基礎上，我們來介紹一個新的概念。**在一個表示專案的帶權重有向圖中，用頂點列表示事件，用有向邊列表示活動，用邊上的權重表示活動的持續時間，這種有向圖的邊列表示活動的網，我們稱之為 AOE 網（Activity On Edge Network）**。我們把 AOE 網中沒有入邊的頂點稱為始點或原點，沒有出邊的頂點稱為終點或匯點。由於一個專案，總有一個開始，一個結束，所以正常情況下，AOE 網只有一個原點一個匯點。例如下圖就是一個 AOE 網。其中 v_0 即是原點，表示一個專案的開始，v_9 是匯點，表示整個專案的結束，頂點 v_0，v_1，……，v_9 分別表示事件，弧 $<v_0,v_1>$，$<v_0,v_2>$，……，$<v_8,v_9>$ 都表示一個活動，用 a_0，a_1，……，a_{12} 表示，它們的值代表著活動持續的時間，例如弧 $<v_0,v_1>$ 就是從原點開始的第一個活動 a_0，它的時間是 3 個單位。

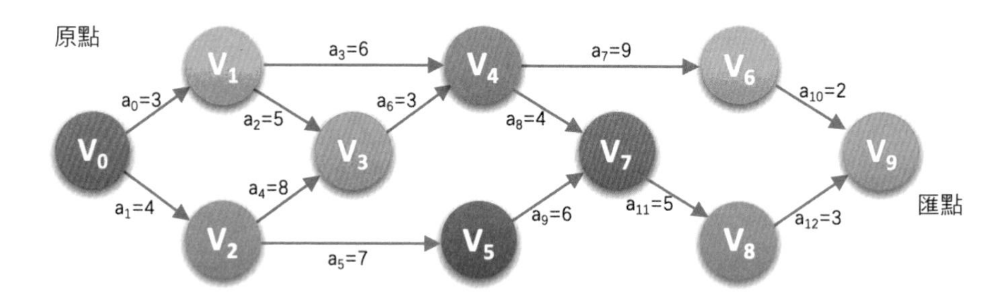

既然 AOE 網是表示專案流程的，所以它就具有明顯的專案的特性。如有在某頂點所代表的事件發生後，從該頂點出發的各活動才能開始。只有在進入某頂點的各活動都已經結束，該頂點所代表的事件才能發生。

儘管 AOE 網與 AOV 網都是用來對專案建模的，但它們還是有很大的不同，主要表現在 AOV 網是頂點列表示活動的網，它只描述活動之間的限制關係，而 AOE 網是用邊列表示活動的網，邊上的權重表示活動持續的時間，如下圖所示兩圖的比較。因此，AOE 網是要建立在活動之間限制關係沒有矛盾的基礎之上，再來分析完成整個專案至少需要多少時間，或為縮短完成專案所需時間，應當加快哪些活動等問題。

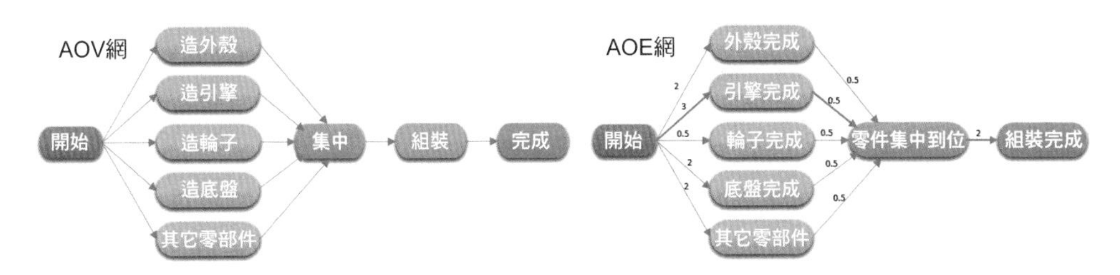

我們把**路徑上各個活動所持續的時間之和稱為路徑長度，從原點到匯點具有最大長度的路徑叫關鍵路徑，在關鍵路徑上的活動叫關鍵活動**。顯然就上圖的 AOE 網而言，開始→引擎完成→零件集中合格→組裝完成就是關鍵路徑，路徑長度為 5.5。

如果我們需要縮短整個工期，去改進輪子的生產效率，哪怕改動成 0.1 也是無益於整個工期的變化，只有縮短關鍵路徑上的關鍵活動時間才可以減少整個工期長度。例如如果引擎製造縮短為 2.5，整車組裝縮短為 1.5，那麼關鍵路徑長度就為 4.5，整整縮短了一天的時間。

那麼現在的問題就是如何找出關鍵路徑。對人來說，上圖第二幅這樣的 AOE 網，應該比較容易得出關鍵路徑的，而對於上上圖的 AOE 網，就相對麻煩一些，如果繼續複雜下去，可能就非人腦該去做的事了。

7.9.1 關鍵路徑演算法原理

為了講清楚求關鍵路徑的演算法，我還是來舉個實例。假設一個學生放學回家，除掉吃飯、洗漱外，到睡覺前有四小時空閒，而家庭作業需要兩小時完成。不同的學生會有不同的做法，積極的學生，會在頭兩小時就完成作業，然後看看電視、讀讀課外書什麼的；但也有超過一半的學生會在最後兩小時才去做作業，要不是因為沒時間，可能還要再拖延下去。下面的同學不要笑，像是在說你的是，你們是不是有過暑假兩個月，要到最後幾天才去趕作業的壞毛病呀？這也沒什麼好奇怪的，拖延就是人性幾大弱點之一。

這裡做家庭作業這一活動的最早開始時間是四小時的開始，可以視為 0，而最晚開始時間是兩小時之後馬上開始，不可以再晚，否則就是延遲了，此時可以視為 2。顯然，當最早和最晚開始時間不相等時就表示有空閒。

接著，你老媽發現了你拖延的小秘密，於是買了很多的課外習題，要求你四個小時，不許有一絲空閒，省得你拖延或偷懶。此時整個四小時全部被佔滿，最早開始時間和最晚開始時間都是 0，因此它就是關鍵活動了。

也就是說，我們只需要找到所有活動的最早開始時間和最晚開始時間，並且比較它們，如果相等就表示此活動是關鍵活動，活動間的路徑為關鍵路徑。如果不等，則就不是。

為此，我們需要定義以下幾個參數。

(1) 事件的最早發生時間 etv（earliest time of vertex）：即頂點 v_k 的最早發生時間。
(2) 事件的最晚發生時間 ltv（latest time of vertex）：即頂點 v_k 的最晚發生時間，也就是每個頂點對應的事件最晚需要開始的時間，超出此時間將延誤整個工期。
(3) 活動的最早開工時間 ete（earliest time of edge）：即弧 a_k 的最早發生時間。
(4) 活動的最晚開工時間 lte（latest time of edge）：即弧 a_k 的最晚發生時間，也就是不延後工期的最晚開工時間。

我們是由 1 和 2 可以求得 3 和 4，然後再根據 ete[k] 是否與 lte[k] 相等來判斷 a_k 是否是關鍵活動。

7.9.2 關鍵路徑演算法

我們將下圖左圖的 AOE 網轉化為相鄰串列結構如圖右所示，注意與拓撲排序時相鄰串列結構不同的地方在於，這裡弧鏈結串列增加了 weight 域，用來儲存弧的權重。

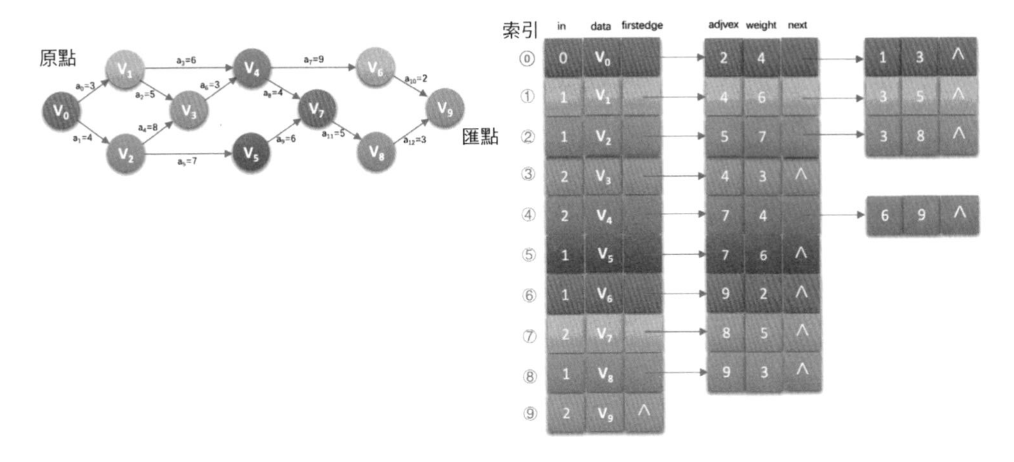

求事件的最早發生時間 etv 的過程，就是我們從頭至尾找拓撲序列的過程，因此，在求關鍵路徑之前，需要先呼叫一次拓撲序列演算法的程式來計算 etv 和拓撲序列列表。為此，我們首先在程式開始處宣告幾個全域變數。

```
int *etv,*ltv;      /* 事件最早發生時間和最遲發生時間陣列 */
int *stack2;        /* 用於儲存拓撲序列的堆疊 */
int top2;           /* 用於stack2的指標 */
```

註：圖的關鍵路徑演算法的相關程式請參看程式目錄下「/ 第 7 章圖 / 10 關鍵路徑 _CriticalPath.c」。

其中 stack2 用來儲存拓撲序列，以便後面求關鍵路徑時使用。

下面是改進過的求拓撲序列演算法。

```
1   /* 拓撲排序 */
2   Status TopologicalSort(GraphAdjList GL)
3   {   /* 若GL無回路，則輸出拓撲排序序列並傳回1，若有回路傳回0 */
4       EdgeNode *e;
5       int i,k,gettop;
6       int top=0;                          /* 用於堆疊指標索引  */
7       int count=0;                        /* 用於統計輸出頂點的個數 */
8       int *stack;                         /* 建堆疊將內分支度為0的頂點入堆疊 */
9       stack=(int *)malloc(GL->numVertexes * sizeof(int) );
10      for (i = 0; i<GL->numVertexes; i++)
11          if(0 == GL->adjList[i].in)      /* 將內分支度為0的頂點入堆疊 */
```

```
12              stack[++top]=i;
13      top2=0;                                       /* 初始化 */
14      etv=(int *)malloc(GL->numVertexes * sizeof(int));/* 事件最早發生時間陣列 */
15      for (i=0; i<GL->numVertexes; i++)
16          etv[i]=0;                                 /* 初始化 */
17      stack2=(int *)malloc(GL->numVertexes * sizeof(int));/* 初始化拓撲序列堆疊 */
18      while(top!=0)
19      {
20          gettop=stack[top--];
21          count++;                          /* 輸出i號頂點，並計數 */
22          stack2[++top2]=gettop;            /* 將出現的頂點序號存入拓撲序列的堆疊 */
23          for (e = GL->adjList[gettop].firstedge; e; e = e->next)
24          {
25              k=e->adjvex;
26              if( !(--GL->adjList[k].in))
27                  stack[++top]=k;
28              if((etv[gettop] + e->weight) > etv[k]) /* 求各頂點事件的最早發生時間etv值 */
29                  etv[k] = etv[gettop] + e->weight;
30          }
31      }
32      if(count < GL->numVertexes)
33          return ERROR;
34      else
35          return OK;
36  }
```

程式中，除反白部分外，與前面講的拓撲排序演算法沒有什麼不同。

第 12~16 行為初始化全域變數 etv 陣列、top2 和 stack2 的過程。第 22 行就是將本是要輸出的拓撲序列存入全域堆疊 stack2 中。第 28~29 行很關鍵，它是求 etv 陣列的每一個元素的值。比如說，假如我們已經求得頂點 v_0 對應的 etv[0]=0，頂點 v_1 對應的 etv[1]=3，頂點 v_2 對應的 etv[2]=4，現在我們需要求頂點 v_3 對應的 etv[3]，其實就是求 etv[1]+len<v_1,v_3> 與 etv[2]+len<v_2,v_3> 的較大值。顯然 3+5<4+8，獲得 etv[3]=12，如下圖所示。在程式中 e->weight 就是目前弧的長度。

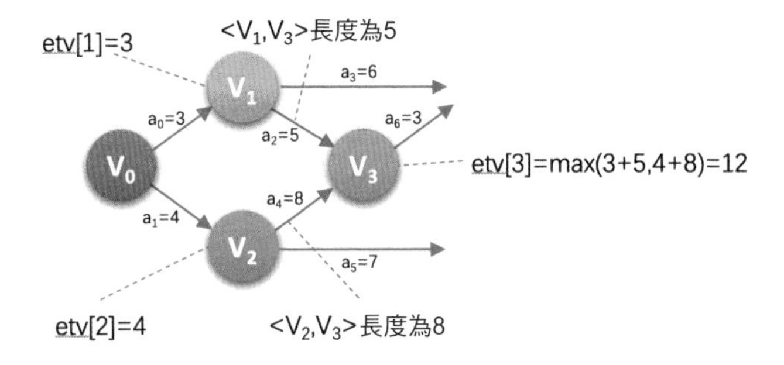

由此我們也可以得出計算頂點 v_k 即求 etv[k] 的最早發生時間的公式是：

$$etv[k] = \begin{cases} 0, & 當\ k=0\ 時 \\ \max\{\mathrm{etv}[i]+\mathrm{len}<v_i,v_k>\}, & 當\ k\neq 0\ 且\ <v_i,v_k>\in \mathrm{P}[k]\ 時 \end{cases}$$

其中 P[k] 表示所有到達頂點 v_k 的弧的集合。例如上圖的 P[3] 就是 $<v_1,v_3>$ 和 $<v_2,v_3>$ 兩條弧。len$<v_i,v_k>$ 是弧 $<v_i,v_k>$ 上的權重。

下面我們來看求關鍵路徑的演算法程式。

```
1  /* 求關鍵路徑,GL為有向網，輸出G的各項關鍵活動 */
2  void CriticalPath(GraphAdjList GL)
3  {
4      EdgeNode *e;
5      int i,gettop,k,j;
6      int ete,lte;                  /* 宣告活動最早發生時間和最遲發生時間變數 */
7      TopologicalSort(GL);          /* 求拓撲序列，計算陣列etv和stack2的值 */
8      ltv=(int *)malloc(GL->numVertexes*sizeof(int));  /* 事件最遲發生時間陣列 */
9      for (i=0; i<GL->numVertexes; i++)
10         ltv[i]=etv[GL->numVertexes-1];             /* 初始化ltv */
11     while(top2!=0)                                 /* 計算ltv */
12     {
13         gettop=stack2[top2--];
14         for(e = GL->adjList[gettop].firstedge; e; e = e->next)
15         {
16             k=e->adjvex;
17             if(ltv[k] - e->weight < ltv[gettop])  /*求各頂點事件最晚發生時間ltv*/
18                 ltv[gettop] = ltv[k] - e->weight;
19         }
20     }
21     for(j=0; j<GL->numVertexes; j++)              /* 求ete,lte和關鍵活動 */
22     {
23         for(e = GL->adjList[j].firstedge; e; e = e->next)
```

```
24          {
25              k=e->adjvex;
26              ete = etv[j];                          /* 活動最早發生時間 */
27              lte = ltv[k] - e->weight;              /* 活動最遲發生時間 */
28              if(ete == lte)                         /* 兩者相等即在關鍵路徑上 */
29                  printf("<v%d - v%d> length: %d \n",
30                      GL->adjList[j].data,GL->adjList[k].data,e->weight);
31          }
32      }
33  }
```

(1) 程式開始執行。第 6 行，宣告了 ete 和 lte 兩個活動最早最晚發生時間變數。

(2) 第 7 行，呼叫求拓撲序列的函數。執行完畢後，全域變數陣列 etv 和堆疊 stack2 的值如下圖所示，top2=10。也就是說，對於每個事件的最早發生時間，我們已經計算出來了。

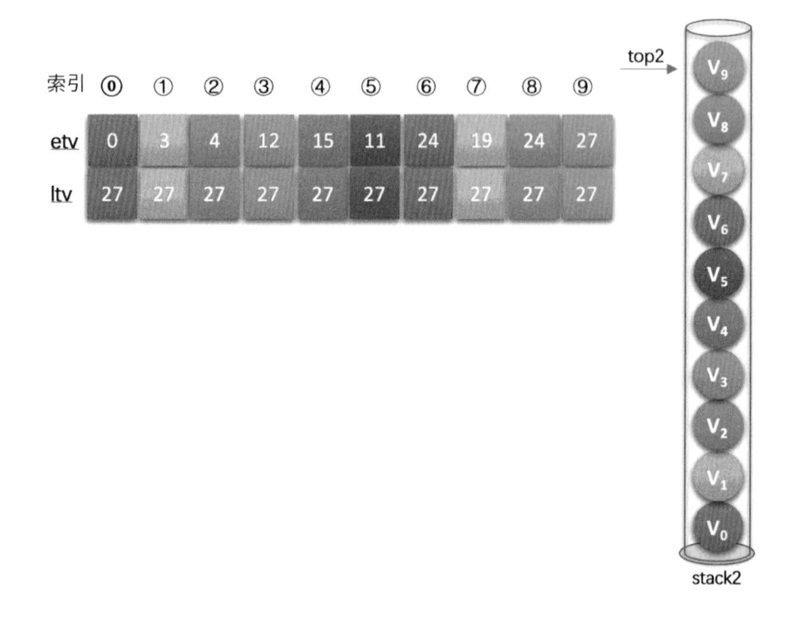

(3) 第 8~10 行為初始化全域變數 ltv 陣列，因為 etv[9]=27，所以陣列 ltv 目前的值為：{27,27,27,27,27,27,27,27,27,27}

(4) 第 11~20 行為計算 ltv 的循環。第 13 行，先將 stack2 的堆疊頭移出堆疊，由後進先出獲得 gettop=9。根據相鄰串列中，v_9 沒有弧表，所以第 14~19 行迴圈本體未執行。

(5) 再次來到第 13 行，gettop=8，在第 14~19 行的迴圈中，v_8 的弧表只有一條 $<v_8,v_9>$，第 16 行獲得 k=9，因為 ltv[9]-3<ltv[8]，所以 ltv[8]= ltv[9]-3=24，如下圖所示。

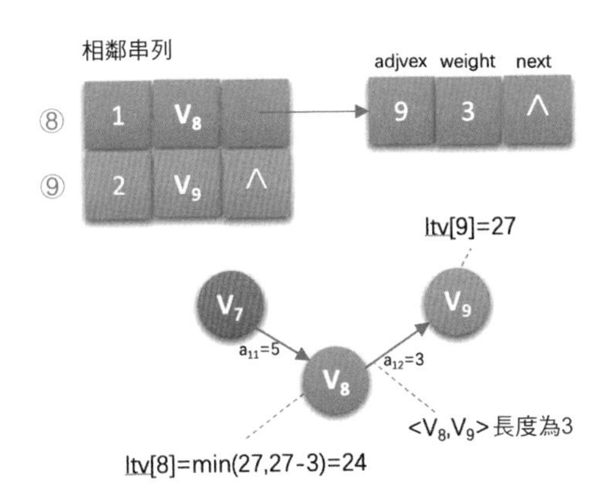

(6) 再次循環，當 gettop=7、5、6 時，同理可算出 ltv 相對應的值為 19、13、25，此時 ltv 值為：{27,27,27,27,27,13,25,19,24,27}

(7) 當 gettop=4 時，由相鄰串列可獲得 v_4 有兩條弧 $<v_4,v_6>$、$<v_4,v_7>$，透過第 14~19 行的循環，可以獲得 ltv[4]=min(ltv[7]−4,ltv[6]−9)=min(19−4,25−9) =15，如下圖所示。

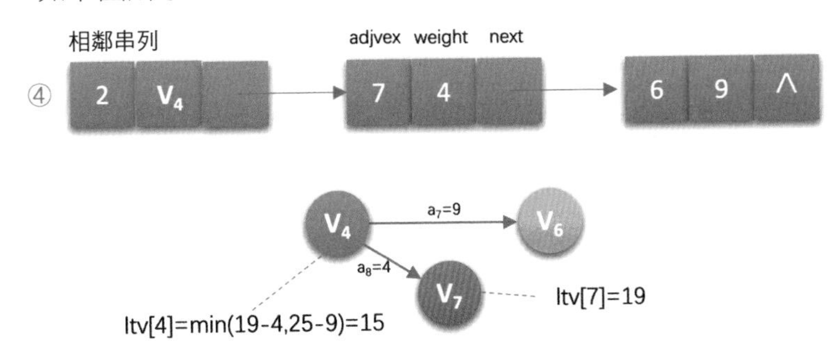

此時你應該發現，我們在計算 ltv 時，其實是把拓撲序列倒過來進行的。因此我們可以得出計算頂點 v_k 即求 ltv[k] 的最晚發生時間的公式是：

$$ltv[k] = \begin{cases} etv[k], & \text{當 } k=n-1 \text{ 時} \\ \min\{ltv[j]-len<v_k,v_j>\}, & \text{當 } k<n-1 \text{ 且 } <v_k,v_j>\in S[k] \text{ 時} \end{cases}$$

其中 S[K] 表示所有從頂點 v_k 出發的弧的集合。例如上圖的 S[4] 就是 $<v_4,v_6>$ 和 $<v_4,v_7>$ 兩條弧，$len<v_k,v_j>$ 是弧 $<v_k,v_j>$ 上的權重。

就這樣，當程式執行到第 21 行時，相關變數的值如下圖所示，例如 etv[1]=3 而 ltv[1]=7，表示的意思就是如果時間單位是天的話，哪怕 v_1 這個事件在第 7 天才開始，也可以確保整個專案的如期完成，你可以提前 v_1 事件開始時間，但你最早也只能在第 3 天開始。跟我們前面舉的實例，是先完成作業再玩還是先玩最後完成作業一個道理。

索引	⓪	①	②	③	④	⑤	⑥	⑦	⑧	⑨
etv	0	3	4	12	15	11	24	19	24	27
ltv	0	7	4	12	15	13	25	19	24	27

(8) 第 21~32 行是來求另兩個變數活動最早開始時間 ete 和活動最晚開始時間 lte，並對相同索引的它們做比較。兩重循環巢狀結構是對相鄰串列的頂點和每個頂點的弧表檢查。

(9) 當 j=0 時，從 v_0 點開始，有 $<v_0,v_2>$ 和 $<v_0,v_1>$ 兩條弧。當 k=2 時，ete=etv[j]=etv[0]=0。lte=ltv[k]-e->weight=ltv[2]-len$<v_0,v_2>$=4−4=0，此時 ete=lte，表示弧 $<v_0,v_2>$ 是關鍵活動，因此列印。當 k=1 時，ete=etv[j] =etv[0]=0。lte=ltv[k]-e->weight=ltv[1]-len$<v_0,v_1>$=7−3=4，此時 ete ≠ lte，因此 $<v_0,v_1>$ 並不是關鍵活動，如下圖所示。

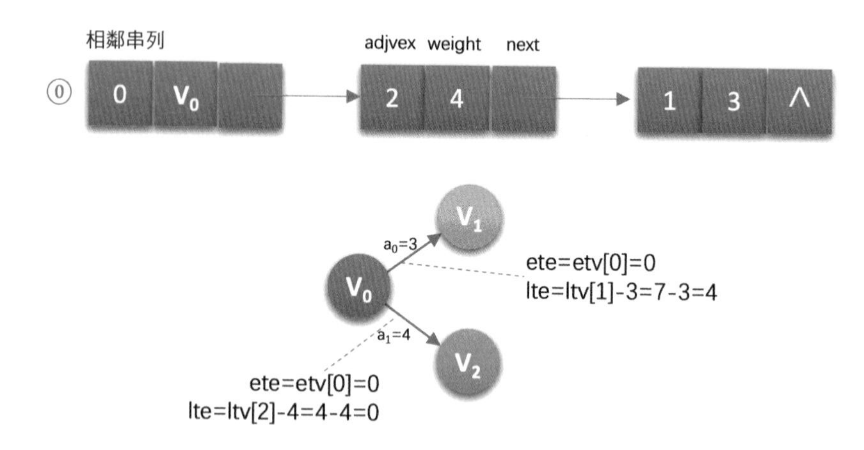

這裡需要解釋一下，ete 本來是表示活動 $<v_k,v_j>$ 的最早開工時間，是針對弧來說的。但只有此弧的弧尾頂點 v_k 的事件發生了，它才可以開始，因此 ete=etv[k]。

而 lte 表示的是活動 <v_k,v_j> 的最晚開工時間，但此活動再晚也不能等 v_j 事件發生才開始，而必須要在 v_j 事件之前發生，所以 lte=ltv[j]-len<v_k,v_j>。就像你晚上 11 點睡覺，你不能說到 11 點才開始做作業，而必須要提前 2 小時，在 9 點開始，才有可能按時完成作業。

所以最後，其實就是判斷 ete 與 lte 是否相等，相等表示活動沒有任何空閒，是關鍵活動，否則就不是。

(10) j=1 一直到 j=9 為止，做法是完全相同的，關鍵路徑列印結果為 "<v_0,v_2> 4, <v_2,v_3> 8, <v_3,v_4> 3, <v_4,v_7> 4, <v_7,v_8> 5, <v_8,v_9> 3,"，最後關鍵路徑如下圖所示。

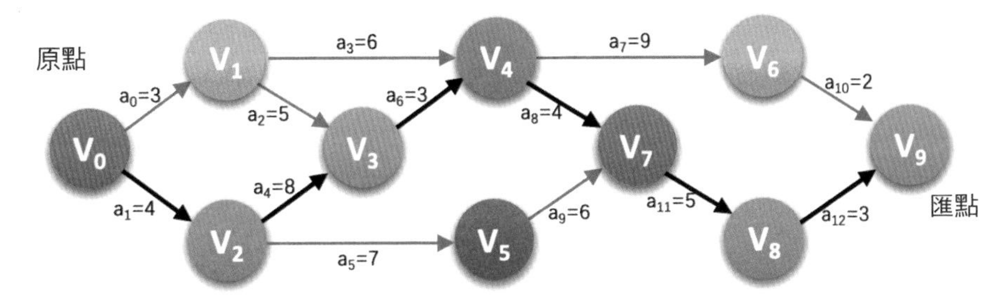

分析整個求關鍵路徑的演算法，第 7 行是拓撲排序，時間複雜度為 O(*n*+*e*)，第 9~10 行時間複雜度為 O(*n*)，第 11~20 行時間複雜度為 O(*n*+*e*)，第 20 ～ 31 行時間複雜也為 O(*n*+*e*)，根據我們對時間複雜度的定義，所有的常數係數可以忽略，所以最後求關鍵路徑演算法的時間複雜度依然是 O(*n*+*e*)。

實踐證明，透過這樣的演算法對於專案的前期工期估算和中期的計畫調整都有很大的幫助。不過注意，本例是唯一一條關鍵路徑，這並不等於不存在多條關鍵路徑的有向無環圖。如果是多條關鍵路徑，則單是加強一條關鍵路徑上的關鍵活動的速度並不能導致整個專案縮短工期，而必須加強同時在幾條關鍵路徑上的活動的速度。這就像僅是有事業的成功，而沒有健康的身體以及快樂的生活，是根本談不上幸福的人生一樣，三者缺一不可。

7.10 歸納回顧

圖是電腦科學中非常常用的一種資料結構，有許許多多的計算問題都是用圖來定義的。由於圖也是最複雜的資料結構，對它說明時，有關到陣列、鏈結串列、堆疊、佇列、樹等之前學的幾乎所有資料結構。因此從某種角度來說，學好了圖，基本就等於了解了資料結構這門課的精神。

我們在圖的定義這一節，介紹了一大堆定義和術語，一開始可能會有些迷茫，不過一回生二回熟，多讀幾遍，基本都可以了解並記住它們的特徵，在圖的定義這一節的尾端，我們已經有所歸納，這裡就不再贅述了。

圖的儲存結構我們一共講了五種，如下圖所示，其中比較重要的是相鄰矩陣和相鄰串列，它們分別代表著邊集是用陣列還是鏈結串列的方式儲存。十字鏈結串列是針對有向圖相鄰串列結構的最佳化，相鄰多重串列是針對無向圖相鄰串列結構的最佳化。邊集陣列更多考慮的是對邊的關注。用什麼儲存結構需要實際問題實際分析，通常稠密圖，或讀存資料較多，結構修改較少的圖，用相鄰矩陣要更合適，反之則應該考慮相鄰串列。

相鄰矩陣　相鄰串列　邊集陣列　十字鏈結串列　相鄰多重串列

圖的檢查分為深度和廣度兩種，各有優缺點，就像人在追求卓越時，是注重深度還是看重廣度，總是很難說得清楚。

圖的應用是我們這一章濃墨重彩的一部分，一共談了三種應用：最小產生樹、最短路徑和有向無環圖的應用。

最小產生樹，我們講了兩種演算法：普林（Prim）演算法和克魯斯克爾（Kruskal）演算法。普林演算法像是走一步看一步的思維方式，逐步產生最小產生樹。而克魯斯克爾演算法則更有全域意識，直接從圖中最短權重的邊入手，找尋最後的答案。

最短路徑的現實應用非常多，我們也介紹了兩種演算法。戴克斯特拉（Dijkstra）演算法更強調單源頂點尋找路徑的方式，比較符合我們正常的想法，容易了解原理，但演算法程式相對複雜。而佛洛伊德（Floyd）演算法則完全拋開了單點的侷限思維方式，巧妙地應用矩陣的轉換，用最清爽的程式實現了多頂點間最短路徑求解的方案，原理了解有難度，但演算法撰寫很簡潔。

有向無環圖時常應用於專案規劃中，對整個專案或系統來說，我們一方面關心的是專案是否可順利進行的問題，透過拓撲排序的方式，我們可以有效地分析出一個有向圖是否存在環，如果不存在，那它的拓撲序列是什麼？另一方面關心的是整個專案完成所必須的最短時間問題，利用求關鍵路徑的演算法，可以獲得最短完成專案的工期以及關鍵的活動有哪些。

事實上，圖的應用演算法還有不少，本章節只是拋磚引玉，有興趣的同學可以去查閱相關的書籍獲得更多的知識。

7.11 結尾語

還記得我們章節開頭談的問題嗎？如果現在對應該如何去做還答不上來，那就非常不應該了。中國所有省市的最佳旅遊路線，只要你可以獲得每個相鄰城市間的交通距離，其實就是最小產生樹演算法要解決的問題。當然現實中，可能會比較複雜，考慮的因素較多，但再複雜的問題也是從基本的演算法開始入手的，你都已經擁有了金手指，還擔心不能點石成金嗎？

最後，我用網路上非常有名的「世界上最遙遠的距離……」造句，贈送給大家，來結束我們這一章的課程。

世界上最遙遠的距離，
不是從南極到北極，
而是我在說明演算法為何如此精妙，
你卻能夠安詳在課堂上休息。
世界上最遙遠的距離，
不是珠峰與馬里亞納海溝的距離，
而是我欲把古人的智慧全盤給你，
你卻不屑一顧毫不憐惜。

世界上最遙遠的距離，

不是牛 A 與牛 C 之間狹小空隙，

而是你們當中，

有人在通往牛 X 的路上一路狂奔，

而有人步入大學校園就學會了放棄。

Chapter 08

搜尋

啟示

搜尋：搜尋（Searching）就是根據指定的某個值，在搜尋表中確定一個其關鍵字等於指定值的資料元素（或記錄）。

8.1 開場白

相信在座的所有同學都用過搜尋引擎。那麼，你知道它的大概工作原理嗎？

當你精心製作了一個網頁、或寫了一篇部落格、或上傳一組照片到網際網路上，來自世界各地的無數「蜘蛛」便會蜂擁而至。所謂蜘蛛就是搜尋引擎公司伺服器上的軟體，它如同蜘蛛一樣把網際網路當成了蜘蛛網，沒日沒夜的存取網際網路上的各種資訊。

它抓取並複製你的網頁，且透過你網頁上的連結爬上更多的頁面，將所有資訊納入到搜尋引擎網站的索引資料庫。伺服器拆解你網頁上的文字內容、標記關鍵字的位置、字型、顏色，以及相關圖片、音訊、視訊的位置等資訊，並產生龐大的索引記錄，如下圖所示。

當你在搜尋引擎上輸入一個單字，點擊「搜尋」按鈕時，它會在不到 1 秒的時間，帶著單字奔向索引資料庫的每個「神經末梢」，檢索到所有包含搜尋詞的網頁，依據它們的瀏覽次數與連結性等一系列演算法確定網頁面等級別，排列出順序，最後按你期望的格式呈現在網頁上。

這就是一個「關鍵字」的雲端之旅。在過去的 10 多年裡，成就了本世紀最早期的創新明星 Google，還有 Yandex、Navar、Bing 和百度等來自全球各地的搜尋引擎，搜尋引擎已經成為人們最依賴的網際網路工具。

作為學習程式設計的人，面對搜尋（Search）這種最為頻繁的操作，了解它的原理並學習應用它是非常必要的事情，讓我們開始對 "Search" 的探索之旅吧。

8.2 搜尋概論

只要你開啟電腦，就會有關到搜尋技術。如炒股軟體中查股票資訊、硬碟檔案中找照片、在光碟中搜 DVD，甚至玩遊戲時在記憶體中搜尋攻擊力、魅力值等資料修改用來作弊等，都涉及到搜尋。當然，在網際網路上搜尋資訊就更加是家常便飯。所有這些需要被查的資料所在的集合，我們給它一個統稱叫搜尋表。

搜尋表（Search Table）是由同一類型的資料元素（或記錄）組成的集合。例如下圖就是一個搜尋表。

關鍵字（Key）是資料元素中某個資料項目的值，又稱為鍵值，用它可以標識一個資料元素。也可以標識一個記錄的某個資料項目（欄位），我們稱為關鍵碼，如下圖中①和②所示。

若此關鍵字可以唯一地標識一個記錄，則稱此關鍵字為主關鍵字（Primary Key）。注意這也就表示，對不同的記錄，其主關鍵字均不相同。主關鍵字所在的資料項目稱為主關鍵碼，如下圖中③和④所示。

那麼**對於那些可以識別多個資料元素（或記錄）的關鍵字，我們稱為次要關鍵字（Secondary Key）**，如下圖中⑤所示。次要關鍵字也可以視為是不以唯一標識一個資料元素（或記錄）的關鍵字，它對應的資料項目就是次關鍵碼。

④主關鍵碼　③主關鍵字　⑤次關鍵字　②資料項目(欄位)　①資料元素(記錄)

名稱	代碼	漲跌幅	最新價	漲跌額	買入/賣出價	成交量(手)
中國石油	sh601857	-0.47%	12.68	-0.06	12.68/12.69	391306
工商銀行	sh601398	-2.31%	4.66	-0.11	4.65/4.66	442737
中國銀行	sh601988	-1.43%	3.45	-0.05	3.45/3.46	194203
招商銀行	sh600036	-1.63%	14.52	-0.24	14.52/14.54	385271
交通銀行	sh601328	-1.29%	6.10	-0.08	6.09/6.10	347937
中信證券	sh600030	-2.69%	15.22	-0.42	15.22/15.23	597025
中國石化	sh600028	-1.16%	9.38	-0.11	9.37/9.38	538895
中國人壽	sh601628	-0.16%	25.63	-0.04	25.61/25.63	66666
中國平安	sh601318	+1.28%	63.29	+0.80	63.29/63.30	153700
寶鋼股份	sh600019	-1.77%	7.21	-0.13	7.21/7.22	211077
中國遠洋	sh601919	-2.35%	11.24	-0.27	11.22/11.24	156162
萬科A	sz000002	-1.85%	9.01	-0.17	9.00/9.01	542249

搜尋（Searching）就是根據指定的某個值，在搜尋表中確定一個其關鍵字等於指定值的資料元素（或記錄）。

若表中存在這樣的記錄，則稱搜尋是成功的，此時搜尋的結果列出整個記錄的資訊，或指示該記錄在搜尋表中的位置。例如上圖所示，如果我們搜尋主關鍵碼「代碼」的主關鍵字為 "sh601398" 的記錄時，就可以獲得第 2 筆唯一記錄。如果我們搜尋次關鍵碼「漲跌額」為 "-0.11" 的記錄時，就可以獲得兩筆記錄。

若表中不存在關鍵字等於指定值的記錄，則稱搜尋不成功，此時搜尋的結果可列出一個「空」記錄或「空」指標。

搜尋表按照操作方式來分有兩大類：靜態搜尋表和動態搜尋表。

靜態搜尋表（Static Search Table）：只作搜尋操作的搜尋表。它的主要操作有：

（1）查詢某個「特定的」資料元素是否在搜尋表中。

（2）檢索某個「特定的」資料元素和各種屬性。

按照我們大多數人的了解，搜尋，當然是在已經有的資料中找到我們需要的。靜態搜尋就是在做這樣的事情，不過，現實中還有存在這樣的應用：搜尋的目的不僅只是搜尋。

例如網路時代的新名詞，如反應年輕人生活的「蝸居」、「蟻族」、「孩奴」、「啃老」等，以及「X 客」系列如部落格、播客、閃客、駭客、威客等，如果需要將它們收錄到中文詞典中，顯然收錄時就需要搜尋它們是否存在，以及找到如果不存在時應該收錄的位置。再舉例來說，如果你需要對某網站上億的註冊使用者進行清理工作，登出一些非法使用者，你就必須搜尋到它們後進行刪除，刪除後其實整個搜尋表也會發生變化。對於這樣的應用，我們就引用了動態搜尋表。

動態搜尋表（Dynamic Search Table）：在搜尋過程中同時插入搜尋表中不存在的資料元素，或從搜尋表中刪除已經存在的某個資料元素。顯然動態搜尋表的操作就是兩個：

（1）搜尋時插入資料元素。

（2）搜尋時刪除資料元素。

為了加強搜尋的效率，我們需要專門為搜尋操作設定資料結構，這種針對搜尋操作的資料結構稱為搜尋結構。

從邏輯上來說，搜尋所基於的資料結構是集合，集合中的記錄之間沒有本質關係。可是要想獲得較高的搜尋效能，我們就不能不改變資料元素之間的關係，在儲存時可以將搜尋集合組織成串列、樹等結構。

舉例來說，對靜態搜尋表來說，我們不妨應用線性串列結構來組織資料，這樣可以使用循序搜尋演算法，如果再對主關鍵字排序，則可以應用折半搜尋等技術進行高效的搜尋。

如果是需要動態搜尋，則會複雜一些，可以考慮二元排序樹的搜尋技術。

另外，還可以用散清單結構來解決一些搜尋問題，這些技術都將在後面的說明中說明。

8.3 循序串列搜尋

試想一下，要在散落的一大堆書中找到你需要的那本有多麼麻煩。碰到這種情況的人大都會考慮做一件事，那就是把這些書排列整齊，例如豎起來放置在書架上，這樣根據書名，就很容易搜尋到需要的圖書。

散落的圖書可以視為一個集合，而將它們排列整齊，就如同是將此集合建置成一個線性串列。我們要針對這一線性串列進行搜尋操作，因此它就是靜態搜尋表。

此時圖書儘管已經排列整齊，但還沒有分類，因此我們要找書只能從頭到尾或從尾到頭一本一本檢視，直到找到或全部搜尋完為止。這就是我們現在要講的循序搜尋。

循序搜尋（Sequential Search）又叫線性搜尋，是最基本的搜尋技術，它的搜尋過程是：從串列中第一個（或最後一個）記錄開始，一個一個進行記錄的關鍵字和指定值比較，若某個記錄的關鍵字和指定值相等，則搜尋成功，找到所查的記錄；如果直到最後一個（或第一個）記錄，其關鍵字和指定值比較都不等時，則串列中沒有所查的記錄，搜尋不成功。

8.3.1 循序串列搜尋演算法

循序搜尋的演算法實現如下。

```
/* 循序查詢，a為陣列，n為要查詢的陣列個數，key為要查詢的關鍵字 */
int Sequential_Search(int *a,int n,int key)
{
    int i;
    for(i=1;i<=n;i++)
    {
        if (a[i]==key)
            return i;
    }
    return 0;
}
```

註：搜尋的循序搜尋相關程式請參看程式目錄下「/ 第 8 章搜尋 / 01 靜態搜尋 _Search.c」。

這段程式非常簡單，就是在陣列 a（注意元素值從索引 1 開始）中檢視有沒有關鍵字（key），當你需要搜尋複雜串列結構的記錄時，只需要把陣列 a 與關鍵字 key 定義成你需要的串列結構和資料類型即可。

8.3.2 循序串列搜尋最佳化

到這裡並非足夠完美，因為每次循環時都需要對 i 是否越界，即是否小於等於 n 作判斷。事實上，還可以有更好一點的辦法，設定一個檢查點，可以解決不需要每次讓 i 與 n 作比較。看下面的改進後的循序搜尋演算法程式。

```
/* 有哨兵循序查詢 */
int Sequential_Search2(int *a,int n,int key)
```

```
{
    int i;
    a[0]=key;              /* 設定a[0]為關鍵字值，我們稱之為"哨兵" */
    i=n;                   /* 循環從陣列尾部開始 */
    while(a[i]!=key)
    {
        i--;
    }
    return i;              /* 傳回0則說明查詢失敗 */
}
```

此時程式是從尾部開始搜尋，由於 a[0]=key，也就是說，如果在 a[i] 中有 key 則傳回 i 值，搜尋成功。否則一定在最後的 a[0] 處等於 key，此時傳回的是 0，即說明 a[1] ～ a[n] 中沒有關鍵字 key，搜尋失敗。

這種在搜尋方向的盡頭放置「檢查點」免去了在搜尋過程中每一次比較後都要判斷搜尋位置是否越界的小技巧，看似與原先差別不大，但在總資料較多時，效率提高很大，是非常好的程式設計技巧。當然，「檢查點」也不一定就一定要在陣列開始，也可以在末端。

對這種循序搜尋演算法來說，搜尋成功最好的情況就是在第一個位置就找到了，演算法時間複雜度為 O(1)，最壞的情況是在最後一位置才找到，需要 n 次比較，時間複雜度為 $O(n)$，當搜尋不成功時，需要 n+1 次比較，時間複雜度為 $O(n)$。我們之前推導過，關鍵字在任何一位置的機率是相同的，所以平均搜尋次數為 (n+1)/2，所以最後時間複雜度還是 $O(n)$。

很顯然，循序搜尋技術是有很大缺點的，n 很大時，搜尋效率極為不佳，不過優點也是有的，這個演算法非常簡單，對靜態搜尋表的記錄沒有任何要求，在一些小類型資料的搜尋時，是可以適用的。

另外，也正由於搜尋機率的不同，我們完全可以將容易搜尋到的記錄放在前面，而不常用的記錄放置在後面，效率就可以有大幅加強。

8.4 有序串列搜尋

我們如果僅是把書整理在書架上，要找到一本書還是比較困難的，也就是剛才講的需要一個一個循序搜尋。但如果我們在整理書架時，將圖書按照書名的拼音排序放置，那麼要找到某一本書就相對容易了。說穿了，就是對圖書做了有序排列，一個線性串列有序時，對於搜尋總是很有幫助的。

8.4.1 折半搜尋

我們在講樹結構的二元樹定義（本書第 6.5 節）時，曾經提到過一個小遊戲，我在紙上已經寫好了一個 100 以內的正整數請你猜，問幾次可以猜出來，當時已經介紹了如何最快猜出這個數字。我們把這種每次取中間記錄搜尋的方法叫做折半搜尋，如下圖所示。

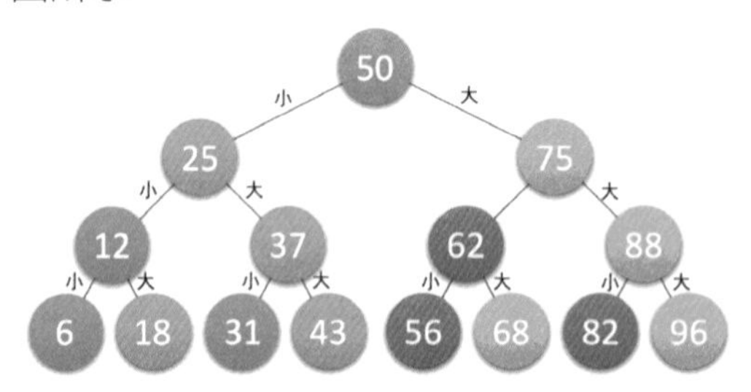

折半搜尋（Binary Search）技術，又稱為二分搜尋。它的前提是線性串列中的記錄必須是關鍵碼有序（通常從小到大有序），線性串列必須採用循序儲存。折半搜尋的基本思維是：在有序串列中，取中間記錄作為比較物件，若指定值與中間記錄的關鍵字相等，則搜尋成功；若指定值小於中間記錄的關鍵字，則在中間記錄的左半區繼續搜尋；若指定值大於中間記錄的關鍵字，則在中間記錄的右半區繼續搜尋。不斷重複上述過程，直到搜尋成功，或所有搜尋區域無記錄，搜尋失敗為止。

假設我們現在有這樣一個有序串列陣列 {0,1,16,24,35,47,59,62,73,88,99}[1]，除 0 索引外共 10 個數字。對它進行搜尋是否存在 62 這個數。我們來看折半搜尋的演算法是運行原理的。

1 對於如何將串列中記錄排序我們將在後續章節介紹。

```
   /* 折半查詢 */
1  int Binary_Search(int *a,int n,int key)
2  {
3      int low,high,mid;
4      low=1;                      /* 定義最低索引為記錄首位 */
5      high=n;                     /* 定義最高索引為記錄末位 */
6      while(low<=high)
7      {
8          mid=(low+high)/2;       /* 折半 */
9          if (key<a[mid])         /* 若查詢值比中值小 */
10             high=mid-1;         /* 最高索引調整到中位索引小一位 */
11         else if (key>a[mid])    /* 若查詢值比中值大 */
12             low=mid+1;          /* 最低索引調整到中位索引大一位 */
13         else
14             return mid;         /* 若相等則說明mid即為查詢到的位置 */
15     }
16     return 0;
17 }
```

(1) 程式開始執行，參數 a={0,1,16,24,35,47,59,62,73,88,99}，n=10，key=62，第 3 ～ 5 行，此時 low=1，high=10，如下圖所示。

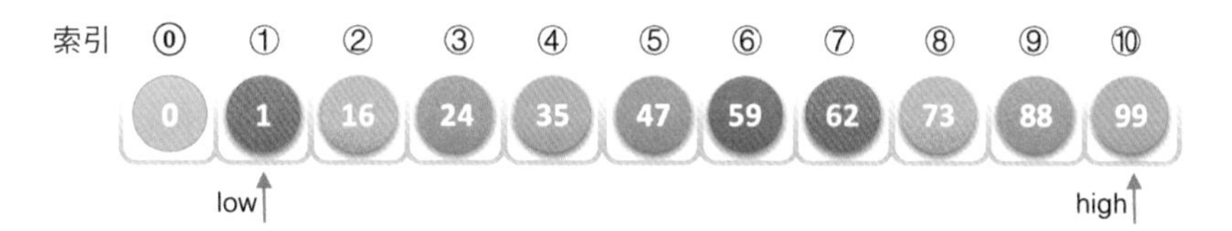

(2) 第 6 ～ 15 行循環，進行搜尋。

(3) 第 8 行，mid 計算得 5，由於 a[5]=47<key，所以執行了第 12 行，low=5+1=6，如下圖所示。

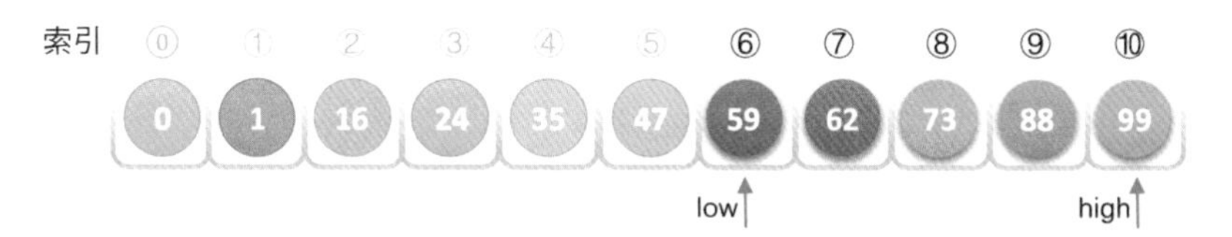

(4) 再次循環，mid=(6+10)/2=8，此時 a[8]=73>key，所以執行第 10 行，high=8−1=7，如下圖所示。

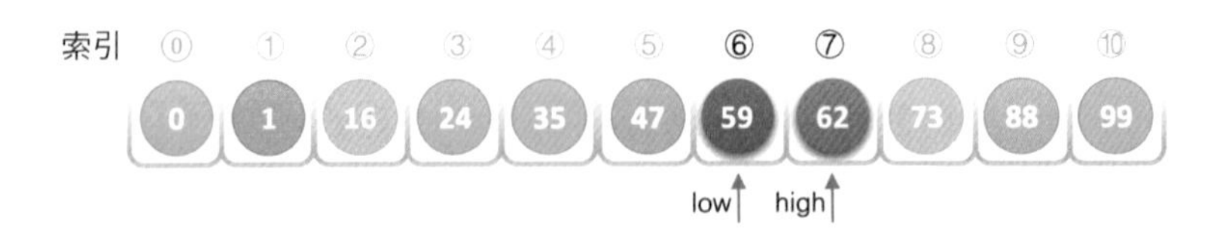

(5) 再次循環，mid=(6+7)/2=6，此時 a[6]=59<key，所以執行 12 行，low=6+1=7，如下圖所示。

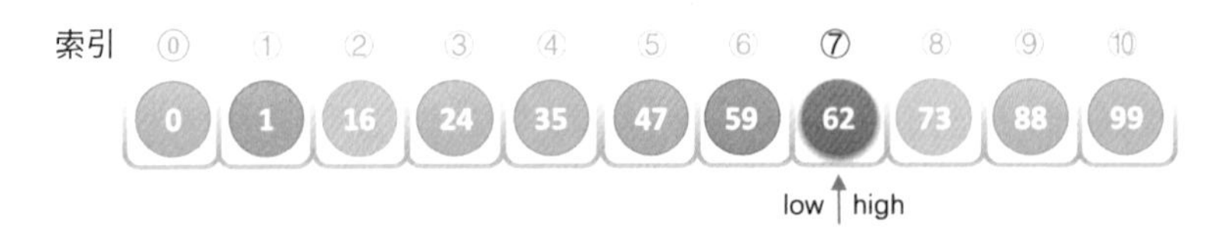

(6) 再次循環，mid=(7+7)/2=7，此時 a[7]=62=key，搜尋成功，傳回 7。

該演算法還是比較容易了解的，同時我們也能感覺到它的效率非常高。但到底高多少？關鍵在於此演算法的時間複雜度分析。

首先，我們將這個陣列的搜尋過程繪製成一棵二元樹，如下圖所示，從圖上就可以了解，如果搜尋的關鍵字不是中間記錄 47 的話，折半搜尋等於是把靜態有序搜尋表分成了兩棵子樹，即搜尋結果只需要找其中的一半資料記錄即可，等於工作量少了一半，然後繼續折半搜尋，效率當然是非常高了。

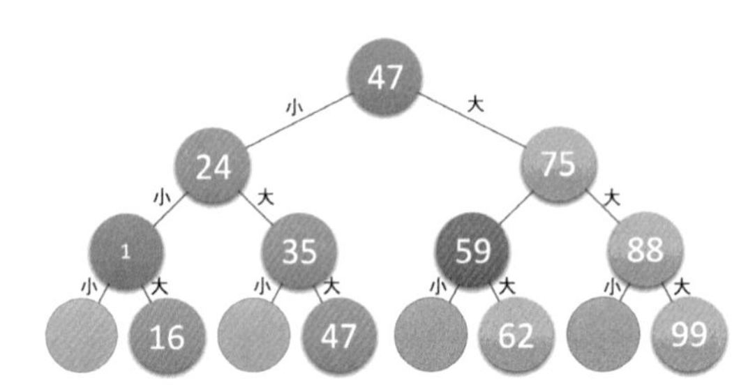

我們之前 6.6 節講的二元樹的性質 4，有過對「具有 n 個節點的完全二元樹的深度為 $\lfloor \log_2 n \rfloor + 1$。[2]」性質的推導過程。在這裡儘管折半搜尋判斷二元樹並不是完全二元樹，但同樣相同的推導可以得出，最壞情況是搜尋到關鍵字或搜尋失敗的次數為 $\lfloor \log_2 n \rfloor + 1$。

2 $\lfloor x \rfloor$ 表示不大於 x 的最大整數。

有人還在問最好的情況？那還用說嗎，當然是 1 次了。

因此最後我們折半演算法的時間複雜度為 O(log*n*)，它顯然遠遠好於循序搜尋的 O(*n*) 時間複雜度了。

不過由於折半搜尋的前提條件是需要有序串列循序儲存，對靜態搜尋表，一次排序後不再變化，這樣的演算法已經比較好了。但對於需要頻繁執行插入或刪除操作的資料集來說，維護有序的排序會帶來不小的工作量，不建議使用。

8.4.2 內插搜尋

現在我們的新問題是，為什麼一定要折半，而非折四分之一或折更多呢？

舉例來說，在英文詞典裡查 "apple"，你下意識裡翻開詞典是翻前面的書頁還是後面的書頁呢？如果再讓你查 "zoo"，你又怎麼查？很顯然，這裡你絕對不會是從中間開始查起，而是有一定目的的往前或往後翻。

同樣的，例如要在設定值範圍 0 ～ 10000 之間 100 個元素從小到大均勻分佈的陣列中搜尋 5，我們自然會考慮從陣列索引較小的開始搜尋。

看來，我們的折半搜尋，還是有改進空間的。

折半搜尋程式的第 8 句，我們略微等式轉換後獲得：

$$mid = \frac{low + high}{2} = low + \frac{1}{2}(high - low)$$

也就是 mid 等於最低索引 low 加上最高索引 high 與 low 的差的一半。演算法科學家們考慮的就是將這個 1/2 進行改進，改進為下面的計算方案：

$$mid = low + \frac{key - a[low]}{a[high] - a[low]}(high - low)$$

將 1/2 改成了 $\frac{key - a[low]}{a[high] - a[low]}$ 有什麼道理呢？假設 a[11]={0,1,16,24,35,47,59,62,7

3, 88,99}，low=1，high=10，則 a[low]=1，a[high]=99，如果我們要找的是 key=16 時，按原來折半的做法，我們需要四次（如 8.4.1 節的最後一圖）才可以獲得結果，但如果用新辦法，$\frac{key-a[low]}{a[high]-a[low]}$ =（16−1）/（99−1）≈ 0.153，即 mid ≈ 1+ 0.153×（10−1）=2.377 取整數獲得 mid=2，我們只需要二次就搜尋到結果了，顯然大幅加強了搜尋的效率。

換句話說，我們只需要在折半搜尋演算法的程式中把折半程式改成下面反白行程式即可。程式如下：

```
/* 插值查詢 */
int Interpolation_Search(int *a,int n,int key)
{
    int low,high,mid;
    low=1;      /* 定義最低索引為記錄首位 */
    high=n;     /* 定義最高索引為記錄末位 */
    while(low<=high)
    {
        mid=low+ (high-low)*(key-a[low])/(a[high]-a[low]); /* 插值 */
        if (key<a[mid])         /* 若查詢值比插值小 */
            high=mid-1;         /* 最高索引調整到插值索引小一位 */
        else if (key>a[mid])    /* 若查詢值比插值大 */
            low=mid+1;          /* 最低索引調整到插值索引大一位 */
        else
            return mid;         /* 若相等則說明mid即為查詢到的位置 */
    }
    return 0;
}
```

就獲得了另一種有序串列搜尋演算法，內插搜尋法。**內插搜尋（Interpolation Search）是根據要搜尋的關鍵字 key 與搜尋表中最大最小記錄的關鍵字比較後的搜尋方法，其核心就在於內插的計算公式** $\frac{key-a[low]}{a[high]-a[low]}$。應該說，從時間複雜度來看，它也是 O(log$n$)，但對串列長較大，而關鍵字分佈又比較均勻的搜尋表來說，內插搜尋演算法的平均效能比折半搜尋要好得多。反之，陣列中如果分佈類似 {0,1,2,2000,2001,⋯⋯, 999998, 999999} 這種極端不均勻的資料，用內插搜尋未必是很合適的選擇。

8.4.3 費氏搜尋

還有沒有其他辦法？我們折半搜尋是從中間分，也就是說，每一次搜尋總是一分為二，無論資料偏大還是偏小，很多時候這都未必就是最合理的做法。除了內插搜尋，我們再介紹一種有序搜尋，費氏搜尋（Fibonacci Search），它是利用了黃金分割原理來實現的。

費氏數列我們在前面 4.8 節講遞迴時，也詳細地介紹了它。如何利用這個數列來作為分割呢？

為了能夠介紹清楚這個搜尋演算法，我們先需要有一個費氏數列的陣列，如下圖所示。

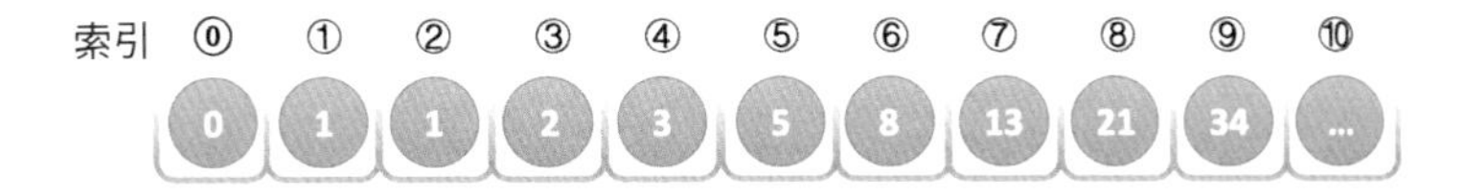

下面我們根據程式來看程式是如何執行的。

```
1  int Fibonacci_Search(int *a,int n,int key) /* 費氏查詢 */
2  {
3      int low,high,mid,i,k;
4      low=1;                      /* 定義最低索引為記錄首位 */
5      high=n;                     /* 定義最高索引為記錄末位 */
6      k=0;
7      while(n>F[k]-1)             /* 計算n位於費氏數列的位置 */
8          k++;
9      for (i=n;i<F[k]-1;i++)      /* 將不滿的數值補全 */
10         a[i]=a[n];
11     while(low<=high)
12     {
13         mid=low+F[k-1]-1;       /* 計算目前分隔的索引 */
14         if (key<a[mid])         /* 若查詢記錄小於目前分隔記錄 */
15         {
16             high=mid-1;         /* 最高索引調整到分隔索引mid-1處 */
17             k=k-1;              /* 費氏數列索引減一位 */
18         }
19         else if (key>a[mid])    /* 若查詢記錄大於目前分隔記錄 */
20         {
21             low=mid+1;       /* 最低索引調整到分隔索引mid+1處 */
22             k=k-2;           /* 費氏數列索引減兩位 */
```

```
23          }
24          else
25          {
26              if (mid<=n)
27                  return mid;      /* 若相等則說明mid即為查詢到的位置 */
28              else
29                  return n;        /* 若mid>n說明是補全數值，傳回n */
30          }
31      }
32      return 0;
33  }
```

(1) 程式開始執行，參數 a={0,1,16,24,35,47,59,62,73,88,99}，n=10，要搜尋的關鍵字 key=59。注意此時我們已經有了事先計算好的全域變數陣列 F 的實際資料，它是費氏數列，F={0,1,1,2,3,5,8,13,21,……}。

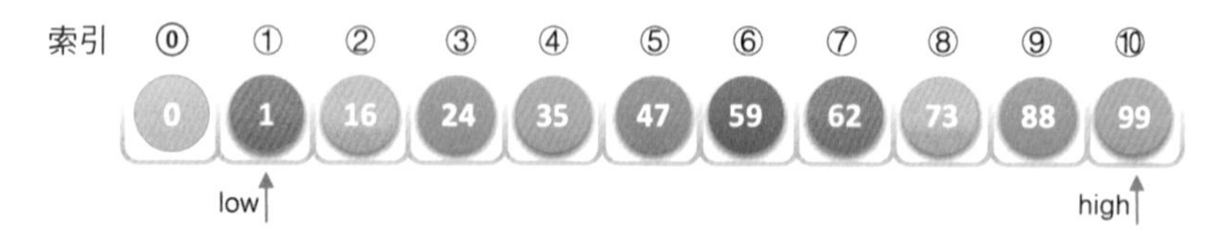

(2) 第 6 ～ 8 行是計算目前的 n 處於費氏數列的位置。現在 n=10，$F[6]<n<F[7]$，所以計算得出 k=7。

(3) 第 9 ～ 10 行，由於 k=7，計算時是以 $F[7]$=13 為基礎，而 a 中最大的僅是 $a[10]$，後面的 $a[11]$ 未設定值，這不能組成有序數列，因此將它們都設定值為最大的陣列值，所以此時 $a[11]=a[10]=99$（此段程式作用後面還有解釋）。

(4) 第 11 ～ 31 行搜尋正式開始。

(5) 第 13 行，mid=1 ＋ $F[7-1]-1=8$，也就是說，我們第一個要比較的數值是從索引為 8 開始的。

(6) 由於此時 key=59 而 $a[8]$=73，因此執行第 16 ～ 17 行，獲得 high=7，k=6。

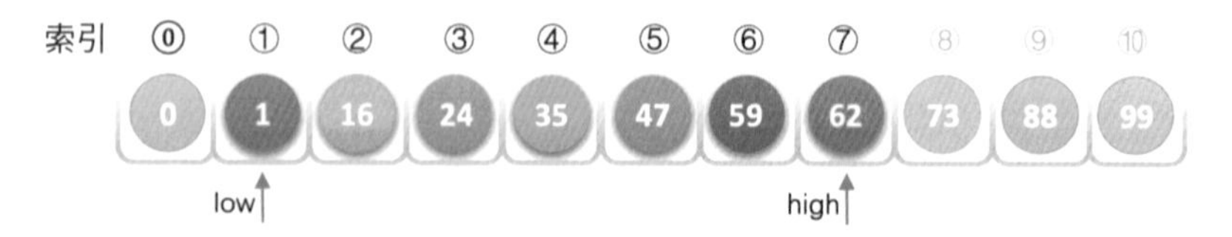

(7) 再次循環，mid=1 ＋ F[6−1]-1=5。此時 a[5]=47<key，因此執行第 21 ～ 22 行，獲得 low=6，k=6−2=4。注意此時 k 下調 2 個單位。

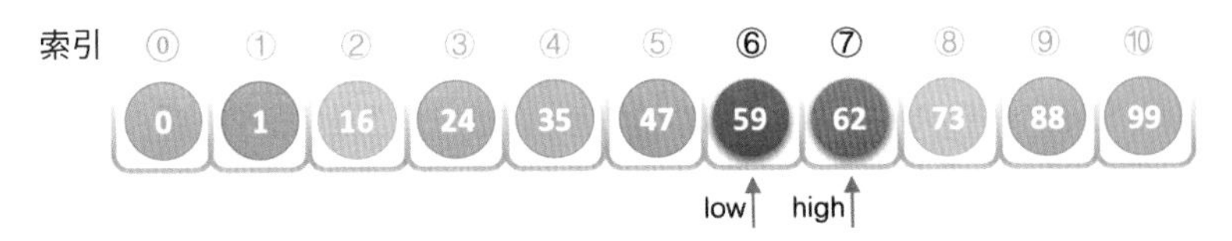

(8) 再次循環，mid=6 ＋ F[4−1]−1=7。此時 a[7]=62>key，因此執行第 16 ～ 17 行，獲得 high=6，k=4−1=3。

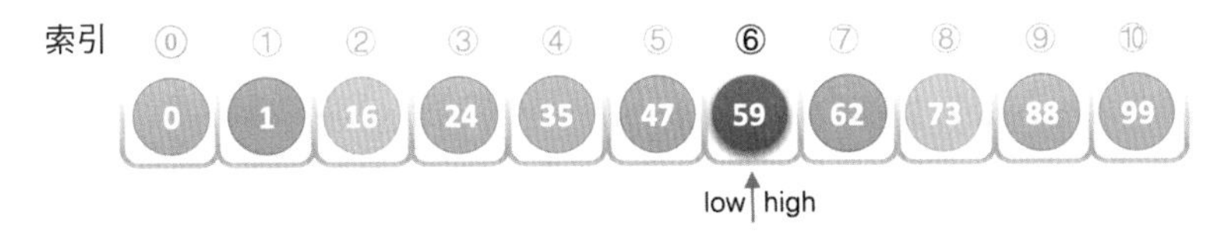

(9) 再次循環，mid=6 ＋ F[3−1]−1=6。此時 a[6]=59=key，因此執行第 26 ～ 27 行，獲得傳回值為 6。程式執行結束。

如果 key=99，此時搜尋循環第一次時，mid=8 與上例是相同的，第二次循環時，mid=11，如果 a[11] 沒有值就會使得與 key 的比較失敗，為了避免這樣的情況出現，第 9 ～ 10 行的程式就造成這樣的作用。

費氏搜尋演算法的核心在於：

1）當 key=a[mid] 時，搜尋就成功；

2）當 key<a[mid] 時，新範圍是第 low 個到第 mid-1 個，此時範圍個數為 F[k−1]−1 個；

3）當 key>a[mid] 時，新範圍是第 mid+1 個到第 high 個，此時範圍個數為 F[k−2] −1 個。

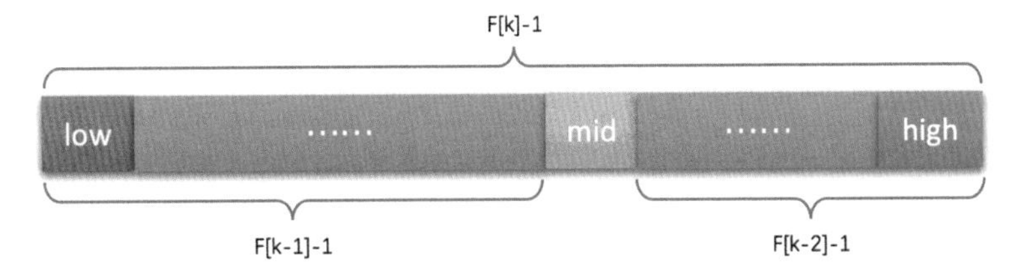

也就是說，如果要搜尋的記錄在右側，則左側的資料都不用再判斷了，不斷反覆進行下去，對處於當中的大部分資料，其工作效率要高一些。所以儘管費

氏搜尋的時間複雜也為 O(log*n*)，但就平均效能來說，費氏搜尋要優於折半搜尋。可惜如果是最壞情況，例如這裡 key=1，那麼始終都處於左側長半區在搜尋，則搜尋效率要低於折半搜尋。

還有比較關鍵的一點，折半搜尋是進行加法與除法運算（mid=(low + high)/2），內插搜尋進行複雜的四則運算（mid=low + (high−low)*(key−a[low])/(a[high]−a[low])），而費氏搜尋只是最簡單加減法運算（mid=low + F[k−1]−1），在巨量資料的搜尋過程中，這種細微的差別可能會影響最後的搜尋效率。

應該說，三種有序串列的搜尋本質上是分隔點的選擇不同，各有優劣，實際開發時可根據資料的特點綜合考慮再做出選擇。

8.5 線性索引搜尋

我們前面講的幾種比較高效的搜尋方法都是基於有序的基礎之上的，但事實上，很多資料集可能增長非常快，舉例來說，某些微博網站或大型討論區的發文和回覆總數每天都是成百萬上千萬筆，或一些伺服器的記錄檔資訊記錄也可能是巨量資料，要保障記錄全部是按照當中的某個關鍵字有序，其時間代價是非常高昂的，所以這種資料通常都是按先後循序儲存。

那麼對於這樣的搜尋表，我們如何能夠快速搜尋到需要的資料呢？辦法就是索引。

資料結構的最後目的是加強資料的處理速度，索引是為了加快搜尋速度而設計的一種資料結構。**索引就是把一個關鍵字與它對應的記錄相連結的過程**，一個索引由許多個索引項目組成，每個索引項目至少應包含關鍵字和其對應的記錄在記憶體中的位置等資訊。索引技術是組織大類型資料庫以及磁碟檔案的一種重要技術。

索引按照結構可以分為線性索引、樹狀索引和多級索引。我們這裡就只介紹線性索引技術。**所謂線性索引就是將索引項目集合組織為線性結構，也稱為索引表**。我們重點介紹三種線性索引：密集索引、分塊索引和倒排索引。

8.5.1 密集索引

我母親年紀大了，記憶力不好，經常在家裡找不到東西，於是她想到了一個辦法。她用一小本子記錄了家裡所有小東西放置的位置，例如戶口名簿放在右手床頭櫃下面抽屜中，針線放在電視櫃中間的抽屜中，鈔票放在衣櫃……咳，這個就不提了（同學們壞笑了）。總之，她老人家把這些小物品的放置位置都記錄在小本子上，並且每隔一段時間還按照本子整理一遍家中的物品，用完都放回原處，這樣她就幾乎再也沒有找不到東西。

記得有一次我申請工作時，公司一定要我的大學畢業證書，我在家裡找了很長時間未果，急得要死。和老媽一說，她的神奇小本子馬上發揮作用，一下子就找到了，原來被她整理後放到了衣櫥裡的抽屜裡。

從這件事就可以看出，家中的物品儘管是無序的，但是如果有一個小本子記錄，尋找起來也是非常容易，而這小本子就是索引。

密集索引是指在線性索引中，將資料集中的每個記錄對應一個索引項目，如下圖所示。

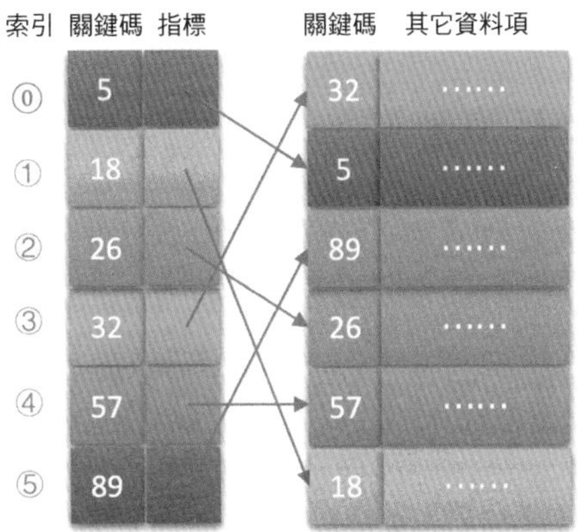

剛才的小實例和密集索引還是略有不同，家裡的東西畢竟少，小本子再多也就幾十頁，全部翻看完就幾分鐘時間，而密集索引要應對的可能是成千上萬的資料，因此**對密集索引這個索引表來說，索引項目一定是按照關鍵碼有序的排列**。

索引項目有序也就表示，我們要搜尋關鍵字時，可以用到折半、內插、費氏等有序搜尋演算法，大幅加強了效率。例如上圖中，我要搜尋關鍵字是 18 的記錄，如果直接從右側的資料表中搜尋，那只能循序搜尋，需要搜尋 6 次才可以查到結果。而如果是從左側的索引表中搜尋，只需兩次折半搜尋就可以獲得 18 對應的指標，最後搜尋到結果。

這顯然是密集索引優點，但是如果資料集非常大，例如上億，那也就表示索引也得同樣的資料集長度規模，對記憶體有限的電腦來說，可能就需要反覆去存取磁碟，搜尋效能反而大幅下降了。

8.5.2 分塊索引

回想一下圖書館是如何收藏書的。顯然它不會是順序置放後，給我們一個密集索引表去查，然後再找到書給你。圖書館的圖書分類置放是一種非常完整的科學系統，它最重要的特點就是分塊。

密集索引因為索引項目與資料集的記錄個數相同，所以空間代價很大。為了減少索引項目的個數，我們可以對資料集進行分塊，使其分塊有序，然後再對每一塊建立一個索引項目，進一步減少索引項目的個數。

分塊有序，是把資料集的記錄分成了許多塊，並且這些塊需要滿足兩個條件：

- **塊內無序**，即每一塊內的記錄不要求有序。當然，你如果能夠讓塊內有序對搜尋來說更理想，不過這就要付出大量時間和空間的代價，因此通常我們不要求塊內有序。
- **塊間有序**，舉例來說，要求第二塊所有記錄的關鍵字均要大於第一塊中所有記錄的關鍵字，第三塊的所有記錄的關鍵字均要大於第二塊的所有記錄關鍵字……因為只有塊間有序，才有可能在搜尋時帶來效率。

對於分塊有序的資料集，將每塊對應一個索引項目，這種索引方法叫做分塊索引。如下圖所示，我們定義的分塊索引的索引項目結構分三個資料項目：

- 最大關鍵碼，它儲存每一塊中的最大關鍵字，這樣的好處就是可以使得在它之後的下一塊中的最小關鍵字也能比這一塊最大的關鍵字要大；
- 儲存了塊中的記錄個數，以便於循環時使用；
- 用於指向塊首資料元素的指標，便於開始對這一塊中記錄進行檢查。

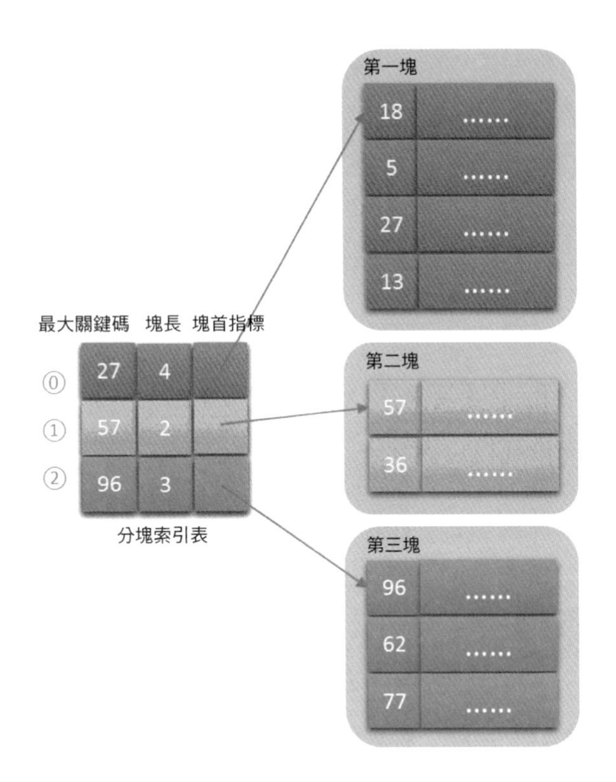

在分塊索引表中搜尋，就是分兩步驟進行：

(1) 在分塊索引表中搜尋要查關鍵字所在的區塊。由於分塊索引表是塊間有序的，因此很容易利用折半、內插等演算法獲得結果。舉例來說，在上圖的資料集中搜尋 62，我們可以很快從左上角的索引表中由 57<62<96 獲得 62 在第三個區塊中。

(2) 根據塊首指標找到對應的區塊，並在塊中循序搜尋關鍵碼。因為塊中可以是無序的，因此只能循序搜尋。

應該說，分塊索引的思維是很容易了解的，我們通常在整理書架時，都會考慮不同的層板放置不同類的圖書。舉例來說，我家裡就是最上層放不太常翻閱的小說書，中間層放經常用到的如食譜、字典等生活和工具用書，最下層放大開本比較重的電腦書。這就是分塊的概念，並且讓它們塊間有序了。至於上層中《紅樓夢》是應該放在《三國演義》的左邊還是右邊，並不是很重要。畢竟要找小說《三國演義》，只需要對這一層的圖書用眼睛掃過一遍就能很容易搜尋到。

我們再來分析一下分塊索引的平均搜尋長度。設 n 個記錄的資料集被平均分成 m 區塊，每個區塊中有 t 筆記錄，顯然 $n=m\times t$，或說 $m=n/t$。再假設 L_b 為搜尋索引表的平均搜尋長度，因最好與最差的等機率原則，所以 L_b 的平均長度為 $\frac{m+1}{2}$。L_w 為塊中搜尋記錄的平均搜尋長度，同理可知它的平均搜尋長度為 $\frac{t+1}{2}$。

這樣分塊索引搜尋的平均搜尋長度為：

$$\text{ASL}_\text{W}=L_b+L_\text{W}=\frac{m+1}{2}+\frac{t+1}{2}=\frac{1}{2}(m+t)+1=\frac{1}{2}\left(\frac{n}{t}+t\right)+1$$

注意上面這個式子的推導是為了讓整個分塊索引搜尋長度依賴 n 和 t 兩個變數。從這裡我們也就獲得，平均長度不僅取決於資料集的總記錄數 n，還和每一個區塊的記錄個數 t 相關。最佳的情況就是分的區塊數 m 與塊中的記錄數 t 相同，此時表示 $n=m\times t=t^2$，即 $ASL_w=\frac{1}{2}\left(\frac{n}{t}+t\right)+1=t+1=\sqrt{n}+1$

可見，分塊索引的效率比之循序搜尋的 $O(n)$ 是高了不少，不過顯然它與折半搜尋的 $O(\log n)$ 相比還有不小的差距。因此在確定所在塊的過程中，由於塊間有序，所以可以應用折半、內插等方法來提高效率。

整體來說，分塊索引在兼顧了對細分塊不需要有序的情況下，大幅增加了整體搜尋的速度，所以普遍被用於資料庫表搜尋等技術的應用當中。

8.5.3 倒排索引

我不知道大家有沒有對搜尋引擎好奇過，無論你搜尋什麼樣的資訊，它都可以在極短的時間內給你一些結果，如下圖所示。是什麼演算法技術達到這樣的高效搜尋呢？

資料結構

全部 影片 圖片 新聞 地圖 更多

約有 80,800,000 項結果 (搜尋時間：0.40 秒)

我們在這裡介紹最簡單的，也算是最基礎的搜尋技術——倒排索引。

我們來看範例，現在有兩篇極短的英文「文章」——其實只能算是句子，我們暫認為它是文章，編號分別是 1 和 2。

(1) Books and friends should be few but good.（讀書如交友，應求少而精。）

(2) A good book is a good friend.（好書如摯友。）

假設我們忽略掉如 "books"、"friends" 中的複數 "s" 以及如 "a" 這樣的大小寫差異。我們可以整理出這樣一張單詞表，如下表所示，並將單字做了排序，也就是表格顯示了每個不同的單字分別出現在哪篇文章中，例如 "good" 它在兩篇文章中都有出現，而 "is" 只是在文章 2 中才有。

英文單字	文章編號
a	2
and	1
be	1
book	1,2
but	1
few	1
friend	1,2
good	1,2
is	2
should	1

有了這樣一張單詞表，我們要搜尋文章，就非常方便了。如果你在搜尋框中填寫 "book" 關鍵字。系統就先在這張單詞表中有序搜尋 "book"，找到後將它對應的文章編號 1 和 2 的文章位址（通常在搜尋引擎中就是網頁的標題和連結）傳回，並告訴你，搜尋到兩筆記錄，用時 0.0001 秒。由於單詞表是有序的，搜尋效率很高，傳回的又只是文章的編號，所以整體速度都非常快。

如果沒有這張單詞表，為了能證實所有的文章中有還是沒有關鍵字 "book"，則需要對每一篇文章每一個單字循序搜尋。在文章數是巨量的情況下，這樣的做法只存在理論上可行性，現實中是沒有人願意使用的。

在這裡這張單詞表就是索引表，**索引項目的通用結構是：**

- **次關鍵碼**，例如上面的「英文單字」；
- **記錄號表**，例如上面的「文章編號」。

其中記錄號表儲存具有相同次要關鍵字的所有記錄的記錄號（可以是指向記錄的指標或是該記錄的主關鍵字）。這樣的索引方法就是倒排索引（inverted index）。倒排索引源於實際應用中需要根據屬性（或欄位、次關鍵碼）的值來搜尋記錄。這種索引表中的每一項都包含一個屬性值和具有該屬性值的各記錄的位址。由於不是由記錄來確定屬性值，而是由屬性值來確定記錄的位置，因而稱為倒排索引。

倒排索引的優點顯然就是搜尋記錄非常快，基本等於產生索引表後，搜尋時都不用去讀取記錄，就可以獲得結果。但它的缺點是這個記錄號不定長，例如上例有 7 個單字的文章編號只有一個，而 "book"、"friend"、"good" 有兩個文章編號，若是對多篇文章所有單字建立倒排索引，那每個單字都將對應相當多的文章編號，維護比較困難，插入和刪除操作都需要作對應的處理。

當然，現實中的搜尋技術非常複雜，例如我們不僅要知道某篇文章有要搜尋的關鍵字，還想知道這個關鍵字在文章中的哪些地方出現，這就需要我們對記錄號表做一些改良。再舉例來說，文章編號上億，如果都用長數字也沒必要，可以進行壓縮，例如三篇文章的編號是 "112,115,119"，我們可以記錄成 "112，+3，+4"，即只記錄差值，這樣每個關鍵字就只佔用一兩個位元組。甚至關鍵字也可以壓縮，例如前一筆記錄的關鍵字是 "and" 而後一條是 "android"，那麼後面這個可以改成 "<3,roid>"，這樣也可以造成壓縮資料的作用。再例如搜尋時，儘管告訴你有幾千幾萬筆搜尋到的記錄，但其實真正顯示給你看的，就只是當中的前 10 或 20 筆左右資料，只有在點擊下一頁時才會獲得後面的部分索引記錄，這也可以大幅加強了整體搜尋的效率。

呵呵，有同學說得沒錯，如果文章是中文就更加複雜。例如文章中出現「中國人」，它本身是關鍵字，那麼「中國」、「國人」也都可能是要搜尋的關鍵字——啊，太複雜了，你還是自己去找相關資料吧。如果想徹底明白，努力進入 google 或百度公司做搜尋引擎的軟體工程師，我想他們會滿足你對技術知識的渴求。

我們課堂上就是造成拋磚引玉的作用，希望可以讓你對搜尋技術產生興趣，我會非常欣慰的，休息一下。

8.6 二元排序樹

大家可能都聽過這個故事，說有兩個年輕人正在深山中行走。忽然發現遠處有一隻老虎要衝過來，怎麼辦？其中一個趕忙彎腰繫鞋帶，另一個奇怪地問：「你繫鞋帶幹什麼？你不可能跑得比老虎還快。」繫鞋帶者說：「我有什麼必要跑贏老虎呢？我只要跑得比你快就行了。」

這真是交友不慎呀！別急，如果你的朋友是繫鞋帶者，你怎麼辦？

後來老虎來了，繫鞋帶者拼命地跑，另一人則急中生智，爬到了樹上。老虎在選擇爬樹還是追人之間，當然是會選擇後者，於是結果……爬樹者改變了跑的思維，這一改變何等重要，撿回了自己的一條命。

這個故事也告訴我們，所謂優勢只不過是比別人多深入思考一點而已。

假設搜尋的資料集是普通的循序儲存，那麼插入操作就是將記錄放在串列的末端，給串列記錄數加一即可，刪除操作可以是刪除後，後面的記錄向前移，也可以是要刪除的元素與最後一個元素互換，串列記錄數減一，反正整個資料集也沒有什麼順序，這樣的效率也不錯。應該說，插入和刪除對循序儲存結構來說，效率是可以接受的，但這樣的串列由於無序造成搜尋的效率很低，前面我們有說明，就不在囉嗦。

如果搜尋的資料集是有序線性串列，並且是循序儲存的，搜尋可以用折半、內插、費氏等搜尋演算法來實現，可惜，因為有序，在插入和刪除操作上，就需要耗費大量的時間。

有沒有一種既可以使得插入和刪除效率不錯，又可以比較高效率地實現搜尋的演算法呢？還真有。

我們在 8.2 節把這種需要在搜尋時插入或刪除的搜尋表稱為動態搜尋表。我們現在就來看看什麼樣的結構可以實現動態搜尋表的高效率。

如果在複雜的問題面前，我們束手無策的話，不妨先從最最簡單的情況入手。現在我們的目標是插入和搜尋同樣高效。假設我們的資料集開始只有一個數 {62}，然後現在需要將 88 插入資料集，於是資料整合了 {62,88}，還保持著從小到大有序。再搜尋有沒有 58，沒有則插入，可此時要想在線性串列的循序儲存中有序，就得移動 62 和 88 的位置，如下圖左圖，可不可以不移動呢？嗯，當然是可以，那就是二元樹結構。當我們用二元樹的方式時，首先我們將第一個數 62 定為根節點，88 因為比 62 大，因此讓它做 62 的右子樹，58 因比 62 小，所以成為它的左子樹。此時 58 的插入並沒有影響到 62 與 88 的關係，如下圖右圖所示。

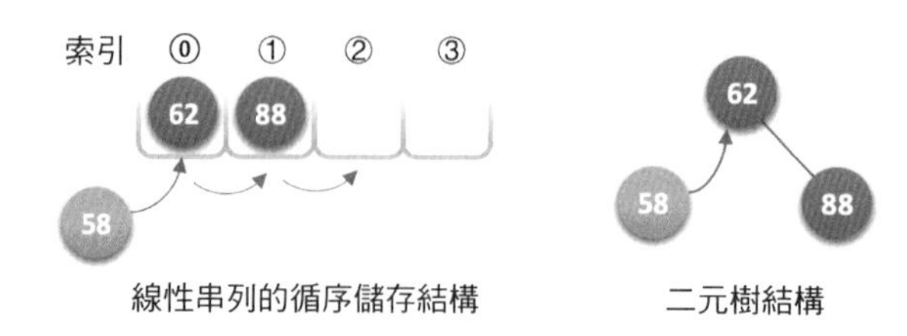

線性串列的循序儲存結構　　二元樹結構

也就是說，若我們現在需要對集合 {62,88,58,47,35,73,51,99,37,93} 做搜尋，在我們打算建立此集合時就考慮用二元樹結構，而且是排好序的二元樹來建立。

如右圖所示，62、88、58 建立好後，下一個數 47 因比 58 小，是它的左子樹（見③），35 是 47 的左子樹（見④），73 比 62 大，但卻比 88 小，是 88 的左子樹（見⑤），51 比 62 小、比 58 小、比 47 大，是 47 的右子樹（見⑥），99 比 62、88 都大，是 88 的右子樹（見⑦），37 比 62、58、47 都小，但卻比 35 大，是 35 的右子樹（見⑧），93 則因比 62、88 大是 99 的左子樹（見⑨）。

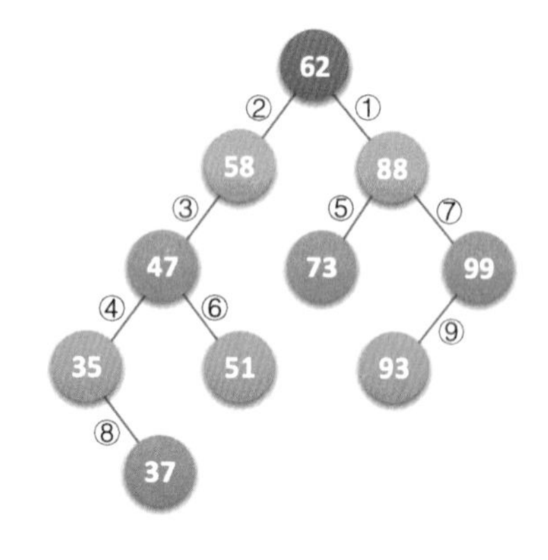

這樣我們就獲得了一棵二元樹，並且當我們對它進行中序檢查時，就可以獲得一個有序的序列 {35,37,47,51,58,62,73,88,93,99}，所以我們通常稱它為二元排序樹。

二元排序樹（Binary Sort Tree），又稱為二元搜尋樹。它或是一棵空樹，或是具有下列性質的二元樹。

- 若它的左子樹不空，則左子樹上所有節點的值均小於它的根結構的值；
- 若它的右子樹不空，則右子樹上所有節點的值均大於它的根節點的值；
- 它的左、右子樹也分別為二元排序樹。

從二元排序樹的定義也可以知道，它前提是二元樹，然後它採用了遞迴的定義方法，再者，它的節點間滿足一定的次序關係，左子樹節點一定比其雙親節點小，右子樹節點一定比其雙親節點大。

建置一棵二元排序樹的目的，其實並不是為了排序，而是為了加強搜尋和插入刪除關鍵字的速度。不管怎麼說，在一個有序資料集上的搜尋，速度總是要快於無序的資料集的，而二元排序樹這種非線性的結構，也有利於插入和刪除的實現。

8.6.1 二元排序樹搜尋操作

首先我們提供一個二元樹的結構。

```
/* 二元樹的二元鏈結串列節點結構定義 */
typedef  struct BiTNode                    /* 節點結構 */
{
    int data;                              /* 節點資料 */
    struct BiTNode *lchild, *rchild;       /* 左右孩子指標 */
} BiTNode, *BiTree;
```

註：搜尋的二元樹搜尋相關程式請參看程式目錄下「/ 第 8 章搜尋 / 02 二元排序樹 _BinarySortTree.c」。

然後我們來看看二元排序樹的搜尋是如何實現的。

```
1  Status SearchBST(BiTree T, int key, BiTree f, BiTree *p)
2  { /* 遞迴查詢二元排序樹T中是否存在key, */
3      if (!T)    /* 若查詢不成功，指標p指向查詢路徑上存取的最後一個節點並傳回FALSE */
4      {
5          *p = f;
6          return FALSE;
7      }
8      else if (key==T->data) /* 若查詢成功，則指標p指向該資料元素節點，並傳回TRUE */
9      {
10         *p = T;
11         return TRUE;
12     }
13     else if (key<T->data)
14         return SearchBST(T->lchild, key, T, p);      /* 在左子樹中繼續查詢 */
15     else
16         return SearchBST(T->rchild, key, T, p);      /* 在右子樹中繼續查詢 */
17 }
```

(1) SearchBST 函數是一個可遞迴執行的函數，函數呼叫時的敘述為 SearchBST (T,93,NULL,p)，參數 T 是一個二元鏈結串列，其中資料如上圖所示，key 代表要搜尋的關鍵字，目前我們打算搜尋 93，二元樹 f 指向 T 的雙親，當

T 指向根節點時，f 的初值就為 NULL，它在遞迴時有用，最後的參數 p 是為了搜尋成功後可以獲得搜尋到的節點位置。

(2) 第 3 ～ 7 行，是用來判斷目前二元樹是否到葉子節點，顯然下圖告訴我們目前 T 指向根節點 62 的位置，T 不為空，第 5 ～ 6 行不執行。

(3) 第 8 ～ 12 行是搜尋到相符合的關鍵字時執行敘述，顯然 93 ≠ 62，第 10 ～ 11 行不執行。

(4) 第 13 ～ 14 行是當要搜尋關鍵字小於目前節點值時執行敘述，由於 93>62，第 14 行不執行。

(5) 第 15 ～ 16 行是當要搜尋關鍵字大於目前節點值時執行敘述，由於 93>62，所以遞迴呼叫 SearchBST(T->rchild, key, T, p)。此時 T 指向了 62 的右孩子 88，如右圖所示。

(6) 此時第二層 SearchBST，因 93 比 88 大，所以執行第 16 行，再次遞迴呼叫 SearchBST(T->rchild, key, T, p)。此時 T 指向了 88 的右孩子 99，如右圖所示。

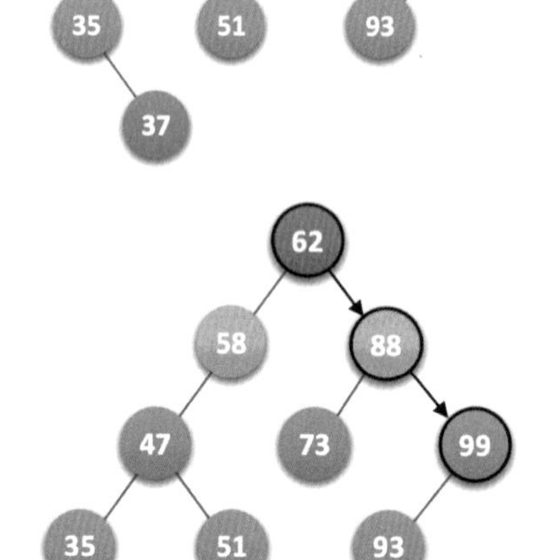

(7) 第三層的 SearchBST，因 93 比 99 小，所以執行第 14 行，遞迴呼叫 SearchBST(T->lchild, key, T, p)。此時 T 指向了 99 的左孩子 93，如右圖所示。

(8) 第四層 SearchBST，因 key 等於 T->data，所以執行第 10 ～ 11 行，此時指標 p 指向 93 所在的節點，並傳回 True 到第三層、第二層、第一層，最後函數傳回 True。

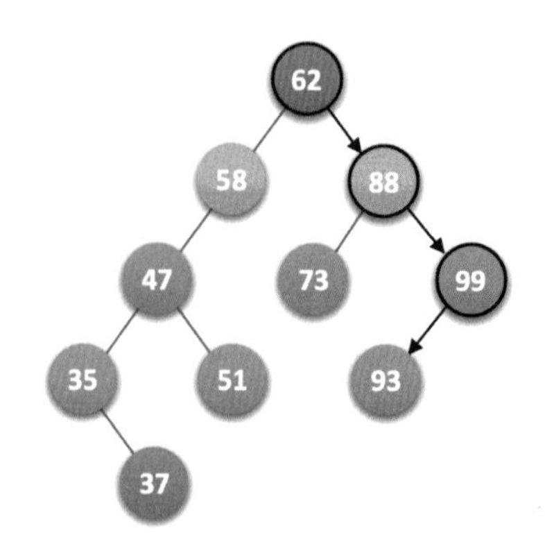

8.6.2 二元排序樹插入操作

有了二元排序樹的搜尋函數，那麼所謂的二元排序樹的插入，其實也就是將關鍵字放到樹中的合適位置而已，來看程式。

```
Status InsertBST(BiTree *T, int key)
{
    BiTree p,s;
    if (!SearchBST(*T, key, NULL, &p))  /* 查詢不成功 */
    {
        s = (BiTree)malloc(sizeof(BiTNode));
        s->data = key;
        s->lchild = s->rchild = NULL;
        if (!p)
            *T = s;                     /* 插入s為新的根節點 */
        else if (key<p->data)
            p->lchild = s;              /* 插入s為左孩子 */
        else
            p->rchild = s;              /* 插入s為右孩子 */
        return TRUE;
    }
    else
        return FALSE;                   /* 樹中已有關鍵字相同的節點，不再插入 */
}
```

這段程式非常簡單。如果你呼叫函數是 "InsertBST（&T,93）;"，那麼結果就是 FALSE，如果是 "InsertBST（&T,95）;"，那麼一定就是在 93 的節點增加一個右孩子 95，並且傳回 True。如下圖所示。

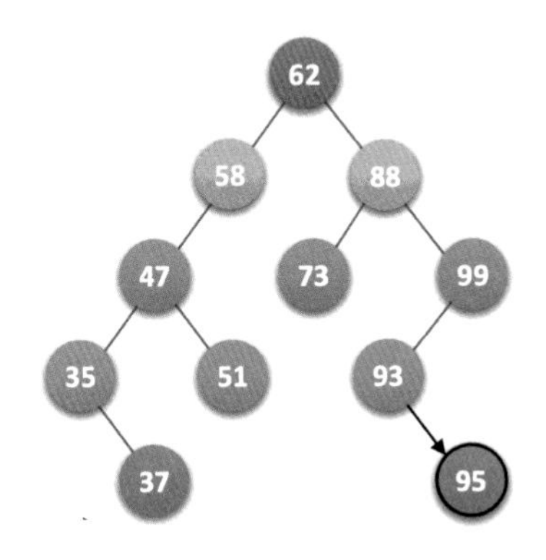

有了二元排序樹的插入程式，我們要實現二元排序樹的建置就非常容易了。下面的程式就可以建立一棵右圖這樣的樹。

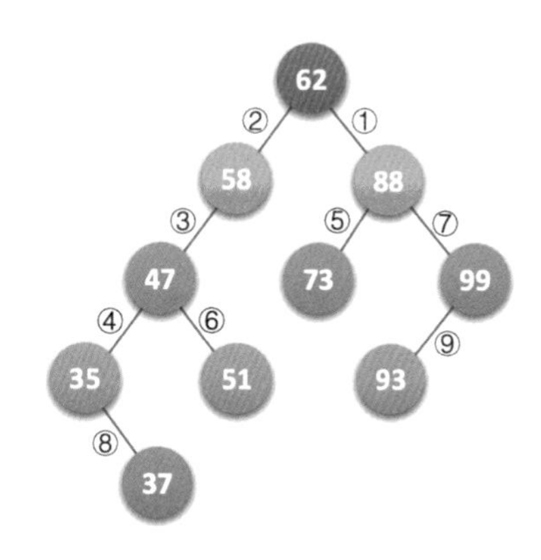


```
int i;
int a[10]={62,88,58,47,35,73,51,99,37,93};
BiTree T=NULL;
for (i=0;i<10;i++)
{
    InsertBST(&T, a[i]);
}
```

在你的大腦裡，是否已經有一幅隨著迴圈敘述的執行逐步產生這棵二元排序樹的動畫圖案呢？如果不能，那只能說明你還沒真了解它的原理哦。

8.6.3 二元排序樹刪除操作

俗話說「請神容易送神難」，我們已經介紹了二元排序樹的搜尋與插入演算法，但是對於二元排序樹的刪除，就不是那麼容易，我們不能因為刪除了節點，而讓這棵樹變得不滿足二元排序樹的特性，所以刪除需要考慮多種情況。

如果需要搜尋並刪除如 37、51、73、93 這些在二元排序樹中是葉子的節點，那是很容易的，畢竟刪除它們對整棵樹來說，其他節點的結構並未受到影響，如右圖所示。

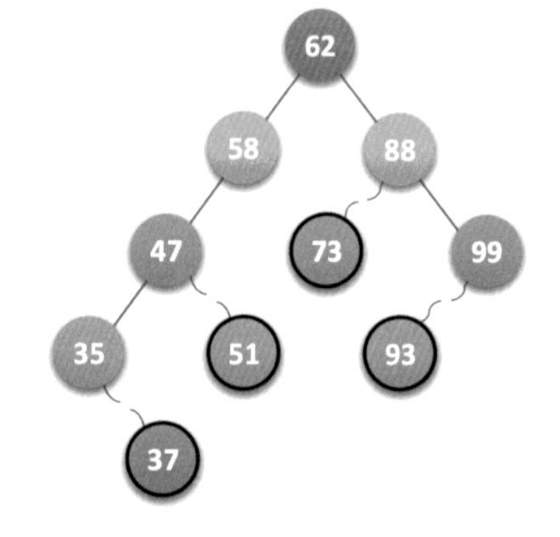

對於要刪除的節點只有左子樹或只有右子樹的情況，相對也比較好解決。那就是節點刪除後，將它的左子樹或右子樹整個移動到刪除節點的位置即可，可以視為獨子繼承父業。例如下圖，就是先刪除 35 和 99 節點，再刪除 58 節點的變化圖，最後，整個結構還是一個二元排序樹。

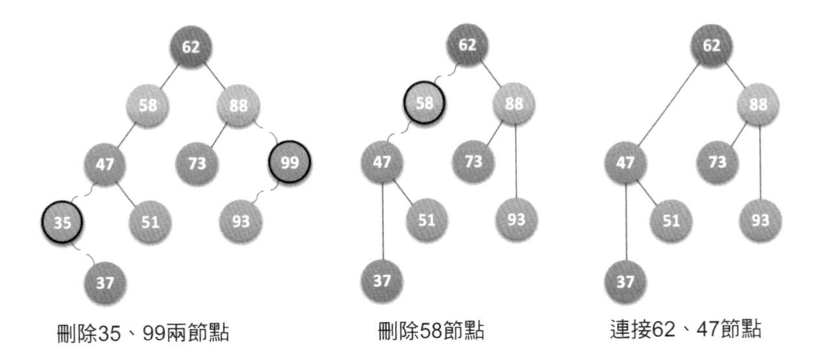

但是對於要刪除的節點既有左子樹又有右子樹的情況怎麼辦呢？例如下圖中的 47 節點若要刪除了，它的兩兒子以及子孫們怎麼辦呢？[3]

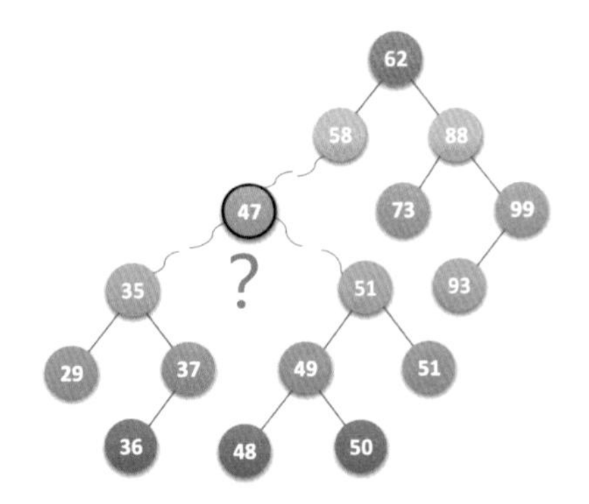

起初的想法，我們當 47 節點只有一個左子樹，那麼做法和一個左子樹的操作一樣，讓 35 及它之下的節點成為 58 的左子樹，然後再對 47 的右子樹所有節點進行插入操作，如下圖所示。這是比較簡單的想法，可是 47 的右子樹有子孫共 5 個節點，這麼做效率不高且不說，還會導致整個二元排序樹結構發生很大的變化，有可能會增加樹的高度。增加高度可不是個好事，這我們待會再說，總之這個想法不太好。

3 為了更好說明問題，我們增加了結點 47 下的子孫結點數量。

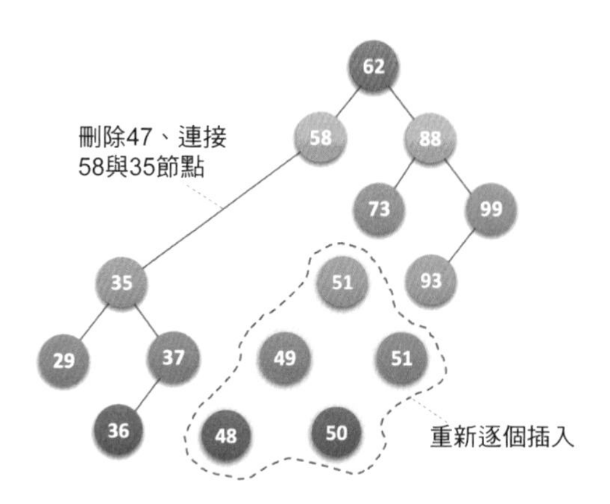

我們仔細觀察一下，47 的兩個子樹中是否可找出一個節點可以代替 47 呢？果然有，37 或 48 都可以代替 47，此時在刪除 47 後，整個二元排序樹並沒有發生什麼本質的改變。

為什麼是 37 和 48 ？對的，它們正好是二元排序樹中比它小或比它大的最接近 47 的兩個數。也就是説，如果我們對這棵二元排序樹進行中序檢查，獲得的序列 {29,35,36,37,47,48,49,50,51, 56,58,62,73,88,93,99}，它們正好是 47 的前驅和後繼。

因此，比較好的辦法就是，找到需要刪除的節點 p 的直接前驅（或後繼）s，用 s 來取代節點 p，然後再刪除此節點 s，如下圖所示。

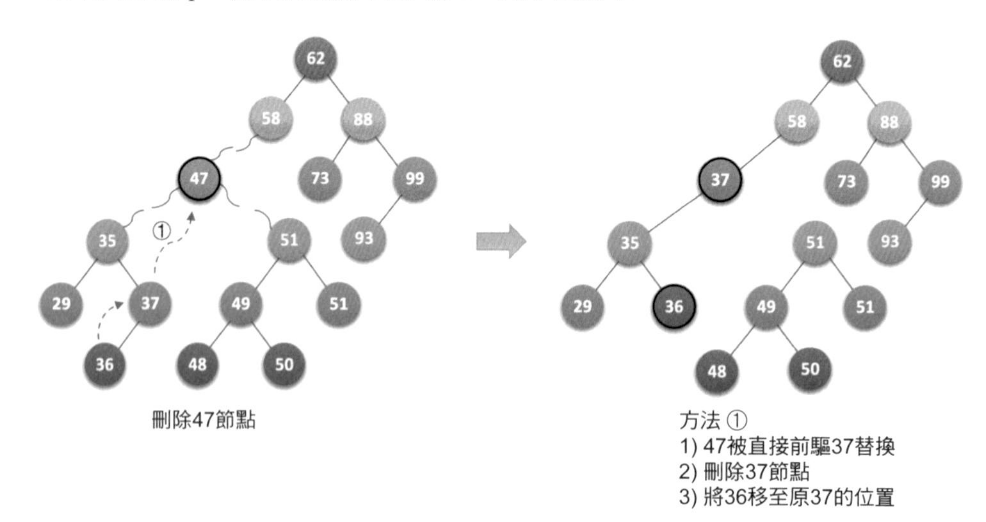

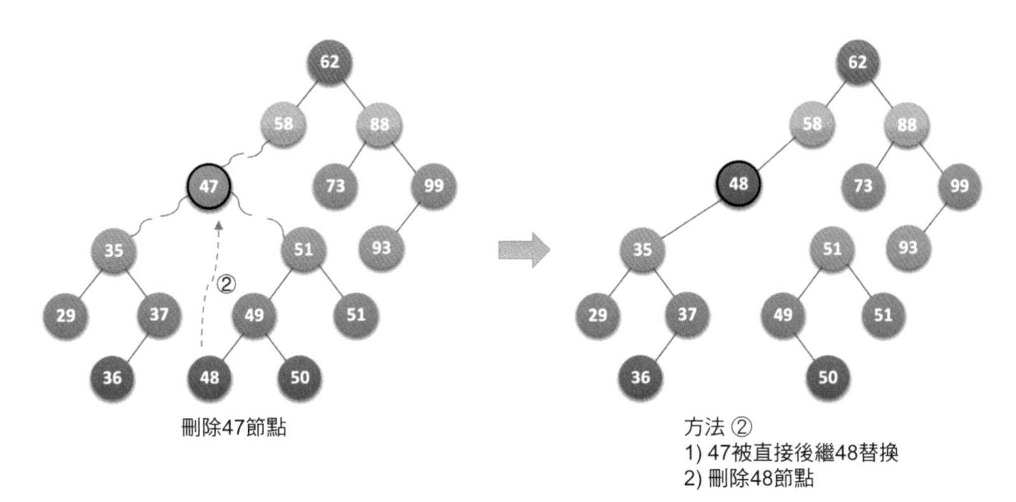

根據我們對刪除節點三種情況的分析：

- 葉子節點；
- 僅有左或右子樹的節點；
- 左右子樹都有的節點，我們來看程式，下面這個演算法是遞迴方式對二元排序樹 T 搜尋 key，搜尋到時刪除。

```
1  Status DeleteBST(BiTree *T,int key)
2  {/* 若二元排序樹T中存在關鍵字等於key的資料元素時，則移除該資料節點 */
3      if(!*T)                   /* 不存在關鍵字等於key的資料元素 */
4          return FALSE;
5      else
6      {
7          if (key==(*T)->data)   /* 找到關鍵字等於key的資料元素 */
8              return Delete(T);
9          else if (key<(*T)->data)
10             return DeleteBST(&(*T)->lchild,key);
11         else
12             return DeleteBST(&(*T)->rchild,key);
13
14     }
15 }
```

上面這段程式和前面的二元排序樹搜尋幾乎完全相和，唯一的差別就在於第 8 行，此時執行的是 Delete 方法，對目前節點進行刪除操作。我們來看 Delete 的程式。

```
1  Status Delete(BiTree *p)
2  {/* 從二元排序樹中移除節點p，並重接它的左或右子樹 */
3      BiTree q,s;
4      if((*p)->rchild==NULL)        /* 右子樹空則只需重接它的左子樹(待刪節點是葉子
                                       也走此分支) */
5      {
6          q=*p; *p=(*p)->lchild; free(q);
7      }
8      else if((*p)->lchild==NULL)   /* 只需重接它的右子樹 */
9      {
10         q=*p; *p=(*p)->rchild; free(q);
11     }
12     else                          /* 左右子樹均不空 */
13     {
14         q=*p; s=(*p)->lchild;
15         while(s->rchild)          /* 轉左，然後向右到盡頭(找待刪節點的前驅)*/
16         {
17            q=s; s=s->rchild;
18         }
19         (*p)->data=s->data;       /* s指向被刪節點直接前驅(將被刪節點前驅的值取代
                                       被刪節點的值) */
20         if(q!=*p)
21            q->rchild=s->lchild;   /* 重接q的右子樹 */
22         else
23            q->lchild=s->lchild;   /* 重接q的左子樹 */
24         free(s);
25     }
26     return TRUE;
27 }
```

(1) 程式開始執行，程式第 4 ～ 7 行目的是為了刪除沒有右子樹只有左子樹的節點。此時只需將此節點的左孩子取代它自己，然後釋放此節點記憶體，就等於刪除了。

(2) 程式第 8 ～ 11 行是同樣的道理處理只有右子樹沒有左子樹的節點刪除問題。

(3) 第 12 ～ 25 行處理複雜的左右子樹均存在的問題。

(4) 第 14 行，將要刪除的節點 p 設定值給臨時的變數 q，再將 p 的左孩子 p->lchild 設定值給臨時的變數 s。此時 q 指向 47 節點，s 指向 35 節點，如下圖所示。

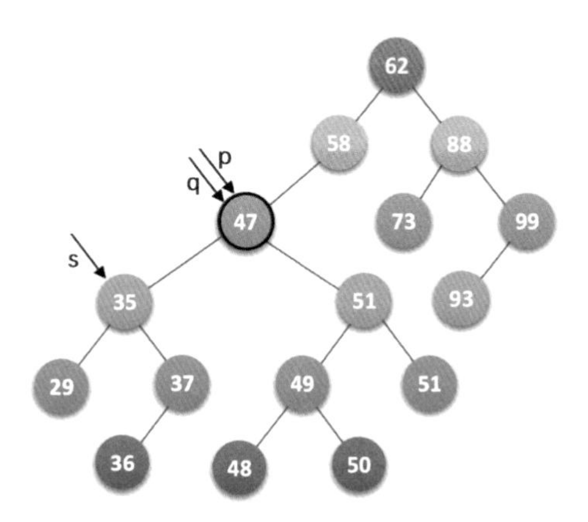

(5) 第 15 ～ 18 行，循環找到左子樹的右節點，直到右側盡頭。就目前實例來說就是讓 q 指向 35，而 s 指向了 37 這個再沒有右子樹的節點，如下圖所示。

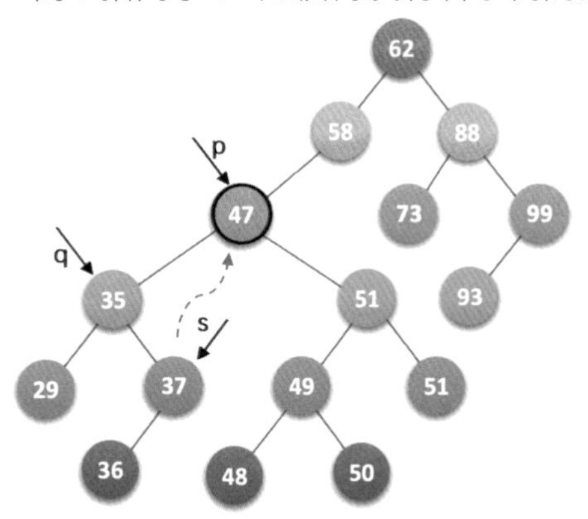

(6) 第 19 行，此時讓要刪除的節點 p 的位置的資料被設定值為 s->data，即讓 p->data=37，如下圖所示。

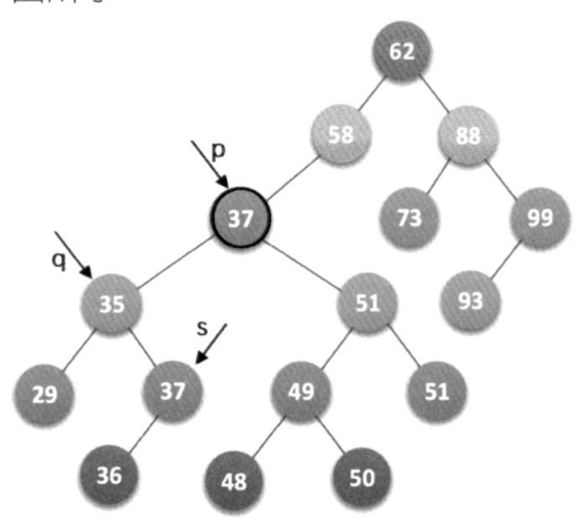

(7) 第 20 ～ 23 行，如果 p 和 q 指向不同，則將 s->lchild 設定值給 q->rchild，否則就是將 s->lchild 設定值給 q->lchild。顯然這個實例 p 不等於 q，將 s->lchild 指向的 36 設定值給 q->rchild，也就是讓 q->rchild 指向 36 節點，如下圖所示。

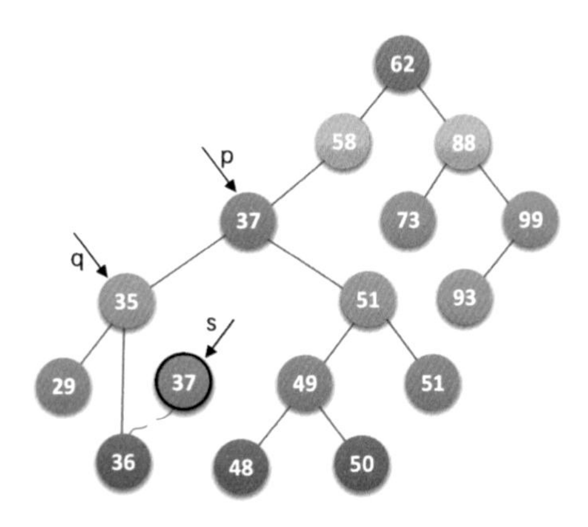

(8) 第 24 行，free(s)，就非常好了解了，將 37 節點刪除，如下圖所示。

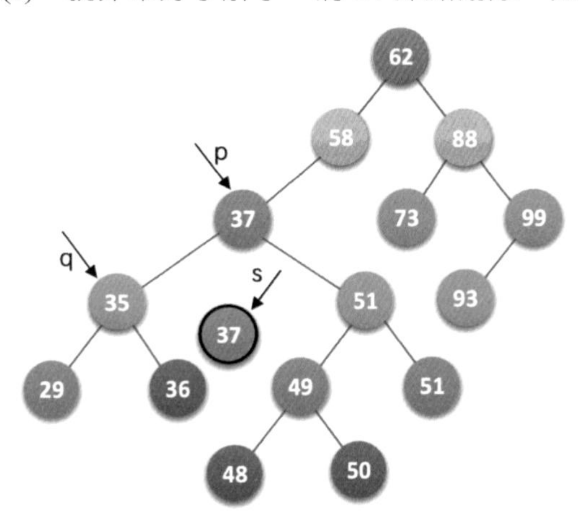

從這段程式也可以看出，我們其實是在找刪除節點的前驅節點取代的方法，對於用後繼節點來取代，方法上是一樣的。

8.6.4 二元排序樹歸納

總之，二元排序樹是以連結的方式儲存，保持了連結儲存結構在執行插入或刪除操作時不用移動元素的優點，只要找到合適的插入和刪除位置後，僅需修改連結指標即可。插入刪除的時間性能比較好。而對於二元排序樹的搜尋，走的就是從根節點到要搜尋的節點的路徑，其比較次數等於指定值的節點在二元排序樹的層數。極端情況，最少為 1 次，即根節點就是要找的節點，最多也不會超過樹的深度。也就是說，二元排序樹的搜尋效能取決於二元排序樹的形狀。可問題就在於，二元排序樹的形狀是不確定的。

例如 {62,88,58,47,35,73,51,99,37,93} 這樣的陣列，我們可以建置如下圖左圖的二元排序樹。但如果陣列元素的次序是從小到大有序，如 {35,37,47,51,58,62,73,88, 93,99}，則二元排序樹就成了極端的右斜樹，注意它依然是一棵二元排序樹，如下圖的右圖。此時，同樣是搜尋節點 99，左圖只需要兩次比較，而右圖就需要 10 次比較才可以獲得結果，二者差異很大。

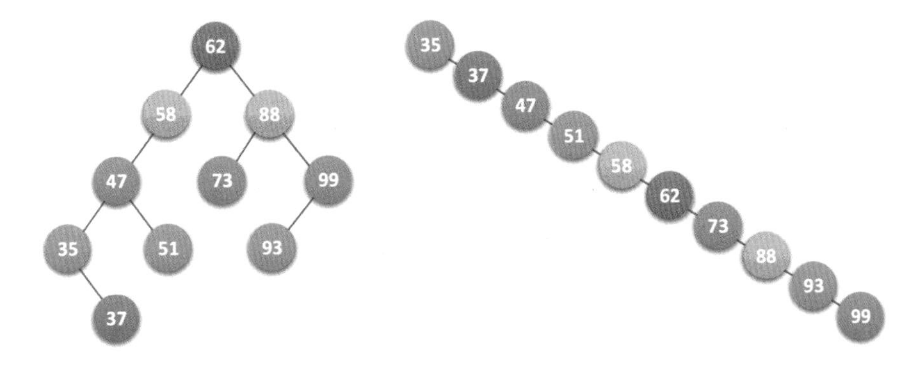

也就是說，我們希望二元排序樹是比較平衡的，即其深度與完全二元樹相同，均為 $\lfloor \log_2 n \rfloor + 1$，那麼搜尋的時間複雜也就為 $O(\log n)$，近似於折半搜尋，事實上，上圖的左圖也不夠平衡，明顯的左重右輕。

不平衡的最壞情況就是像上圖右圖的斜樹，搜尋時間複雜度為 $O(n)$，這等於循序搜尋。

因此，如果我們希望對一個集合按二元排序樹搜尋，最好是把它建置成一棵平衡的二元排序樹。這樣我們就引申出另一個問題，如何讓二元排序樹平衡的問題。

8.7 平衡二元樹（AVL 樹）

我在網路上，看到過一部德國人製作的叫《平衡》（英文名：Balance）的短片，它在 1989 年獲得奧斯卡最佳短片獎。說的是在空中，懸浮著一個四方的平板，上面站立著 5 個人，同樣的相貌，同樣的穿著，同樣的面無表情。平板的中心是個看不見的支點，為了平衡，5 個人必須尋找合適的位置。原本，簡單的站在中心就可以了，可是，如同我們一樣，他們也好奇於這個世界，想知道下面是什麼樣子。而隨著一個箱子的來臨，這種平衡被打破了，箱子帶來了音樂，帶來了興奮，也帶來了不平衡，帶來了分歧和鬥爭。

平板就是一個世界，當誘惑降臨，當人心中的平衡被打破，世界就會混亂，最後留下的只有孤獨寂寞失敗。這種單調的機械化社會，禁不住誘惑的侵蝕，很容易當機。最容易被侵蝕的，剛好是最空虛的心靈。

儘管這部小短片很精彩，但顯然我們課堂上是沒時間去觀摩的，有興趣的同學可以自己搜尋觀看。這裡我們主要是講與平衡這個詞相關的資料結構——平衡二元樹。

平衡二元樹（Self-Balancing Binary Search Tree 或 Height-Balanced Binary Search Tree），是一種二元排序樹，其中每一個節點的左子樹和右子樹的高度差至多等於 1。

有兩位俄羅斯數學家 G.M.Adelson-Velskii 和 E.M.Landis 在 1962 年共同發明一種解決平衡二元樹的演算法，所以有不少資料中也稱這樣的平衡二元樹為 AVL 樹。

從平衡二元樹的英文名字，你也可以體會到，它是**一種高度平衡的二元排序樹**。那什麼叫做高度平衡呢？意思是說，不是它是一棵空樹，就是它的左子樹和右子樹都是平衡二元樹，且左子樹和右子樹的高度之差的絕對值不超過 1。我們**將二元樹上節點的左子樹高度減去右子樹高度的值稱為平衡因數 BF**（Balance Factor），那麼平衡二元樹上所有節點的平衡因數只可能是 -1、0 和 1。只要二元樹上有一個節點的平衡因數的絕對值大於 1，則該二元樹就是不平衡的。

看下圖，為什麼圖 1 是平衡二元樹，而圖 2 卻不是呢？這裡就是考驗我們對平衡二元樹的定義的了解，它的前提首先是一棵二元排序樹，圖 2 的 59 比 58 大，卻是 58 的左子樹，這是不符合二元排序樹的定義的。圖 3 不是平衡二元樹的原因就在於，節點 58 的左子樹高度為 3，而右子樹為空，二者差大於了絕對值 1，因此它也不是平衡的。而經過適當的調整後的圖 4，它就符合了定義，因此它是平衡二元樹。

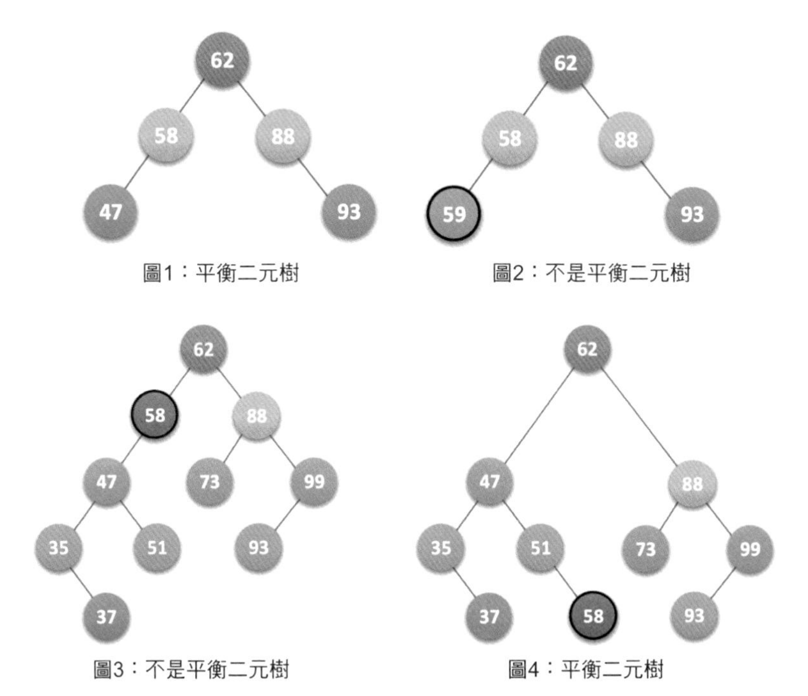

圖1：平衡二元樹　圖2：不是平衡二元樹

圖3：不是平衡二元樹　圖4：平衡二元樹

距離插入節點最近的，且平衡因數的絕對值大於 1 的節點為根的子樹，我們稱為最小不平衡子樹。下圖，當新插入節點 37 時，距離它最近的平衡因數絕對值超過 1 的節點是 58（即它的左子樹高度 3 減去右子樹高度 1），所以從 58 開始以下的子樹為最小不平衡子樹。

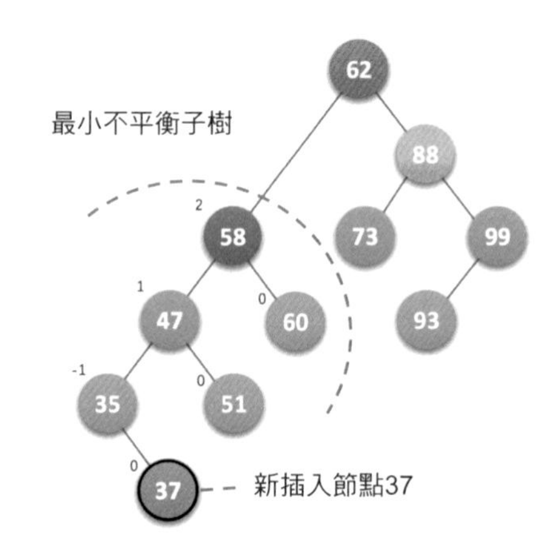

8.7.1 平衡二元樹實現原理

平衡二元樹建置的基本思維就是在建置二元排序樹的過程中，每當插入一個節點時，先檢查是否因插入而破壞了樹的平衡性，若是，則找出最小不平衡子樹。在保持二元排序樹特性的前提下，調整最小不平衡子樹中各節點之間的連結關係，進行對應的旋轉，使之成為新的平衡子樹。

為了能在說明演算法時輕鬆一些，我們先講一個平衡二元樹建置過程的實例。假設我們現在有一個陣列 a[10]={3,2,1,4,5,6,7,10,9,8} 需要建置二元排序樹。在沒有學習平衡二元樹之前，根據二元排序樹的特性，我們通常會將它建置成如下圖的圖 1 所示的樣子。雖然它完全符合二元排序樹的定義，但是對這樣高度達到 8 的二元樹來說，搜尋是非常不利的。我們更期望能建置成如下圖的圖 2 的樣子，高度為 4 的二元排序樹才可以提供高效的搜尋效率。那麼現在我們就來研究如何將一個陣列建置出圖 2 的樹結構。

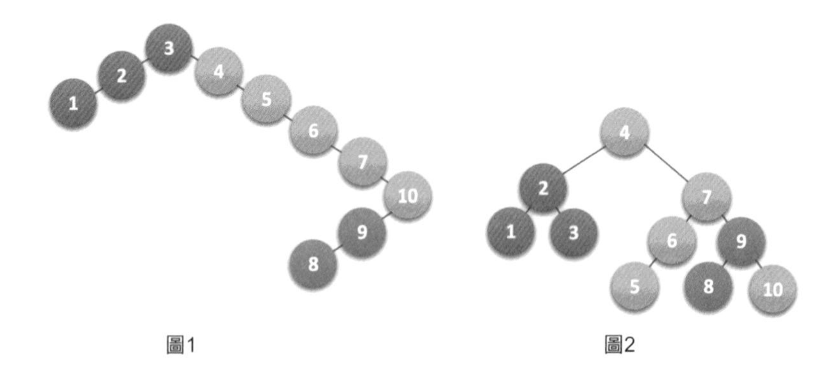

圖1　　圖2

對於陣列 a[10]={3,2,1,4,5,6,7,10,9,8} 的前兩位 3 和 2，我們很正常地建置，到了第 3 個數 "1" 時，發現此時根節點 "3" 的平衡因數變成了 2，此時整棵樹都成了最小不平衡子樹，因此需要調整，如下圖的圖 1（節點左上角數字為平衡因數 BF 值）。因為 BF 值為正，因此我們將整個樹進行右旋（順時鐘旋轉），此時節點 2 成了根節點，3 成了 2 的右孩子，這樣三個節點的 BF 值均為 0，非常的平衡，如下圖的圖 2 所示。

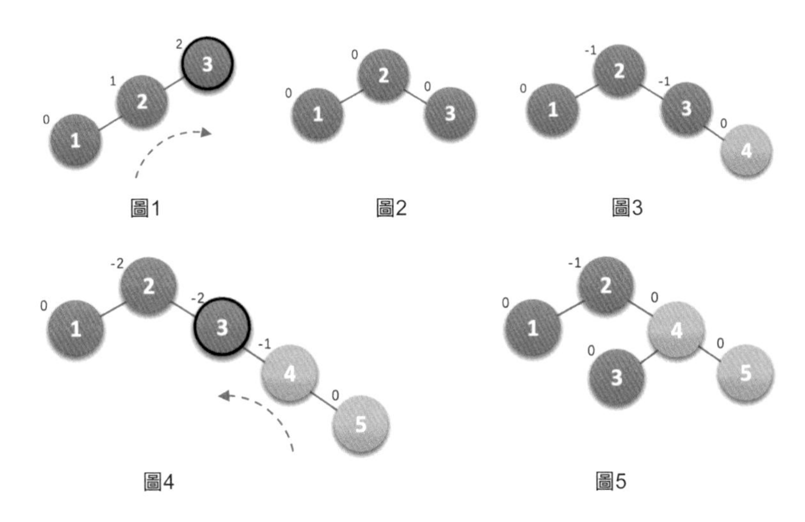

圖1 圖2 圖3

圖4 圖5

然後我們再增加節點 4，平衡因數沒有超出限定範圍（-1，0，1），如圖 3。增加節點 5 時，節點 3 的 BF 值為 −2，說明要旋轉了。由於 BF 是負值，所以我們對這棵最小平衡子樹進行左旋（逆時鐘旋轉），如圖 4，此時我們整個樹又達到了平衡。

繼續，增加節點 6 時，發現根節點 2 的 BF 值變成了 −2，如下圖的圖 6。所以我們對根節點進行了左旋，注意此時本來節點 3 是 4 的左孩子，由於旋轉後需要滿足二元排序樹特性，因此它成了節點 2 的右孩子，如圖 7。增加節點 7，同樣的左旋轉，使得整棵樹達到平衡，如圖 8 和圖 9 所示。

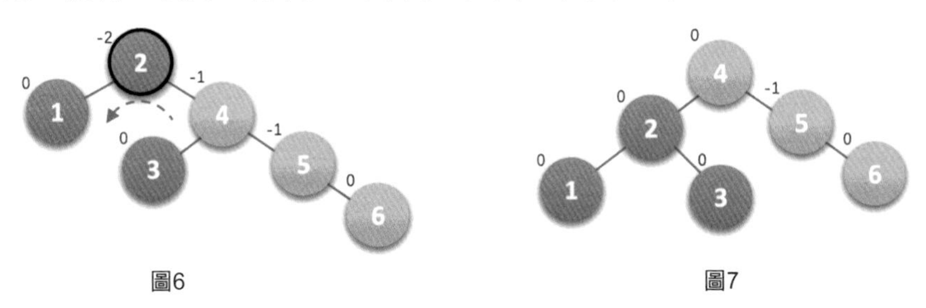

圖6 圖7

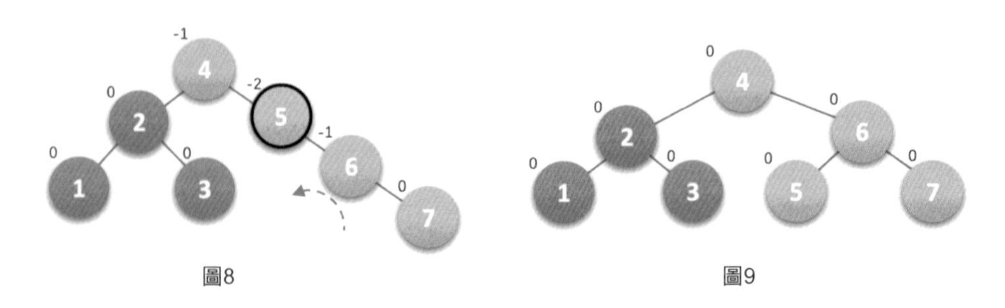

圖8　　　　圖9

當增加節點 10 時，結構無變化，如下圖的圖 10。再增加節點 9，此時節點 7 的 BF 變成了 −2，理論上我們只需要旋轉最小不平衡子樹 7、9、10 即可，但是如果左旋轉後，節點 9 就成了 10 的右孩子，這是不符合二元排序樹的特性的，此時不能簡單的左旋，如圖 11 所示。

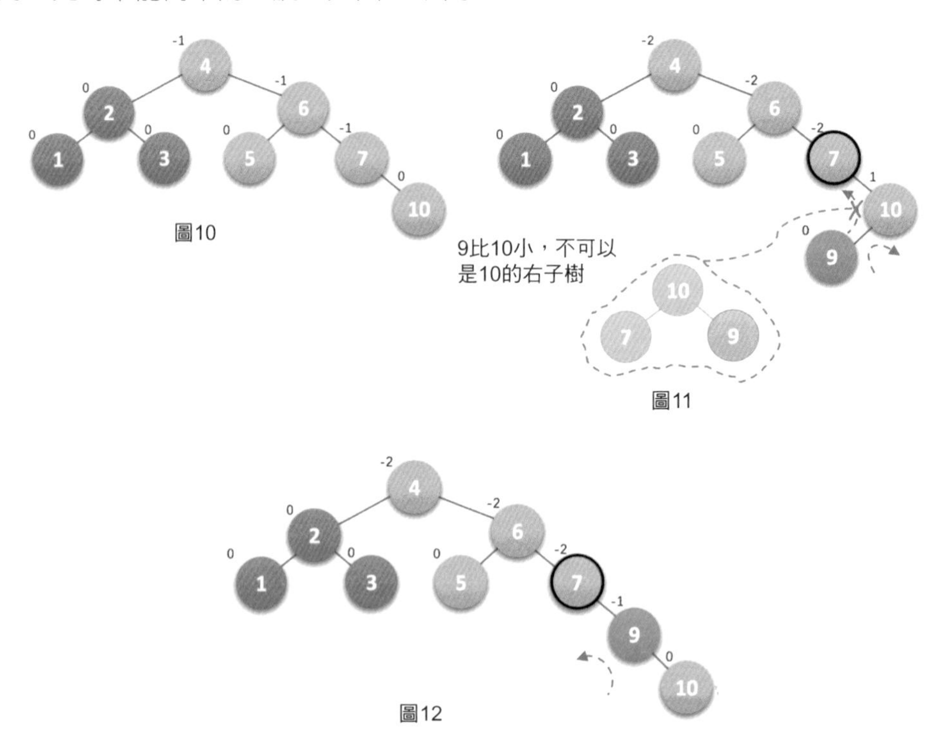

圖10

圖11

圖12

仔細觀察圖 11，發現根本原因在於節點 7 的 BF 是 −2，而節點 10 的 BF 是 1，也就是說，它們倆一正一負，符號並不統一，而前面的幾次旋轉，無論左旋還是右旋，最小不平衡子樹的根節點與它的子節點符號都是相同的。這就是不能直接旋轉的關鍵。那怎麼辦呢？

不統一，不統一就把它們先轉到符號統一再說，於是我們先對節點 9 和節點 10 進行右旋，使得節點 10 成了 9 的右子樹，節點 9 的 BF 為 -1，此時就與節點 7 的 BF 值符號統一了，如上圖的圖 12 所示。

這樣我們再以節點 7 為最小不平衡子樹進行左旋，獲得下圖的圖 13。接著插入 8，情況與剛才類似，節點 6 的 BF 是 -2，而它的右孩子 9 的 BF 是 1，如圖 14，因此首先以 9 為根節點，進行右旋，獲得圖 15，此時節點 6 和節點 7 的符號都是負，再以 6 為根節點左旋，最後獲得最後的平衡二元樹，如下圖的圖 16 所示。

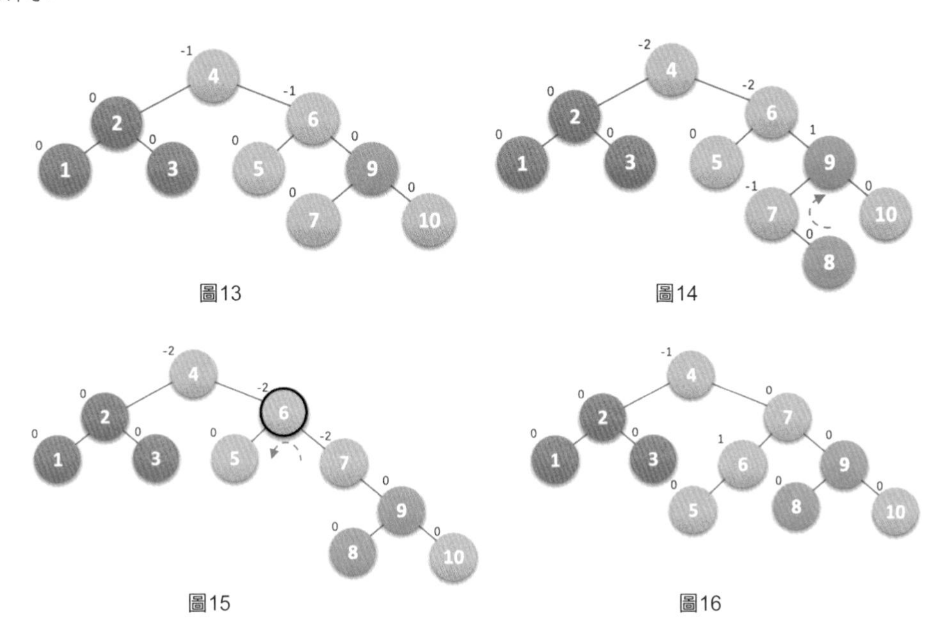

西方有一句民謠是這樣說的：「遺失一個釘子，壞了一隻蹄鐵；壞了一隻蹄鐵，折了一匹戰馬；折了一匹戰馬，傷了一位騎士；傷了一位騎士，輸了一場戰鬥；輸了一場戰鬥，亡了一個帝國。」相信大家應該有點明白，所謂的平衡二元樹，其實就是在二元排序樹建立過程中保障它的平衡性，一旦發現有不平衡的情況，馬上處理，這樣就不會造成不可收拾的情況出現。透過剛才這個實例，你會發現，當最小不平衡子樹根節點的平衡因數 BF 是大於 1 時，就右旋，小於 -1 時就左旋，如上例中節點 1、5、6、7 的插入等。插入節點後，最小不平衡子樹的 BF 與它的子樹的 BF 符號相反時，就需要對節點先進行一次旋轉以使得符號相同後，再反向旋轉一次才能夠完成平衡操作，如上例中節點 9、8 的插入時。

8.7.2 平衡二元樹實現演算法

有這麼多的準備工作，我們可以來說明程式了。首先是需要改進二元排序樹的節點結構，增加一個 bf，用來儲存平衡因數。

```
/* 二元樹的二元鏈結串列節點結構定義 */
typedef  struct BiTNode                    /* 節點結構 */
{
    int data;                              /* 節點資料 */
    int bf;                                /* 節點的平衡因子 */
    struct BiTNode *lchild, *rchild;       /* 左右孩子指標 */
} BiTNode, *BiTree;
```

註：搜尋的平衡二元樹搜尋相關程式請參看程式目錄下「/ 第 8 章搜尋 / 03 平衡二元樹 _AVLTree.c」。

然後，對於右旋操作，我們的程式如下。

```
/* 對以p為根的二元排序樹作右旋處理， */
/* 處理之後p指向新的樹根節點，即旋轉處理之前的左子樹的根節點 */
void R_Rotate(BiTree *P)
{
    BiTree L;
    L=(*P)->lchild;              /* L指向P的左子樹根節點 */
    (*P)->lchild=L->rchild;      /* L的右子樹掛接為P的左子樹 */
    L->rchild=(*P);
    *P=L;                        /* P指向新的根節點 */
}
```

此函數程式的意思是說，當傳入一個二元排序樹 P，將它的左孩子節點定義為 L，將 L 的右子樹變成 P 的左子樹，再將 P 改成 L 的右子樹，最後將 L 取代 P 成為根節點。這樣就完成了一次右旋操作，如下圖所示。圖中三角形代表子樹，N 代表新增節點。

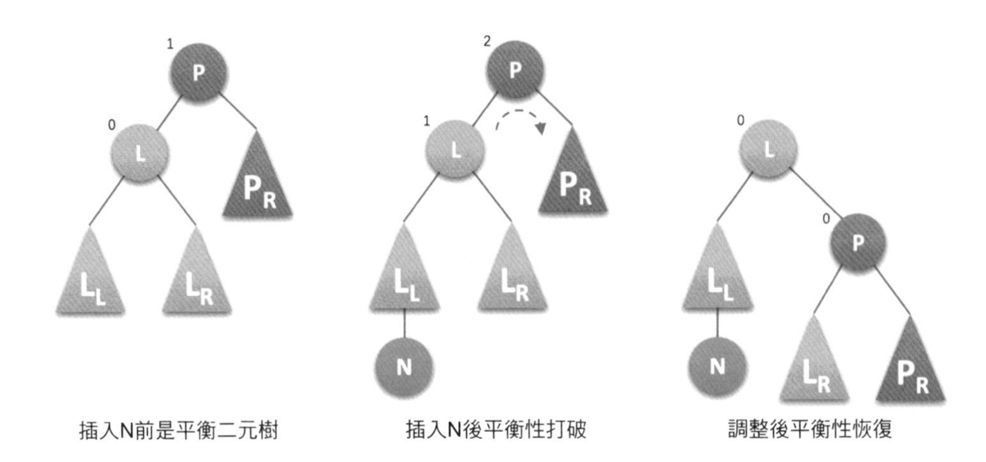

插入N前是平衡二元樹　　插入N後平衡性打破　　調整後平衡性恢復

上面實例中的新增加節點 N（如下圖的圖 1 和圖 2），就是右旋操作。

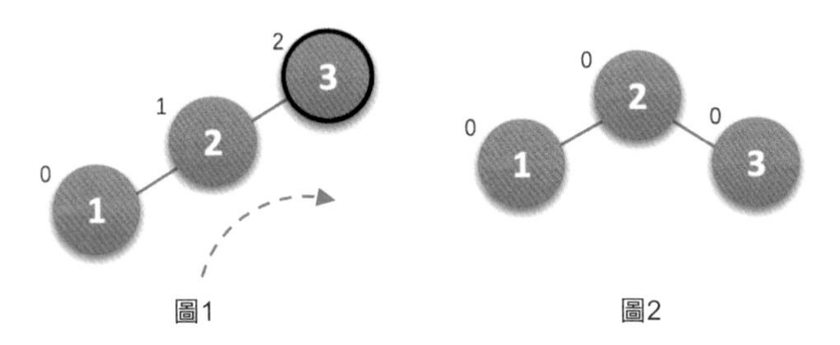

圖1　　圖2

左旋操作程式如下。

```
/* 對以P為根的二元排序樹作左旋處理， */
/* 處理之後P指向新的樹根節點，即旋轉處理之前的右子樹的根節點0 */
void L_Rotate(BiTree *P)
{
    BiTree R;
    R=(*P)->rchild;             /* R指向P的右子樹根節點 */
    (*P)->rchild=R->lchild;     /* R的左子樹掛接為P的右子樹 */
    R->lchild=(*P);
    *P=R;                       /* P指向新的根節點 */
}
```

這段程式與右旋程式是對稱的，在此不做解釋了。上面實例中的新增節點 5、6、7（實際見下圖），都是左旋操作。

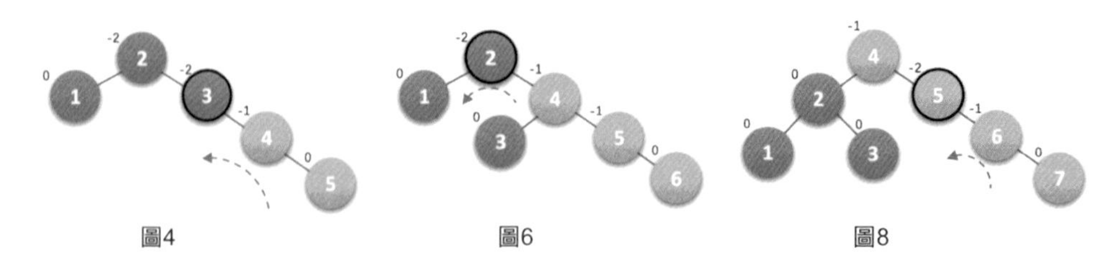

圖4 圖6 圖8

現在我們來看左平衡旋轉處理的函數程式。

```
#define LH +1  /* 左高 */
#define EH 0   /* 等高 */
#define RH -1  /* 右高 */

/* 對以指標T所指節點為根的二元樹作左平衡旋轉處理 */
/* 本算法結束時，指標T指向新的根節點 */
 1  void LeftBalance(BiTree *T)
 2  {
 3      BiTree L,Lr;
 4      L=(*T)->lchild;          /* L指向T的左子樹根節點 */
 5      switch(L->bf)
 6      { /* 檢查T的左子樹的平衡度，並作對應平衡處理 */
 7           case LH:            /* 新節點插入在T的左孩子的左子樹上，要作單右旋處理 */
 8             (*T)->bf=L->bf=EH;
 9             R_Rotate(T);
10             break;
11           case RH:            /* 新節點插入在T的左孩子的右子樹上，要作雙旋處理 */
12             Lr=L->rchild;     /* Lr指向T的左孩子的右子樹根 */
13             switch(Lr->bf)
14             { /* 修改T及其左孩子的平衡因子 */
15                 case LH: (*T)->bf=RH;
16                          L->bf=EH;
17                          break;
18                 case EH: (*T)->bf=L->bf=EH;
19                          break;
20                 case RH: (*T)->bf=EH;
21                          L->bf=LH;
22                          break;
23             }
24             Lr->bf=EH;
25             L_Rotate(&(*T)->lchild); /*  對T的左子樹作左旋平衡處理 */
26             R_Rotate(T); /*  對T作右旋平衡處理 */
27      }
28  }
```

首先，我們定義了三個常數變數，分別代表 1、0、-1。

(1) 函數被呼叫，傳入一個需調整平衡性的子樹 T。由於 LeftBalance 函數被呼叫時，其實是已經確認目前子樹是不平衡狀態，且左子樹的高度大於右子樹的高度。換句話說，此時 T 的根節點應該是平衡因數 BF 的值大於 1 的數。
(2) 第 4 行，我們將 T 的左孩子設定值給 L。
(3) 第 5 ～ 27 行是分支判斷。
(4) 當 L 的平衡因數為 LH，即為 1 時，表明它與根節點的 BF 值符號相同，因此，第 8 行，將它們的 BF 值都改為 0，並且第 9 行，進行右旋操作。操作的方式如本節的圖 1、圖 2 所示。
(5) 當 L 的平衡因數為 RH，即為 -1 時，表明它與根節點的 BF 值符號相反，此時需要做雙旋處理。第 13 ～ 22 行，針對 L 的右孩子 L_r 的 BF 作判斷，修改根節點 T 和 L 的 BF 值。第 24 行將目前 L_r 的 BF 改為 0。
(6) 第 25 行，對根節點的左子樹進行左旋，如下圖第二圖所示。
(7) 第 26 行，對根節點進行右旋，如下圖的第三圖所示，完成平衡操作。

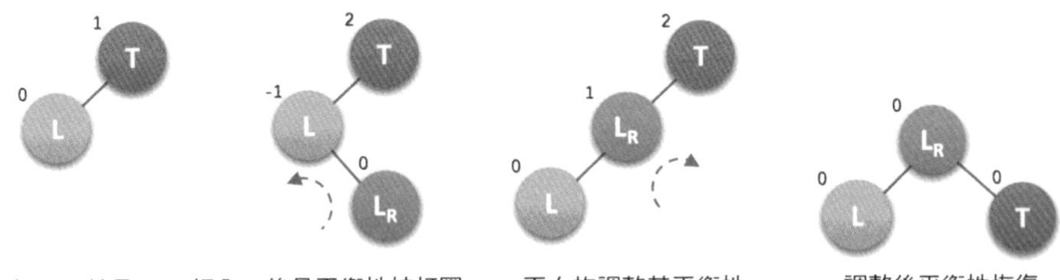

插入L_R前是平衡二元樹　插入L_R後是平衡性被打圈先左旋以保證根節點和它的左孩子BF符號相同　再右旋調整其平衡性　調整後平衡性恢復

同樣的，右平衡旋轉處理的函數程式非常類似，直接看程式，不做說明了。

```
void RightBalance(BiTree *T)
{
    BiTree R,Rl;
    R=(*T)->rchild;                      /* R指向T的右子樹根節點 */
    switch(R->bf)
    { /*  檢查T的右子樹的平衡度，並作對應平衡處理 */
     case RH: /* 新節點插入在T的右孩子的右子樹上，要作單左旋處理 */
            (*T)->bf=R->bf=EH;
            L_Rotate(T);
```

```
            break;
    case LH: /*  新節點插入在T的右孩子的左子樹上，要作雙旋處理 */
            Rl=R->lchild;                /* Rl指向T的右孩子的左子樹根 */
            switch(Rl->bf)
            {                            /* 修改T及其右孩子的平衡因子 */
             case RH: (*T)->bf=LH;
                      R->bf=EH;
                      break;
             case EH: (*T)->bf=R->bf=EH;
                      break;
             case LH: (*T)->bf=EH;
                      R->bf=RH;
                      break;
            }
            Rl->bf=EH;
            R_Rotate(&(*T)->rchild);    /* 對T的右子樹作右旋平衡處理 */
            L_Rotate(T);                /* 對T作左旋平衡處理 */
    }
}
```

我們前面實例中的新增節點 9 和 8 就是典型的右平衡旋轉，並且雙旋完成平衡的實例（圖 11、圖 14 就是類似範例）。

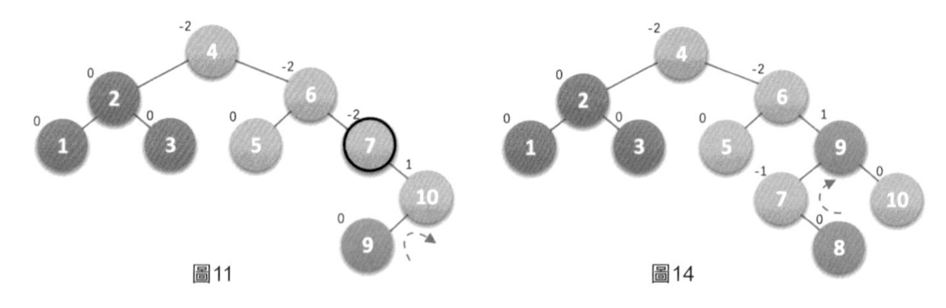

圖11　圖14

有了這些準備，我們的主函數才算是正式登場了。

```
1 Status InsertAVL(BiTree *T,int e,Status *taller)
2 {
3     if(!*T)
4     {                                    /* 插入新節點，樹"長高"，置taller為TRUE */
5         *T=(BiTree)malloc(sizeof(BiTNode));
6         (*T)->data=e;
7         (*T)->lchild=(*T)->rchild=NULL;
8         (*T)->bf=EH;
9         *taller=TRUE;
```

```
10     }
11     else
12     {
13         if (e==(*T)->data)         /* 樹中已存在和e有相同關鍵字的節點則不再插入 */
14         {
15             *taller=FALSE;
16             return FALSE;
17         }
18         if (e<(*T)->data)          /* 應繼續在T的左子樹中進行搜尋 */
19         {
20             if(!InsertAVL(&(*T)->lchild,e,taller))    /* 未插入 */
21                 return FALSE;
22             if(*taller)            /* 已插入到T的左子樹中且左子樹"長高" */
23             {
24                 switch((*T)->bf)   /* 檢查T的平衡度 */
25                 {
26                     case LH:          /* 原本左子樹比右子樹高，需要作左平衡處理 */
27                             LeftBalance(T);
28                             *taller=FALSE;
29                             break;
30                     case EH:      /* 原本左、右子樹等高，現因左子樹增高而使樹增高 */
31                             (*T)->bf=LH;
32                             *taller=TRUE;
33                             break;
34                     case RH:          /* 原本右子樹比左子樹高，現左、右子樹等高 */
35                             (*T)->bf=EH;
36                             *taller=FALSE;
37                             break;
38                 }
39             }
40         }
41         else                       /* 應繼續在T的右子樹中進行搜尋 */
42         {
43             if(!InsertAVL(&(*T)->rchild,e,taller)) /* 未插入 */
44                 return FALSE;
45             if(*taller)            /* 已插入到T的右子樹且右子樹"長高" */
46             {
47                 switch((*T)->bf)   /* 檢查T的平衡度 */
48                 {
49                     case LH:          /* 原本左子樹比右子樹高，現左、右子樹等高 */
50                             (*T)->bf=EH;
51                             *taller=FALSE;
52                             break;
53                     case EH:      /* 原本左、右子樹等高，現因右子樹增高而使樹增高 */
```

```
54                          (*T)->bf=RH;
55                          *taller=TRUE;
56                          break;
57                  case RH:     /* 原本右子樹比左子樹高，需要作右平衡處理 */
58                          RightBalance(T);
59                          *taller=FALSE;
60                          break;
61              }
62          }
63      }
64  }
65  return TRUE;
66 }
```

(1) 程式開始即時執行，第 3 ～ 10 行是指目前 T 為空時，則申請記憶體新增一個節點。

(2) 第 13 ～ 17 行表示當存在相同節點，則不需要插入。

(3) 第 18 ～ 40 行，當新節點 e 小於 T 的根節點值時，則在 T 的左子樹搜尋。

(4) 第 20 ～ 21 行，遞迴呼叫本函數，直到找到則傳回 false，否則說明插入節點成功，執行下面敘述。

(5) 第 22 ～ 39 行，當 taller 為 TRUE 時，說明插入了節點，此時需要判斷 T 的平衡因數，如果是 1，說明左子樹高於右子樹，需要呼叫 LeftBalance 函數進行左平衡旋轉處理。如果為 0 或 -1，則說明新插入節點沒有讓整棵二元排序樹失去平衡性，只需要修改相關的 BF 值即可。

(6) 第 41 ～ 63 行，說明新節點 e 大於 T 的根節點的值，在 T 的右子樹搜尋。程式與之前類似，不再詳述。

對這段程式來說，我們只在需要建置平衡二元樹的時候執行如下列程式，即可在記憶體中產生一棵與下圖相同的平衡的二元樹。

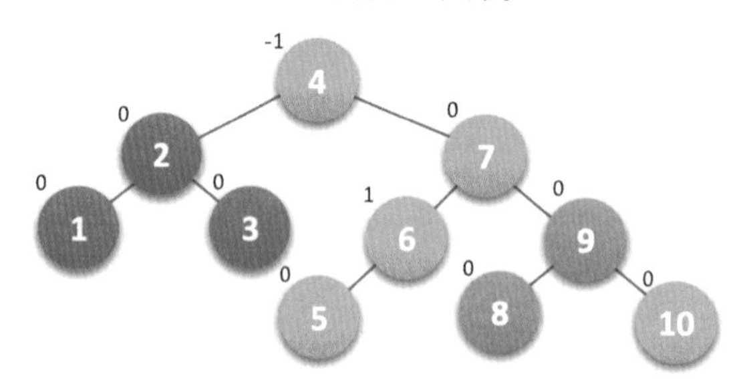

```
int i;
int a[10]={3,2,1,4,5,6,7,10,9,8};
BiTree T=NULL;
Status taller;
for (i=0;i<10;i++)
{
    InsertAVL(&T,a[i],&taller);
}
```

不容易，終於講完了，本演算法程式很長，是有些複雜，程式設計中容易在很多細節上出錯，要想真正掌握它，需要同學們自己多練習。不過其思維還是不難了解的，總之就是把不平衡消滅在最早時刻。

如果我們需要搜尋的集合本身沒有順序，在頻繁搜尋的同時也需要經常的插入和刪除操作，顯然我們需要建置一棵二元排序樹，但是不平衡的二元排序樹，搜尋效率是非常低的，因此我們需要在建置時，就讓這棵二元排序樹是平衡二元樹，此時我們的搜尋時間複雜度就為 $O(\log n)$，而插入和刪除也為 $O(\log n)$。這顯然是比較理想的一種動態搜尋表演算法[4]。

8.8 多路搜尋樹（二元樹）

出版人何飛鵬在《自慢》書中曾經有這樣的文字：「要觀察一個公司是否嚴謹，看他們如何開會就知道了。如果開會時每一個人都只是帶一張嘴，即興發言，這一定是一家不嚴謹的公司，因為一定每一個人都只是用直覺與反射神經在互相應對，不可能有深度的思考與規劃……，語言是溝通的工具，文字是記錄存證的工具，而文字化的過程，又可以讓思考徹底沉澱，善於使用文字的人，通常是深沉而嚴謹的。」顯然，這是一個很好了解的觀點，但許多人都難以做到它。

4 本節未對平衡二元樹的刪除結點進行說明，二元排序樹還有另外的平衡演算法，如紅黑樹（Red Black Tree）等，與平衡二元樹（AVL 樹）相比各有優勢。

要是我們把開會比作記憶體中的資料處理的話，那麼寫下來同時常閱讀它就是記憶體資料對外部儲存磁碟上的存取操作了。

記憶體一般都是由矽製的儲存晶片組成，這種技術的每一個儲存單位代價都要比磁儲存技術昂貴兩個數量級，因此以磁碟技術為基礎的外部儲存，容量比記憶體的容量至少大兩個數量級。這也就是目前 PC 通常記憶體幾個 GB 而已、而硬碟卻可以成百上千 GB 容量的原因。

我們前面討論過的資料結構，處理資料都是在記憶體中，因此考慮的都是記憶體中的運算時間複雜度。

但如若我們要操作的資料集非常大，大到記憶體已經沒辦法處理了怎麼辦呢？如資料庫中的上千萬筆記錄的資料表、硬碟中的上萬個檔案等。在這種情況下，對資料的處理需要不斷從硬碟等存放裝置中調入或呼叫出記憶體分頁面。

一旦有關到這樣的外部存放裝置，關於時間複雜度的計算就會發生變化，存取該集合元素的時間已經不僅是尋找該元素所需比較次數的函數，我們必須考慮對硬碟等外部存放裝置的存取時間以及將對該裝置做出多少次單獨存取。

試想一下，為了要在一個擁有幾十萬個檔案的磁碟中搜尋一個文字檔，你設計的演算法需要讀取磁碟上萬次還是讀取幾十次，這是有本質差異的。此時，為了降低對外部儲存裝置的存取次數，我們就需要新的資料結構來處理這樣的問題。

我們之前談的樹，都是一個節點可以有多個孩子，但是它本身只儲存一個元素。二元樹限制更多，節點最多只能有兩個孩子。

一個節點只能儲存一個元素，在元素非常多的時候，就使得不是樹的度非常大（節點擁有子樹的個數的最大值），就是樹的高度非常大，甚至兩者都必須足夠大才行。這就使得記憶體存取外部儲存次數非常多，這顯然成了時間效率上的瓶頸，這迫使我們要打破每一個節點只儲存一個元素的限制，為此引用了多路搜尋樹的概念。

多路搜尋樹（muitl-way search tree），其每一個節點的孩子數可以多於兩個，且每一個節點處可以儲存多個元素。由於它是搜尋樹，所有元素之間存在某種特定的排序關係。

在這裡，每一個節點可以儲存多少個元素，以及它的孩子數的多少是十分重要的。為此，我們說明它的 4 種特殊形式：2-3 樹、2-3-4 樹、二元樹和 B+ 樹。

8.8.1 2-3 樹

說到二三，我就會想起兒時的童謠，「一去二三裡，煙村四五家。亭台六七座，八九十支花。」2 和 3 是最基本的阿拉伯數字，用它們來命名一種樹結構，顯然是說明這種結構與數字 2 和 3 有密切關係。

2-3 樹是這樣的一棵多路搜尋樹：其中的每一個節點都具有兩個孩子（我們稱它為 2 節點）或三個孩子（我們稱它為 3 節點）。

一個 2 節點包含一個元素和兩個孩子（或沒有孩子），且與二元排序樹類似，左子樹包含的元素小於該元素，右子樹包含的元素大於該元素。不過，與二元排序樹不同的是，這個 2 節點要麼沒有孩子，要有就有兩個，不能只有一個孩子。

一個 3 節點包含一小一大兩個元素和三個孩子（或沒有孩子），一個 3 節點不是沒有孩子，就是具有 3 個孩子。如果某個 3 節點有孩子的話，左子樹包含小於較小元素的元素，右子樹包含大於較大元素的元素，中間子樹包含介於兩元素之間的元素。

並且 2-3 樹中所有的葉子都在同一層次上。如下圖所示，就是一棵有效的 2-3 樹。

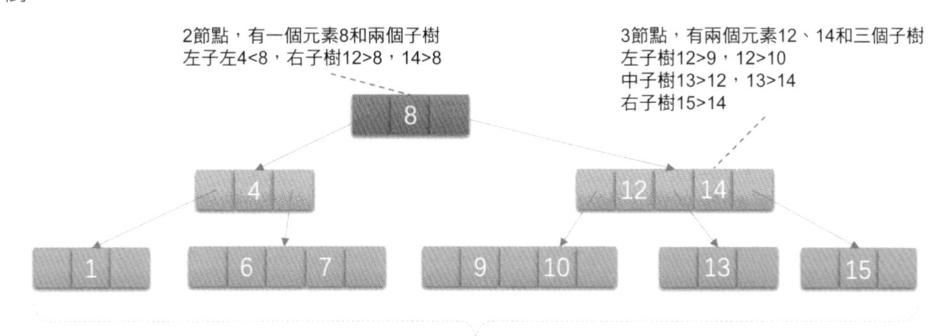

事實上，2-3 樹複雜的地方就在於新節點的插入和已有節點的刪除。畢竟，每個節點可能是 2 節點也可能是 3 節點，要保障所有葉子都在同一層次，是需要進行一番複雜操作的。

▦ 2-3 樹的插入實現

對 2-3 樹的插入來說，與二元排序樹相同，插入操作一定是發生在葉子節點上。與二元排序樹不同的是，2-3 樹插入一個元素的過程有可能會對該樹的其餘結構產生連鎖反應。

2-3 樹插入可分為三種情況。

(1) 對於空樹，插入一個 2 節點即可，這很容易了解。

(2) 插入節點到一個 2 節點的葉子上。應該說，由於其本身就只有一個元素，所以只需要將其升級為 3 節點即可。如下圖所示[5]。我們希望從左圖的 2-3 樹中插入元素 3，根據檢查可知，3 比 8 小、比 4 小，於是就只能考慮插入到葉子節點 1 所在的位置，因此很自然的想法就是將此節點變成一個 3 節點，即右圖這樣完成插入操作。當然，要視插入的元素與目前葉子節點的元素比較大小後，決定誰在左誰在右。舉例來說，若插入的是 0，則此節點就是 "0" 在左 "1" 在右了。

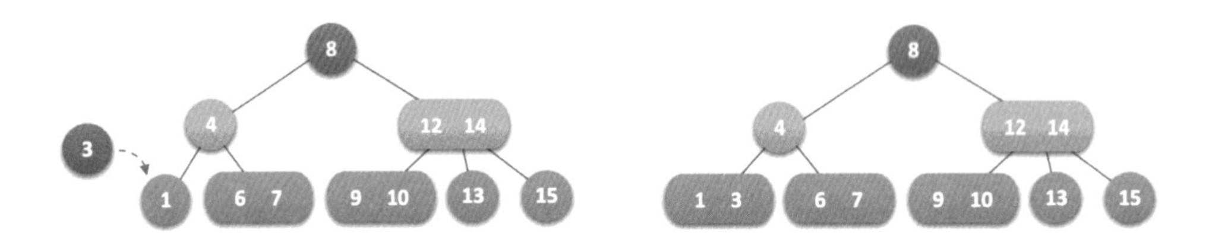

(3) 要往 3 節點中插入一個新元素。因為 3 節點本身已經是 2-3 樹的節點最大容量（已經有兩個元素），因此就需要將其拆分，且將樹中兩元素或插入元素的三者中選擇其一向上移動一層。複雜的情況也正在於此。

第一種情況，見下圖，需要向左圖中插入元素 5。經過檢查可獲得元素 5 比 8 小比 4 大，因此它應該是需要插入在擁有 6、7 元素的 3 節點位置。問題就在於，6 和 7 節點已經是 3 節點，不能再加。此時發現它的雙親節點 4 是個 2 節點，因此考慮讓它升級為 3 節點，這樣它就得有三個孩子，於是就想到，將 6、7 節點拆分，讓 6 與 4 結成 3 節點，將 5 成為它的中間孩子，將 7 成為它的右孩子，如下圖右圖所示。

5　為了對樹結構更清晰的表達，將 2-3 圖第一圖的結點用簡化形式表示。

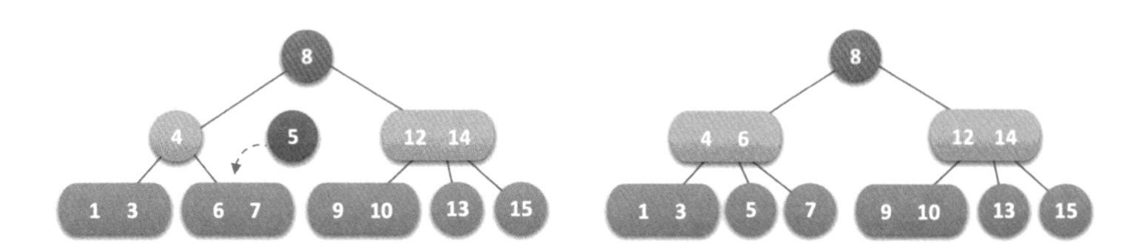

另一種情況，如下圖所示，需要在左圖中插入元素 11。經過檢查可獲得元素 11 比 12、14 小比 9、10 大，因此它應該是需要插入在擁有 9、10 元素的 3 節點位置。同樣道理，9 和 10 節點不能再增加節點。此時發現它的雙親節點 12、14 也是一個 3 節點，也不能再插入元素了。再往上看，12、14 節點的雙親，節點 8 是個 2 節點。於是就想到，將 9、10 拆分，12、14 也拆分，讓根節點 8 升級為 3 節點，最後形成如下圖的右圖樣子。

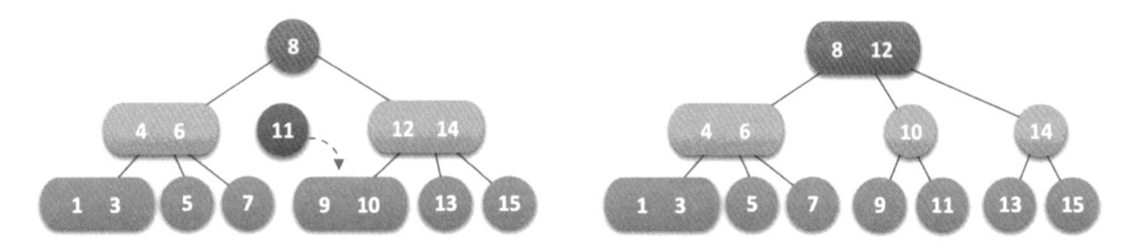

再來看個實例，如下圖所示，需要在左圖中插入元素 2。經過檢查可獲得元素 2 比 4 小、6 比 1 大，因此它應該是需要插入在擁有 1、3 元素的 3 節點位置。與上例一樣，你會發現，1、3 節點，4、6 節點都是 3 節點，都不能再插入元素了，再往上看，8、12 節點還是一個 3 節點，那就表示，目前我們的樹結構是三層已經不能滿足目前節點增加的需要了。於是將 1、3 拆分，4、6 拆分，連根節點 8、12 也拆分，最後形成如下圖的右圖樣子。

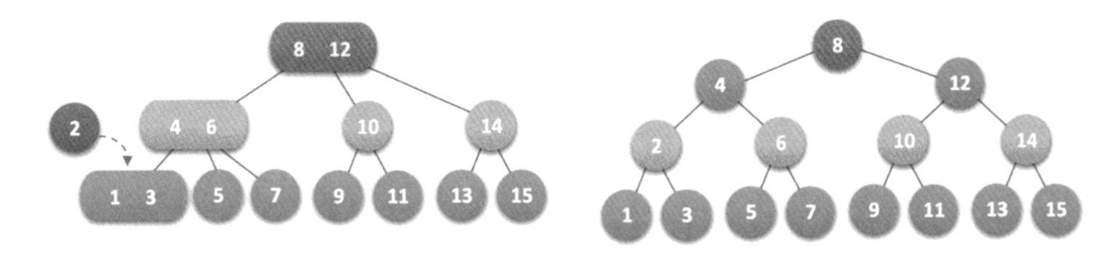

透過這個實例，也讓我們發現，如果 2-3 樹插入的傳播效應導致了根節點的拆分，則樹的高度就會增加。

▦ 2-3 樹的刪除實現

對 2-3 樹的刪除來說，如果對前面插入的了解足夠合格的話，應該不是難事了。2-3 樹的刪除也分為三種情況。與插入相反，我們從 3 節點開始說起。

(1) 所刪除元素位於一個 3 節點的葉子節點上，這非常簡單，只需要在該節點處刪除該元素即可，不會影響到整棵樹的其他節點結構。如下圖所示，刪除元素 9，只需要將此節點改成只有元素 10 的 2 節點即可。

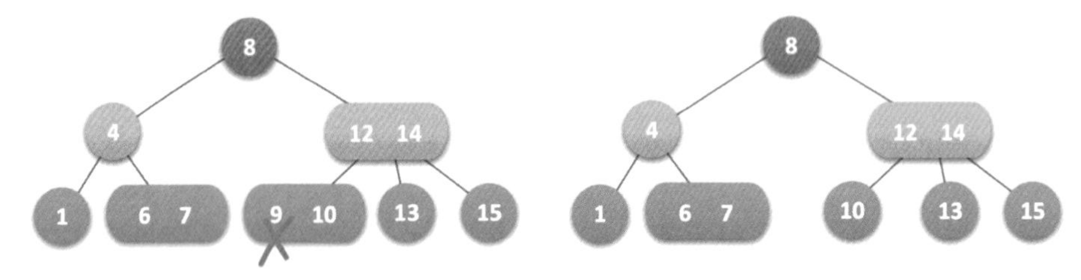

(2) 所刪除的元素位於一個 2 節點上，即要刪除的是一個只有一個元素的節點。如果按照以前樹的了解，刪除即可，可現在的 2-3 樹的定義告訴我們這樣做是不可以的。例如下圖所示，如果我們刪除了節點 1，那麼節點 4 本來是一個 2 節點（它擁有兩個孩子），此時它就不滿足定義了。

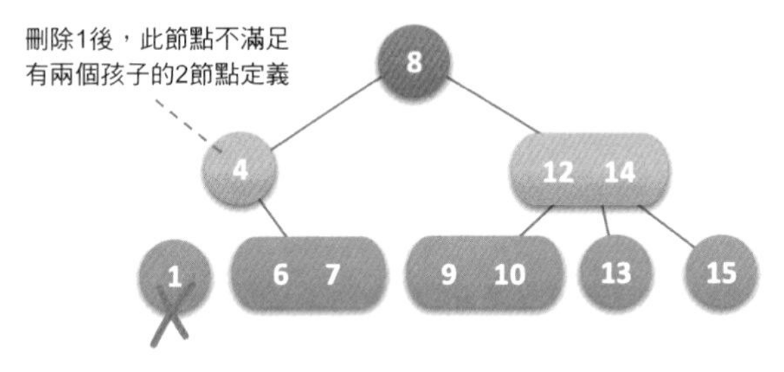

因此，對於刪除葉子是 2 節點的情況，我們需要分四種情形來處理。

情形一，此節點的雙親也是 2 節點，且擁有一個 3 節點的右孩子。如下圖所示，刪除節點 1，那麼只需要左旋，即 6 成為雙親，4 成為 6 的左孩子，7 是 6 的右孩子。

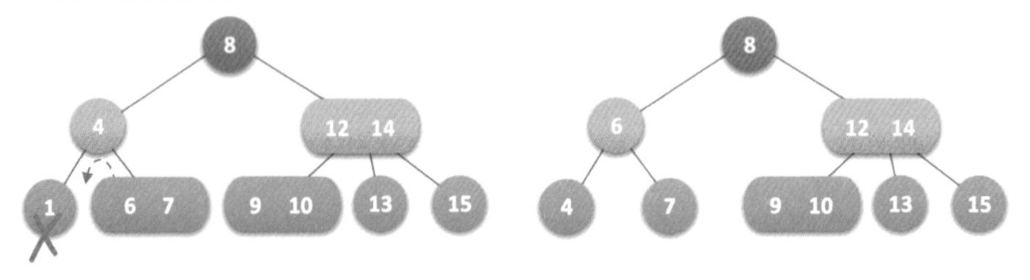

情形二，此節點的雙親是 2 節點，它的右孩子也是 2 節點。如下圖所示，此時刪除節點 4，如果直接左旋會造成沒有右孩子，因此需要對整棵樹變形，辦法就是，我們目標是讓節點 7 變成 3 節點，那就得讓比 7 稍大的元素 8 下來，隨即就得讓比元素 8 稍大的元素 9 補充節點 8 的位置，於是就有了下圖的中間圖，於是再用左旋的方式，變成右圖結果。

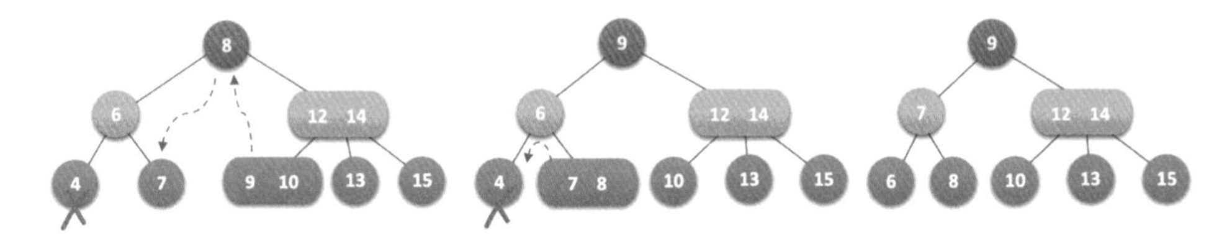

情形三，此節點的雙親是一個 3 節點。如下圖所示，此時刪除節點 10，表示雙親 12、14 這個節點不能成為 3 節點了，於是將此節點拆分，並將 12 與 13 合併成為左孩子。

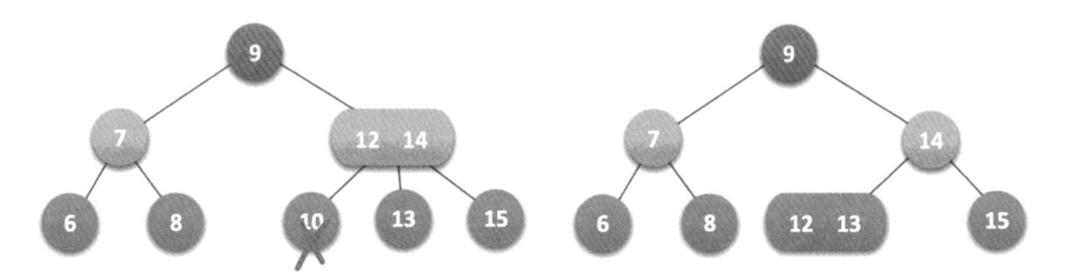

情形四，如果目前樹是一個滿二元樹的情況，此時刪除任何一個葉子都會使得整棵樹不能滿足 2-3 樹的定義。如下圖所示，刪除葉子節點 8 時（其實刪除任何一個節點都一樣），就不得不考慮要將 2-3 的層數減少，辦法是將 8 的雙親和其左子樹 6 合併為一 3 個節點，再將 14 與 9 合併為 3 節點，最後成為右圖的樣子。

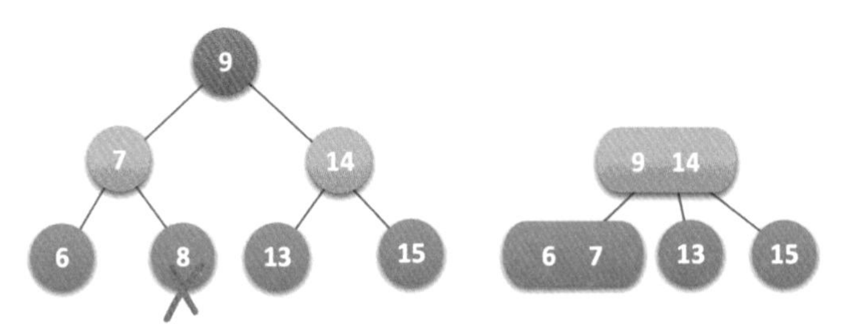

(3) 所刪除的元素位於非葉子的分支節點。此時我們通常是將樹按中序檢查後獲得此元素的前驅或後繼元素，考慮讓它們來補位即可。

如果我們要刪除的分支節點是 2 節點。如下圖所示我們要刪除 4 節點，分析後獲得它的前驅是 1 後繼是 6，顯然，由於 6、7 是 3 節點，只需要用 6 來補位即可，如下圖右圖所示。

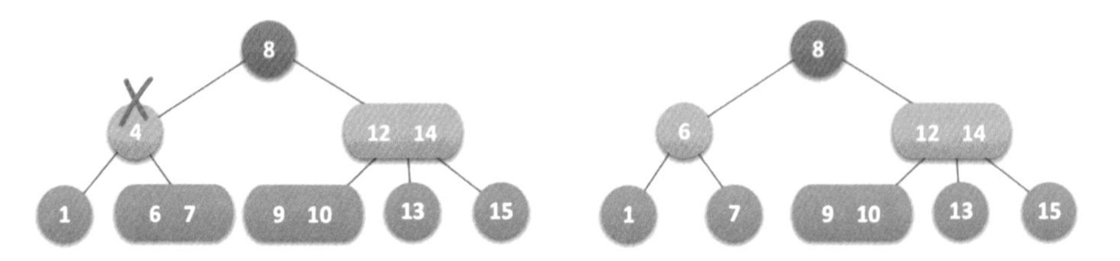

如果我們要刪除的分支節點是 3 節點的某一元素，如下圖所示我們要刪除 12、14 節點的 12，此時，經過分析，顯然應該是將是 3 節點的左孩子的 10 上升到刪除位置合適。

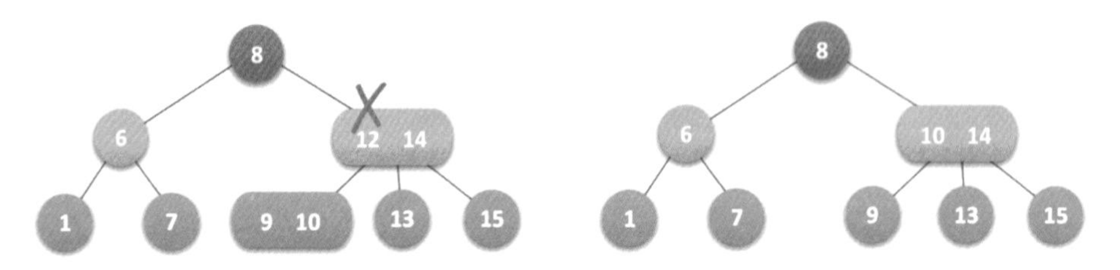

當然，如果對 2-3 樹的插入和刪除等所有的情況說明，既佔篇幅，又沒必要，整體來說它是有規律的，需要你們在上面的這些實例中多去體會後掌握。

8.8.2 2-3-4 樹

有了 2-3 樹的說明，2-3-4 樹就很好了解了，它其實就是 2-3 樹的概念擴充，包含了 4 節點的使用。一個 4 節點包含小中大三個元素和四個孩子（或沒有孩子），一個 4 節點不是沒有孩子，就是具有 4 個孩子。如果某個 4 節點有孩子的話，左子樹包含小於最小元素的元素；第二子樹包含大於最小元素，小於第二元素的元素；第三子樹包含大於第二元素，小於最大元素的元素；右子樹包含大於最大元素的元素。

由於 2-3-4 樹和 2-3 樹是類似的，我們這裡就簡單介紹一下，如果我們建置一個陣列為 {7,1,2,5,6,9,8,4,3} 的 2-3-4 樹的過程，如下圖所示。圖 1 是在分別插入 7、1、2 時的結果圖，因為 3 個元素滿足 2-3-4 樹的單一 4 節點定義，因此此時不需要拆分，接著插入元素 5，因為已經超過了 4 節點的定義，因此拆分為圖 2 的形狀。之後的圖其實就是在元素不斷插入時最後形成了圖 7 的 2-3-4 樹。

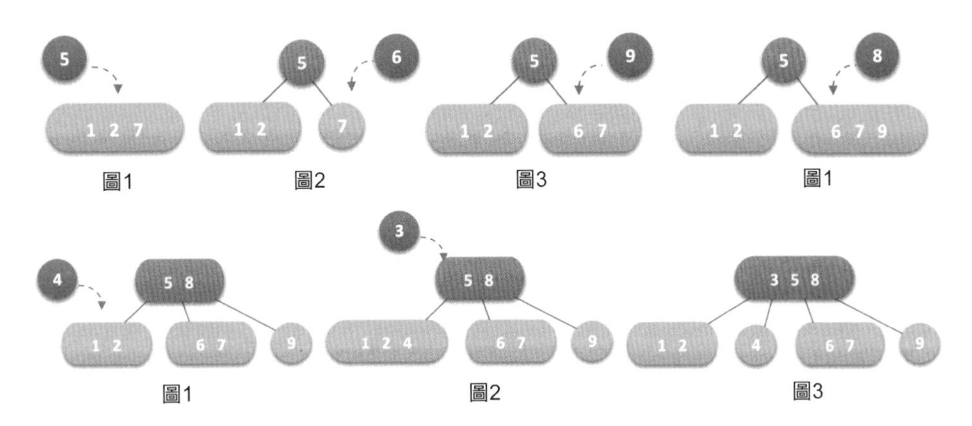

下圖是對一個 2-3-4 樹的刪除節點的演變過程，刪除順序是 1、6、3、4、5、2、9。

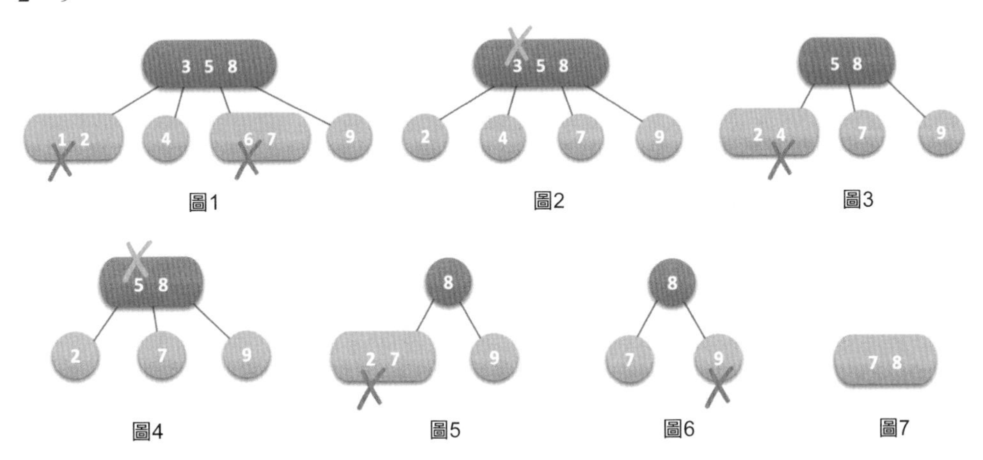

8.8.3 二元樹

我們本節名稱叫二元樹，但到了現在才開始提到它，似乎這主角出來的實在太晚了，可其實，我們前面一直都在講二元樹。

二元樹（B-tree）是一種平衡的多路搜尋樹，2-3 樹和 2-3-4 樹都是二元樹的特例。**節點最大的孩子數目稱為二元樹的階（order）**，因此，2-3 樹是 3 階二元樹，2-3-4 樹是 4 階二元樹。

一個 m 階的二元樹具有以下屬性：

- 如果根節點不是葉節點，則其至少有兩棵子樹。
- 每一個非根的分支節點都有 k-1 個元素和 k 個孩子，其中 $\lceil m/2 \rceil \leqslant k \leqslant m$。[6] 每一個葉子節點 n 都有 k-1 個元素，其中 $\lceil m/2 \rceil \leqslant k \leqslant m$。
- 所有葉子節點都位於同一層次。
- 所有分支節點包含下列資訊資料（$n,A_0,K_1,A_1,K_2,A_2,\cdots,K_n,A_n$），其中：$K_i$（$i$=1,2,⋯,$n$）為關鍵字，且 $K_i<K_{i+1}$（i=1,2,⋯,n-1）；A_i（i=0,2,⋯,n）為指向子樹根節點的指標，且指標 A_{i-1} 所指子樹中所有節點的關鍵字均小於 K_i（i=1,2,⋯,n），A_n 所指子樹中所有節點的關鍵字均大於 K_n，n（$\lceil m/2 \rceil$-1 $\leqslant n \leqslant m$-1）為關鍵字的個數（或 n+1 為子樹的個數）。

舉例來說，在講 2-3-4 樹時插入 9 個數後的圖轉成二元樹示意就如下圖的右圖所示。左側灰色方塊表示目前節點的元素個數。

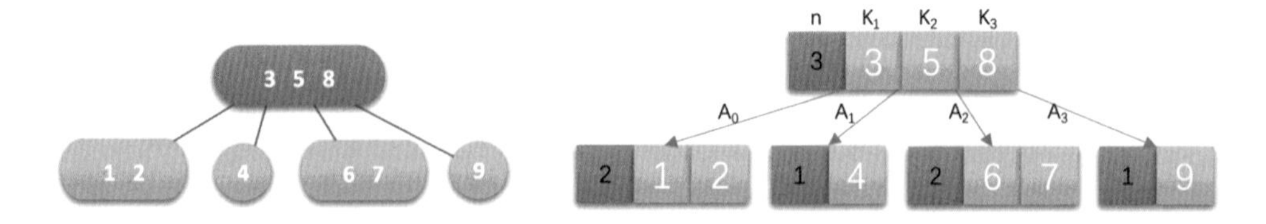

在二元樹上搜尋的過程是一個順指標搜尋節點和在節點中搜尋關鍵字的交換過程。

比方說，我們要搜尋數字 7，首先從外部儲存（例如硬碟中）讀取得到根節點 3、5、8 三個元素，發現 7 不在當中，但在 5 和 8 之間，因此就透過 A_2 再讀取外部儲存的 6、7 節點，搜尋到所要的元素。

至於二元樹的插入和刪除，方式是與 2-3 樹和 2-3-4 樹相類似的，只不過階數可能會很大而已。

6　"$\lceil m/2 \rceil$" 表示不小於 m/2 的最小整數。

我們在本節的開頭提到，如果記憶體與外部儲存交換資料次數頻繁，會造成了時間效率上的瓶頸，那麼二元樹結構怎麼就可以做到減少次數呢？

我們的外部儲存，例如硬碟，是將所有的資訊分割成相等大小的頁面，每次硬碟讀寫的都是一個或多個完整的頁面，對一個硬碟來説，一頁的長度可能是 211 到 214 個位元組。

在一個典型的二元樹應用中，要處理的硬碟資料量很大，因此無法一次全部載入記憶體。因此我們會對二元樹進行調整，使得二元樹的階數（或節點的元素）與硬碟儲存的頁面大小相比對。比如説一棵二元樹的階為 1001（即 1 個節點包含 1000 個關鍵字），高度為 2，它可以儲存超過 10 億個關鍵字，我們只要讓根節點持久地保留在記憶體中，那麼在這棵樹上，尋找某一個關鍵字至多需要兩次硬碟的讀取即可。這有如我們普通人數錢都是一張一張的數，而銀行職員數錢則是五張、十張，甚至幾十張一數，速度當然是比常人快了不少。

透過這種方式，在有限記憶體的情況下，每一次磁碟的存取我們都可以獲得最大數量的資料。由於二元樹每節點可以具有比二元樹多得多的元素，所以與二元樹的操作不同，它們減少了必須存取節點和資料區塊的數量，進一步加強了效能。可以説，二元樹的資料結構就是為內外部儲存的資料互動準備的。

那麼對於 n 個關鍵字的 m 階二元樹，最壞情況是要搜尋幾次呢？我們來作一分析。

第一層至少有 1 個節點，第二層至少有 2 個節點，由於除根節點外每個分支節點至少有 $\lceil m/2 \rceil$ 棵子樹，則第三層至少有 $2\times\lceil m/2 \rceil$ 個節點，……，這樣第 k+1 層至少有 $2\times(\lceil m/2 \rceil)^{k-1}$ 個節點，而實際上，k+1 層的節點就是葉子節點。若 m 階二元樹有 n 個關鍵字，那麼當你找到了葉子節點，其實也就等於搜尋不成功的節點為 n+1，因此 $n+1 \geqslant 2\times(m/2)^{k-1}$，即：

$$k \le \log_{\lceil \frac{m}{2} \rceil}\left(\frac{n+1}{2}\right)+1$$

也就是説，在含有 n 個關鍵字的二元樹上搜尋時，從根節點到關鍵字節點的路徑上有關的節點數不超過 $\log_{\lceil \frac{m}{2} \rceil}\left(\frac{n+1}{2}\right)+1$ 。

8.8.4 B + 樹

儘管前面我們已經講了二元樹的諸多好處，但其實它還是有缺陷的。對樹結構來說，我們都可以透過中序檢查來循序搜尋樹中的元素，這一切都是在記憶體中進行。

可是在二元樹結構中，我們往返於每個節點之間也就表示，我們必須得在硬碟的頁面之間進行多次存取，如下圖所示，我們希望檢查這棵二元樹，假設每個節點都屬於硬碟的不同頁面，我們為了中序檢查所有的元素，頁面 2 →頁面 1 →頁面 3 →頁面 1 →頁面 4 →頁面 1 →頁面 5。而且我們每次經過節點檢查時，都會對節點中的元素進行一次檢查，這就非常糟糕。有沒有可能讓檢查時每個元素只存取一次呢？

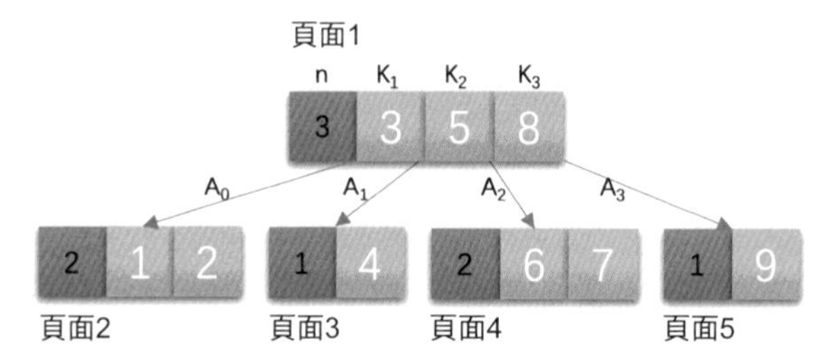

為了說明這個解決的辦法，我舉個實例。一個優秀的企業儘管可能有非常成熟的樹狀組織結構，但是這並不表示員工也很滿意，恰恰相反，由於企業管理更多考慮的是企業的利益，這就容易忽略員工的各種訴求，有著管理者與員工之間的矛盾。正因為此，工會就產生了，工會原意是指基於共同利益而自發組織的社會團體。這個共同利益團體諸如為同一雇主工作的員工，在某一產業領域的個人。工會組織成立的主要作用，可以與雇主談判薪水、工作時限和工作條件等。這樣，其實在整個企業的運轉過程中，除了正規的層級管理外，還有一個代表員工的團隊在發揮另外的作用。

同樣的，為了能夠解決所有元素檢查等基本問題，我們在原有的二元樹結構基礎上，加上了新的元素組織方式，這就是 B + 樹。

B+ 樹是應檔案系統所需而出的一種二元樹的變形樹，注意嚴格意義上講，它其實已經不是第六章定義的樹了。在二元樹中，每一個元素在該樹中只出現一次，有可能在葉子節點上，也有可能在分支節點上。而在 B + 樹中，出現在分支節點中的元素會被當作它們在該分支節點位置的中序後繼者（葉子節點）中再次列出。另外，每一個葉子節點都會儲存一個指向後一葉子節點的指標。

例如下圖所示，就是一棵 B+ 樹的示意，紅色關鍵字即是根節點中的關鍵字在葉子節點再次列出，並且所有葉子節點都連結在一起。

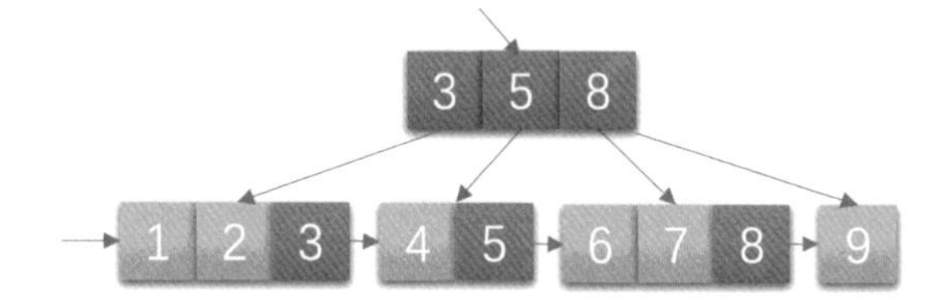

一棵 m 階的 B+ 樹和 m 階的二元樹的差異在於：

- 有 n 棵子樹的節點中包含有 n 個關鍵字；
- 所有的葉子節點包含全部關鍵字的資訊，及指向含這些關鍵字記錄的指標，葉子節點本身依關鍵字的大小自小而大順序連結；
- 所有分支節點可以看成是索引，節點中僅含有其子樹中的最大（或最小）關鍵字。

這樣的資料結構最大的好處就在於，如果是要隨機搜尋，我們就從根節點出發，與二元樹的搜尋方式相同，只不過即使在分支節點找到了待搜尋的關鍵字，它也只是用來索引的，不能提供實際記錄的存取，還是需要到達包含此關鍵字的終端節點。

如果我們是需要從最小關鍵字進行從小到大的循序搜尋，我們就可以從最左側的葉子節點出發，不經過分支節點，而是延著指向下一葉子的指標就可檢查所有的關鍵字。

B+ 樹的結構特別適合帶有範圍的搜尋。例如搜尋我們學校 18 ～ 22 歲的學生人數，我們可以透過從根節點出發找到第一個 18 歲的學生，然後再在葉子節點按循序搜尋到符合範圍的所有記錄。

B+ 樹的插入、刪除過程也都與二元樹類似，只不過插入和刪除的元素都是在葉子節點上進行而已。

註：搜尋的二元樹搜尋相關程式請參看程式目錄下「/ 第 8 章搜尋 / 04 二元樹 _BTree.c」。

8.9 雜湊表搜尋（雜湊表）概述

在本章前面的循序串列搜尋時，我們曾經說過，如果你要搜尋某個關鍵字的記錄，就是從頭部開始，逐一的比較記錄 a[*i*] 與 key 的值是 "=" 還是 " ≠ "，直到有相等才算是搜尋成功，傳回 *i*。到了有序串列搜尋時，我們可以利用 a[*i*] 與 key 的 "<" 或 ">" 來折半搜尋，直到相等時搜尋成功傳回 *i*。最後我們的目的都是為了找到那個 i，其實也就是相對的索引，再透過循序儲存的儲存位置計算方法，$LOC(a_i)=LOC(a_1)+(i-1)\times c$，也就是透過第一個元素記憶體儲存位置加上 *i*−1 個單元位置，獲得最後的記憶體位址。

此時我們發現，為了搜尋到結果，之前的方法「比較」都是不可避免的，但這是否真的有必要？是否可直接透過關鍵字 key 獲得要搜尋的記錄記憶體儲存位置呢？

8.9.1 雜湊表搜尋定義

試想這樣的場景，你很想學太極拳，聽說學校有個叫張三豐的人打得特別好，於是你到學校學生處找人，學生處的工作人員可能會拿出學生名單，一個一個的搜尋，最後告訴你，學校沒這個人，並說張三豐幾百年前就已經在武當山作古了。可如果你找對了人，例如在操場上找那些愛運動的同學，人家會告訴你，「哦，你找張三豐呀，有有有，我帶你去。」於是他把你帶到了體育館內，並告訴你，那個教大家打太極的同學就是「張三豐」，原來「張三豐」是因為他太極拳打得好而獲得的外號。

學生處的老師找張三豐，那就是循序串列搜尋，依賴的是姓名關鍵字的比較。而透過愛好運動的同學詢問時，沒有檢查，沒有比較，就憑他們「欲找太極'張三豐'，必在體育館當中」的經驗，直接告訴你位置。

也就是說，我們只需要透過某個函數 f，使得

> 儲存位置 = f（關鍵字）

那樣我們可以透過搜尋關鍵字不需要比較就可獲得需要的記錄的儲存位置。這就是一種新的儲存技術——雜湊技術。

雜湊技術是在記錄的儲存位置和它的關鍵字之間建立一個確定的對應關係 f，使得每個關鍵字 key 對應一個儲存位置 f（key）。搜尋時，根據這個確定的對應關係找到指定值 key 的對映 f（key），若搜尋集合中存在這個記錄，則必定在 f（key）的位置上。

這裡我們把這種**對應關係 f 稱為雜湊函數，又稱為哈希（Hash）函數。按這個思維，採用雜湊技術將記錄儲存在一塊連續的儲存空間中，這塊連續儲存空間稱為雜湊表或哈希表（Hash table）**。那麼關鍵字對應的記錄儲存位置我們稱為雜湊位址。

8.9.2 散清單搜尋步驟

整個雜湊過程其實就是兩步驟。

（1）在儲存時，透過雜湊函數計算記錄的雜湊位址，並按此雜湊位址儲存該記錄。就像張三豐我們就讓他在體育館，那如果是「愛因斯坦」我們讓他在圖書館，如果是「居里夫人」，那就讓她在化學實驗室，如果是「巴頓將軍」，這個打仗的將軍——我們可以讓他到網咖。總之，不管什麼記錄，我們都需要用同一個雜湊函數計算出位址再儲存。

編號	姓名	地址
1	張三豐	體育館
2	愛因斯坦	圖書館
3	居里夫人	化學實驗室
4	巴頓	網咖

雜湊函數 →

雜湊表：張三豐、愛因斯坦、居里夫人、巴頓

（2）當搜尋記錄時，我們透過同樣的雜湊函數計算記錄的雜湊位址，按此雜湊位址存取該記錄。說起來很簡單，在哪存的，上哪去找，由於存取用的是同一個雜湊函數，因此結果當然也是相同的。

所以說，**雜湊技術既是一種儲存方法，也是一種搜尋方法**。然而它與線性串列、樹、圖等結構不同的是，前面幾種結構，資料元素之間都存在某種邏輯關係，可以用連線圖示表示出來，而雜湊技術的記錄之間不存在什麼邏輯關係，它只與關鍵字有連結。因此，雜湊主要是針對搜尋的儲存結構。

雜湊技術最適合的求解問題是搜尋與指定值相等的記錄。對搜尋來說，簡化了比較過程，效率就會大幅加強。但萬事有利就有弊，雜湊技術不具備很多正常資料結構的能力。

例如那種同樣的關鍵字，它能對應很多記錄的情況，卻不適合用雜湊技術。一個班級幾十個學生，他們的性別有男有女，你用關鍵字「男」去搜尋，對應的有許多學生的記錄，這顯然是不合適的。只有如用班級學生的學號或身份證字號來雜湊儲存，此時一個號碼唯一對應一個學生才比較合適。

同樣雜湊表也不適合範圍搜尋，例如搜尋一個班級 18 ～ 22 歲的同學，在雜湊表中無法進行。想獲得表中記錄的排序也不可能，像最大值、最小值等結果也都無法從雜湊表中計算出來。

我們說了這麼多，雜湊函數應該如何設計？這個我們需要重點來說明，總之設計一個簡單、均勻、儲存使用率高的雜湊函數是雜湊技術中最關鍵的問題。

另一個問題是衝突。在理想的情況下，每一個關鍵字，透過雜湊函數計算出來的位址都是不一樣的，可現實中，這只是一個理想。我們時常會碰到**兩個關鍵字 $key_1 \neq key_2$，但是卻有 $f(key_1) = f(key_2)$，這種現象我們稱為衝突（collision），並把 key_1 和 key_2 稱為這個雜湊函數的同義字（synonym）**。出現了衝突當然非常糟糕，那將造成資料搜尋錯誤。儘管我們可以透過精心設計的雜湊函數讓衝突盡可能的少，但是不能完全避免。於是如何處理衝突就成了一個很重要的課題，我們後面會詳細說明。

8.10 雜湊函數的建構方法

不管做什麼事要達到最佳都不容易，既要付出盡可能的少，又要獲得最大化的多。那麼什麼才算是**好的雜湊函數**呢？這裡我們有兩個原則可以參考。

1. 計算簡單

你說設計一個演算法可以確保所有的關鍵字都不會產生衝突，但是這個演算法需要很複雜的計算，會耗費很多時間，這對需要頻繁地搜尋來說，就會大幅降低搜尋的效率了。因此雜湊函數的計算時間不應該超過其他搜尋技術與關鍵字比較的時間。

2. 雜湊位址分佈均勻

我們剛才也提到衝突帶來的問題，最好的辦法就是儘量讓雜湊位址均勻地分佈在儲存空間中，這樣可以確保儲存空間的有效利用，並減少為處理衝突而耗費的時間。

接下來我們就要介紹幾種常用的雜湊函數建構方法。估計設計這些方法的前輩們當年可能是從事間諜工作，因為這些方法都是將原來數字按某種規律變成另一個數字而已。

8.10.1 直接定址法

如果我們現在要對 0 ～ 100 歲的人口數字統計表，如下表所示，那麼我們對年齡這個關鍵字就可以直接用年齡的數字作為位址。此時 f（key）=key。

位址	年齡	人數
00	0	500 萬
01	1	600 萬
02	2	450 萬
……	……	……
20	20	1500 萬
……	……	……

如果我們現在要統計的是 80 後出生年份的人口數，如下表所示，那麼我們對出生年份這個關鍵字可以用年份減去 1980 來作為位址。此時 f（key）=key−1980。

位址	出生年份	人數
00	1980	1500 萬
01	1981	1600 萬
02	1982	1300 萬
……	……	……
2000	2000	800 萬
……	……	……

也就是說，我們可以取關鍵字的某個線性函數值為雜湊位址，即

f（key）= a×key+b（a、b 為常數）

這樣的雜湊函數優點就是簡單、均勻，也不會產生衝突，但問題是這需要事先知道關鍵字的分佈情況，適合搜尋表較小且連續的情況。由於這樣的限制，在現實應用中，此方法雖然簡單，但卻並不常用。

8.10.2 數字分析法

如果我們的關鍵字是位數較多的數字，例如中國大陸的 11 位手機號 "130xxxx1234"，其中前三位是連線號，一般對應不同電信業者公司的子品牌，如 130 是聯通如意通、136 是移動神州行、153 是電信等；中間四位是 HLR 識別號，表示使用者號的歸屬地；後四位才是真正的使用者號，如右表所示。

130xxxx	1234
130xxxx	2345
138xxxx	4829
138xxxx	2396
138xxxx	8354
易重複分佈太集中某幾個數字	分佈均勻，可用作散列位址

若我們現在要儲存某家公司員工登記表，如果用手機號作為關鍵字，那麼極有可能前 7 位都是相同的。那麼我們選擇後面的四位成為雜湊位址就是不錯的選擇。如果這樣的取出工作還是容易出現衝突問題，還可以對取出出來的數字再進行反轉（如 1234 改成 4321）、右環位移（如 1234 改成 4123）、左環位移、甚至前兩數與後兩數疊加

（如 1234 改成 12+34=46）等方法。整體目的就是為了提供一個雜湊函數，能夠合理地將關鍵字分配到雜湊表的各位置。

這裡我們提到了一個關鍵字——取出。取出方法是使用關鍵字的一部分來計算雜湊儲存位置的方法，這在雜湊函數中是常常用到的方法。

數字分析法通常適合處理關鍵字位數比較大的情況，如果事先知道關鍵字的分佈且關鍵字的許多位分佈較均勻，就可以考慮用這個方法。

8.10.3 平方取中法

這個方法計算很簡單，假設關鍵字是 1234，那麼它的平方就是 1522756，再取出中間的 3 位就是 227，用做雜湊位址。再例如關鍵字是 4321，那麼它的平方就是 18671041，取出中間的 3 位就可以是 671，也可以是 710，用做雜湊位址。平方取中法比較適合於不知道關鍵字的分佈，而位數又不是很大的情況。

8.10.4 折疊法

折疊法是將關鍵字從左到右分割成位數相等的幾部分（注意最後一部分位數不夠時可以短些），然後將這幾部分疊加求和，並按雜湊表表長，取後幾位作為雜湊位址。

例如我們的關鍵字是 9876543210，雜湊表表長為三位，我們將它分為四組，987|654|321|0，然後將它們疊加求和 987+654+321+0=1962，再求後 3 位獲得雜湊位址為 962。

有時可能這還不能夠保障分佈均勻，不妨從一端向另一端來回折疊後對齊相加。例如我們將 987 和 321 反轉，再與 654 和 0 相加，變成 789+654+123+0=1566，此時雜湊位址為 566。

折疊法事先不需要知道關鍵字的分佈，適合關鍵字位數較多的情況。

8.10.5 除留餘數法

此方法為最常用的建置雜湊函數方法。對於散清單長為 m 的雜湊函數公式為：

$$f(\text{key}) = \text{key} \bmod p \ (p \leq m)$$

mod 是取模（求餘數）的意思。事實上，這方法不僅可以對關鍵字直接取模，也可在折疊、平方取中後再取模。

很顯然，本方法的關鍵就在於選擇合適的 *p*，*p* 如果選得不好，就可能會容易產生同義字。

例如下表，我們對於有 12 個記錄的關鍵字建置散清單時，就用了 *f*（key）=key mod 12 的方法。例如 29 mod 12 = 5，所以它儲存在索引為 5 的位置。

索引	0	1	2	3	4	5	6	7	8	9	10	11
關鍵字	12	25	38	15	16	29	78	67	56	21	22	47

不過這也是存在衝突的可能的，因為 12=2×6=3×4。如果關鍵字中有像 18（3×6）、30（5×6）、42（7×6）等數字，它們的餘數都為 6，這就和 78 所對應的索引位置衝突了。

甚至極端一些，對於下表的關鍵字，如果我們讓 *p* 為 12 的話，就可能出現下面的情況，所有的關鍵字都獲得了 0 這個位址數，這未免也太糟糕了點。

索引	0	0	0	0	0	0	0	0	0	0	0	0
關鍵字	12	24	36	48	60	72	84	96	108	120	132	144

我們不選用 *p*=12 來做除留餘數法，而選用 *p*=11，如下表所示。

索引	1	2	3	4	5	6	7	8	9	10	0	1
關鍵字	12	24	36	48	60	72	84	96	108	120	132	144

此就只有 12 和 144 有衝突，相對來說，就要好很多。

因此根據前輩們的經驗，若雜湊表表長為 *m*，通常 *p* 為小於或等於表長（最好接近 *m*）的最小質數或不包含小於 20 質因數的合數。

8.10.6 隨機數法

選擇一個隨機數，取關鍵字的隨機函數值為它的雜湊位址。也就是 f（key）=random（key）。這裡 random 是隨機函數。當關鍵字的長度不等時，採用這個方法建置雜湊函數是比較合適的。

有同學問，那如果關鍵字是字串如何處理？其實無論是英文字元，還是中文字元，也包含各種各樣的符號，它們都可以轉化為某種數字來對待，例如 ASCII 碼或 Unicode 碼等，因此也就可以使用上面的這些方法。

總之，現實中，應該視不同的情況採用不同的雜湊函數。我們只能列出一些考慮的因素來提供參考：

(1) 計算雜湊位址所需的時間。
(2) 關鍵字的長度。
(3) 雜湊表的大小。
(4) 關鍵字的分佈情況。
(5) 記錄搜尋的頻率。綜合這些因素，才能決策選擇哪種雜湊函數更合適。

8.11 處理雜湊衝突的方法

我們每個人都希望身體健康，雖然疾病能夠預防，但是不可避免，沒有任何人生下來到現在沒有生過一次病。

從剛才除留餘數法的實例也可以看出，我們設計得再好的雜湊函數也不可能完全避免衝突，這就像我們再健康也只能儘量預防疾病，但卻無法保障永遠不得病一樣，既然衝突不能避免，就要考慮如何處理它。

那麼當我們在使用雜湊函數後發現兩個關鍵字 $key_1 \neq key_2$，但是卻有 $f(key_1) = f(key_2)$，即有衝突時，怎麼辦呢？我們可以從生活中找尋想法。

試想一下，當你觀望很久很久，終於看上一間房打算要買了，正準備下訂金，人家告訴你，這房子已經被人買走了，你怎麼辦？

對呀，再找別的房子吧！這其實就是一種處理衝突的方法──開放定址法。

8.11.1 開放定址法

所謂的開放定址法就是一旦發生了衝突，就去尋找下一個空的雜湊位址，只要雜湊表足夠大，空的雜湊位址總能找到，並將記錄存入。

它的公式是：

$f_i(key)=(f(key)+d_i)$ MOD m $(d_i=1,2,3,\cdots\cdots,m-1)$

比如說，我們的關鍵字集合為 {12,67,56,16,25,37,22,29,15,47,48,34}，表長為 12。我們用雜湊函數 f（key）=key mod 12。

當計算前 5 個數 {12,67,56,16,25} 時，都是沒有衝突的雜湊位址，直接存入，如下表所示。

索引	0	1	2	3	4	5	6	7	8	9	10	11
關鍵字	12	25			16			67	56			

計算 key=37 時，發現 f（37）=1，此時就與 25 所在的位置衝突。於是我們應用上面的公式 f（37）=（f（37）+1）mod 12=2。於是將 37 存入索引為 2 的位置。這其實就是房子被人買了於是買下一間的作法，如下表所示。

索引	0	1	2	3	4	5	6	7	8	9	10	11
關鍵字	12	25	37		16			67	56		22	

接下來 22,29,15,47 都沒有衝突，正常的存入，如下表所示。

索引	0	1	2	3	4	5	6	7	8	9	10	11
關鍵字	12	25	37	15	16	29		67	56		22	47

到了 key=48，我們計算獲得 f（48）=0，與 12 所在的 0 位置衝突了，不要緊，我們 f（48）=（f（48）+1）mod 12=1，此時又與 25 所在的位置衝突。於是 f（48）=（f（48）+2）mod 12=2，還是衝突……一直到 f（48）=（f（48）+6）mod 12=6 時，才有空位，機不可失，趕快存入，如下表所示。

索引	0	1	2	3	4	5	6	7	8	9	10	11
關鍵字	12	25	37	15	16	29	48	67	56		22	47

我們把這種解決衝突的開放定址法稱為線性探測法。

從這個實例我們也看到，我們在解決衝突的時候，還會碰到如 48 和 37 這種本來都不是同義字卻需要爭奪一個位址的情況，我們稱這種現象為堆積。很顯然，堆積的出現，使得我們需要不斷處理衝突，無論是存入還是搜尋效率都會大幅降低。

考慮深一步，如果發生這樣的情況，當最後一個 key=34，f(key)=10，與 22 所在的位置衝突，可是 22 後面沒有空位置了，反而它的前面有一個空位置，儘管可以不斷地求餘數後獲得結果，但效率很差。因此我們可以改進 $d_i=1^2, -1^2, 2^2, -2^2, \cdots\cdots, q^2, -q^2$，（$q \leqslant m/2$），這樣就等於是可以雙向尋找到可能的空位置。對 34 來說，我們取 $d_i=-1$ 即可找到空位置了。另外增加平方運算的目的是為了不讓關鍵字都聚集在某一塊區域。我們稱這種方法為二次探測法。

$$f_i\,(key) = (f\,(key) + d_i)\ \text{MOD}\ m\ (d_i=1^2, -1^2, 2^2, -2^2, \cdots, q^2, -q^2, q \leqslant m/2)$$

還有一種方法是，在衝突時，對於位移量 d_i 採用隨機函數計算獲得，我們稱之為**隨機探測法**。

此時一定有人問，既然是隨機，那麼搜尋的時候不也隨機產生 d_i 嗎？如何可以獲得相同的位址呢？這是個問題。這裡的隨機其實是虛擬亂數。虛擬亂數是說，如果我們設定隨機種子相同，則不斷呼叫隨機函數可以產生不會重複的數列，我們在搜尋時，用同樣的隨機種子，它每次獲得的數列是相同的，相同的 d_i 當然可以獲得相同的雜湊位址。

嗯？隨機種子又不知道？罷了罷了，不懂的還是去查閱資料，我不能在課上沒完沒了的介紹這些基礎知識呀。

$$f_i\,(key) = (f\,(key) + d_i)\ \text{MOD}\ m\ (d_i \text{ 是一個隨機數列})$$

總之，開放定址法只要在雜湊表未填滿時，總是能找到不發生衝突的位址，是我們常用的解決衝突的辦法。

8.11.2 再雜湊函數法

我們繼續用買房子來舉例，如果你看房時的選擇標準總是以市中心、交通便利、價格適中為指標，這樣的房子鳳毛麟角，基本上當你看到時，都已經被人買去了。

我們不妨換一種思維，選擇市郊的房子，交通儘管要差一些，但價格便宜很多，也許房子還可以買得大一些、品質好一些，並且由於更換了選房的想法，很快就找到了你需要的房子了。

對我們的雜湊表來説，我們事先準備多個雜湊函數。

f_i (key) =RH_i (key) (i=1,2,⋯,k)

這裡 RH_i 就是不同的雜湊函數，你可以把我們前面説的什麼除留餘數、折疊、平方取中全部用上。每當發生雜湊位址衝突時，就換一個雜湊函數計算，相信總會有一個可以把衝突解決掉。這種方法能夠使得關鍵字不產生聚集，當然，對應地也增加了計算的時間。

8.11.3 鏈位址法

想法還可以再換一換，為什麼有衝突就要換地方呢，我們直接就在原地想辦法不可以嗎？於是我們就有了鏈位址法。

將所有關鍵字為同義字的記錄儲存在一個單鏈結串列中，我們稱這種表為同義字子表，在雜湊表中只儲存所有同義字子表的頭指標。對於關鍵字集合 {12,67,56,16,25,37, 22,29,15,47,48,34}，我們用前面同樣的 12 為除數，進行除留餘數法，可獲得如下圖結構，此時，已經不存在什麼衝突換址的問題，無論有多少個衝突，都只是在目前位置給單鏈結串列增加節點的問題。

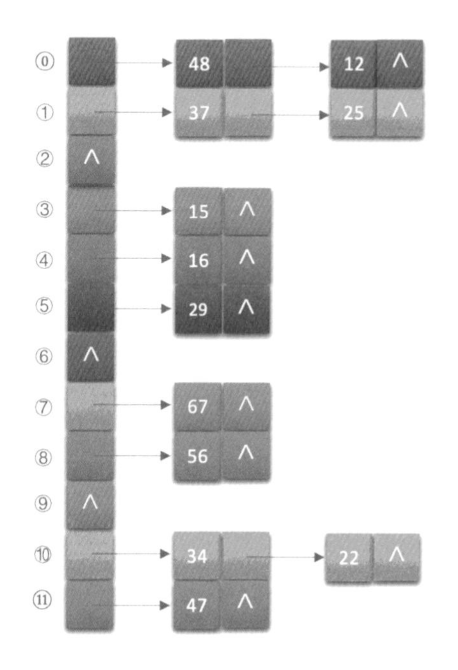

鏈位址法對可能會造成很多衝突的雜湊函數來説，提供了絕不會出現找不到位址的保障。當然，這也就帶來了搜尋時需要檢查單鏈結串列的效能損耗。

8.11.4 公共溢位區域法

這個方法其實就更加好了解，你不是衝突嗎？好，凡是衝突的都跟我走，我給你們這些衝突找個地方待著。這就如同孤兒院收留所有無家可歸的孩子一樣，我們為所有衝突的關鍵字建立了一個公共的溢位區域來儲存。

就前面的實例而言，我們共有三個關鍵字 {37,48,34} 與之前的關鍵字位置有衝突，那麼就將它們儲存到溢位表中，如下圖所示。

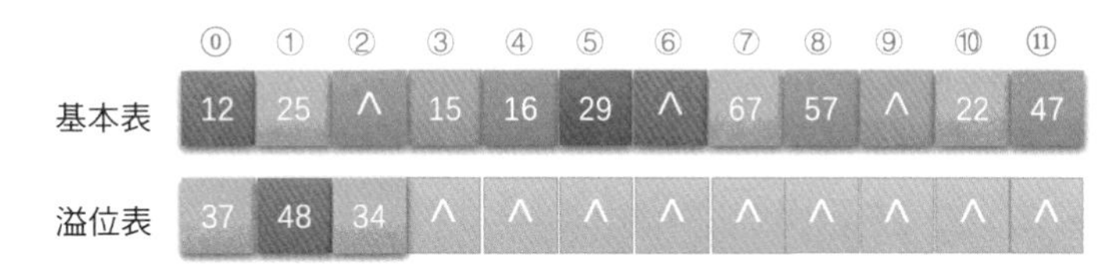

在搜尋時，對指定值透過雜湊函數計算出雜湊位址後，先與基本表的對應位置進行比對，如果相等，則搜尋成功；如果不相等，則到溢位表去進行循序搜尋。如果相對基本表而言，有衝突的資料很少的情況下，公共溢位區域的結構對搜尋效能來說還是非常高的。

8.12 雜湊表搜尋實現

說了這麼多雜湊表搜尋的思維，我們就來看看搜尋的實現程式。

8.12.1 散清單搜尋演算法實現

首先是需要定義一個散清單的結構以及一些相關的常數。其中 HashTable 就是散清單結構。結構當中的 elem 為一個動態陣列。

```
#define SUCCESS 1
#define UNSUCCESS 0
#define HASHSIZE 12      /* 定義雜湊表長為陣列的長度 */
#define NULLKEY -32768

typedef struct
{
   int *elem;            /* 資料元素儲存基址，動態分配陣列 */
```

```
    int count;              /* 目前資料元素個數 */
}HashTable;

int m=0;                    /* 雜湊表表長，全局變數 */
```

註：搜尋的散清單相關程式請參看程式目錄下「/ 第 8 章搜尋 / 05 雜湊表 _ HashTable.c」。

有了結構的定義，我們可以對雜湊表進行初始化。

```
/* 初始化雜湊表 */
Status InitHashTable(HashTable *H)
{
    int i;
    m=HASHSIZE;
    H->count=m;
    H->elem=(int *)malloc(m*sizeof(int));
    for (i=0;i<m;i++)
        H->elem[i]=NULLKEY;
    return OK;
}
```

為了插入時計算位址，我們需要定義雜湊函數，雜湊函數可以根據不同情況更改演算法。

```
/* 雜湊函數 */
int Hash(int key)
{
    return key % m;   /* 除留餘數法 */
}
```

初始化完成後，我們可以對雜湊表進行插入操作。假設我們插入的關鍵字集合就是前面的 {12,67,56,16,25,37,22,29,15,47, 48,34}。

```
/* 插入關鍵字進雜湊表 */
void InsertHash(HashTable *H,int key)
{
    int addr = Hash(key);                /* 求雜湊位址 */
    while (H->elem[addr] != NULLKEY)     /* 如果不為空，則衝突 */
    {
        addr = (addr+1) % m;             /* 開放定址法的線性探測 */
    }
```

```
    H->elem[addr] = key;                 /* 直到有空位後插入關鍵字 */
}
```

程式中插入關鍵字時，首先算出雜湊位址，如果目前位址不為空關鍵字，則說明有衝突。此時我們應用開放定址法的線性探測進行重新定址，此處也可更改為鏈位址法等其他解決衝突的辦法。

散清單存在後，我們在需要時就可以透過散清單搜尋要的記錄。

```
/* 雜湊表查詢關鍵字 */
Status SearchHash(HashTable H,int key,int *addr)
{
    *addr = Hash(key);                                    /* 求雜湊位址 */
    while(H.elem[*addr] != key)                           /* 如果不為空，則衝突 */
    {
        *addr = (*addr+1) % m;                            /* 開放定址法的線性探測 */
        if (H.elem[*addr] == NULLKEY || *addr == Hash(key)) /* 如果循環回到原點 */
            return UNSUCCESS;                             /* 則說明關鍵字不存在 */
    }
    return SUCCESS;
}
```

搜尋的程式與插入的程式非常類似，只需做一個不存在關鍵字的判斷而已。

8.12.2 雜湊表搜尋效能分析

最後，我們對雜湊表搜尋的效能作一個簡單分析。如果沒有衝突，雜湊搜尋是我們本章介紹的所有搜尋中效率最高的，因為它的時間複雜度為 O(1)。可惜，我說的只是「如果」，沒有衝突的雜湊只是一種理想，在實際的應用中，衝突是不可避免的。那麼雜湊搜尋的平均搜尋長度取決於哪些因素呢？

1. 雜湊函數是否均勻

雜湊函數的好壞直接影響著出現衝突的頻繁程度，不過，由於不同的雜湊函數對同一組隨機的關鍵字，產生衝突的可能性是相同的，因此我們可以不考慮它對平均搜尋長度的影響。

2. 處理衝突的方法

相同的關鍵字、相同的雜湊函數，但處理衝突的方法不同，會使得平均搜尋長度不同。例如線性探測處理衝突可能會產生堆積，顯然就沒有二次探測法好，而鏈位址法處理衝突不會產生任何堆積，因而具有更佳的平均搜尋效能。

3. 雜湊表的裝填因數

所謂的裝填因數 α= 填入表中的記錄個數 / 散清單長度。α 標誌著雜湊表的裝滿的程度。當填入表中的記錄越多，α 就越大，產生衝突的可能性就越大。例如我們前面的實例，8.11.3 鏈位址法的圖所示，如果你的雜湊表長度是 12，而填入表中的記錄個數為 11，那麼此時的裝填因數 α=11/12=0.9167，再填入最後一個關鍵字產生衝突的可能性就非常之大。也就是說，雜湊表的平均搜尋長度取決於裝填因數，而非取決於搜尋集合中的記錄個數。

不管記錄個數 n 有多大，我們總可以選擇一個合適的裝填因數以便將平均搜尋長度限定在一個範圍之內，此時我們雜湊搜尋的時間複雜度就真的是 O(1) 了。為了做到這一點，通常我們都是將雜湊表的空間設定得比搜尋集合大，此時雖然是浪費了一定的空間，但換來的是搜尋效率的大幅提升，整體來說，還是非常值得的。

8.13 歸納回顧

我們這一章全都是圍繞一個主題「搜尋」來作文章的。

首先我們要弄清楚搜尋表、記錄、關鍵字、主關鍵字、靜態搜尋表、動態搜尋表等這些概念。

然後，對循序串列搜尋來說，儘管很土（簡單），但它卻是後面很多搜尋的基礎，注意設定「檢查點」的技巧，可以使得本已經很難提升的簡單演算法裡還是加強了效能。

有序搜尋，我們注重講了折半搜尋的思維，它在效能上比原來的循序搜尋有了長足的進步，由 O(n) 變成了 O(log$n$)。之後我們又説明了另外兩種優秀的有序搜尋：內插搜尋和費氏搜尋，三者各有優缺點，望大家要仔細體會。

線性索引搜尋，我們說明了密集索引、分塊索引和倒排索引。索引技術被廣泛的用於檔案檢索、資料庫和搜尋引擎等技術領域，是進一步學習這些技術的基礎。

二元排序樹是動態搜尋最重要的資料結構，它可以在兼顧搜尋效能的基礎上，讓插入和刪除也變得效率較高。不過為了達到最佳的狀態，二元排序樹最好是建置成平衡的二元樹才最佳。因此我們就需要再學習關於平衡二元樹（AVL樹）的資料結構，了解 AVL 樹是如何處理平衡性的問題。這部分是本章重點，需要認真學習掌握。

二元樹這種資料結構是針對記憶體與外部儲存之間的存取而專門設計的。由於內外部儲存的搜尋效能更多取決於讀取的次數，因此在設計中要考慮二元樹的平衡和層次。我們說明時是先透過最最簡單的二元樹（2-3 樹）來了解如何建置、插入、刪除元素的操作，再透過 2-3-4 樹的深化，最後來了解二元樹的原理。之後，我們還介紹了 B+ 樹的設計思維。

散清單是一種非常高效的搜尋資料結構，在原理上也與前面的搜尋不盡相同，它回避了關鍵字之間反覆比較的煩瑣，而是直接一步合格搜尋結果。當然，這也就帶來了記錄之間沒有任何連結的弊端。應該說，雜湊表對於那種搜尋效能要求高，記錄之間關係無要求的資料有非常好的適用性。在學習中要注意的是雜湊函數的選擇和處理衝突的方法。

8.14 結尾語

我們的 "Search" 技術探索之旅結束了，但也許，你們對它的探索才剛剛開始。我們在開篇時談到了搜尋引擎改變了我們的生活，讓我們獲得資訊的速度提升了無數倍。可是目前像 Google 這樣的搜尋引擎，是否就完美無缺了呢？未來的搜尋應該又是什麼樣的？在本章的最後，我根據了解到的資訊給大家做一個拋磚引玉。

目前流行的搜尋引擎，都是一個搜尋框可以搜尋一切資訊。這本是好事情，可問題在於常常在我們輸入關鍵字後，搜尋獲得的前面幾十筆都不是我們需要的資訊，這的確很令人沮喪。

比如說，我非常喜歡高爾夫運動，平時也經常搜尋關於高爾夫的比賽、活動的新聞等資訊。有一天，我想了解老虎伍茲最近有哪些比賽，於是在搜尋框中輸入了「老虎」，卻獲得了下圖所示的結果。

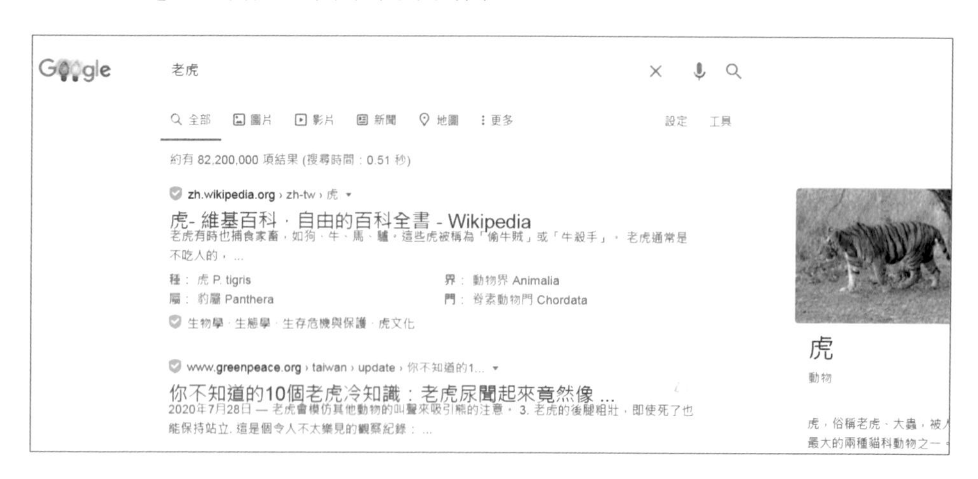

顯然這並不是我所希望獲得的答案。你們可能會說，那是因為你的搜尋關鍵字不夠好造成的，應該輸入「老虎伍茲」更恰當。可問題的關鍵在於，就算我輸入了「老虎伍茲」，搜尋引擎是否知道，我最有興趣的是高爾夫運動員比賽資訊，而非他和老婆離婚等八卦新聞呢？如下圖所示。

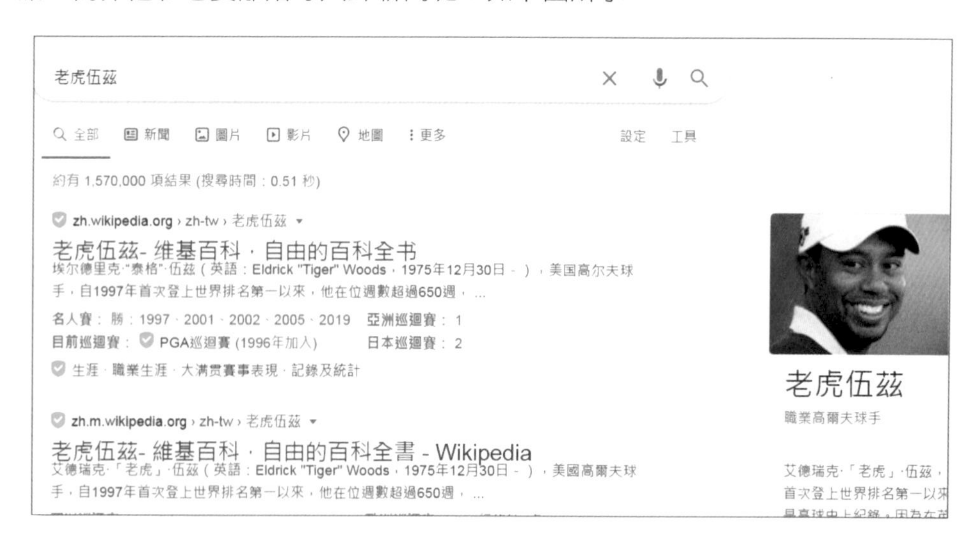

如果搜尋引擎在我授權的情況下，記錄我平時的搜尋喜好，調整搜尋內容的優先度，並把我可能想了解的資訊放在前列，這樣也許就不至於產生找伍兹給只大老虎的困惑了。

如果我是個喜歡汽車的人，時常搜汽車資訊。那麼當我在搜尋框中輸入「金龜」、「美洲豹」、「林肯」、「福特」等關鍵字時，不要讓動物和人物成為搜尋的第一筆。哪怕是輸入 "QQ" 時，搜尋引擎也應該將奇瑞汽車而非騰訊 IM 列在首位。進一步，如果我喜歡汽車圖片，搜尋引擎就首先提供相關的汽車圖片，我更關注新聞，它就提供最新的汽車新聞，我關注價格，那就提供相關型號車子的市場報價。當然，其他相關資訊並不是不提供了，只不過在排序上應該相對靠後而已。這樣整個搜尋的體驗就會非常棒，也許我總能在前幾條就能找到我想了解的內容。

這個話題一展開就沒完沒了了。也許不久的將來，「一動念頭，搜尋結果就出來」成為現實，那真是太棒了。在座各位，好好努力吧。下課！

Chapter 09 排序

啟示

排序：假設含有 n 個記錄的序列為 $\{r_1,r_2,\cdots\cdots,r_n\}$，其對應的關鍵字分別為 $\{k_1,k_2,\cdots\cdots,k_n\}$，需確定 1，2，……，n 的一種排列 $p_1,p_2,\cdots\cdots,p_n$，使其對應的關鍵字滿足 $k_{p1} \leqslant k_{p2} \leqslant \cdots\cdots \leqslant k_{pn}$（非遞減或非遞增）關係，即使得序列成為一個按關鍵字有序的序列 $\{r_{p1},r_{p2},\cdots\cdots,r_{pn}\}$，這樣的操作就稱為排序。

9.1 開場白

大家好！你們有沒有在網上買過東西啊？

嗯？居然還有人說沒有。呵呵，在座的都是大學生，應該很多同學都有過網購的經歷。哪怕真的沒有，也看到或聽到過一些，現在網上購物已經相對成熟，對使用者來說帶來了很大的方便。

假如我想買一台 iPhone4 的手機，於是上了淘寶去搜尋。可搜尋後發現（如下圖所示），有 8863 個相關的物品，如此之多，這叫我如何選擇。我其實是想買便宜一點的，但是又怕遇到騙子，想找信譽好的商家，如何做？

下面的有些購物達人給我出主意了，排序呀。對呀，排序就行了（如下圖所示）。我完全可以根據自己的需要對搜尋到的商品進行排序，例如按信用從高到低、再按價格從低到高，將最符合我預期的商品列在前面，最後找到我願意購買的商家，非常的方便。

網站是如何做到快速地將商品按某種規則有序的呢？這就是我們今天要說明的重要課題——排序。

9.2 排序的基本概念與分類

排序是我們生活中經常會面對的問題。同學們排隊時會按照從矮到高排列；老師檢視上課出勤情況時，會按學生學號順序點名；學測錄取時，會按成績總分降冪依次錄取等。那排序的嚴格定義是什麼呢？

假設含有 n 個記錄的序列為 $\{r_1,r_2,\cdots\cdots,r_n\}$，其對應的關鍵字分別為 $\{k_1,k_2,\cdots\cdots,k_n\}$，需確定 1，2，……，n 的一種排列 $p_1,p_2,\cdots\cdots,p_n$，使其對應的關鍵字滿足 $k_{p1} \leqslant k_{p2} \leqslant \cdots\cdots \leqslant k_{pn}$ 非遞減（或非遞增）關係，即使得序列成為一個按關鍵字有序的序列 $\{r_{p1},r_{p2},\cdots\cdots,r_{pn}\}$，這樣的操作就稱為排序。

注意我們在排序問題中，通常將資料元素稱為記錄。顯然我們輸入的是一個記錄集合，輸出的也是一個記錄集合，所以說，可以將排序看成是線性串列的一種操作。

排序的依據是關鍵字之間的大小關係，那麼，對同一個記錄集合，針對不同的關鍵字進行排序，可以獲得不同序列。

這裡關鍵字 k_i 可以是記錄 r 的主關鍵字，也可以是次要關鍵字，甚至是許多資料項目的組合。例如某些大學為了選拔在主科上更優秀的學生，要求對所有學生的所有科目總分降冪排名，並且在同樣總分的情況下將數國英總分做降冪排名。這就是對總分和數國英總分兩個次要關鍵字的組合排序。如下圖所示，對組合排序的問題，當然可以先排序總分，若總分相等的情況下，再排序數國英總分，但這是比較土的辦法。我們還可以應用一個技巧來實現一次排序即完成組合排序問題，舉例來說，把總分與數國英都當成字串首尾連接在一起（注意數國英總分如果位數不夠三位，需要在前面補零），很容易可以獲得令狐沖的"753229" 要小於張無忌的 "753236"，於是張無忌就排在了令狐沖的前面。

編號	姓名	國	數	英	物	化	歷	政	生	地	總分	國數英
1	令狐沖	85	60	84	86	89	94	87	83	85	753	229
2	郭靖	66	64	56	45	76	56	56	78	76	573	186
3	楊過	85	78	64	68	84	78	73	88	64	682	227
4	張無忌	84	85	67	90	87	83	94	79	84	753	236

排序前

編號	姓名	國	數	英	物	化	歷	政	生	地	總分	國數英
4	張無忌	84	85	67	90	87	83	94	79	84	753	236
1	令狐沖	85	60	84	86	89	94	87	83	85	753	229
3	楊過	85	78	64	68	84	78	73	88	64	682	227
2	郭靖	66	64	56	45	76	56	56	78	76	573	186

總分排名後再國數英排名

從這個實例也可看出，多個關鍵字的排序最後都可以轉化為單一關鍵字的排序，因此，我們這裡主要討論的是單一關鍵字的排序。

9.2.1 排序的穩定性

也正是由於排序不僅是針對主關鍵字，那麼對於次要關鍵字，因為待排序的記錄序列中可能存在兩個或兩個以上的關鍵字相等的記錄，排序結果可能會存在不唯一的情況，我們列出了穩定與不穩定排序的定義。

假設 $k_i=k_j$（$1 \leqslant i \leqslant n, 1 \leqslant j \leqslant n, i \neq j$），且在排序前的序列中 r_i 領先於 r_j（即 $i<j$）。如果排序後 r_i 仍領先於 r_j，則稱所用的排序方法是穩定的；反之，若可能使得排序後的序列中 r_j 領先 r_i，則稱所用的排序方法是不穩定的。如下圖所示，經過對總分的降冪排序後，總分高的排在前列。此時對於令狐沖和張無忌

而言，未排序時是令狐沖在前，那麼它們總分排序後，分數相等的令狐沖依然應該在前，這樣才算是穩定的排序，如果他們二者顛倒了，則此排序是不穩定的了。只要有一組關鍵字實例發生類似情況，就可認為此排序方法是不穩定的。排序演算法是否穩定的，要透過分析後才能得出。

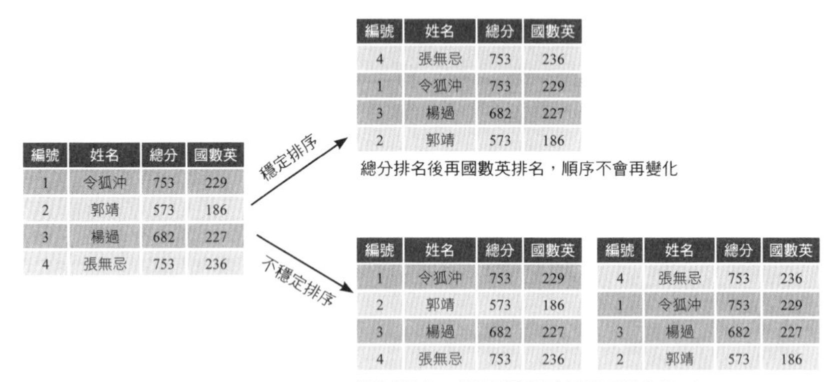

編號	姓名	總分	國數英
1	令狐沖	753	229
2	郭靖	573	186
3	楊過	682	227
4	張無忌	753	236

編號	姓名	總分	國數英
4	張無忌	753	236
1	令狐沖	753	229
3	楊過	682	227
2	郭靖	573	186

編號	姓名	總分	國數英
1	令狐沖	753	229
2	郭靖	573	186
3	楊過	682	227
4	張無忌	753	236

編號	姓名	總分	國數英
4	張無忌	753	236
1	令狐沖	753	229
3	楊過	682	227
2	郭靖	573	186

9.2.2 內排序與外排序

根據在排序過程中待排序的記錄是否全部被放置在記憶體中，排序分為：內排序和外排序。

內排序是在排序整個過程中，待排序的所有記錄全部被放置在記憶體中。外排序是由於排序的記錄個數太多，不能同時放置在記憶體，整個排序過程需要在內外部儲存之間多次交換資料才能進行。我們這裡主要就介紹內排序的多種方法。

對內排序來說，排序演算法的效能主要是受 3 個方面影響：

1. 時間性能

排序是資料處理中經常執行的一種操作，常常屬於系統的核心部分，因此排序演算法的時間負擔是衡量其好壞的最重要的標示。在內排序中，主要進行兩種操作：比較和移動。比較指關鍵字之間的比較，這是要做排序最起碼的操作。移動指記錄從一個位置移動到另一個位置，事實上，移動可以透過改變記錄的儲存方式來予以

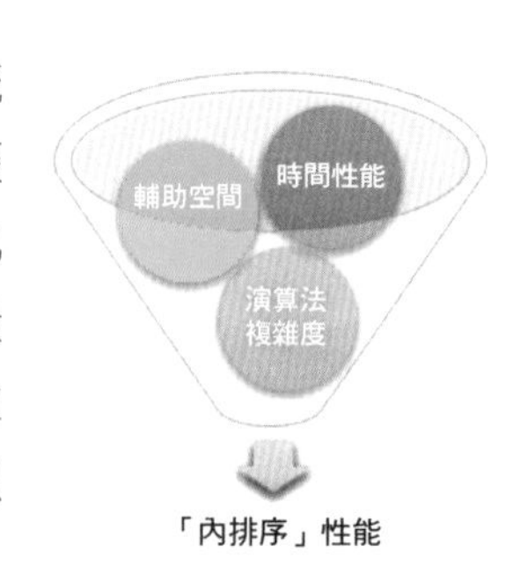

「內排序」性能

避免（這個我們在説明實際的演算法時再談）。總之，高效率的內排序演算法應該是具有盡可能少的關鍵字比較次數和盡可能少的記錄移動次數。

2. 輔助空間

評價排序演算法的另一個主要標準是執行演算法所需要的輔助儲存空間。輔助儲存空間是除了儲存待排序所佔用的儲存空間之外，執行演算法所需要的其他儲存空間。

3. 演算法的複雜性

注意這裡指的是演算法本身的複雜度，而非指演算法的時間複雜度。顯然演算法過於複雜也會影響排序的效能。

根據排序過程中借助的主要操作，我們把**內排序分為：插入排序、交換排序、選擇排序和歸併排序**。可以説，這些都是比較成熟的排序技術，已經被廣泛地應用於許許多多的程式語言或資料庫當中，甚至它們都已經封裝了關於排序演算法的實現程式。因此，我們學習這些排序演算法的目的更多並不是為了去在現實中程式設計排序演算法，而是透過學習來加強我們撰寫演算法的能力，以便於去解決更多複雜和靈活的應用性問題。

本章一共要説明七種排序的演算法，按照演算法的複雜度分為兩大類，上浮排序、簡單選擇排序和直接插入排序屬於簡單演算法，而希爾排序、堆積排序、歸併排序、快速排序屬於改進演算法。後面我們將依次説明。

9.2.3 排序用到的結構與函數

為了講清楚排序演算法的程式，我先提供一個用於排序用的循序串列結構，此結構也將用於之後我們要講的所有排序演算法。

```
#define MAXSIZE 10000    /* 用於要排序陣列個數最大值，可根據需要修改 */
typedef struct
{
    int r[MAXSIZE+1];    /* 用於儲存要排序陣列，r[0]用作哨兵或臨時變數 */
    int length;          /* 用於記錄循序串列的長度 */
}SqList;
```

註：排序的相關程式請參看程式目錄下「/ 第 9 章排序 / 01 排序 _Sort.c」。

另外，由於排序最最常用到的操作是陣列兩元素的交換，我們將它寫成函數，在之後的說明中會大量的用到。

```
/* 交換L中陣列r的索引為i和j的值 */
void swap(SqList *L,int i,int j)
{
    int temp=L->r[i];
    L->r[i]=L->r[j];
    L->r[j]=temp;
}
```

說了這麼多，我們來看第一個排序演算法。

9.3 上浮排序

無論你學習哪種程式語言，在學到迴圈和陣列時，通常都會介紹一種排序演算法來作為實例，而這個演算法一般就是上浮排序。並不是它的名稱很好聽，而是說這個演算法的想法最簡單，最容易了解。因此，哪怕大家可能都已經學過上浮排序了，我們還是從這個演算法開始我們的排序之旅。

9.3.1 最簡單排序實現

上浮排序（Bubble Sort）一種交換排序，它的基本思維是：**兩兩比較相鄰記錄的關鍵字，如果反序則交換，直到沒有反序的記錄為止**。上浮的實現在細節上可以有很多種變化，我們將分別就 3 種不同的上浮實現程式，來說明上浮排序的思維。這裡，我們就先來看看比較容易了解的一段。

```
/* 對循序串列L作交換排序(反昇排序初級版) */
void BubbleSort0(SqList *L)
{
    int i,j;
    for(i=1;i<L->length;i++)
    {
        for(j=i+1;j<=L->length;j++)
        {
            if(L->r[i]>L->r[j])
            {
```

```
                swap(L,i,j);    /* 交換L->r[i]與L->r[j]的值 */
            }
        }
    }
}
```

這段程式嚴格意義上說，不算是標準的上浮排序演算法，因為它不滿足「兩兩比較相鄰記錄」的上浮排序思維，它更應該是最最簡單的交換排序而已。它的想法就是讓每一個關鍵字，都和它後面的每一個關鍵字比較，如果大則交換，這樣第一位置的關鍵字在一次循環後一定變成最小值。如下圖所示，假設我們待排序的關鍵字序列是 {9,1,5,8,3,7,4,6,2}，當 i=1 時，9 與 1 交換後，在第一位置的 1 與後面的關鍵字比較都小，因此它就是最小值。當 i=2 時，第二位置先後由 9 換成 5，換成 3，換成 2，完成了第二小的數字交換。後面的數字轉換類似，不再介紹。

它應該算是最最容易寫出的排序程式了，不過這個簡單容易的程式，卻是有缺陷的。觀察後發現，在排序好 1 和 2 的位置後，對其餘關鍵字的排序沒有什麼幫助（數字 3 反而還被換到了最後一位）。也就是說，這個演算法的效率是非常低的。

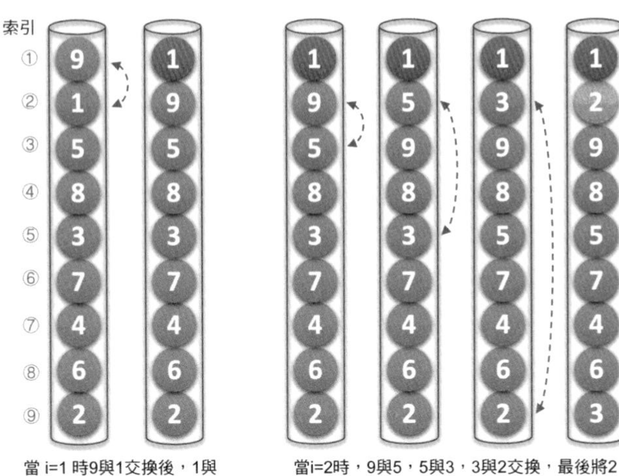

9.3.2 上浮排序演算法

我們來看看正宗的上浮演算法，有沒有什麼改進的地方。

```
/* 對循序串列L作反昇排序 */
void BubbleSort(SqList *L)
{
    int i,j;
    for (i=1;i<L->length;i++)
    {
        for (j=L->length-1;j>=i;j--)  /* 注意j是從後往前循環 */
        {
            if(L->r[j]>L->r[j+1])     /* 若前者大於後者(注意這裡與上一算法的差異)*/
            {
                swap(L,j,j+1);     /* 交換L->r[j]與L->r[j+1]的值 */
            }
        }
    }
}
```

依然假設我們待排序的關鍵字序列是 {9,1,5,8,3,7,4,6,2}，當 i=1 時，變數 j 由 8 反向循環到 1，一個一個比較，將較小值交換到前面，直到最後找到最小值放置在了第 1 的位置。如下圖所示，當 i=1、j=8 時，我們發現 6>2，因此交換了它們的位置，j=7 時，4>2，所以交換……直到 j=2 時，因為 1<2，所以不交換。j=1 時，9>1，交換，最後獲得最小值 1 放置第一的位置。事實上，在不斷循環的過程中，除了將關鍵字 1 放到第一的位置，我們還將關鍵字 2 從第九位置提到了第三的位置，顯然這一演算法比前面的要有進步，在上十萬筆資料的排序過程中，這種差異會表現出來。圖中較小的數字如同氣泡般慢慢浮到上面，因此就將此演算法命名為上浮演算法。

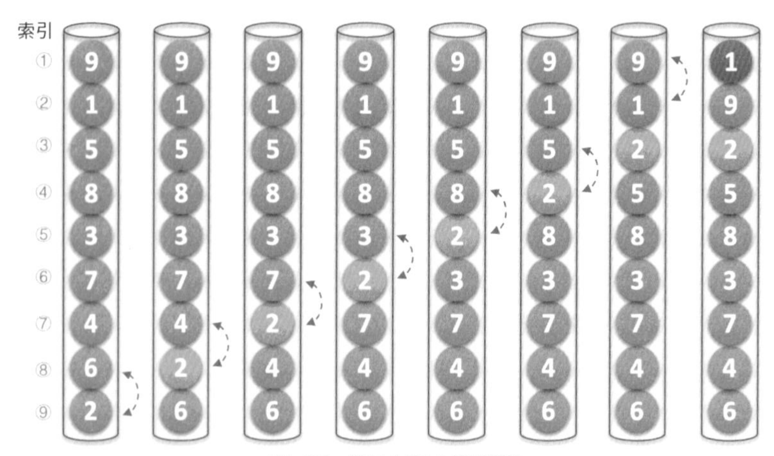

當i=1時，將最小值1上浮到頂端

當 i=2 時，變數 j 由 8 反向循環到 2，一個一個比較，在將關鍵字 2 交換到第二位置的同時，也將關鍵字 4 和 3 有所提升。

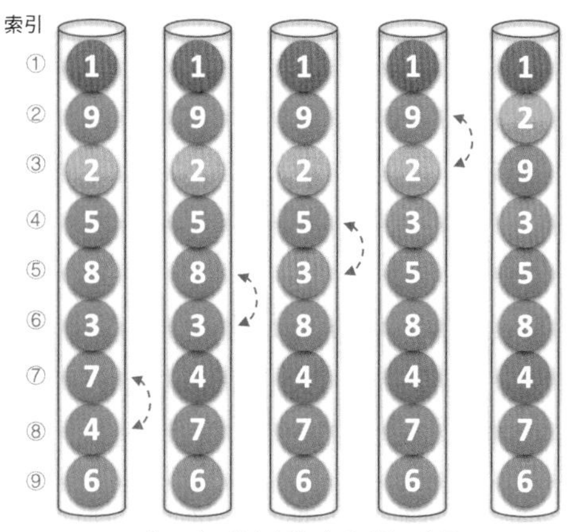

當i=2時，將次小值2上浮到第二位置

後面的數字轉換很簡單，這裡就不在詳述了。

9.3.3 上浮排序最佳化

這樣的上浮程式是否還可以最佳化呢？答案是一定的。試想一下，如果我們待排序的序列是 {2,1,3,4,5,6,7,8,9}，也就是說，除了第一和第二的關鍵字需要交換外，別的都已經是正常的順序。當 i=1 時，交換了 2 和 1，此時序列已經有序，但是演算法仍然不依不饒地將 i=2 到 9 以及每個循環中的 j 循環都執行了一遍，儘管並沒有交換資料，但是之後的大量比較還是大幅地多餘了，如下圖所示。

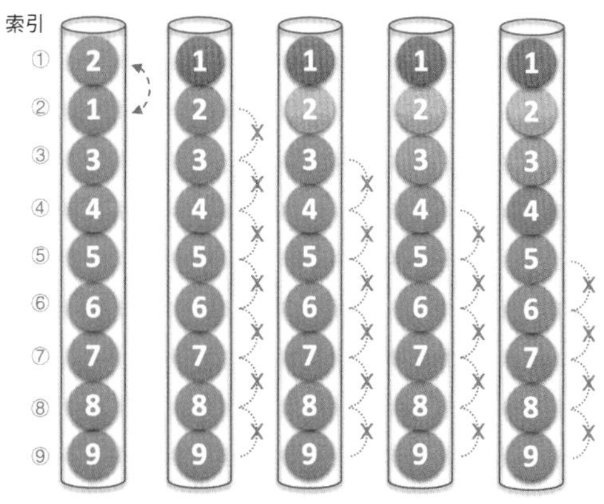

當i=2時，由於沒有任何資料交換，就說明此序列已經有序，之後的循環判斷都是多餘

當 i=2 時，我們已經對 9 與 8，8 與 7，……，3 與 2 作了比較，沒有任何資料交換，這就説明此序列已經有序，不需要再繼續後面的循環判斷工作了。為了實現這個想法，我們需要改進一下程式，增加一個標記變數 flag 來實現這一演算法的改進。

```
/* 對循序串列L作反昇排序 */
void BubbleSort2(SqList *L)
{
    int i,j;
    Status flag=TRUE;                   /* flag用來作為標記 */
    for (i=1;i<L->length && flag;i++)   /* 若flag為true有資料交換，否則退出迴圈 */
    {
        flag=FALSE;                     /* 初始為false */
        for (j=L->length-1;j>=i;j--)
        {
            if(L->r[j]>L->r[j+1])
            {
                swap(L,j,j+1);          /* 交換L->r[j]與L->r[j+1]的值 */
                flag=TRUE;              /* 如果有資料交換，則flag為true */
            }
        }
    }
}
```

程式改動的關鍵就是在 i 變數的 for 迴圈中，增加了對 flag 是否為 true 的判斷。經過這樣的改進，上浮排序在效能上就有了一些提升，可以避免因已經有序的情況下的無意義迴圈判斷。

9.3.4 上浮排序複雜度分析

分析一下它的時間複雜度。當最好的情況，也就是要排序的串列本身就是有序的，那麼我們比較次數，根據最後改進的程式，可以推斷出就是 $n-1$ 次的比較，沒有資料交換，時間複雜度為 $O(n)$。當最壞的情況，即待排序表是反向的情況，此時需要比較 $\sum_{i=2}^{n}(i-1)=1+2+3+\cdots+(n-1)=\frac{n(n-1)}{2}$ 次，並作等數量級的記錄移動。因此，整體時間複雜度為 $O(n^2)$。

9.4 簡單選擇排序

愛炒股票短線的人，總是喜歡不斷的買進賣出，想透過價差來實現盈利。但通常這種頻繁操作的人，即使失誤不多，也會因為操作的手續費和證交稅過高而獲利很少。還有一種做股票的人，他們很少出手，只是在不斷的觀察和判斷，等到時機一到，果斷買進或賣出。他們因為冷靜和沉著，以及交易的次數少，而最後收益頗豐。

上浮排序的思維就是不斷地在交換，透過交換完成最後的排序，這和做股票短線頻繁操作的人是類似的。我們可不可以像只有在時機非常明確到來時才出手的股票高手一樣，也就是在排序時找到合適的關鍵字再做交換，並且只移動一次就完成對應關鍵字的排序定位工作呢？這就是選擇排序法的初步思維。

選擇排序的基本思維是每一趟在 n-i ＋ 1(i=1,2,⋯,n-1) 個記錄中選取關鍵字最小的記錄作為有序序列的第 i 個記錄。我們這裡先介紹的是簡單選擇排序法。

9.4.1 簡單選擇排序演算法

簡單選擇排序法（Simple Selection Sort）就是透過 *n–i* 次要關鍵字間的比較，從 *n–i* ＋ 1 個記錄中選出關鍵字最小的記錄，並和第 *i*（1 ≤ *i* ≤ *n*）個記錄交換之。

我們來看程式。

```
/* 對循序串列L作簡單選取排序 */
void SelectSort(SqList *L)
{
    int i,j,min;
    for (i=1;i<L->length;i++)
    {
        min = i;                            /* 將目前索引定義為最小值索引 */
        for (j = i+1;j<=L->length;j++)      /* 循環之後的資料 */
        {
            if (L->r[min]>L->r[j])          /* 如果有小於目前最小值的關鍵字 */
                min = j;                    /* 將此關鍵字的索引給予值給min */
        }
        if(i!=min)                          /* 若min不等於i，說明找到最小值，交換 */
            swap(L,i,min);                  /* 交換L->r[i]與L->r[min]的值 */
```

```
    }
}
```

程式應該說不難了解，針對待排序的關鍵字序列是 {9,1,5,8,3,7,4,6,2}，對 i 從 1 循環到 8。當 i=1 時，L.r[*i*]=9，min 開始是 1，然後與 j=2 到 9 比較 L.r[min] 與 L.r[*j*] 的大小，因為 j=2 時最小，所以 min=2。最後交換了 L.r[2] 與 L.r[1] 的值。如下圖所示，注意，這裡比較了 8 次，卻只交換資料操作一次。

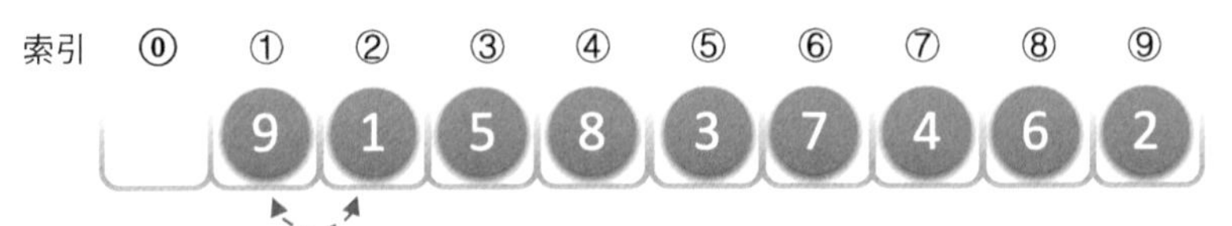

當i=1時，將9與後面八個數字比較，得知第二位置的1最小，於是min=2，交換位置一與位置二的數字

當 i=2 時，L.r[i]=9，min 開始是 2，經過比較後，min=9，交換 L.r[min] 與 L.r[i] 的值。如下圖所示，這樣就找到了第二位置的關鍵字。

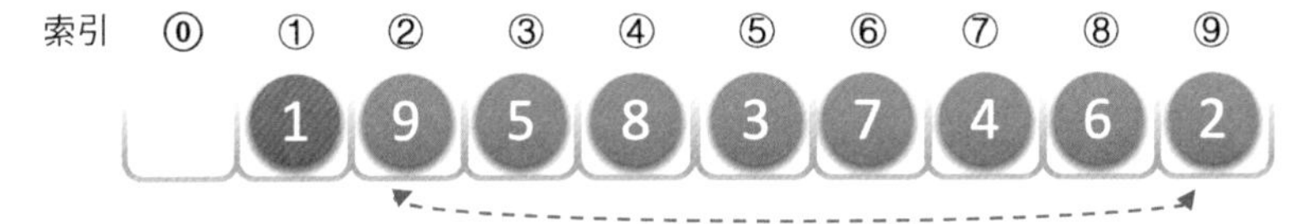

當i=2時，將9與後面七個數字比較，得知第九位置的2最小，於是min=9，交換位置二與位置九的數字

當 i=3 時，L.r[i]=5，min 開始是 3，經過比較後，min=5，交換 L.r[min] 與 L.r[i] 的值。如下圖所示。

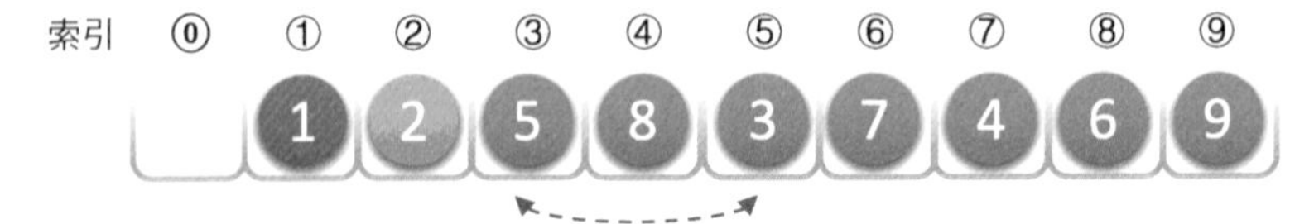

當i=3時，將5與後面六個數字比較，得知第五位置的3最小，於是min=5，交換位置三與位置五的數字

之後的資料比較和交換完全雷同，最多經過 8 次交換，就可完成排序工作。

9.4.2 簡單選擇排序複雜度分析

從簡單選擇排序的過程來看，它最大的特點就是交換行動資料次數相當少，這樣也就節省了對應的時間。分析它的時間複雜度發現，無論最好最差的情況，其比較次數都是一樣的多，第 i 趟排序需要進行 $n-i$ 次要關鍵字的比較 , 此時需要比較 $\sum_{i=1}^{n-1}(n-i)=n-1+n-2+\cdots+1=\frac{n(n-1)}{2}$ 次。而對於交換次數而言，當最好的時候，交換為 0 次，最差的時候，也就初始降冪時，交換次數為 $n-1$ 次，以最後為基礎的排序時間是比較與交換的次數總和，因此，整體時間複雜度依然為 $O(n^2)$。

應該說，儘管與上浮排序同為 $O(n^2)$，但簡單選擇排序的效能上還是要略優於上浮排序。

9.5 直接插入排序

撲克牌是我們幾乎每個人都可能玩過的遊戲。最基本的撲克玩法都是一邊摸牌，一邊理牌。假如我們拿到了這樣一手牌，如下圖所示。啊，似乎是同花順呀，別急，我們得理一理順序才知道是否是真的同花順。請問，如果是你，應該如何理牌呢？

應該說，哪怕你是第一次玩撲克牌，只要認識這些數字，理牌的方法都是不用教的。將 3 和 4 移動到 5 的左側，再將 2 移動到最左側，順序就算是理好了。這裡，我們的理牌方法，就是直接插入排序法。

9.5.1 直接插入排序演算法

直接插入排序（Straight Insertion Sort）的基本操作是將一個記錄插入到已經排好序的有序串列中，進一步獲得一個新的、記錄數增 1 的有序串列。

顧名思義，從名稱上也可以知道它是一種插入排序的方法。我們來看直接插入排序法的程式。

```
1  void InsertSort(SqList *L)            /* 對循序串列L作直接插入排序 */
2  {
3      int i,j;
4      for (i=2;i<=L->length;i++)
5      {
6          if (L->r[i]<L->r[i-1])        /* 需將L->r[i]插入有序子表 */
7          {
8              L->r[0]=L->r[i];          /* 設定哨兵 */
9              for (j=i-1;L->r[j]>L->r[0];j--)
10                 L->r[j+1]=L->r[j];    /* 記錄後移 */
11             L->r[j+1]=L->r[0];        /* 插入到正確位置 */
12         }
13     }
14 }
```

(1) 程式開始執行，此時我們傳入的 SqList 參數的值為 length=6,r[6]={0,5,3,4,6,2}，其中 r[0]=0 將用於後面造成檢查點的作用。

(2) 第 4 ～ 13 行就是排序的主循環。i 從 2 開始的意思是我們假設 r[1]=5 已經放好位置，後面的牌其實就是插入到它的左側還是右側的問題。

(3) 第 6 行，此時 i=2，L.r[i]=3 比 L.r[i-1]=5 要小，因此執行第 8 ～ 11 行的操作。第 8 行，我們將 L.r[0] 設定值為 L.r[i]=3 的目的是為了造成第 9 ～ 10 行的循環終止的判斷依據。如下圖所示。圖中下方的虛線箭頭，就是第 10 行，L.r[j+1]=L.r[j] 的過程，將 5 右移一位。

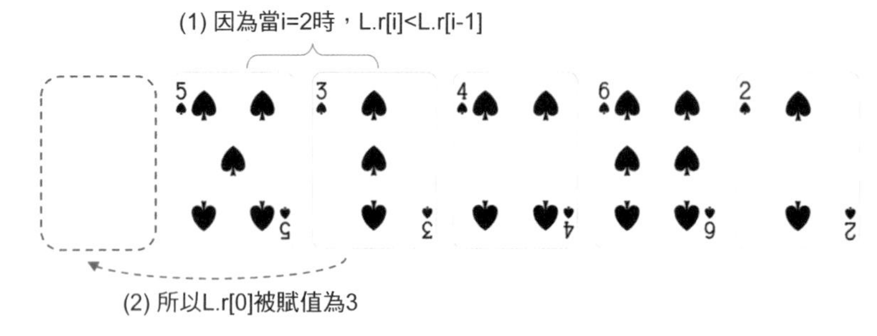

(4) 此時，第 10 行就是在移動完成後，空出了空位，然後第 11 行 L.r[j+1]=L.r[0]，將檢查點的 3 設定值給 j=0 時的 L.r[j+1]，也就是說，將撲克牌 3 放置到 L.r[1] 的位置，如下圖所示。

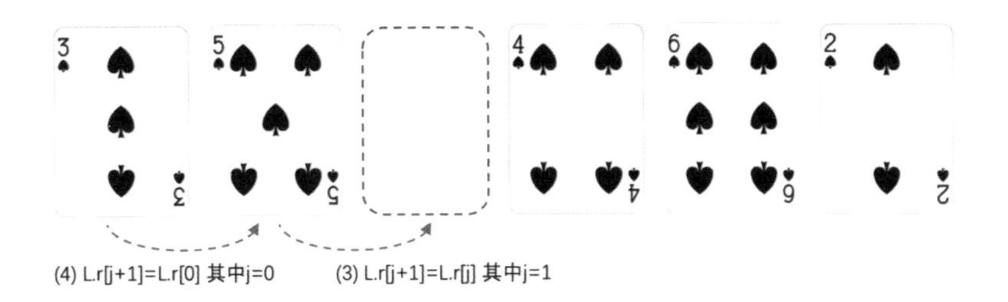

(5) 繼續循環，第 6 行，因為此時 i=3，L.r[i]=4 比 L.r[i-1]=5 要小，因此執行第 8 ～ 11 行的操作，將 5 再右移一位，將 4 放置到目前 5 所在位置，如下圖所示。

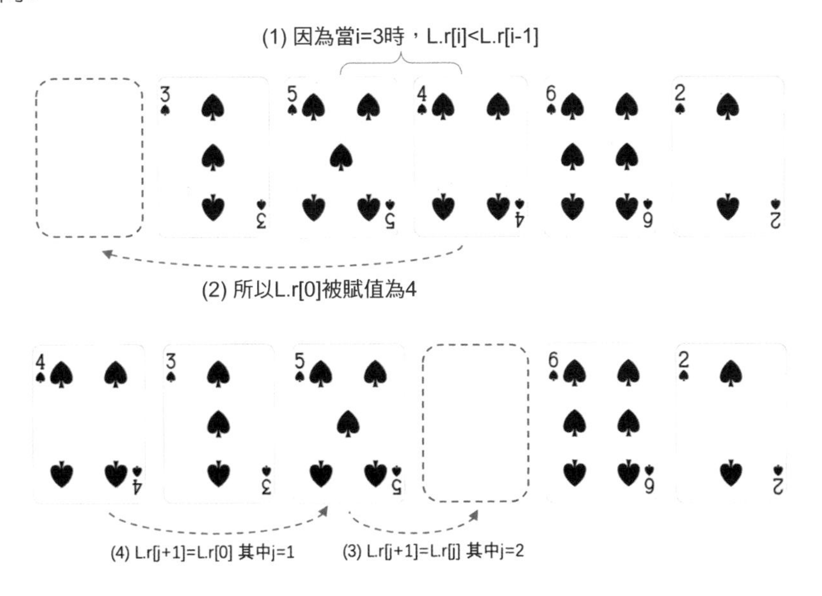

(6) 再次循環，此時 i=4。因為 L.r[i]=6 比 L.r[i-1]=5 要大，於是第 8 ～ 11 行程式不執行，此時前三張牌的位置沒有變化，如下圖所示。

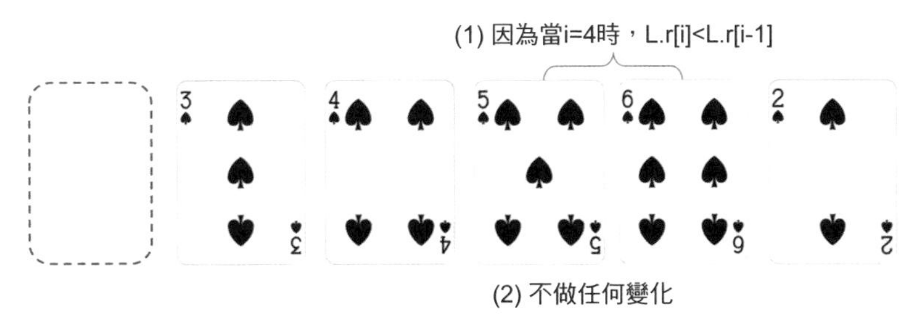

(7) 再次循環，此時 i=5，因為 L.r[i]=2 比 L.r[i-1]=6 要小，因此執行第 8 ～ 11 行的操作。由於 6、5、4、3 都比 2 大，它們都將右移一位，將 2 放置到目前 3 所在位置。如下圖所示。此時我們的排序也就完成了。

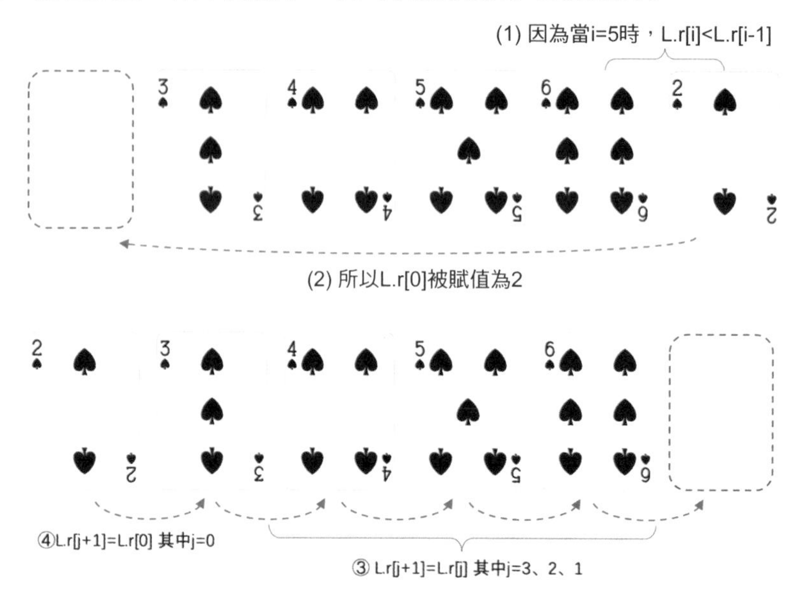

9.5.2 直接插入排序複雜度分析

我們來分析一下這個演算法，從空間上來看，它只需要一個記錄的輔助空間，因此關鍵是看它的時間複雜度。

當最好的情況，也就是要排序的串列本身就是有序的，例如紙牌拿到後就是 {2,3,4,5,6}，那麼我們比較次數，其實就是程式第 6 行每個 L.r[i] 與 L.r[$i-1$] 的比較，共比較了 $n-1$(即 $\sum_{i=2}^{n}1$) 次，由於每次都是 L.r[i]>L.r[$i-1$]，因此沒有移動的記錄，時間複雜度為 O(n)。

當最壞的情況，即待排序表是反向的情況，例如 {6,5,4,3,2}，此時需要比較 $\sum_{i=2}^{n}i=2+3+\cdots+n=\frac{(n+2)(n-1)}{2}$ 次，而記錄的移動次數也達到最大值 $\sum_{i=2}^{n}(i+1)=\frac{(n+4)(n-1)}{2}$ 次。

如果排序記錄是隨機的，那麼根據機率相同的原則，平均比較和移動次數約為 $\frac{n^2}{4}$ 次。因此，我們得出直接插入排序法的時間複雜度為 $O(n^2)$。從這裡也看出，同樣的 $O(n^2)$ 時間複雜度，直接插入排序法比上浮和簡單選擇排序的效能要好一些。

9.6 希爾排序

給大家出一道智力題。請問 "VII" 是什麼？

嗯，很好，它是羅馬數字的 7。現在我們要給它加上一筆，讓它變成 8（VIII），應該是非常簡單，只需要在右側加一分隔號即可。

現在我請大家試著對羅馬數字 9，也就是 "IX" 增加一筆，把它變成 6，應該怎麼做？

（幾分鐘後）

我已經聽不少聲音說，「這怎麼可能！」可為什麼一定要用正常方法呢？

我這裡有 3 種另類的方法可以實現它。

方法一：觀察發現 "x" 其實可以看作是一個正放一個倒置兩個 "V"。因此我們，給 "IX" 中間加一條水平線，上下顛倒，然後遮住下面部分，也就是說，我們所謂的加上一筆就是遮住一部分，於是就獲得 "VI"，如下圖所示。

VI是羅馬數字的6

方法二：在 "IX" 前面加一個 "S"，此時組成一個英文單字 "SIX"，這就等於獲得一個 6 了。哈哈，我聽到下面一片譁然，我剛有沒有說一定要是 "VI" 呀，我只說把它變成 6 而已，至於是羅馬數字還是英文單字，我可沒有限制。顯然，你們的思維受到了我前面舉例的 "VII" 轉變為 "VIII" 的影響，如下圖所示。

SIX是英文單字的6

方法三：在 "IX" 後面加一個 "6"，獲得 "1X6"，其結果當然是數字 6 了。大家笑了，因為這個想法實在是過分，把字母 "I" 當成了數字 1，字母 "x" 看成了乘號。可誰又規定說這是不可以的呢？只要沒違反規則，獲得 6 即可，如下圖所示。

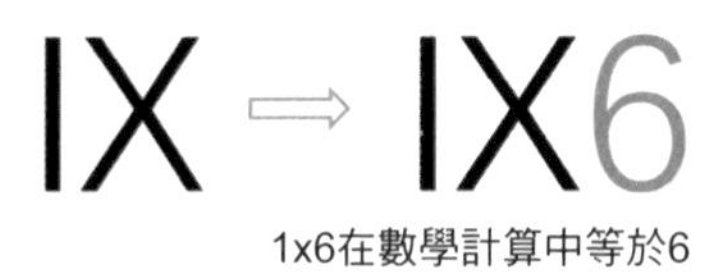

1x6在數學計算中等於6

智力題的答案介紹完了 [1]。大家會發現，看似解決不了的問題，還真不一定就沒有辦法，也許只是暫時沒想到罷了。

我們都能了解，優秀排序演算法的首要條件就是**速度** [2]。於是人們想了許許多多的辦法，目的就是為了加強排序的速度。而在很長的時間裡，眾人發現儘管各種排序演算法花樣繁多（例如前面我們提到的三種不同的排序演算法），但時間複雜度都是 $O(n^2)$，似乎無法超越了 [3]。此時，電腦學術界充斥著「排序演算法不可能突破 $O(n^2)$」的聲音。就像剛才大家做智力題的感覺一樣，「不可能」成了主流。

終於有一天，當一位科學家發佈超越了 $O(n^2)$ 新排序演算法後，緊接著就出現了好幾種可以超越 $O(n^2)$ 的排序演算法，並把內排序演算法的時間複雜度提升到了 O($n$log$n$)。「不可能超越 $O(n^2)$」徹底成為了歷史。

從這裡也告訴我們，做任何事，你解決不了時，想一想 "Nothing is impossible!"，但這樣的思維方式會讓你更加深入地思考解決方案，而非匆忙的放棄。

9.6.1 希爾排序原理

現在，我要說明的演算法叫**希爾排序**（Shell Sort）。希爾排序是 D.L.Shell 於 1959 年提出來的一種排序演算法，在這之前排序演算法的時間複雜度基本都是 $O(n^2)$ 的，希爾排序演算法是突破這個時間複雜度的第一批演算法之一。

1 本智力題摘自《在腦袋一側猛敲一下》。

2 還有其他要求，速度是第一位。

3 這裡排序是指內排序。

我們前一節講的直接插入排序，應該說，它的效率在某些時候是很高的，舉例來說，我們的記錄本身就是基本有序的，我們只需要少量的插入操作，就可以完成整個記錄集的排序工作，此時直接插入很高效。還有就是記錄數比較少時，直接插入的優勢也比較明顯。可問題在於，兩個條件本身就過於苛刻，現實中記錄少或基本有序都屬於特殊情況。

不過別急，有條件當然是好，條件不存在，我們創造條件也是可以去做的。於是科學家希爾研究出了一種排序方法，對直接插入排序改進後可以增加效率。

如何讓待排序的記錄個數較少呢？很容易想到的就是將原本有大量記錄數的記錄進行分組。分割成許多個子序列，此時每個子序列待排序的記錄個數就比較少了，然後在這些子序列內分別進行直接插入排序，當整個序列都基本有序時，注意只是基本有序時，再對全體記錄進行一次直接插入排序。

此時一定有同學開始疑惑了。這不對呀，例如我們現在有序列是 {9,1,5,8,3,7,4,6,2}，現在將它分成三組，{9,1,5}，{8,3,7}，{4,6,2}，哪怕將它們各自排序排變成 {1,5,9}，{3,7,8}，{2,4,6}，再合併它們成 {1,5,9,3,7,8,2,4,6}，此時，這個序列還是雜亂無序，談不上基本有序，要排序還是重來一遍直接插入有序，這樣做有用嗎？需要強調一下，**所謂的基本有序，就是小的關鍵字基本在前面，大的基本在後面，不大不小的基本在中間**，像 {2,1,3,6,4,7,5,8,9} 這樣可以稱為基本有序了。但像 {1,5,9,3,7,8,2,4,6} 這樣的 9 在第三位，2 在倒數第三位就談不上基本有序。

問題其實也就在這裡，我們分割待排序記錄的目的是減少待排序記錄的個數，並使整個序列向基本有序發展。而如上面這樣分完組後就各自排序的方法達不到我們的要求。因此，我們需要採取跳躍分割的策略：**將相距某個「增量」的記錄組成一個子序列，這樣才能保障在子序列內分別進行直接插入排序後獲得的結果是基本有序而非局部有序。**

9.6.2 希爾排序演算法

為了能夠真正弄明白希爾排序的演算法，我們還是老辦法──模擬電腦在執行演算法時的步驟，還研究演算法到底是如何進行排序的。

希爾排序演算法程式如下。

```
1  void ShellSort(SqList *L)                    /* 對循序串列L作希爾排序 */
2  {
3      int i,j,k=0;
4      int increment=L->length;
5      do
6      {
7          increment=increment/3+1;             /* 增量序列 */
8          for (i=increment+1;i<=L->length;i++)
9          {
10             if (L->r[i]<L->r[i-increment])  /* 需將L->r[i]插入有序增量子表 */
11             {
12                 L->r[0]=L->r[i];                /* 暫存在L->r[0] */
13                 for (j=i-increment;j>0 && L->r[0]<L->r[j];j-=increment)
14                     L->r[j+increment]=L->r[j];  /* 記錄後移，查詢插入位置 */
15                 L->r[j+increment]=L->r[0];      /* 插入 */
16             }
17         }
18     }
19     while(increment>1);
20 }
```

(1) 程式開始執行，此時我們傳入的 SqList 參數的值為 length=9,r[10]={0,9,1,5,8,3,7,4,6,2}。這就是我們需要等待排序的序列，如下圖所示。

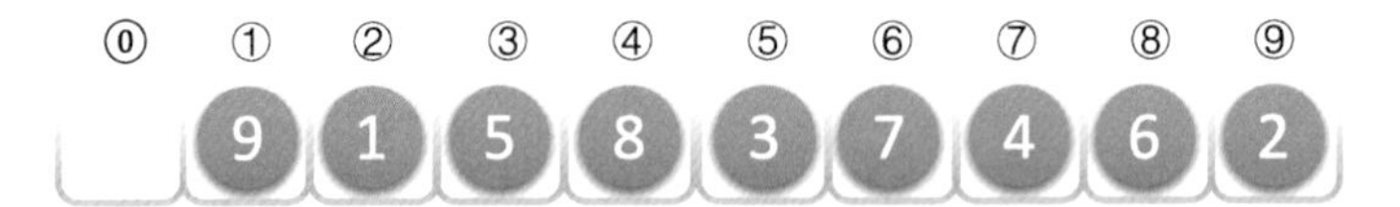

(2) 第 4 行，變數 increment 就是那個「增量」，我們初值讓它等於待排序的記錄數。

(3) 第 5 ～ 19 行是一個 do 迴圈，它提終止條件是 increment 不大於 1 時，其實也就是增量為 1 時就停止循環了。

(4) 第 7 行，這一句很關鍵，但也是難以了解的地方，我們後面還要談到它，先放一放。這裡執行完成後，increment=9/3+1=4。

(5) 第 8 ～ 17 行是一個 for 迴圈，i 從 4+1=5 開始到 9 結束。

(6) 第 10 行，判斷 L.r[*i*] 與 L.r[*i*-increment] 大小，L.r[5]=3 小於 L.r[*i*-increment]=L.r[1]=9，滿足條件，第 12 行，將 L.r[5]=3 暫存入 L.r[0]。第 13 ～ 14

行的迴圈只是為了將 L.r[1]=9 的值指定給 L.r[5]，由於迴圈的增量是 *j*-= increment，其實它就循環了一次，此時 j=-3。第 15 行，再將 L.r[0]=3 設定值給 L.r[*j*+increment]=L.r[-3+4]=L.r[1]=3。如下圖所示，事實上，這一段程式就做了一件事，就是將第 5 位的 3 和第 1 位的 9 交換了位置。

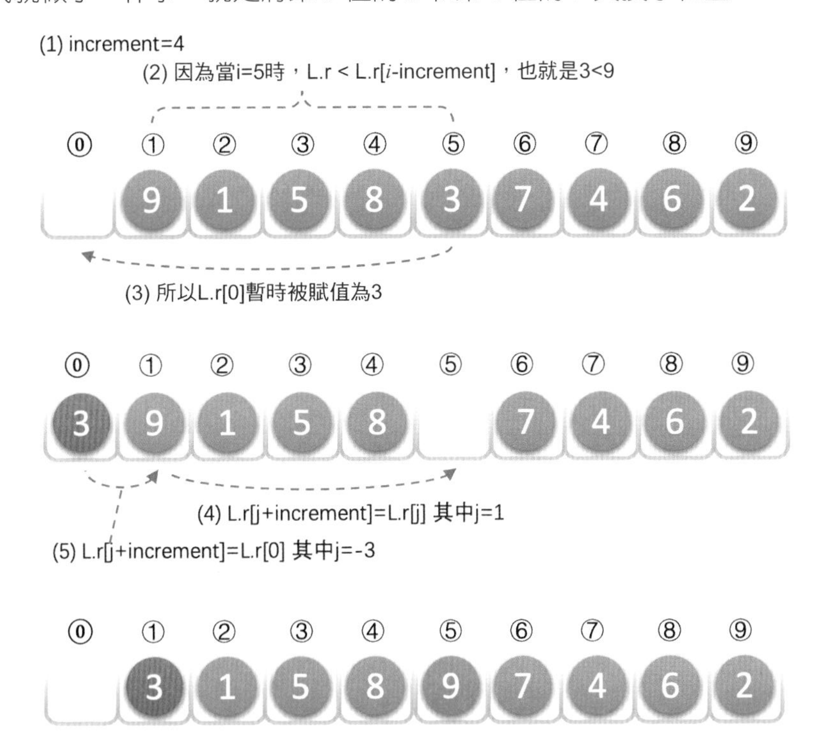

(7) 迴圈繼續，i=6，L.r[6]=7>L.r[i-increment]=L.r[2]=1，因此不交換兩者資料。如下圖所示。

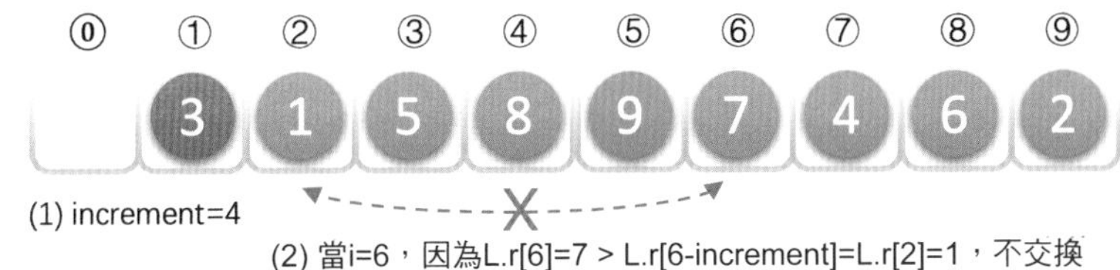

(8) 迴圈繼續，i=7，L.r[7]=4<L.r[i-increment]=L.r[3]=5，交換兩者資料。如下圖所示。

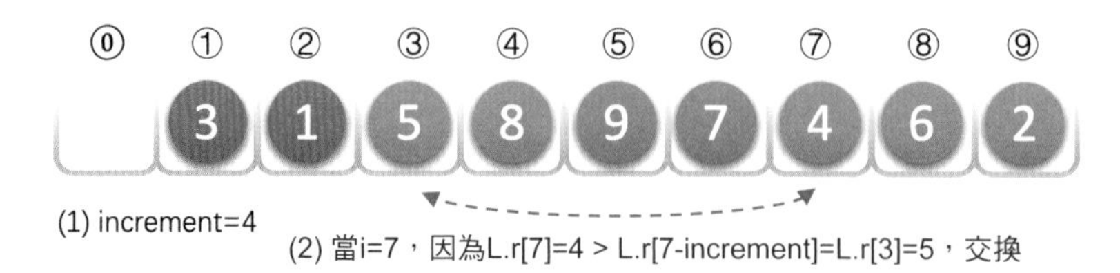

(9) 迴圈繼續，i=8，L.r[8]=6<L.r[i-increment]=L.r[4]=8，交換兩者資料。如下圖所示。

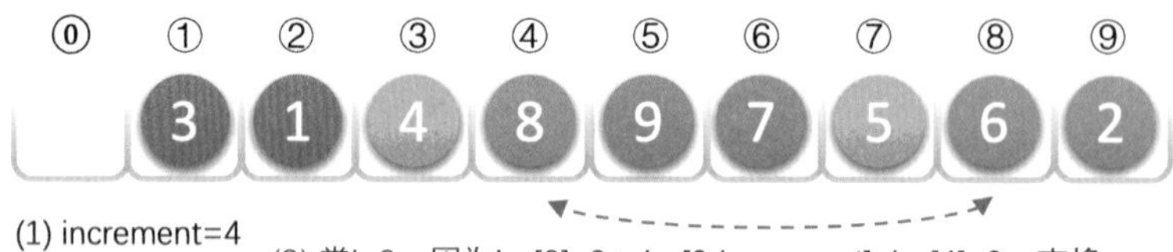

(10) 迴圈繼續，i=9，L.r[9]=2<L.r[i-increment]=L.r[5]=9，交換兩者資料。注意，第 13 ～ 14 行是迴圈，此時還要繼續比較 L.r[5] 與 L.r[1] 的大小，因為 2<3，所以還要交換 L.r[5] 與 L.r[1] 的資料，如下圖所示。

最後第一輪迴圈後，陣列的排序結果為下圖所示。細心的同學會發現，我們的數字 1、2 等小數字已經在前兩位，而 8、9 等大數字已經在後兩位，也就是說，透過這樣的排序，我們已經讓整個序列基本有序了。這其實就是希爾排序的精華所在，它將關鍵字較小的記錄，不是一步一步地往前挪動，而是跳躍式地往前移，進一步使得每次完成一輪迴圈後，整個序列就朝著有序堅實地邁進一步。

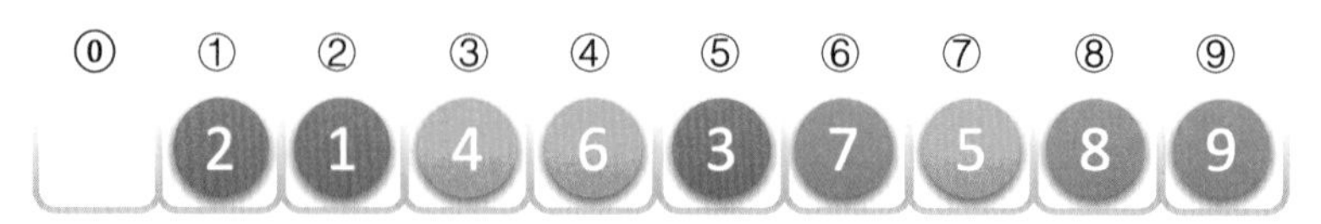

(11) 我們繼續，在完成一輪 do 迴圈後，此時由於 increment=4>1 因此我們需要繼續 do 迴圈。第 7 行獲得 increment=4/3+1=2。第 8 ～ 17 行 for 迴圈，i 從 2+1=3 開始到 9 結束。當 i=3、4 時，不用交換，當 i=5 時，需要交換資料，如下圖所示。

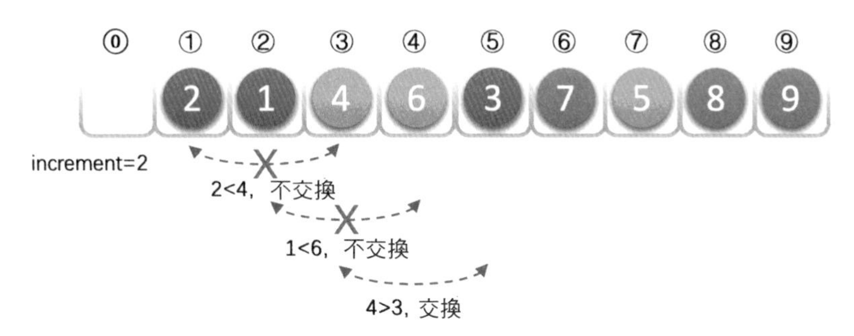

(12) 此後，i=6、7、8、9 均不用交換，如下圖所示。

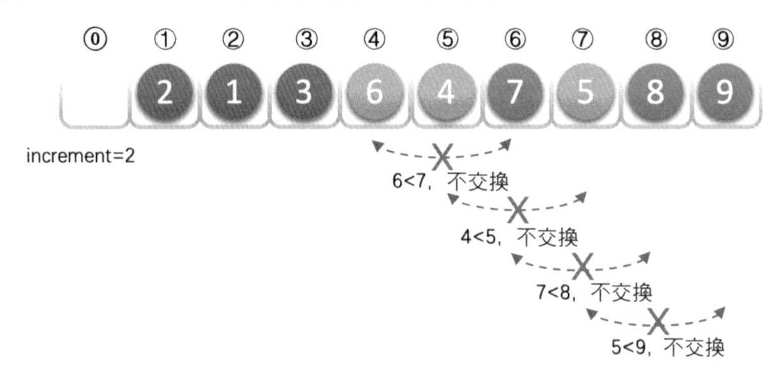

(13) 再次完成一輪 do 迴圈，increment=2>1，再次 do 迴圈，第 7 行獲得 increment =2/3+1=1，此時這就是最後一輪 do 迴圈了。儘管第 8 ～ 17 行 for 迴圈，i 從 1+1=2 開始到 9 結束，但由於目前序列已經基本有序，可交換資料的情況大為減少，效率其實很高。如下圖所示，圖中箭頭連線為需要交換的關鍵字。

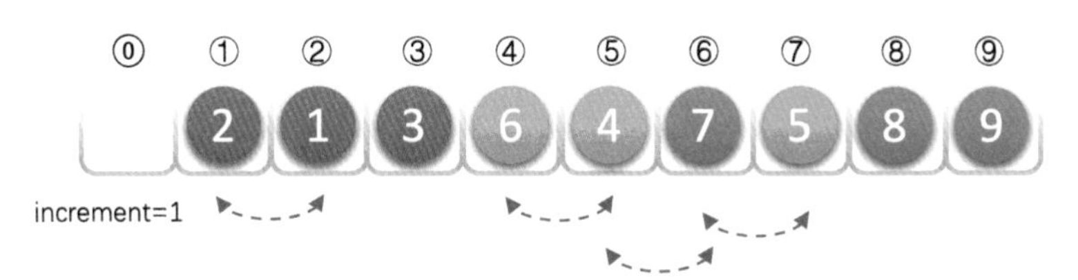

最後完成排序過程，如下圖所示。

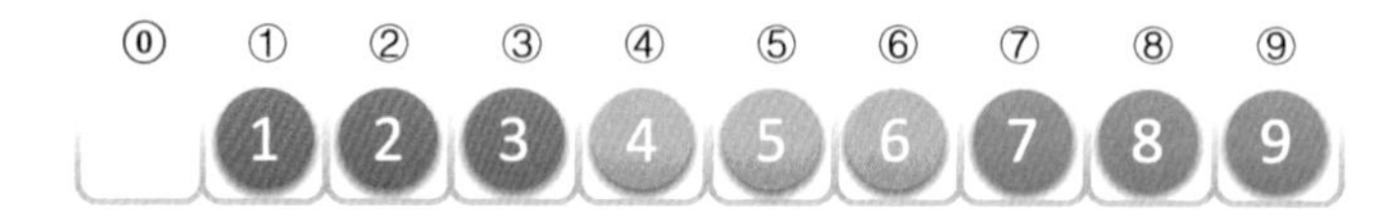

9.6.3 希爾排序複雜度分析

透過這段程式的剖析，相信大家有些明白，希爾排序的關鍵並不是隨便分組後各自排序，而是將相隔某個「增量」的記錄組成一個子序列，實現跳躍式的移動，使得排序的效率加強。

這裡「增量」的選取就十分重要了。我們在程式中第 7 行，是用 increment=increment/3+1; 的方式選取增量的，可究竟應該選取什麼樣的增量才是最好，目前還是一個數學難題，迄今為止還沒有人找到一種最好的增量序列。不過大量的研究表明，當增量序列為 $dlta[k]=2^{t-k+1}-1$（$0 \leqslant k \leqslant t \leqslant \lfloor \log_2(n+1) \rfloor$）時，可以獲得不錯的效率，其時間複雜度為 $O(n^{3/2})$，要好於直接排序的 $O(n^2)$。需要注意的是，**增量序列的最後一個增量值必須等於 1 才行**。另外由於記錄是跳躍式的移動，希爾排序並不是一種穩定的排序演算法。

不管怎麼說，希爾排序演算法的發明，使得我們終於突破了慢速排序的時代（超越了時間複雜度為 $O(n^2)$），之後，對應的更為高效的排序演算法也就相繼出現了。

9.7 堆積排序

我們前面講到簡單選擇排序，它在待排序的 n 個記錄中選擇一個最小的記錄需要比較 n−1 次。本來這也可以了解，尋找第一個資料需要比較這麼多次是正常的，否則如何知道它是最小的記錄。

可惜的是，這樣的操作並沒有把每一趟的比較結果儲存下來，在後一趟的比較中，有許多比較在前一趟已經做過了，但由於前一趟排序時未儲存這些比較結果，所以後一趟排序時又重複執行了這些比較操作，因而記錄的比較次數較多。

如果可以做到每次在選擇到最小記錄的同時，並根據比較結果對其他記錄做出對應的調整，那樣排序的整體效率就會非常高了。而堆積排序（Heap Sort），就是對簡單選擇排序進行的一種改進，這種改進的效果是非常明顯的。堆積排序演算法是 Floyd 和 Williams 在 1964 年共同發明的，同時，他們發明了「堆積」這樣的資料結構。

回憶一下我們小時候，特別是男同學，基本都玩過疊羅漢的惡作劇。通常都是先把某個要整的人按倒在地，然後大家就一擁而上撲了上去……後果？後果當然就是一笑了之，一個惡作劇而已。不過在西班牙的加泰羅尼亞地區，他們將疊羅漢視為了正經八百的民族體育活動，如右圖所示，可以想像當時場面的壯觀。

疊羅漢運動是把人堆在一起，而我們這裡要介紹的「堆積」結構相當於把數位記號堆成一個塔型的結構。當然，這絕不是簡單的堆砌。大家看下圖，能夠找到什麼規律嗎？

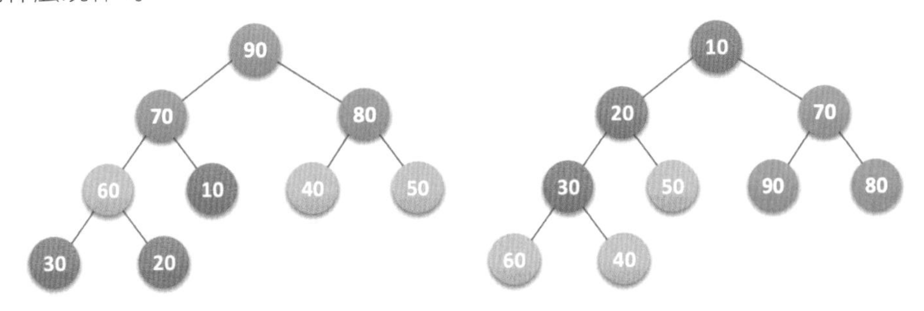

很明顯，我們可以發現它們都是二元樹，如果觀察仔細些，還能看出它們都是完全二元樹。左圖中根節點是所有元素中最大的，右圖的根節點是所有元素中最小的。再細看看，發現左圖每個節點都比它的左右孩子要大，右圖每個節點都比它的左右孩子要小。這就是我們要講的堆積結構。

堆積是具有下列性質的完全二元樹：每個節點的值都大於或等於其左右孩子節點的值，稱為大頂堆積（例如上圖左圖所示）；或每個節點的值都小於或等於其左右孩子節點的值，稱為小頂堆積（例如上圖右圖所示）。

這裡需要注意從堆積的定義可知，根節點一定是堆積中所有節點最大（小）者。較大（小）的節點接近根節點（但也不絕對，例如右圖小頂堆積中 60、40 均小於 70，但它們並沒有 70 接近根節點）。

如果按照層序檢查的方式給節點從 1 開始編號，則節點之間滿足以下關係：

$$\begin{cases} k_i \geqslant k_{2i} \\ k_i \geqslant k_{2i+1} \end{cases} \text{或} \begin{cases} k_i \leqslant k_{2i} \\ k_i \leqslant k_{2i+1} \end{cases} 1 \leqslant i \leqslant \left\lfloor \frac{n}{2} \right\rfloor$$

這裡為什麼 i 要小於等於 $\lfloor n/2 \rfloor$ 呢？相信大家可能都忘記了二元樹的性質 5[4]，其實忘記也不奇怪，這個性質在我們講完之後，就再也沒有提到過它。可以說，這個性質彷彿就是在為堆積準備的。性質 5 的第一條就說一棵完全二元樹，如果 i=1，則節點 i 是二元樹的根，無雙親；如果 i>1，則其雙親是節點 $\lfloor i/2 \rfloor$。那麼對於有 n 個節點的二元樹而言，它的 i 值自然就是小於等於 $\lfloor n/2 \rfloor$ 了。性質 5 的第二、三條，也是在說明索引 i 與 $2i$ 和 $2i$+1 的雙親子女關係。如果完全忘記的同學不妨去複習一下。

如果將上圖的大頂堆積和小頂堆積用層序檢查存入陣列，則一定滿足上面的關係表達，如下圖所示。

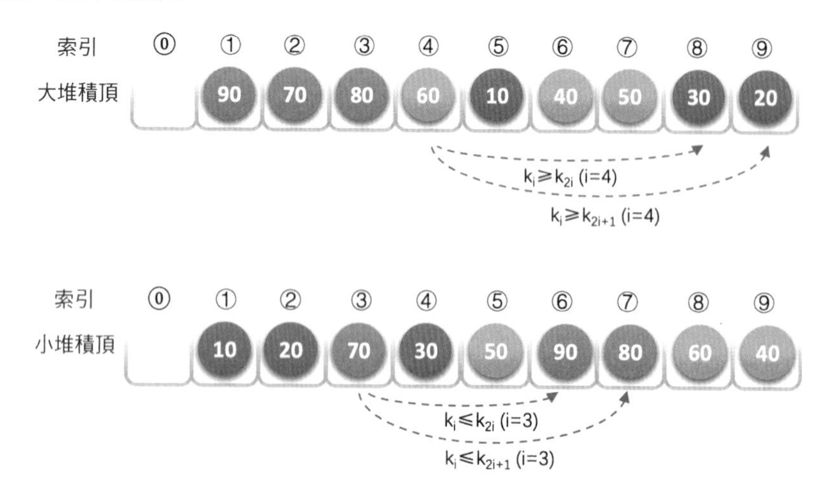

我們現在講這個堆積結構，其目的就是為了堆積排序用的。

4　詳見本書 6.6 節。

9.7.1 堆積排序演算法

堆積排序（Heap Sort）就是利用堆積（假設利用大頂堆積）進行排序的方法。它的基本思維是，將待排序的序列建置成一個大頂堆積。此時，整個序列的最大值就是堆積頂的根節點。將它移走（其實就是將其與堆積陣列的尾端元素交換，此時尾端元素就是最大值），然後將剩餘的 n-1 個序列重新建置成一個堆積，這樣就會獲得 n 個元素中的次大值。如此反覆執行，便能獲得一個有序序列了。

例如下圖所示，圖 1 是一個大頂堆積，90 為最大值，將 90 與 20（尾端元素）互換，如圖 2 所示，此時 90 就成了整個堆積序列的最後一個元素，將 20 經過調整，使得除 90 以外的節點繼續滿足大頂堆積定義（所有節點都大於等於其子孩子），見圖 3，然後再考慮將 30 與 80 互換……

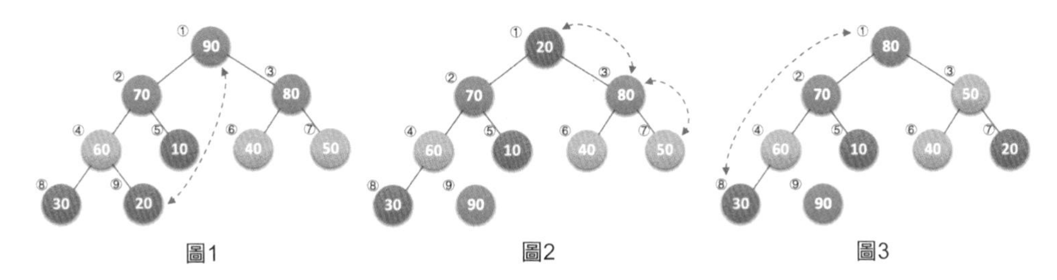

也就是說，我們一開始把排序資料建置成一個大頂堆積，然後每次找到一個較大值進行一次排序交換時，要讓剩餘的資料仍舊滿足大頂堆積的結構，這就使得後面繼續排序帶來了快速和高效。相信大家有些明白堆積排序的基本思維了，不過要實現它還需要解決兩個問題：

(1) 如何由一個無序序列建置成一個堆積？
(2) 如果在輸出堆積頂元素後，調整剩餘元素成為一個新的堆積？

要解釋清楚它們，讓我們來看程式。

```
1 void HeapSort(SqList *L)          /* 對循序串列L進行堆積排序 */
2 {
3     int i;
4     for (i=L->length/2;i>0;i--)   /* 把L中的r建構成一個大頂堆積 */
5         HeapAdjust(L,i,L->length);
6     for (i=L->length;i>1;i--)
7     {
```

```
 8         swap(L,1,i);         /* 將堆積頂記錄和目前未經排序子序列最後一記錄交換 */
 9         HeapAdjust(L,1,i-1);   /* 將L->r[1..i-1]重新調整為大頂堆積 */
10     }
11 }
```

從程式中也可以看出，整個排序過程分為兩個 for 迴圈。第一個迴圈要完成的就是將現在的待排序序列建置成一個大頂堆積。第二個迴圈要完成的就是逐步將每個最大值的根節點與尾端元素交換，並且再調整其成為大頂堆積。

假設我們要排序的序列是 {50,10,90,30,70,40,80,60,20}[5]，那麼 L.length=9，第一個 for 迴圈，程式第 4 行，i 是從 $\lfloor 9/2 \rfloor=4$ 開始，4 → 3 → 2 → 1 的變數變化。為什麼不是從 1 到 9 或從 9 到 1，而是從 4 到 1 呢？其實我們看了下圖就明白了，它們都有什麼規律？它們都是有孩子的節點。注意灰色節點的索引編號就是 1、2、3、4。

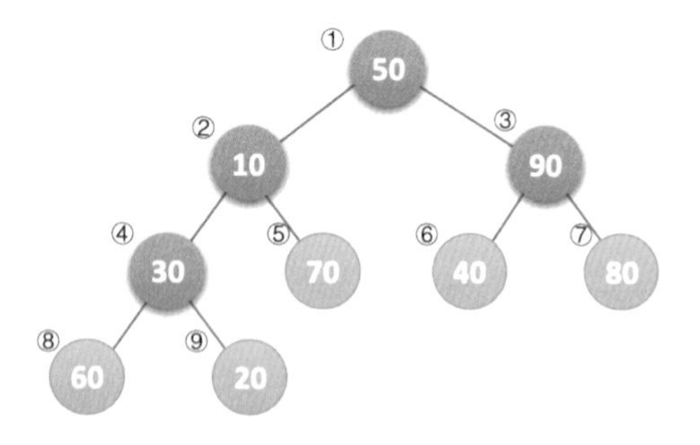

我們所謂的將待排序的序列建置成為一個大頂堆積，其實就是從下往上、從右到左，將每個非終端節點（非葉節點）當作根節點，將其和其子樹調整成大頂堆積。i 的 4 → 3 → 2 → 1 的變數變化，其實也就是 30，90，10、50 的節點調整過程。

既然已經弄清楚 i 的變化是在調整哪些元素了，現在我們來看關鍵的 HeapAdjust（堆積調整）函數是如何實現的。

```
1 void HeapAdjust(SqList *L,int s,int m)
2 { /* 本函數調整L->r[s]的關鍵字，使L->r[s..m]成為一個大頂堆積 */
3     int temp,j;
4     temp=L->r[s];
5     for (j=2*s;j<=m;j*=2)  /* 沿關鍵字較大的孩子節點向下篩選 */
6     {
7         if(j<m && L->r[j]<L->r[j+1])
8             ++j;              /* j為關鍵字中較大的記錄的索引 */
```

5 這裡把每個數字乘以 10，是為了與下標的個位數字進行區分，因為我們在說明中，會大量的提到陣列下標的數字。

```
 9          if(temp>=L->r[j])
10             break;            /* rc應插入在位置s上 */
11          L->r[s]=L->r[j];
12          s=j;
13       }
14       L->r[s]=temp;           /* 插入 */
15   }
```

(1) 函數被第一次呼叫時，s=4，m=9，傳入的 SqList 參數的值為 length=9,r[10] ={0,50,10,90, 30,70,40,80,60,20}。

(2) 第 4 行，將 L.r[s]=L.r[4]=30 設定值給 temp，如下圖所示。

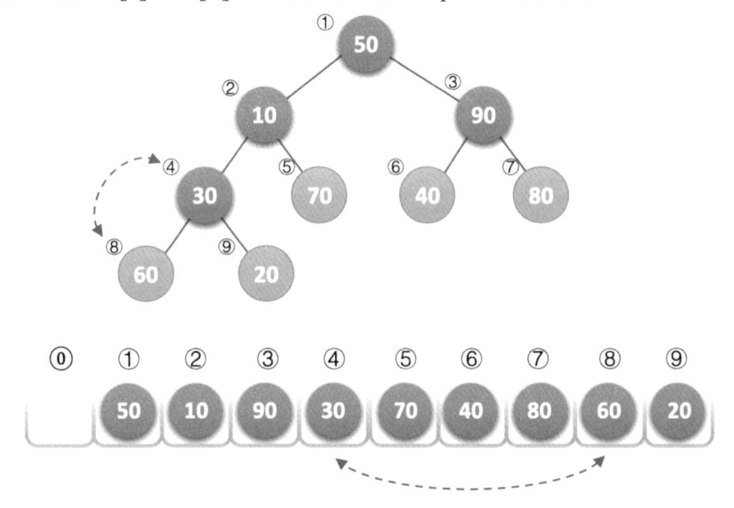

(3) 第 5 ～ 13 行，迴圈檢查其節點的孩子。這裡 j 變數為什麼是從 2*s 開始呢？又為什麼是 j*=2 遞增呢？原因還是二元樹的性質 5，因為我們這棵是完全二元樹，目前節點序號是 s，其左孩子的序號一定是 2s，右孩子的序號一定是 2s+1，它們的孩子當然也是以 2 的位數序號增加，因此 j 變數才是這樣循環。

(4) 第 7 ～ 8 行，此時 j=2*4=8，j<m 說明它不是最後一個節點，如果 L.r[j]<L.r[j+1]，則說明左孩子小於右孩子。我們的目的是要找到較大值，當然需要讓 j+1 以便變成指向右孩子的索引。目前 30 的左右孩子是 60 和 20，並不滿足此條件，因此 j 還是 8。

(5) 第 9 ～ 10 行，temp=30，L.r[j]=60，並不滿足條件。

(6) 第 11 ～ 12 行，將 60 設定值給 L.r[4]，並令 s=j=8。也就是說，目前算出，以 30 為根節點的子二元樹，目前最大值是 60，在第 8 的位置。注意此時 L.r[4] 和 L.r[8] 的值均為 60。

(7) 再循環因為 j=2*j=16，m=9，j>m，因此跳出迴圈。

(8) 第 14 行，將 temp=30 設定值給 L.r[s]=L.r[8]，完成 30 與 60 的交換工作。如下圖所示。本次函數呼叫完成。

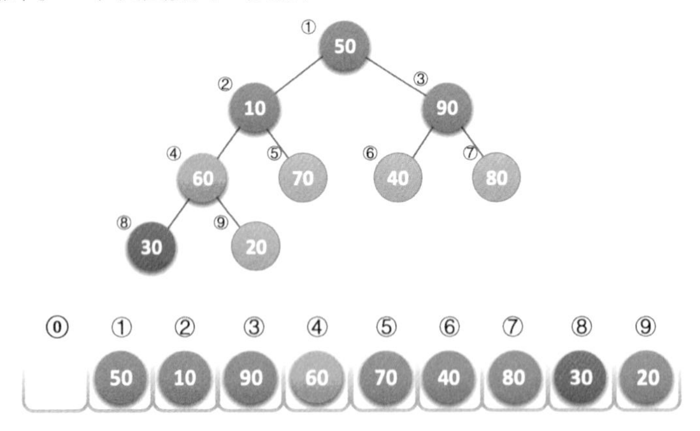

(9) 再次呼叫 HeapAdjust，此時 s=3，m=9。第 4 行，temp=L.r[3]=90，第 7 ～ 8 行，由於 40<80 獲得 j+1=2*s+1=7。9 ～ 10 行，由於 90>80，因此退出循環，最後本次呼叫，整個序列未發什麼改變。

(10) 再次呼叫 HeapAdjust，此時 s=2，m=9。第 4 行，temp=L.r[2]=10，第 7 ～ 8 行，60<70，使得 j=5。最後本次呼叫使得 10 與 70 進行了互換，如下圖所示。

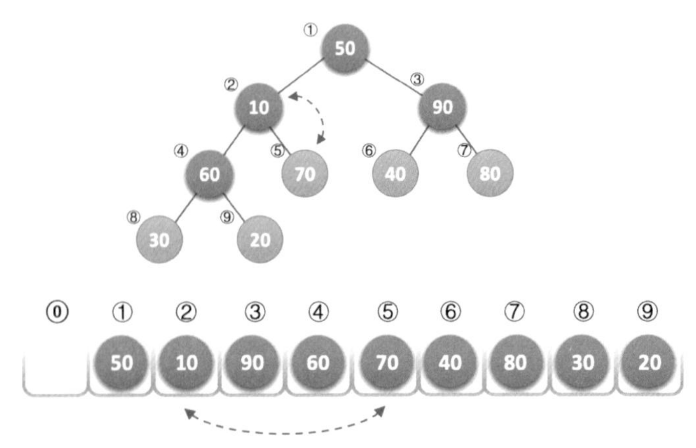

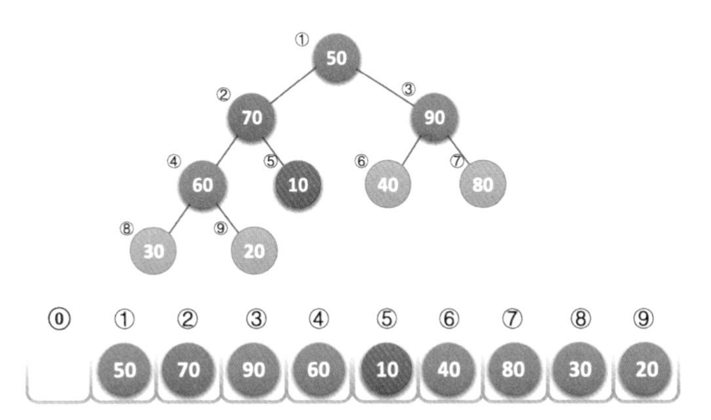

(11) 再次呼叫 HeapAdjust，此時 s=1，m=9。第 4 行，temp=L.r[1]=50，第 7 ～ 8 行，70<90，使得 j=3。第 11 ～ 12 行，L.r[1] 被設定值了 90，並且 s=3，再循環，由於 2j=6 並未大於 m，因此再次執行迴圈本體，使得 L.r[3] 被設定值了 80，完成循環後，L.[7] 被設定值為 50，最後本次呼叫使得 50、90、80 進行了輪換，如下圖所示。

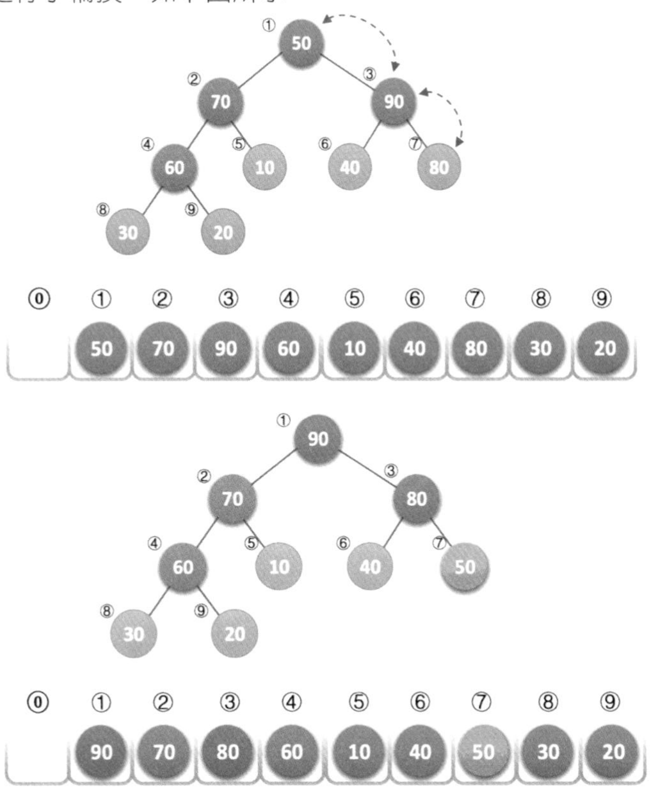

到此為止，我們建置大頂堆積的過程算是完成了，也就是 HeapSort 函數的第 4 ～ 5 行迴圈執行完畢。或許是有點複雜，如果不明白，多試著模擬電腦執行的方式走幾遍，應該就可以了解其原理。

接下來 HeapSort 函數的第 6 ～ 11 行就是正式的排序過程，由於有了前面的充分準備，其實這個排序就比較輕鬆了。下面是這部分程式。

```
 6  for (i=L->length;i>1;i--)
 7  {
 8          swap(L,1,i);         /* 將堆積頂記錄和目前未經排序子序列最後一記錄交換 */
 9          HeapAdjust(L,1,i-1);   /* 將L->r[1..i-1]重新調整為大頂堆積 */
10      }
```

(1) 當 i=9 時，第 8 行，交換 20 與 90，第 9 行，將目前的根節點 20 進行大頂堆積的調整，調整過程和剛才流程一樣，找到它左右子節點的較大值，互換，再找到其子節點的較大值互換。此時序列變為 {80,70,50,60,10,40,20,30,90}，如下圖所示。

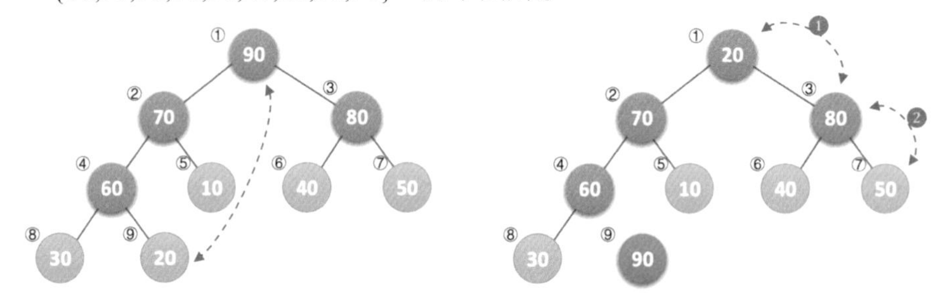

(2) 當 i=8 時，交換 30 與 80，並將 30 與 70 交換，再與 60 交換，此時序列變為 {70,60,50,30,10,40,20,80,90}，如下圖所示。

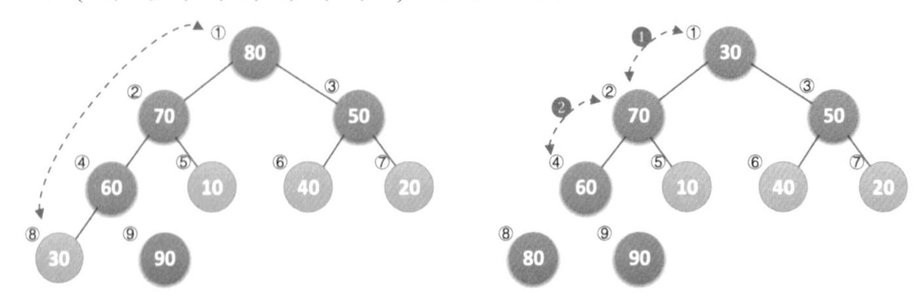

(3) 後面的變化完全類似，不解釋，只看下圖。

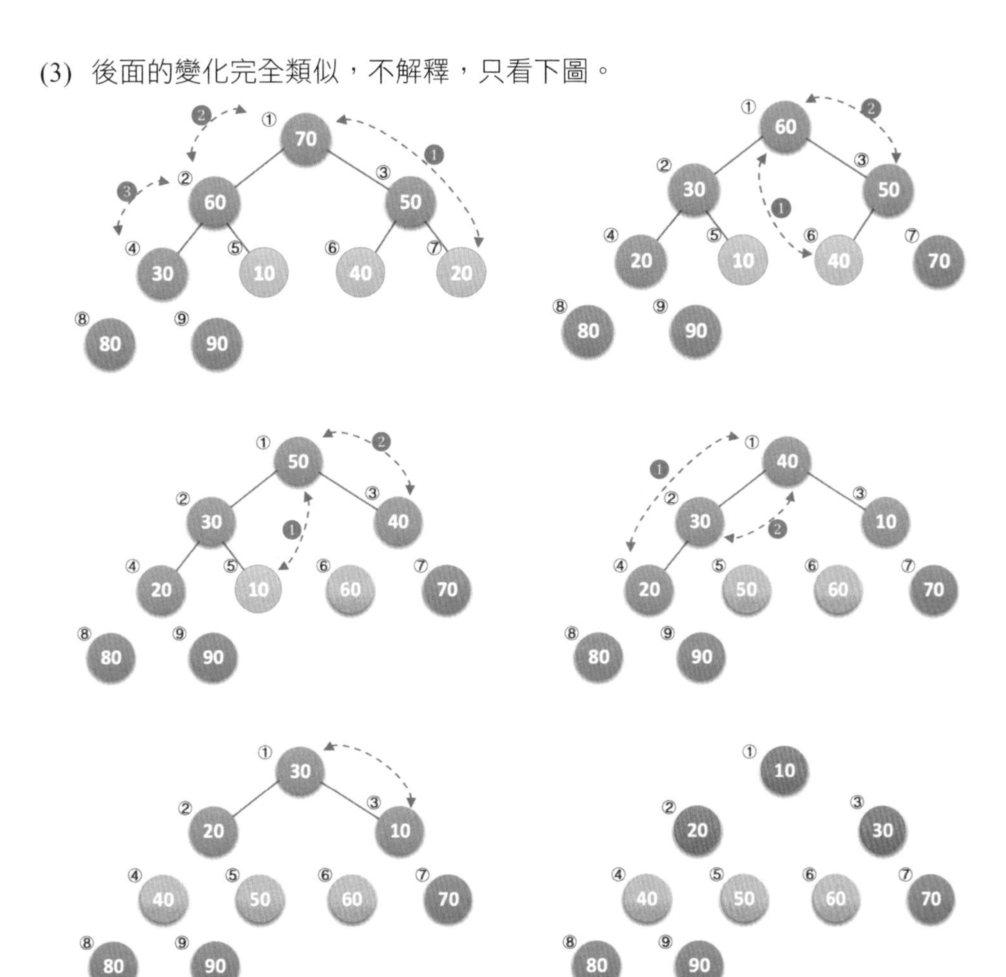

最後就獲得一個完全有序的序列了。

9.7.2 堆積排序複雜度分析

堆積排序的效率到底有多高呢？我們來分析一下。

它的執行時間主要是消耗在初始建置堆積和在重建堆積時的反覆篩選上。

在建置堆積的過程中，因為我們是完全二元樹從最下層最右邊的非終端節點開始建置，將它與其孩子進行比較和若有必要的互換，對每個非終端節點來說，其實最多進行兩次比較和互換操作，因此整個建置堆積的時間複雜度為 $O(n)$。

在正式排序時，第 i 次取堆積頂記錄重建堆積需要用 O(log$i$) 的時間（完全二元樹的某個節點到根節點的距離為 $\lfloor \log_2 i \rfloor + 1$），並且需要取 n-1 次堆積頂記錄，因此，重建堆積的時間複雜度為 O($n$log$n$)。

所以整體來說，堆積排序的時間複雜度為 O($n$log$n$)。由於堆積排序對原始記錄的排序狀態並不敏感，因此它無論是最好、最壞和平均時間複雜度均為 O($n$log$n$)。這在效能上顯然要遠遠好過於上浮、簡單選擇、直接插入的 O(n^2) 的時間複雜度了。

空間複雜度上，它只有一個用來交換的暫存單元，也非常的不錯。不過由於記錄的比較與交換是跳躍式進行，因此堆積排序也是一種不穩定的排序方法。

另外，由於初始建置堆積所需的比較次數較多，因此，它並不適合待排序序列個數較少的情況。

9.8 歸併排序

前面我們講了堆積排序，因為它用到了完全二元樹，充分利用了完全二元樹的深度是 $\lfloor \log_2 n \rfloor+1$ 的特性，所以效率比較高。不過堆積結構的設計本身是比較複雜的，老實說，能想出這樣的結構就挺不容易，有沒有更直接簡單的辦法利用完全二元樹來排序呢？當然有。

先來舉一個實例。你們知道學測一本、二本、專科分數線是如何劃分出來的嗎？

簡單地說，如果各大專院校大學專業在某省高三理科學生中計畫招收 1 萬名，那麼將全省參加學測的理科學生分數倒排序，第 1 萬名的總分數就是當年大學生的分數線（現實可能會比這複雜，這裡簡化之）。也就是說，即使你是你們班級第一、甚至年級第一名，如果你沒有上分數線，則說明你的成績排不到全省前 1 萬名，你也就基本失去了當年上大學的機會了。

換句話說，所謂的全省排名，其實也就是每個市、每個縣、每個學校、每個班級的排名合併後再排名獲得的。注意我這裡用到了合併一詞。

我們要比較兩個學生的成績高低是很容易的，例如甲比乙分數低，丙比丁分數低。那麼我們也就可以很容易獲得甲乙丙丁合併後的成績排名，同樣的，戊己庚辛的排名也容易獲得，由於他們兩組分別有序了，把他們八個學生成績合併有序也是很容易做到的了，繼續下去……最後完成全省學生的成績排名，此時學測狀元也就誕生了。

為了更清晰地說清楚這裡的思維，大家來看下圖所示，我們將本是無序的陣列序列 {16,7,13,10,9,15,3,2,5,8,12,1,11,4,6,14}，透過兩兩合併排序後再合併，最後獲得了一個有序的陣列。注意仔細觀察它的形狀，你會發現，它像極了一棵倒置的完全二元樹，通常有關到完全二元樹結構的排序演算法，效率一般都不低的──這就是我們要講的歸併排序法。

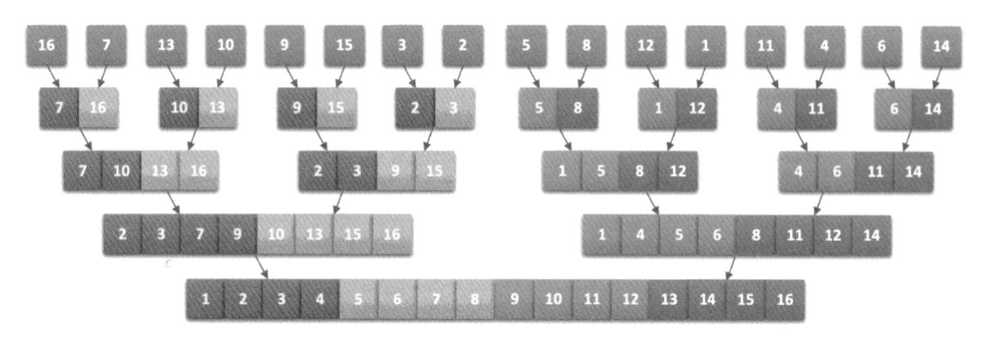

9.8.1 歸併排序演算法

「歸併」一詞的中文含義就是合併、併入的意思，而在資料結構中的定義是將兩個或兩個以上的有序串列組合成一個新的有序串列。

歸併排序（Merging Sort）就是利用歸併的思維實現的排序方法。它的原理是假設初始序列含有 n 個記錄，則可以看成是 n 個有序的子序列，每個子序列的長度為 1，然後兩兩歸併，獲得 $\lfloor n/2 \rfloor$（$\lfloor x \rfloor$ 表示不小於 x 的最小整數）個長度為 2 或 1 的有序子序列；再兩兩歸併，……，如此重複，直到獲得一個長度為 n 的有序序列為止，這種排序方法稱為 2 路歸併排序。[6]

有了對歸併排序的初步認識後，我們來看程式。

6 本書只介紹 2 路歸併排序。

```
/* 對循序串列L作歸併排序 */
void MergeSort(SqList *L)
{
    MSort(L->r,L->r,1,L->length);
}
```

一行程式碼，別奇怪，它只是呼叫了另一個函數而已。為了與前面的排序演算法統一，我們用了同樣的參數定義 SqList *L，由於我們要說明的歸併排序實現需要用到遞迴呼叫[7]，因此我們外封裝了一個函數。假設現在要對陣列 {50,10,90,30,70,40,80,60,20} 進行排序，L.length=9，我現來看看 MSort 的實現。

```
   /* 將SR[s..t]歸併排序為TR1[s..t] */
 1 void MSort(int SR[],int TR1[],int s, int t)
 2 {
 3     int m;
 4     int TR2[MAXSIZE+1];
 5     if(s==t)
 6         TR1[s]=SR[s];
 7     else
 8     {
 9         m=(s+t)/2;             /* 將SR[s..t]平分為SR[s..m]和SR[m+1..t] */
10         MSort(SR,TR2,s,m);     /* 遞迴地將SR[s..m]歸併為有序的TR2[s..m] */
11         MSort(SR,TR2,m+1,t);   /* 遞迴地將SR[m+1..t]歸併為有序的TR2[m+1..t] */
12         Merge(TR2,TR1,s,m,t); /* 將TR2[s..m]和TR2[m+1..t]歸併到TR1[s..t] */
13     }
14 }
```

(1) MSort 被呼叫時，SR 與 TR1 都是 {50,10,90,30,70,40,80,60,20}，s=1，t=9，最後我們的目的就是要將 TR1 中的陣列排好順序。

(2) 第 5 行，顯然 s 不等於 t，執行第 8 ～ 13 行敘述區塊。

(3) 第 9 行，m=（1+9）/2=5。m 就是序列的正中間索引。

(4) 此時第 10 行，呼叫 "MSort（SR,TR2,1,5）;" 的目標就是將陣列 SR 中的第 1 ～ 5 的關鍵字歸併到有序的 TR2（呼叫前 TR2 為空陣列），第 11 行，呼叫 "MSort（SR,TR2,6,9）;" 的目標就是將陣列 SR 中的第 6 ～ 9 的關鍵字歸併到有序的 TR2。也就是說，在呼叫這兩行程式碼之前，程式已經準備將

7　也可以不用遞迴實現，後面有提及。

陣列分成了兩組了，如下圖所示。

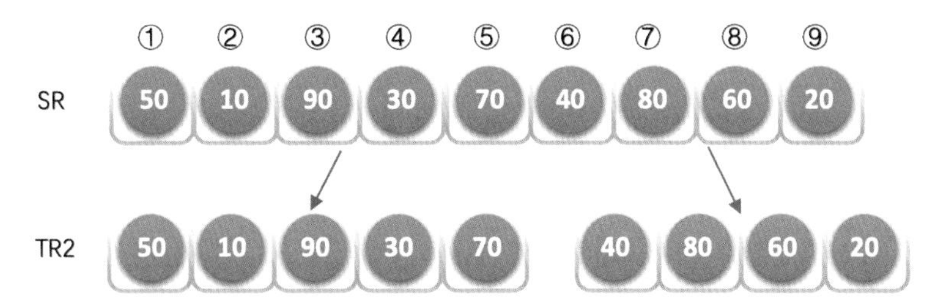

(5) 第 12 行，函數 Merge 的程式細節一會再講，呼叫 "Merge（TR2,TR1,1,5,9）;" 的目標其實就是將第 10 和 11 行程式獲得的陣列 TR2（注意它是索引為 1 ～ 5 和 6 ～ 9 的關鍵字分別有序）歸併為 TR1，此時相當於整個排序就已經完成了，如下圖所示。

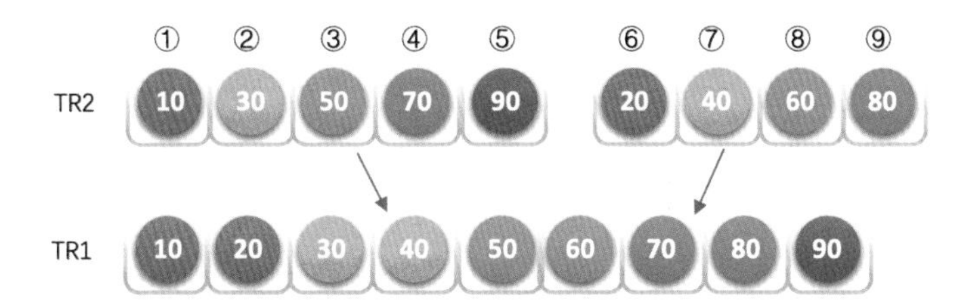

(6) 再來看第 10 行遞迴呼叫進去後，s=1，t=5，m=（1+5）/2=3。此時相當於將 5 個記錄拆分為三個和兩個。繼續遞迴進去，直到細分為一個記錄填入 TR2，此時 s 與 t 相等，遞迴傳回，如下圖的左圖所示。每次遞迴傳回後都會執行目前遞迴函數的第 12 行，將 TR2 歸併到 TR1 中，如下圖的右圖所示，最後使得目前序列有序。

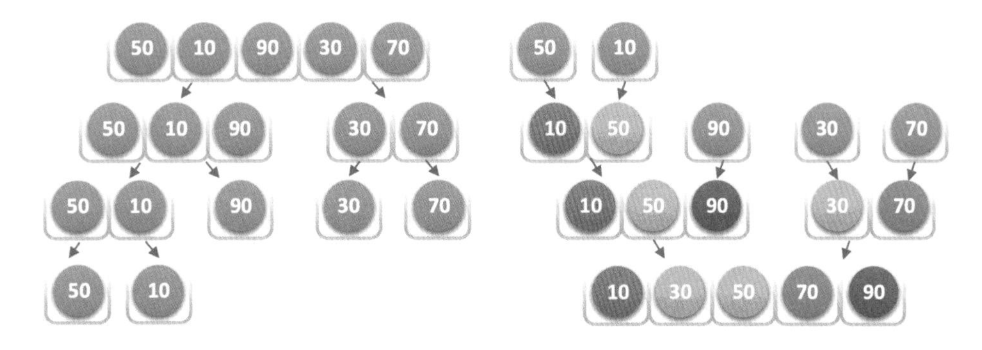

(7) 同樣的第 11 行也是類似方式，如下圖所示。

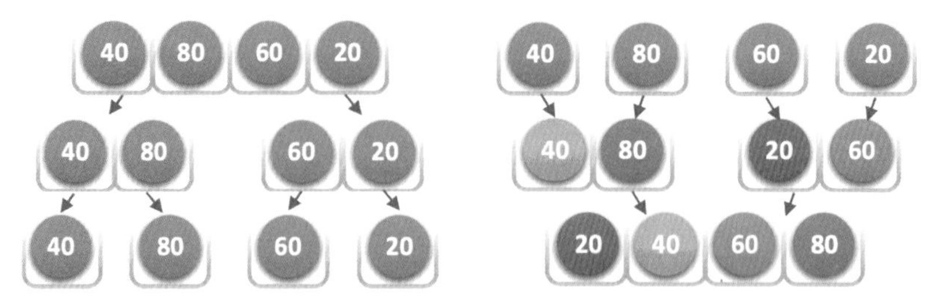

(8) 此時也就是剛才所講的最後一次執行第 12 行程式，將 {10,30,50,70,90} 與 {20,40,60,80} 歸併為最後有序的序列。

可以說，如果對遞迴函數的執行方式了解比較透的話，MSort 函數還是很好了解的。我們來看看整個資料轉換示意圖，如下圖所示。

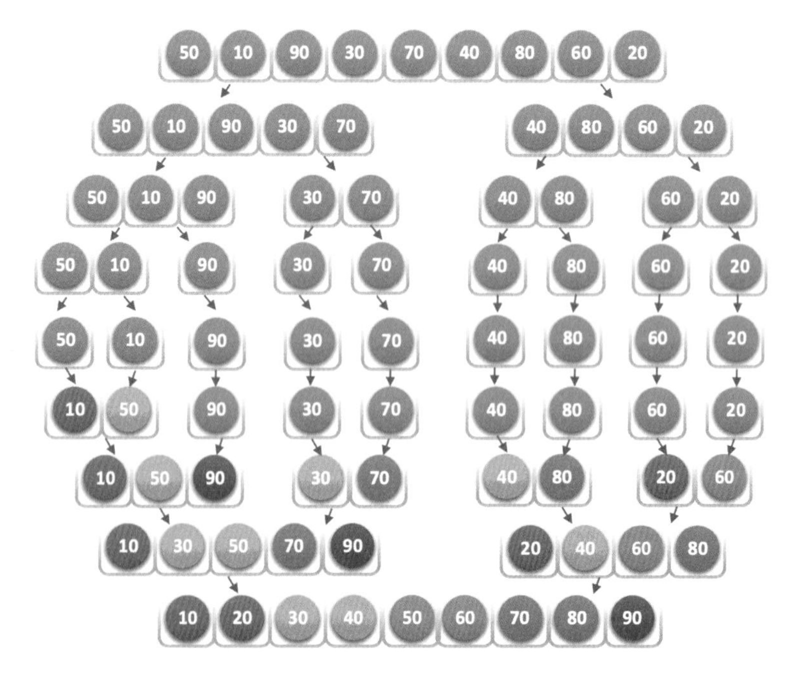

現在我們來看看 Merge 函數的程式是如何實現的。

```
1  void Merge(int SR[],int TR[],int i,int m,int n)
2  { /* 將有序的SR[i..m]和SR[m+1..n]歸併為有序的TR[i..n] */
3      int j,k,l;
4      for (j=m+1,k=i;i<=m && j<=n;k++)    /* 將SR中記錄由小到大地並入TR */
```

```
5       {
6           if (SR[i]<SR[j])
7              TR[k]=SR[i++];
8           else
9              TR[k]=SR[j++];
10      }
11      if(i<=m)
12      {
13          for (l=0;l<=m-i;l++)
14             TR[k+l]=SR[i+l];             /* 將剩餘的SR[i..m]複製到TR */
15      }
16      if(j<=n)
17      {
18          for (l=0;l<=n-j;l++)
19             TR[k+l]=SR[j+l];       /* 將剩餘的SR[j..n]複製到TR */
20      }
21  }
```

(1) 假設我們此時呼叫的 Merge 就是將 {10,30,50,70,90} 與 {20,40,60,80} 歸併為最後有序的序列，因此陣列 SR 為 {10,30,50,70,90,20,40,60,80}，i=1，m=5，n=9。

(2) 第 4 行，for 迴圈，j 由 m+1=6 開始到 9，i 由 1 開始到 5，k 由 1 開始每次加 1，k 值用於目標陣列 TR 的索引。

(3) 第 6 行，SR[i]=SR[1]=10，SR[j]= SR[6]=20，SR[i]<SR[j]，執行第 7 行，TR[k]=TR[1]=10，並且 i++。如下圖所示。

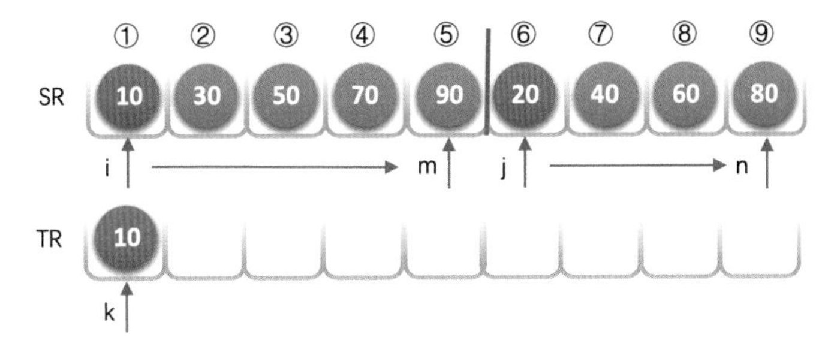

(4) 再次循環，k++ 獲得 k=2，SR[i]=SR[2]=30，SR[j]= SR[6]=20，SR[i]>SR[j]，執行第 9 行，TR[k]=TR[2]=20，並且 j++，如下圖所示。

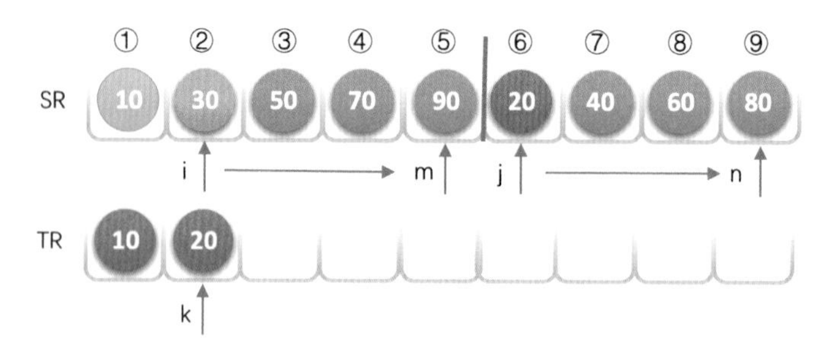

(5) 再次循環，k++ 獲得 k=3，SR[i]=SR[2]=30，SR[j]= SR[7]=40，SR[i]<SR[j]，執行第 7 行，TR[k]=TR[3]=30，並且 i++，如下圖所示。

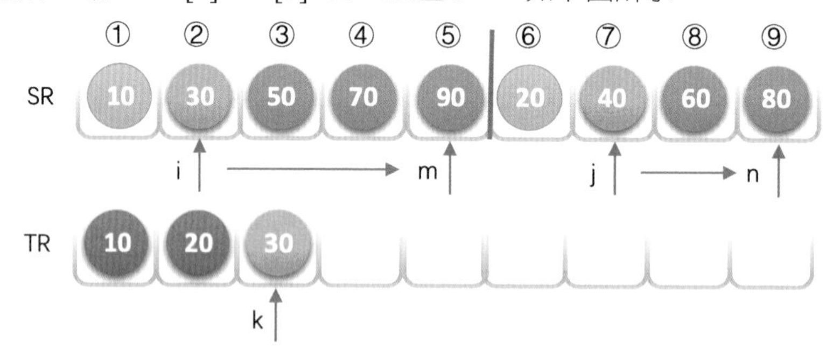

(6) 接下來完全相同的操作，一直到 j++ 後，j=10，大於 9 退出迴圈，如下圖所示。

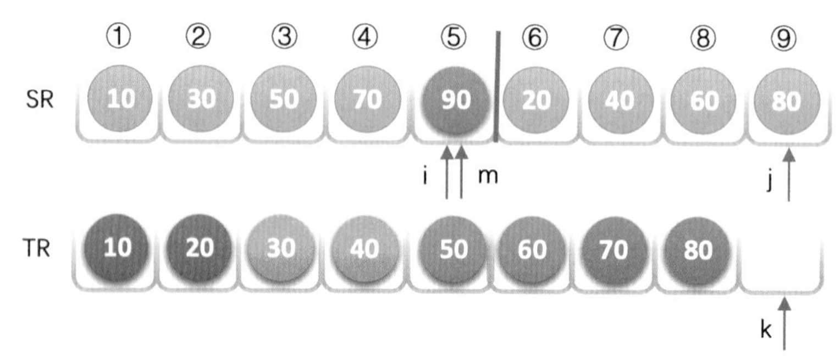

(7) 第 11 ～ 20 行的程式，其實就將歸併剩下的陣列資料，移動到 TR 的後面。目前 k=9，i=m=5，執行第 13 ～ 20 行程式，for 迴圈 l=0，TR[k+l]=SR[i+l]=90，大功告成。

就這樣，我們的歸併排序就算是完成了一次排序工作，怎麼樣，和堆積排序比，是不是要簡單一些呢？

9.8.2 歸併排序複雜度分析

我們來分析一下歸併排序的時間複雜度，一趟歸併需要將 SR[1] ～ SR[n] 中相鄰的長度為 h 的有序序列進行兩兩歸併。並將結果放到 TR1[1] ～ TR1[n] 中，這需要將待排序序列中的所有記錄掃描一遍，因此耗費 O(*n*) 時間，而由完全二元樹的深度可知，整個歸併排序需要進行 $\lceil \log_2 n \rceil$ 次，因此，整體時間複雜度為 O(*n*log*n*)，而且這是歸併排序演算法中最好、最壞、平均的時間性能。

由於歸併排序在歸併過程中需要與原始記錄序列同樣數量的儲存空間儲存歸併結果以及遞迴時深度為 $\log_2 n$ 的堆疊空間，因此空間複雜度為 O(*n*+log*n*)。

另外，對程式進行仔細研究，發現 Merge 函數中有 if (SR[i]<SR[j]) 敘述，這就說明它需要兩兩比較，不存在跳躍，因此歸併排序是一種穩定的排序演算法。

也就是說，歸併排序是一種比較佔用記憶體，但卻效率高且穩定的演算法。

9.8.3 非遞迴實現歸併排序

我們常說，「沒有最好，只有更好。」歸併排序大量參考了遞迴，儘管在程式上比較清晰，容易了解，但這會造成時間和空間上的效能損耗。我們排序追求的就是效率，有沒有可能將遞迴轉化成反覆運算呢？結論當然是可以的，而且改動之後，效能上進一步加強了，來看程式。

```
 1  void MergeSort2(SqList *L)                          /* 對循序串列L作歸併非遞迴排序 */
 2  {
 3      int* TR=(int*)malloc(L->length * sizeof(int));   /* 申請額外空間 */
 4      int k=1;
 5      while(k<L->length)
 6      {
 7          MergePass(L->r,TR,k,L->length);
 8          k=2*k;                                       /* 子序列長度加倍 */
 9          MergePass(TR,L->r,k,L->length);
10          k=2*k;                                       /* 子序列長度加倍 */
11      }
12  }
```

(1) 程式開始執行，陣列 L 為 {50,10,90,30,70,40,80,60,20}，L.length=9。

(2) 第 3 行，我們事先申請了額外的陣列記憶體空間，用來儲存歸併結果。

(3) 第 5 ～ 11 行，是一個 while 迴圈，目的是不斷地歸併有序序列。注意 k 值的變化，第 8 行與第 10 行，在不斷循環中，它將由 1 → 2 → 4 → 8 → 16，跳出迴圈。

(4) 第 7 行，此時 k=1，MergePass 函數將原來的無序陣列兩兩歸併入 TR（此函數程式稍後再講），如下圖所示。

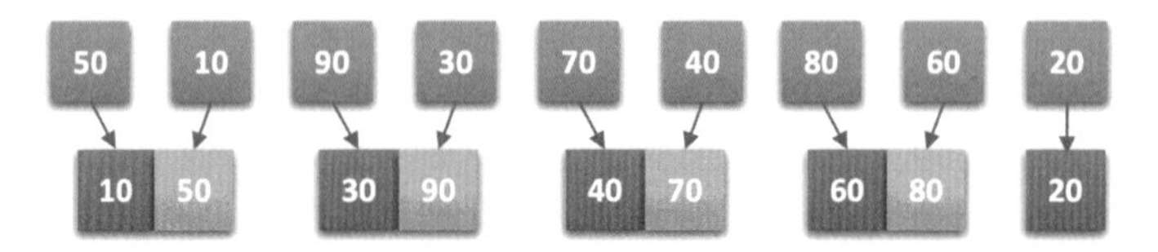

(5) 第 8 行，k=2。

(6) 第 9 行，MergePass 函數將 TR 中已經兩兩歸併的有序序列再次歸併回陣列 L.r 中，如下圖所示。

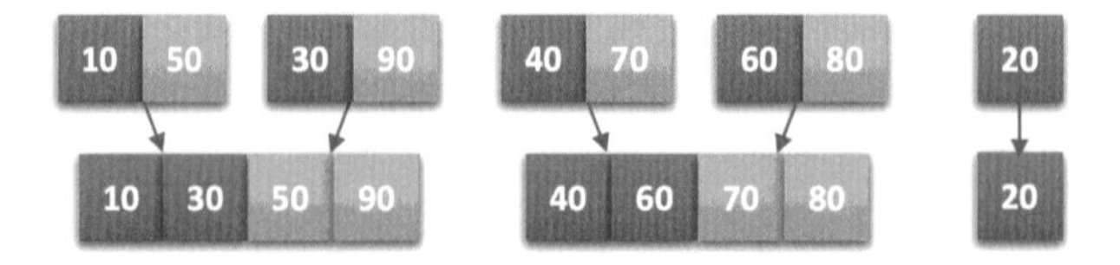

(7) 第 10 行，k=4，因為 k<9，所以繼續迴圈，再次歸併，最後執行完第 7 ～ 10 行，k=16，結束迴圈，完成排序工作，如下圖所示。

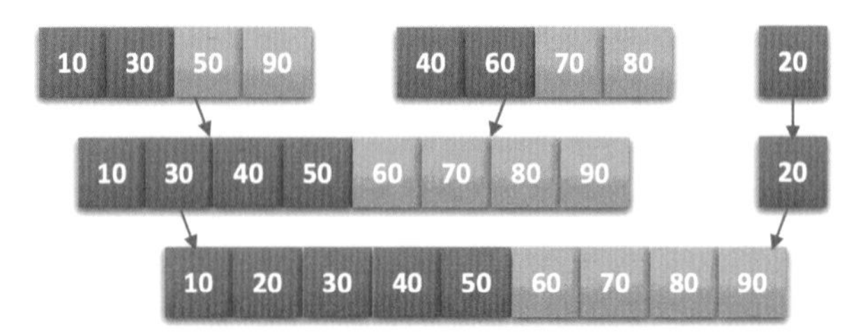

從程式中，我們能夠感受到，非遞迴的反覆運算做法更加直截了當，從最小的序列開始歸併直到完成。不需要像歸併的遞迴演算法一樣，需要先拆分遞迴，再歸併退出遞迴。

現在我們來看 MergePass 程式是如何實現的。

```
1  void MergePass(int SR[],int TR[],int s,int n)
2  {/* 將SR[]中相鄰長度為s的子序列兩兩歸併到TR[] */
3      int i=1;
```

```
4       int j;
5       while(i <= n-2*s+1)              /* 兩兩歸併 */
6       {
7           Merge(SR,TR,i,i+s-1,i+2*s-1);
8           i=i+2*s;
9       }
10      if(i<n-s+1)                      /* 歸併最後兩個序列 */
11          Merge(SR,TR,i,i+s-1,n);
12      else                             /* 若最後只剩下單一子序列 */
13          for (j =i;j <= n;j++)
14              TR[j] = SR[j];
15  }
```

(1) 程式執行。我們第一次呼叫 "MergePass（L.r,TR,k,L.length）;"，此時 L.r 是初始無序狀態，TR 為新申請的空陣列，k=1，L.length=9。

(2) 第 5 ～ 9 行，迴圈的目的就兩兩歸併，因 s=1，n−2×s ＋ 1=8，為什麼迴圈 i 從 1 到 8，而非 9 呢？就是因為兩兩歸併，最後 9 筆記錄定會剩下來，無法歸併。

(3) 第 7 行，Merge 函數我們前面已經詳細講過，此時 i=1，i ＋ s−1=1，i ＋ 2×s−1=2。也就是說，我們將 SR（即 L.r）中的第一個和第二個記錄歸併到 TR 中，然後第 8 行，i=i ＋ 2×s=3，再循環，我們就是將第三個和第四個記錄歸併到 TR 中，一直到第七和第八個記錄完成歸併，如下圖所示。

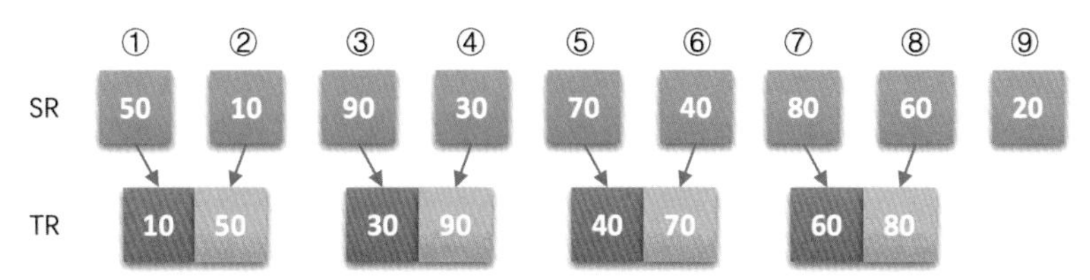

(4) 第 10 ～ 14 行，主要是處理最後的尾數，第 11 行是說將最後剩下的多個記錄歸併到 TR 中。不過由於 i=9，n−s ＋ 1=9，因此執行第 13 ～ 14 行，將 20 放入到 TR 陣列的最後，如下圖所示。

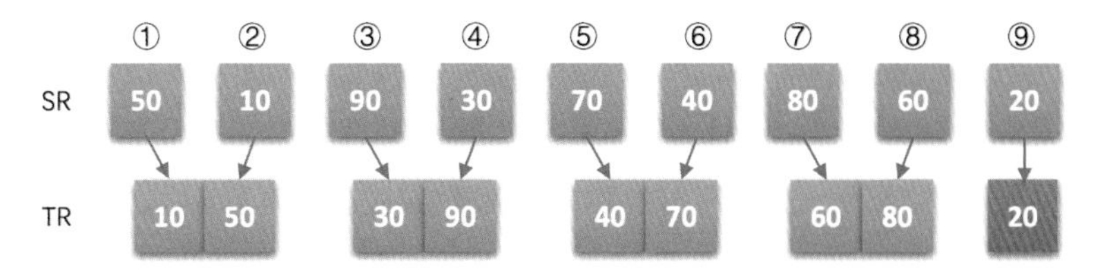

(5) 再次呼叫 MergePass 時，s=2，第 5 ～ 9 行的迴圈，由第 8 行的 i=i ＋ 2×s 可知，此時 i 就是以 4 為增量進行迴圈了，也就是說，是將兩個有兩個記錄的有序序列進行歸併為四個記錄的有序序列。最後再將最後剩下的第九筆記錄 "20" 插入 TR，如下圖所示。

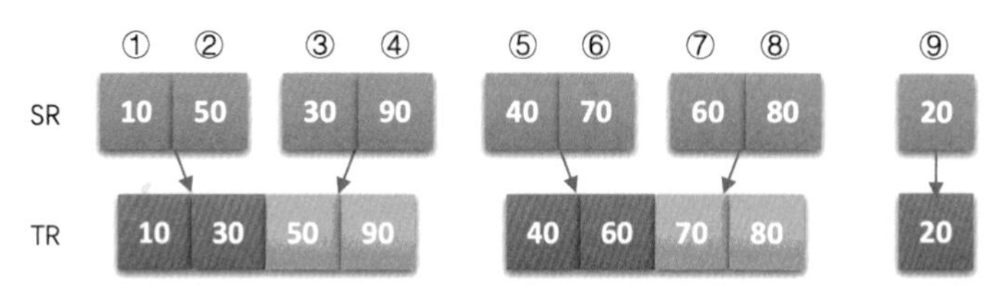

(6) 後面的類似，略。

非遞迴的反覆運算方法，避免了遞迴時深度為 $\log_2 n$ 的堆疊空間，空間只是用到申請歸併臨時用的 TR 陣列，因此空間複雜度為 $O(n)$，並且避免遞迴也在時間性能上有一定的提升，**應該說，使用歸併排序時，儘量考慮用非遞迴方法**。

9.9 快速排序

終於我們的高手要登場了，如果將來你工作後，你的老闆要讓你寫個排序演算法，而你會的演算法中竟然沒有快速排序，我想你還是不要聲張，偷偷去把快速排序演算法找來敲進電腦，這樣至少你不至於被大家取笑。

事實上，不論是 C++ STL、Java SDK 或 .NET FrameWork SDK 等開發套件中的原始程式碼中都能找到它的某種實現版本。

快速排序演算法最早由圖靈獎獲得者 Tony Hoare 設計出來的，他在形式化方法理論以及 ALGOL60 程式語言的發明中都有卓越的貢獻，是上世紀最偉大的電腦科學家之一。而這快速排序演算法只是他許多貢獻中的小發明而已。

更牛的是，我們現在要學習的這個快速排序演算法，被列為 20 世紀十大演算法之一。我們這些玩程式設計的人還有什麼理由不去學習它呢？

希爾排序相當於直接插入排序的升級，它們同屬於插入排序類別，堆積排序相當於簡單選擇排序的升級，它們同屬於選擇排序類別。而快速排序其實就是我們前面認為最慢的上浮排序的升級，它們都屬於交換排序類別。即它也是透過不斷比較和行動交換來實現排序的，只不過它的實現，增大了記錄的比較和移動的距離，將關鍵字較大的記錄從前面直接移動到後面，關鍵字較小的記錄從後面直接移動到前面，進一步減少了整體比較次數和行動交換次數。

9.9.1 快速排序演算法

快速排序（Quick Sort）的基本思維是：透過一趟排序將待排記錄分割成獨立的兩部分，其中一部分記錄的關鍵字均比另一部分記錄的關鍵字小，則可分別對這兩部分記錄繼續進行排序，以達到整個序列有序的目的。

從字面上感覺不出它的好處來。假設現在要對陣列 {50,10,90,30,70,40,80,60,20} 進行排序。我們透過程式的説明來學習快速排序的精妙。

我們來看程式。

```
/* 對循序串列L作快速排序 */
void QuickSort(SqList *L)
{
    QSort(L,1,L->length);
}
```

又是一行程式碼，和歸併排序一樣，由於需要遞迴呼叫，因此我們外封裝了一個函數。現在我們來看 QSort 的實現。

```
/* 對循序串列L中的子序列L->[low..high]作快速排序 */
void QSort(SqList *L,int low,int high)
{
    int pivot;
    if(low<high)
    {
        /* 將L->r[low..high]一分為二，算出樞紐值pivot */
        pivot=Partition(L,low,high);
        QSort(L,low,pivot-1);       /* 對低子表遞迴排序 */
        QSort(L,pivot+1,high);      /* 對高子表遞迴排序 */
    }
}
```

從這裡，你應該能了解前面程式 "QSort(L,1,L->length);" 中 1 和 L->length 程式的意思了，它就是目前待排序的序列最小索引值 low 和最大索引值 high。

這一段程式的核心是 "pivot=Partition(L,low,high);" 在執行它之前，L.r 的陣列值為 {50,10,90,30,70,40,80,60,20}。Partition 函數要做的，就是先選取當中的關鍵字，例如選擇第一個關鍵字 50，然後想盡辦法將它放到一個位置，使得它左邊的值都比它小，右邊的值比它大，我們將這樣的關鍵字稱為樞紐（pivot）。

在經過 Partition(L,1,9) 的執行之後，陣列變成 {20,10,40,30,50,70,80,60,90}，並傳回值 5 給 pivot，數字 5 表明 50 放置在陣列索引為 5 的位置。此時，電腦把原來的陣列變成了兩個位於 50 左和右小陣列 {20,10,40,30} 和 {70,80,60,90}，而後的遞迴呼叫 "QSort(L,1,5-1);" 和 "QSort(L,5+1,9);" 敘述，其實就是在對 {20,10,40,30} 和 {70,80,60,90} 分別進行同樣的 Partition 操作，直到順序全部正確為止。

到了這裡，應該說了解起來還不算困難。下面我們就來看看快速排序最關鍵的 Partition 函數實現。

```
1  int Partition(SqList *L,int low,int high)
2  { /* 交換循序串列L中子表的記錄，使樞紐記錄合格，並傳回其所在位置，此時在它之前(後)
     均不大(小)於它。*/
3      int pivotkey;
4  
5      pivotkey=L->r[low];         /* 用子表的第一個記錄作樞紐記錄 */
6      while(low<high)             /* 從表的兩端交替地向中間掃描 */
7      {
8           while(low<high&&L->r[high]>=pivotkey)
9             high--;
10          swap(L,low,high);      /* 將比樞紐記錄小的記錄交換到低端 */
11          while(low<high&&L->r[low]<=pivotkey)
12            low++;
13          swap(L,low,high);      /* 將比樞紐記錄大的記錄交換到高階 */
14     }
15     return low;                 /* 傳回樞紐所在位置 */
16 }
```

(1) 程式開始執行，此時 low=1，high=L.length=9。第 4 行，我們將 L.r[low]=L.r[1]=50 設定值給樞紐變數 pivotkey，如下圖所示。

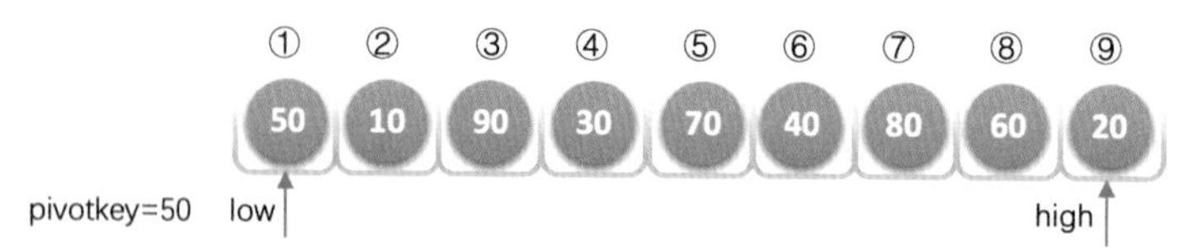

(2) 第 5 ～ 13 行為 while 迴圈，目前 low=1<high=9，執行內部敘述。

(3) 第 7 行，L.r[high]= L.r[9]=20　pivotkey=50，因此不執行第 8 行。

(4) 第 9 行，交換 L.r[low] 與 L.r[high] 的值，使得 L.r[1]=20，L.r[9]=50。為什麼要交換，就是因為透過第 7 行的比較知道，L.r[high] 是一個比 pivotkey=50（即 L.r[low]）還要小的值，因此它應該交換到 50 的左側，如下圖所示。

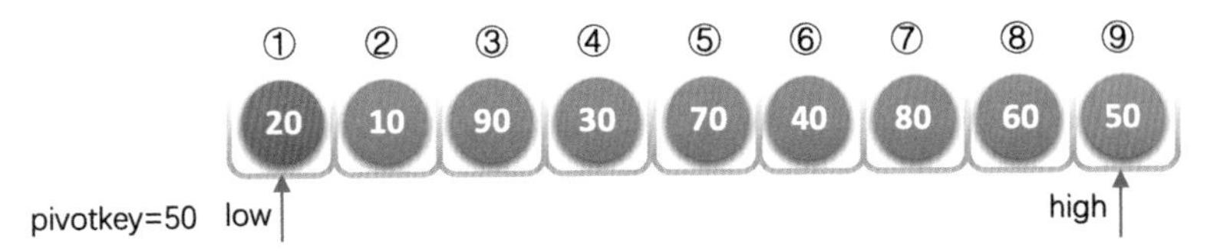

(5) 第 10 行，當 L.r[low]= L.r[1]=20，pivotkey=50，L.r[low]<pivotkey，因此第 11 行，low++，此時 low=2。繼續迴圈，L.r[2]=10<50，low++，此時 low=3。L.r[3]=90>50，退出迴圈。

(6) 第 12 行，交換 L.r[low]=L.r[3] 與 L.r[high]=L.r[9] 的值，使得 L.r[3]=50，L.r[9]=90。此時相當於將一個比 50 大的值 90 交換到了 50 的右邊。注意此時 low 已經指向了 3，如下圖所示。

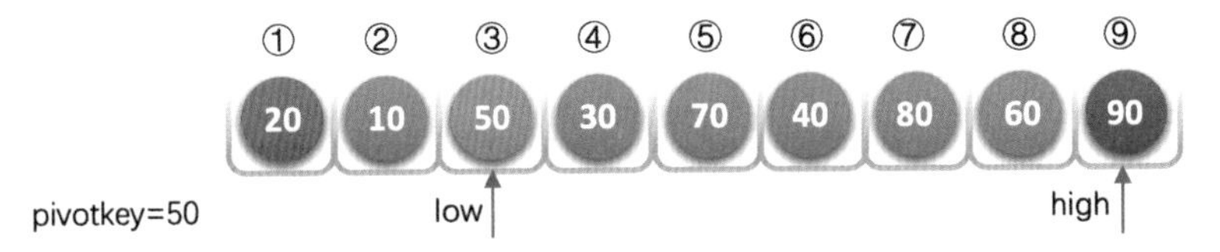

(7) 繼續第 5 行，因為 low=3<high=9，執行迴圈本體。

(8) 第 7 行，當 L.r[high]= L.r[9]=90，pivotkey=50，L.r[high]>pivotkey，因此第 8 行，high--，此時 high=8。繼續迴圈，L.r[8]=60>50，high--，此時 high=7。L.r[7]=80>50，high--，此時 high=6。L.r[6]=40<50，退出迴圈。

(9) 第 9 行，交換 L.r[low]=L.r[3]=50 與 L.r[high]=L.r[6]=40 的值，使得 L.r[3]=40，L.r[6]=50，如下圖所示。

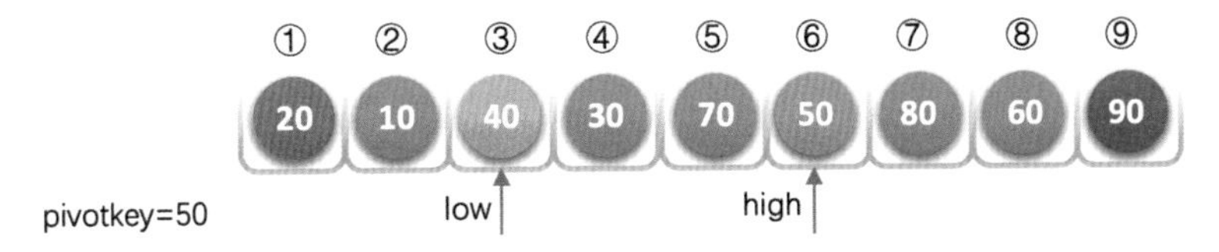

(10) 第 10 行， 當 L.r[low]= L.r[3]=40，pivotkey=50，L.r[low]<pivotkey， 因此第 11 行，low++，此時 low=4。繼續循環 L.r[4]=30<50，low++，此時 low=5。L.r[5]=70>50，退出迴圈。

(11) 第 12 行， 交 換 L.r[low]=L.r[5]=70 與 L.r[high]=L.r[6]=50 的 值， 使 得 L.r[5]=50，L.r[6]=70，如下圖所示。

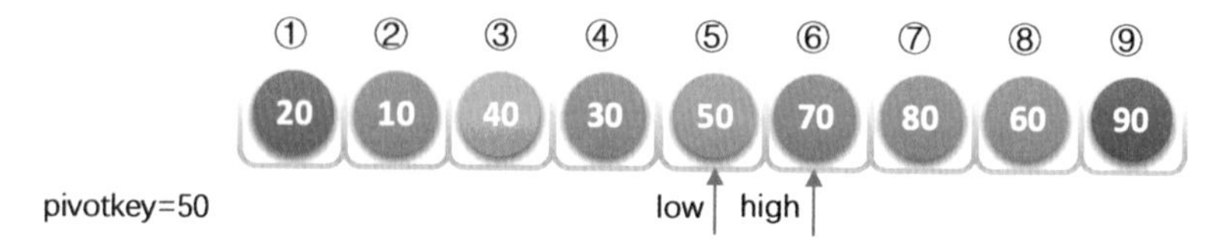

(12) 再次循環。因 low=5<high=6，執行迴圈本體後，low=high=5，退出迴圈，如下圖所示。

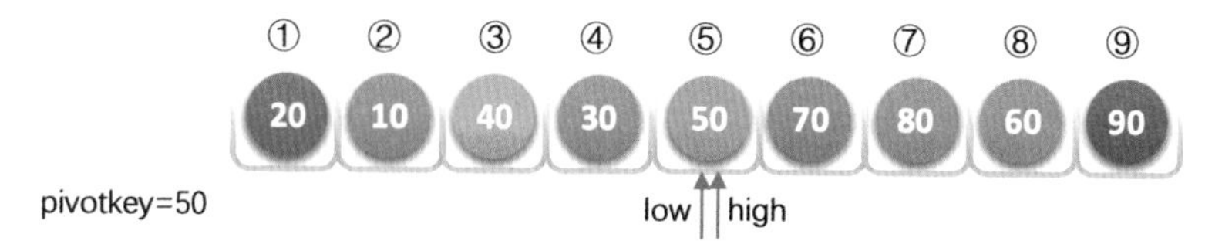

(13) 最後第 14 行，傳回 low 的值 5。函數執行完成。接下來就是遞迴呼叫 "QSort（L,1,5-1）;" 和 "QSort（L,5+1,9）;" 敘 述， 對 {20,10,40,30} 和 {70,80,60,90} 分別進行同樣的 Partition 操作，直到順序全部正確為止。我們就不再示範了。

透過這段程式的模擬，大家應該能夠明白，Partition 函數，其實就是將選取的 pivotkey 不斷交換，將比它小的換到它的左邊，比它大的換到它的右邊，它也在交換中不斷更改自己的位置，直到完全滿足這個要求為止。

9.9.2 快速排序複雜度分析

我們來分析一下快速排序法的效能。快速排序的時間性能取決於快速排序遞迴的深度，可以用遞迴樹來描述遞迴演算法的執行情況。如下圖所示，它是 {50,10,90,30, 70,40,80,60,20} 在快速排序過程中的遞迴過程。由於我們的第一個關鍵字是 50，正好是待排序的序列的中間值，因此遞迴樹是平衡的，此時效能也比較好。

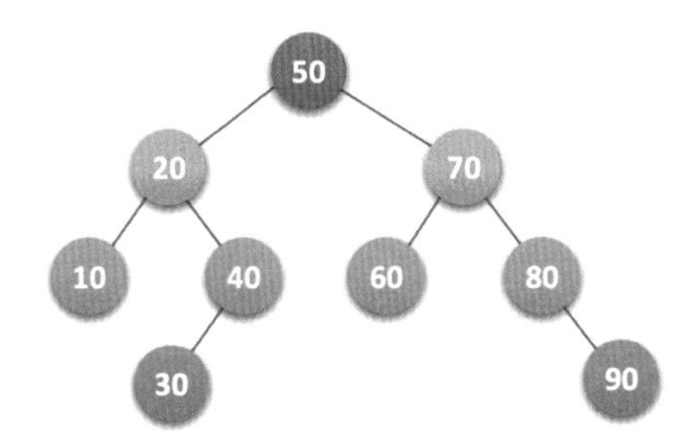

在最佳情況下，Partition 每次都劃分得很均勻，如果排序 n 個關鍵字，其遞迴樹的深度就為 $\lfloor \log_2 n \rfloor+1$（$\lfloor x \rfloor$ 表示不大於 x 的最大整數），即僅需遞迴 $\log_2 n$ 次，需要時間為 T（n）的話，第一次 Partiation 應該是需要對整個陣列掃描一遍，做 n 次比較。然後，獲得的樞紐將陣列一分為二，那麼各自還需要 T（n/2）的時間（注意是最好情況，所以平分兩半）。於是不斷地劃分下去，我們就有了下面的不等式推斷。

```
T(n) ≤ 2T(n/2)+n，T(1)=0
T(n) ≤ 2(2T(n/4)+n/2)+n=4T(n/4)+2n
T(n) ≤ 4(2T(n/8)+n/4)+2n=8T(n/8)+3n
……
T(n) ≤ nT(1)+(log2n)×n= O(nlogn)
```

也就是說，在最佳的情況下，快速排序演算法的時間複雜度為 O($n$log$n$)。

在最壞的情況下，待排序的序列為正序或反向，每次劃分只得到一個比上一次劃分少一個記錄的子序列，注意另一個為空。如果遞迴樹畫出來，它就是一棵斜樹。此時需要執行 $n-1$ 次遞迴呼叫，且第 i 次劃分需要經過 $n-$i 次要關鍵字的比較才能找到第 i 個記錄，也就是樞紐的位置，因此比較次數為 $\sum_{i=1}^{n-1}(n-i)=n-1+n-2+\cdots+1=\frac{n(n-1)}{2}$，最後其時間複雜度為 $O(n^2)$。

平均的情況，設樞紐的關鍵字應該在第 k 的位置（$1 \leqslant k \leqslant n$），那麼：

$$T(n)=\frac{1}{n}\sum_{k=1}^{n}\big(T(k-1)+T(n-k)\big)+n=\frac{2}{n}\sum_{k=1}^{n}T(k)+n$$

由數學歸納法可證明，其數量級為 $O(n\log n)$。

就空間複雜度來說，主要是遞迴造成的堆疊空間的使用，最好情況，遞迴樹的深度為 $\log_2 n$，其空間複雜度也就為 $O(\log n)$，最壞情況，需要進行 $n-1$ 遞迴呼叫，其空間複雜度為 $O(n)$，平均情況，空間複雜度也為 $O(\log n)$。

可惜的是，由於關鍵字的比較和交換是跳躍進行的，因此，快速排序是一種不穩定的排序方法。

9.9.3 快速排序最佳化

剛才講的快速排序還是有不少可以改進的地方，我們來看一些最佳化的方案。

1. 最佳化選取樞紐

如果我們選取的 pivotkey 是處於整個序列的中間位置，那麼我們可以將整個序列分成小數集合和大數集合了。但注意，我剛才說的是「如果……是中間」，那麼假如我們選取的 pivotkey 不是中間數又如何呢？例如我們前面講上浮和簡單選擇排序一直用到的陣列 {9,1,5,8,3,7,4,6,2}，由程式第 4 行 "pivotkey=L->r[low];" 知道，我們應該選取 9 作為第一個樞紐 pivotkey。此時，經過一輪 "pivot=Partition（L,1,9）;" 轉換後，它只是更換了 9 與 2 的位置，並且傳回 9 給 pivot，整個系列並沒有實質性的變化，如下圖所示。

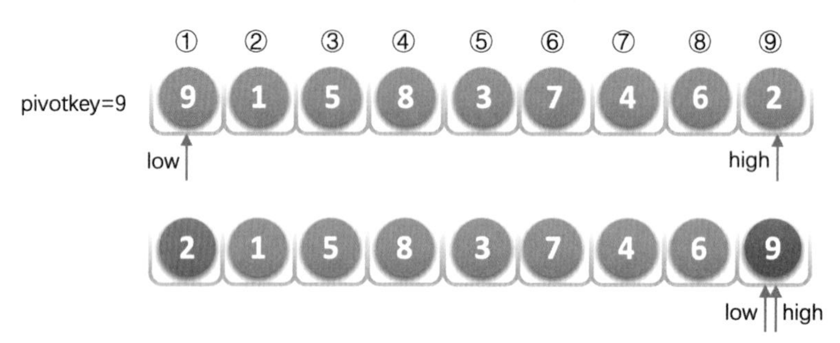

就是說，程式第 4 行 "pivotkey=L->r[low];" 變成了一個潛在的效能瓶頸。排序速度的快慢取決於 L.r[1] 的關鍵字處在整個序列的位置，L.r[1] 太小或太大，都會影響效能 (例如第一實例中的 50 就是一個中間數，而第二實例的 9 就是一個相對整個序列過大的數)。因為在現實中，待排序的系列極有可能是基本有序的，此時，總是**固定選取**第一個關鍵字（其實無論是固定選取哪一個位置的關鍵字）作為首個樞紐就變成了極為不合理的作法。

改進辦法，有人提出，應該隨機獲得一個 low 與 high 之間的數 rnd，讓它的關鍵字 L.r[rnd] 與 L.r[low] 交換，此時就不容易出現這樣的情況，這被稱為**隨機選取**樞紐法。應該說，這在某種程度上，解決了對於基本有序的序列快速排序時的效能瓶頸。不過，隨機就有些撞大運的感覺，萬一沒撞成功，隨機到了依然是很小或很大的關鍵字怎麼辦呢？

再改進，於是就有了**三數取中**（median-of-three）法。即**取三個關鍵字先進行排序，將中間數作為樞紐，一般是取左端、右端和中間三個數**，也可以隨機選取。這樣至少這個中間數一定不會是最小或最大的數，從機率來說，取三個數均為最小或最大數的可能性是微乎其微的，因此中間數位於較為中間的值的可能性就大幅加強了。由於整個序列是無序狀態，隨機選取三個數和從左中右端取三個數其實是一回事，而且亂數產生器本身還會帶來時間上的負擔，因此隨機產生不予考慮。

我們來看看取左端、右端和中間三個數的實現程式，在 Partition 函數程式的第 3 行與第 4 行之間增加這樣一段程式。

```
int pivotkey;

int m = low + (high - low) / 2;    /* 計算陣列中間的元素的索引 */
if (L->r[low]>L->r[high])
    swap(L,low,high);              /* 交換左端與右端資料，確保左端較小 */
if (L->r[m]>L->r[high])
    swap(L,high,m);                /* 交換中間與右端資料，確保中間較小 */
if (L->r[m]>L->r[low])
    swap(L,m,low);                 /* 交換中間與左端資料，確保左端較小 */

/* 此時L.r[low]已經為整個序列左中右三個關鍵字的中間值。*/

pivotkey=L->r[low];                /* 用子表的第一個記錄作樞紐記錄 */
```

試想一下，我們對陣列 {9,1,5,8,3,7,4,6,2}，取左 9、中 3、右 2 來比較，使得 L.r[low]=3，一定要比 9 和 2 來得更為合理。

三數取中對小陣列來說有很大的機率選擇到一個比較好的 pivotkey，但是對非常大的待排序的序列來說還是不足以保障能夠選擇出一個好的 pivotkey，因此還有個辦法是所謂**九數取中**（median-of-nine），它先從陣列中分三次取樣，每次取三個數，三個樣品各取出中數，然後從這三個中數當中再取出一個中數作為樞紐。顯然這就更加確保了取到的 pivotkey 是比較接近中間值的關鍵字。有興趣的同學可以自己去實現一下程式，這裡不再詳述了。

2. 最佳化不必要的交換

觀察前面快速排序的 6 張圖，我們發現，50 這個關鍵字，其位置變化是 1 → 9 → 3 → 6 → 5，可其實它的最後目標就是 5，當中的交換其實是不需要的。因此我們對 Partition 函數的程式再進行最佳化。

```
/* 快速排序改善算法 */
int Partition1(SqList *L,int low,int high)
{
    int pivotkey;

    int m = low + (high - low) / 2;  /* 計算陣列中間的元素的索引 */
    if (L->r[low]>L->r[high])
        swap(L,low,high);             /* 交換左端與右端資料，確保左端較小 */
    if (L->r[m]>L->r[high])
        swap(L,high,m);               /* 交換中間與右端資料，確保中間較小 */
    if (L->r[m]>L->r[low])
        swap(L,m,low);                /* 交換中間與左端資料，確保左端較小 */

    pivotkey=L->r[low];               /* 用子表的第一個記錄作樞紐記錄 */
    L->r[0]=pivotkey;                 /* 將樞紐關鍵字備份到L->r[0] */
    while(low<high)                   /*  從表的兩端交替地向中間掃描 */
    {
        while(low<high&&L->r[high]>=pivotkey)
            high--;
        L->r[low]=L->r[high];         /* 採用置換而不是交換的模式進行動作 */
        while(low<high&&L->r[low]<=pivotkey)
            low++;
        L->r[high]=L->r[low];         /* 採用置換而不是交換的模式進行動作 */
    }
    L->r[low]=L->r[0];                /* 將樞紐數值置換回L.r[low] */
    return low;                       /* 傳回樞紐所在位置 */
}
```

注意程式中高光部分的改變。我們事實將 pivotkey 備份到 L.r[0] 中，然後在之前是 swap 時，只作取代的工作，最後當 low 與 high 會合，即找到了樞紐的位置時，再將 L.r[0] 的數值設定值回 L.r[low]。因為這當中少了多次交換資料的操作，在效能上又獲得了部分的加強。如下圖所示。

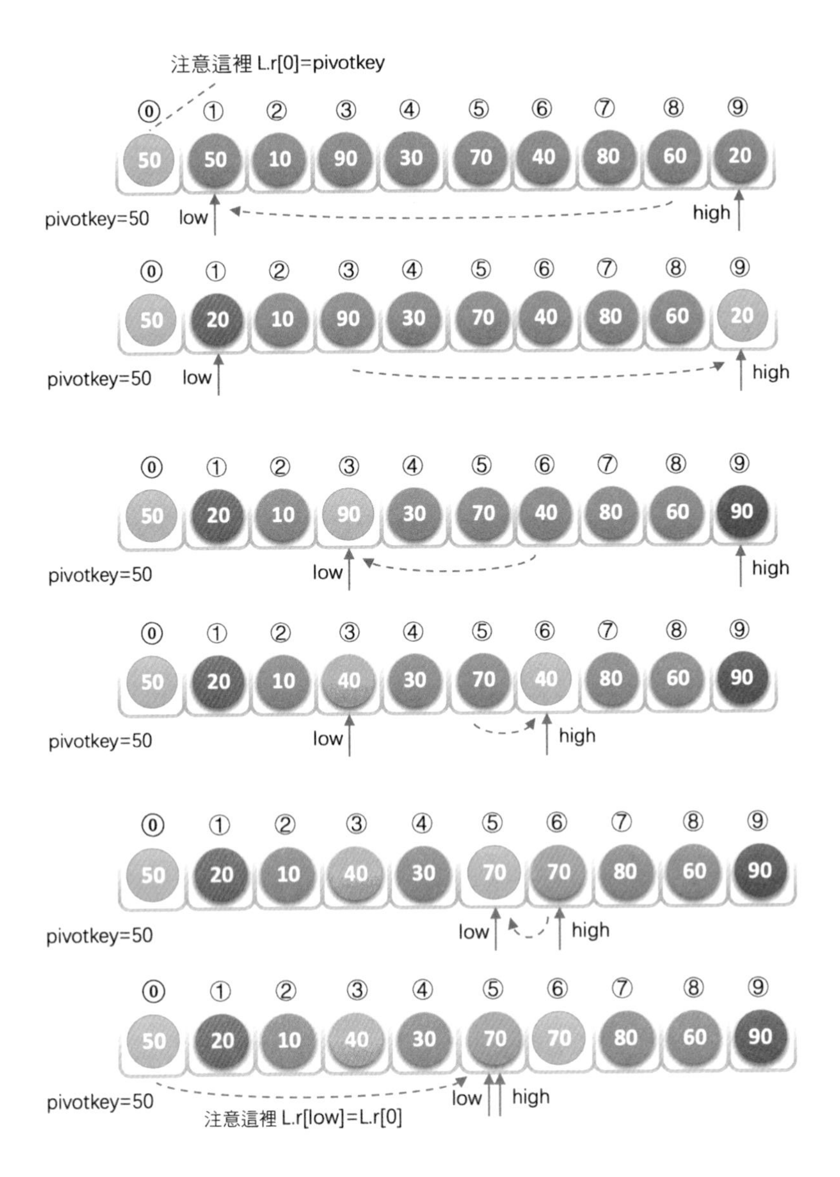

3. 最佳化小陣列時的排序方案

對於一個數學科學家、博士生導師，他可以攻克世界性的難題，可以培養最佳秀的數學博士，但讓他去教小學生 "1+1=2" 的算術課程，那還真未必會比常年在小學裡耕耘的數學老師教得好。換句話說，大材小用有時會變得反而不好用。剛才我談到了對於非常大的陣列的解決辦法。那麼相反的情況，如果陣列非常小，其實快速排序反而不如直接插入排序來得更好（直接插入是簡單排序中效能最好的）。其原因在於快速排序用到了遞迴操作，在大量資料排序時，這點效能影響相對於它的整體演算法優勢而言是可以忽略的，但如果陣列只有幾個記錄需要排序時，這就成了一個大炮打蚊子的大問題。因此我們需要改進一下 QSort 函數。

```
#define MAX_LENGTH_INSERT_SORT 7      /* 用於快速排序時判斷是否選用插入排序閥值 */
/* 對循序串列L中的子序列L.r[low..high]作快速排序 */
void QSort1(SqList *L,int low,int high)
{
    int pivot;
    if((high-low)>MAX_LENGTH_INSERT_SORT)
    {
        pivot=Partition1(L,low,high);  /* 將L->r[low..high]一分為二，算出樞紐值pivot */
        QSort1(L,low,pivot-1);         /* 對低子表遞迴排序 */
        QSort1(L,pivot+1,high);        /* 對高子表遞迴排序 */
    }
    else
        InsertSort(L);                 /* 當high-low小於等於常數時用直接插入排序 */
}
```

我們增加了一個判斷，當 high-low 不大於某個常數時（有資料認為 7 比較合適，也有認為 50 更合理，實際應用可適當調整），就用直接插入排序，這樣就能保障最大化地利用兩種排序的優勢來完成排序工作。

4. 最佳化遞迴操作

大家知道，遞迴對效能是有一定影響的，QSort 函數在其尾部有兩次遞迴操作。如果待排序的序列劃分極端不平衡，遞迴深度將趨近於 n，而非平衡時的 $\log_2 n$，這就不僅是速度快慢的問題了。堆疊的大小是很有限的，每次遞迴呼叫都會耗費一定的堆疊空間，函數的參數越多，每次遞迴耗費的空間也越多。因此如果能減少遞迴，將大幅提高性能。

於是我們對 QSort 實施**尾遞迴**最佳化。來看程式。

```
/* 尾遞迴 */
void QSort2(SqList *L,int low,int high)
{
    int pivot;
```

```
    if((high-low)>MAX_LENGTH_INSERT_SORT)
    {
        while(low<high)
        {
            pivot=Partition1(L,low,high);    /* 將L->r[low..high]一分為二，算出樞紐
                                                值pivot */
            QSort2(L,low,pivot-1);           /* 對低子表遞迴排序 */
            low=pivot+1;                     /* 尾遞迴 */
        }
    }
    else
        InsertSort(L);                       /* 當high-low小於等於常數時用直接插入排序 */
}
```

當我們將 if 改成 while 後（見高光程式部分），因為第一次遞迴以後，變數 low 就沒有用處了，所以可以將 pivot+1 設定值給 low，再循環後，來一次 Partition（L,low,high），其效果等於 "QSort（L,pivot+1,high）;"。結果相同，但因採用反覆運算而非遞迴的方法可以縮減堆疊深度，進一步加強了整體效能。

在現實的應用中，例如 C++、java、PHP、C#、VB、JavaScript 等都有對快速排序演算法的實現[8]，實現方式上略有不同，但基本上都是在我們說明的快速排序法基礎上的精神表現。

5. 了不起的排序演算法

我們現在學過的排序演算法，有按照實現方法分類命名的，如簡單選擇排序、直接插入排序、歸併排序，有按照其排序的方式類比現實世界命名的，例如上浮排序、堆積排序，還有用人名命名的，例如希爾排序。但是剛才我們講的排序，卻用「快速」來命名，這也就表示只要再有人找到更好的排序法，此「快速」就會名不符實，不過，至少今天，Tony Hoare 發明的快速排序法經過多次的最佳化後，在整體效能上，依然是排序演算法王者，我們應該要好好研究並掌握它。

8 有興趣可以想辦法到網上下載閱讀它們的原始程式碼。

9.10 歸納回顧

本章內容只是在講排序，我們需要對已經提到的各個排序演算法進行比較來歸納回顧。

首先我們講了排序的定義，並提到了排序的穩定性，排序穩定對某些特殊需求來說是非常重要的，因此在排序演算法中，我們需要關注此演算法的穩定性如何。

我們根據將排序記錄是否全部被放置在記憶體中，將排序分為內排序與外排序兩種，外排序需要在內外部儲存之間多次交換資料才能進行。我們本章主要講的是內排序的演算法。

根據排序過程中借助的主要操作，我們將內排序分為：插入排序、交換排序、選擇排序和歸併排序四種。之後介紹的 7 種排序法，就分別是各種分類的代表演算法（如下頁圖）。

事實上，目前還沒有十全十美的排序演算法，有優點就會有缺點，即使是快速排序法，也只是在整體效能上優越，它也存在排序不穩定、需要大量輔助空間、對少量資料排序無優勢等不足。因此我們就來從多個角度來剖析一下提到的各種排序的長與短。

我們將 7 種演算法的各種指標進行比較，如下表所示。

排序方法	平均情況	最好情況	最壞情況	輔助空間	穩定性
上浮排序	$O(n^2)$	$O(n)$	$O(n^2)$	$O(1)$	穩定
簡單選擇排序	$O(n^2)$	$O(n^2)$	$O(n^2)$	$O(1)$	穩定
直接插入排序	$O(n^2)$	$O(n)$	$O(n^2)$	$O(1)$	穩定
希爾排序	$O(n\log n) \sim O(n^2)$	$O(n^{1.3})$	$O(n^2)$	$O(1)$	不穩定
堆積排序	$O(n\log n)$	$O(n\log n)$	$O(n\log n)$	$O(1)$	不穩定
歸併排序	$O(n\log n)$	$O(n\log n)$	$O(n\log n)$	$O(n)$	穩定
快速排序	$O(n\log n)$	$O(n\log n)$	$O(n^2)$	$O(\log n) \sim O(n)$	不穩定

從演算法的簡單性來看，我們將 7 種演算法分為兩種：

- 簡單演算法：上浮、簡單選擇、直接插入。
- 改進演算法：希爾、堆積、歸併、快速。

直接插入排序

將一個記錄插入到已經排好序的有序串列中，從而得到一個新的、記錄數增**1**的有序

希爾排序

將相距某個「增量」的記錄組成一個子序列，這樣才能保證在子序列內分別進行直接插入排序後得到的結果是基本有序而不是局部有序

簡單選擇排序

通過**n-i**次關鍵字間的比較，從$n-i+1$個記錄中選出關鍵字最小的記錄，並和第i（$1 \leq i \leq n$）個記錄交換之

堆積排序

將待排序的序列構造成一個大頂堆積 此時，整個序列的最大值就是堆積頂的根結點 將它移走（其實就是將其與堆積陣列的末尾元素交換，此時末尾元素就是最大值），然後將剩餘的**n-1**個序列重新構造成一個堆積，這樣就會得到**n**個元素中的次大值

上浮排序

兩兩比較相鄰記錄的關鍵字，如果反序則交換，直到沒有反序的記錄為止

快速排序

透過一趟排序將待排記錄分割成獨立的兩部分，其中一部分記錄的關鍵字均比另一部分記錄的關鍵字小，則可分別對這兩部分記錄繼續進行排序，以達到整個序列有序的目的

歸併排序

假設初始序列含有**n**個記錄，則可以看成是 **n** 個有序的子序列，每個子序列的長度為 **1**，然後兩兩歸併，得到「**n/21**」（「**x**」表示不小於**x**的最小整數）個長度為**2**或**1**的有序子序列：再兩兩歸併，如此重複，直至得到一個長度為**n**的有序序列為止

從平均情況來看，顯然最後 3 種改進演算法要勝過希爾排序，並遠遠勝過前 3 種簡單演算法。

從最好情況看，反而上浮和直接插入排序要更勝一籌，也就是說，如果你的待排序序列總是基本有序，反而不應該考慮 4 種複雜的改進演算法。

從最壞情況看，堆積排序與歸併排序又強過快速排序以及其他簡單排序。

從這三組時間複雜度的資料比較中，我們可以得出這樣一個認識。堆積排序和歸併排序就像兩個參加奧數考試的優等生，心理素質強，發揮穩定。而快速排序像是很情緒化的天才，心情好時表現極佳，碰到較糟糕環境會變得差強人意。但是他們如果都來比賽計算個位數的加減法，它們反而算不過成績極普通的上浮和直接插入。

從空間複雜度來說，歸併排序強調要馬跑得快，就得給馬吃個飽。快速排序也有對應的空間要求，反而堆積排序等卻都是少量索取，大量付出，對空間要求是 O(1)。如果執行演算法的軟體所處的環境非常在乎記憶體使用量的多少時，選擇歸併排序和快速排序就不是一個較好的決策了。

從穩定性來看，歸併排序獨佔鰲頭，我們前面也說過，對於非常在乎排序穩定性的應用中，歸併排序是個好演算法。

從待排序記錄的個數上來說，待排序的個數 n 越小，採用簡單排序方法越合適。反之，n 越大，採用改進排序方法越合適。這也就是我們為什麼對快速排序最佳化時，增加了一個閥值，低於閥值時換作直接插入排序的原因。

從上表的資料中，似乎簡單選擇排序在 3 種簡單排序中效能最差，其實也不完全是，舉例來說，如果記錄的關鍵字本身資訊量比較大（舉例來說，關鍵字都是數十位的數字），此時表明其佔用儲存空間很大，這樣移動記錄所花費的時間也就越多，我們列出 3 種簡單排序演算法的移動次數比較，如下表所示。

排序方法	平均情況	最好情況	最壞情況
上浮排序	$O(n^2)$	0	$O(n^2)$
簡單選擇排序	$O(n)$	0	$O(n)$
直接插入排序	$O(n^2)$	$O(n)$	$O(n^2)$

你會發現，此時簡單選擇排序就變得非常有優勢，原因也就在於，它是透過大量比較後選擇明確記錄進行移動，有的放矢。因此對於資料量不是很大而記錄的關鍵字資訊量較大的排序要求，簡單排序演算法是佔優的。另外，記錄的關鍵字資訊量大小對那四個改進演算法影響不大。

總之，從綜合各項指標來説，經過最佳化的快速排序是效能最好的排序演算法，但是不同的場合我們也應該考慮使用不同的演算法來應對它。

9.11 結尾語

學完排序，你能夠感受到，我們的演算法研究者們都是在「似乎不可能」的情況下，逐步加強排序演算法的效能的。在剩下的幾分鐘時間裡，我們再來做一道智力題，感受一下把不可能變為可能。

請問如何把下圖中用四段直線一筆將這九個點連起來？

●　●　●

●　●　●

●　●　●

大家舉手很快，因為絕大多數同學應該都看過這道題目。沒有做過題目的同學通常十有八九會落入一個小小的陷阱，在九個點圍成的框中打轉轉，然後發現至少要五段以上的直線才能連成。結果是，要找到答案，必須在思維上突破這九個點所圍成的框框的限制，如下圖所示。

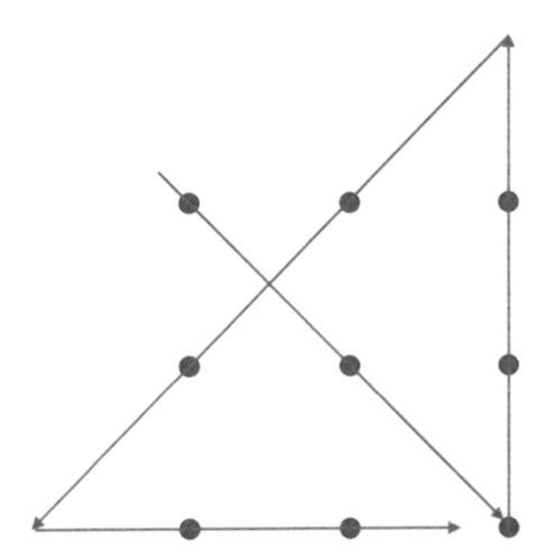

如果智力題這就結束了，那就不考大家了。現在我的問題是如何做到三段直線一筆將這九個點連起來？

此時，大家都在交頭接耳，心裡一定想著，「這怎麼可能？」我來公佈答案，那就是用一條 "Z" 字元線即可一筆連成。也許，最快找出這個答案的是那些沒有學過數學的孩子。作為成人，我們已被另一些「框框」所框住大腦。那就是數學上有一條基本公理：兩條平行線永不相交。另外數學上有另一個基本假設：點沒有大小。可在現實中任何一點都會有大小。突破這一限制，只要無限延長 "Z" 字三段線，九點必可一筆連。來看下圖。

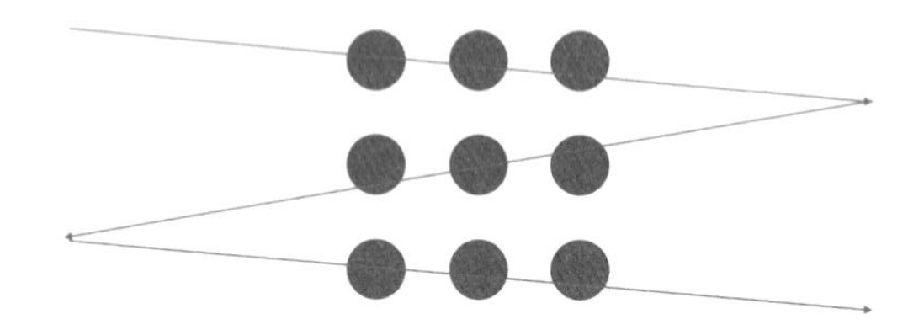

有同學說，我圖中的點比剛才的要大，這不符合題意。我想有這樣想法的同學，可能還是沒有了解我想表達的意思，事實上，剛才的小黑點再小，它也是有大小的，你可以想像三根直線足夠長，它們就可以將這九個點相連了。

別急，題目沒完，我現在要求只用一條直線將這九點一筆連，如何做？

顯然，大家的思維已經被開啟。我們可輕易找到答案，因為只要再次突破幾何學中「線沒粗細」的框框，用一條很粗的線，例如蘸了墨水的大刷子，畫一條粗粗的直線將九點全部包含其中即可。

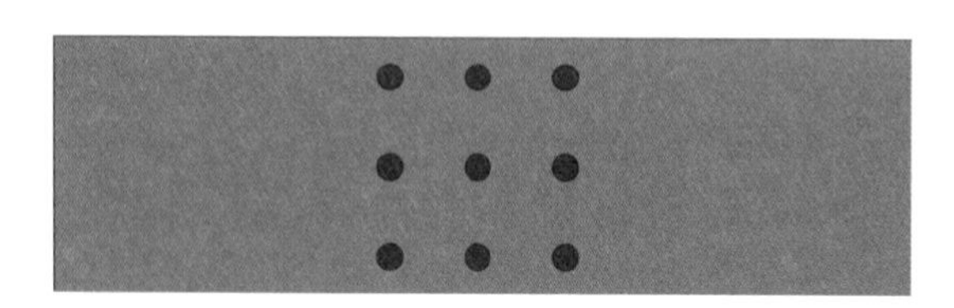

不是不可能用四段、三段、一段直線一筆連九點，只是暫時還沒有找到方法而已。現實生活中所有的發明創造都是建立在打破前人所認定的「框框」的思維定勢基礎上的。這道智力題當然不是要挑戰數學的權威，它只是在替我們啟示：「所有的事情都是可能的，只是我們暫時還沒有找到方法而已。」

本章的結束，其實也就是資料結構這門課的結束了。資料結構和演算法，還有很多內容我們並沒有有關。要想真正掌握資料結構，並把它應用到工作中，你們的路還很長。

我們生命中，矛盾和困惑常常一直伴隨。很多同學來學習資料結構，其實並不是真的明白它的重要性，通常只是因為學校開了這門課，而不得不來這里弄個PASS，過後，真到需要用時，卻發現力不從心而追悔莫及。例如下圖，悲劇通常就是這樣產生的。因此儘管現在是課程的最後，對個別沒有重視這門課的同學來說有些晚了，我還是想再亡羊補牢：**資料結構和演算法對程式設計師的職業人生來說，那就是兩個圓圈的交集部分，用心去掌握它，你的程式設計之路將是坦途。**

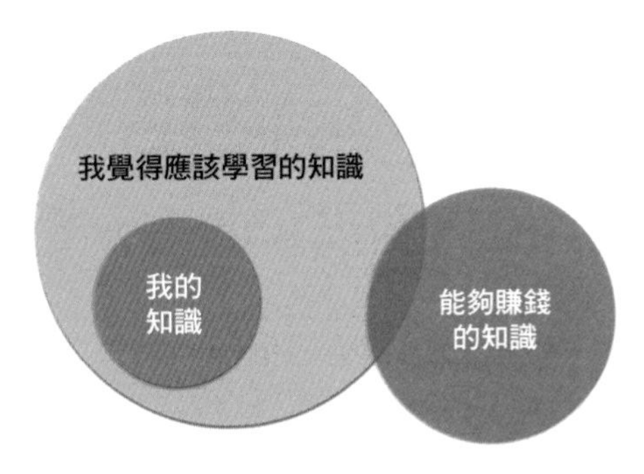

最後送大家電影《當幸福來敲門》中的一句話：

You got a dream, you gotta protect it. People can't do something themselves, they wanna tell you you can't do it. If you want something, go get it. Period.（如果你有夢想的話，就要去捍衛它。當別人做不到的時候，他們就想要告訴你，你也不能。如果你想要些什麼，就得去努力爭取。就這樣！）

同學們，再見！

參考文獻

[1] 嚴蔚敏、吳偉民 . 資料結構（C 語言版）. 北京：清華大學出版社，1997
本人資料結構啟蒙書，本書的整體結構以及大量程式都改編自此書。

[2] Thomas H.Cormen,Charles E.Leiserson,Ronald L.R ivest,Clifford Stein. 演算法導論（原書第 2 版）. 潘金貴等譯 . 北京：機械工業出版社，2006
本人資料結構與演算法的加強依賴本書，書中的很多想法和想法來自此書 . 也可說，本書就是此書的課前讀物。

[3] 王紅梅等 . 資料結構（C++ 版）教師用書 . 北京：清華大學出版社，2007
本書寫作時的不少說明內容參考過此書。

[4] Mark Allen Weiss . 資料結構與演算法分析 ──C 語言描述（原書第 2 版）. 馮舜璽譯 . 北京：機械工業出版社，2004

[5] John Lewis,Joeph Chase .Java 軟體結構與資料結構（第 3 版）. 金名等譯 . 北京：清華大學出版社，2009

[6] Sesh Venugopal . 資料結構──從應用到實現（Java 版）. 馮速等譯 . 北京：機械工業出版社，2008

[7] Mark Allen Weiss . 資料結構與演算法分析──C++ 描述（第 3 版）. 張懷勇等 . 北京：人民郵電出版社，2006

[8] Larry Nyhoff . 資料結構與演算法分析──C++ 語言描述（第 2 版）. 黃達明等譯 . 北京：清華大學出版社，2006

[9] Michael McMillan. 資料結構與演算法──C# 語言描述 . 呂秀鋒等譯 . 北京：人民郵電出版社，2009

[10] Brian W.Kernighan,Dennis M.Ritchie.C 程式語言（第 2 版 · 新版）. 徐寶文等譯 . 北京：機械工業出版社，2004

[11] 謝樹明 . 細談資料結構（第五版）. 台灣：旗標出版股份有限公司，2004

[12]《程式設計之美》團隊 . 程式設計之美──微軟技術面試心得 . 北京：電子工業出版社，2007

[13] 陳守孔等 . 演算法與資料結構考研試題精析（第 2 版）. 北京：機械工業出版社，2007

[14] 劉汝佳 . 演算法競賽入門經典 . 北京：清華大學出版社，2009

Note

Note